［増補改訂］

関数プログラミング実践入門

簡潔で、正しいコードを書くために

Ohkawa Noriyuki
大川徳之
［著］

技術評論社

● 本書について

「関数プログラミング」は、関数型言語プログラマのみならず、すべてのプログラマにとっても急激に身近なものになってきました。2014年に初版を執筆した後、このたび増補改訂を進めてきた間にも、関数型言語での関数プログラミングだけではなく、既存の言語で関数プログラミングをしてみようといった試みを綴るインターネット上の記事や書籍についても少しずつ増加してきています。関数プログラミングは、ますます多くのソフトウェア技術者の人口に膾炙する(広く知れわたる)ようになってきています。

みなさんがよく知るメジャーな命令型言語の最近のバージョンでも、関数プログラミングのエッセンスを取り入れた機能が入ってきています。すなわち、たとえ関数型言語を使わない人であっても、使っている言語の新機能をうまく取り入れて開発を続けていくためには、関数プログラミングを学ぶ必要が出てきたということでもあります。

関数プログラミングは、その名のとおり「関数」を基本単位とし、関数の組み合わせでプログラムを構成します。関数プログラミングというスタイル自体は、実用的な言語であれば、恐らくどの言語でも可能です。しかし、やはり関数プログラミングを行いやすいのは、そのために作られた関数型言語ということになるでしょう。

耳にあるいは目にしたことがあるかもしれませんが、関数プログラミングにはさまざまな噂が存在します。

曰く、「簡潔なコードで済む」
曰く、「安全でバグらせにくい」
曰く、「並列化しやすい」

等々。火のない所に煙というわけでもありませんが、これらの噂が出てくるにはそれなりの理由が存在します。

とくに本書初版が執筆された2014年は、広く使われているオープンソースソフトウェアの深刻な脆弱性が立て続けに発覚しました。みなさんの中にも対応に追われることになった方がいるのではないでしょうか。この状況は、今回の改訂版の執筆中も、残念ながらほぼ変わりはありませんでした。

もちろん「if」の話をしても、まったく詮無きことではありますが、複雑な仕様に対してもコードが簡潔に保ちやすい言語、あるいは、プログラマの些細なミスも敏感に検出する安全な言語が使われていたならば、もしかすると防げていたものがあったかもしれません。噂に挙げられたような特性がもし本当であるのならば、関数プログラミングは、世界中の人々が脆弱性対応のために浪費してしまった時間を、丸々なかったことにできたかもしれないのです。

本書は、関数プログラミングや関数型言語とは一体どういうものなのかを明らかにします。その中で、前述したような噂が出てくる理由も示します。最終的に、みなさんの道具箱の中の一つとして、関数プログラミングの基礎を加えます。この道具は、実際に関数型言語を使う場合のみならず、みなさんが普段使っている言語にまで活かせる道具となるはずです。

関数プログラミングや関数型言語に関する書籍は、すでにいくつか存在しています。本書では、関数型言語としてHaskellを説明に用います。とりわけ、関数プログラミングの基礎のほか、以下の2点に力を入れています。

- **関数型言語での設計方法/思考方法**
- **他言語と関数型言語の比較対照**

本書の想定読者は、これまでに他の言語をそれなりに使ってきていて、これから関数プログラミング/関数型言語も志す方々および学生の方々です。

本書では、よく知られた言語との比較を多めにすることで、関数型言語が持つ利点/欠点などの差異が明確になるようにしました。ここには、単純な比較だけではなく、関数型言語の特定の有用な機能を別のメジャーな言語に取り入れようとするとどうなるかといった話も含まれます。

そして、「関数プログラミングにおける思考方法」は、よく知られた構造化プログラミングやオブジェクト指向プログラミングのそれとはかなり違います。他の関数プログラミング関連書籍を読んだことのある方でも、ともすれば「どう考えて書いていったら良いか」設計方法/思考方法がピンとこない方がいるかもしれません。書き方がわかっても、考え方が伴わなければ、プログラムとはそうそう書けるものではありません。そのため本書では、関数型言語で関数プログラミングを行う際、どのように考えを進めていけば関数型言語らしい簡潔なコードになるかを説明しています。

読者のみなさんが、本書から安全なプログラムを記述するための知見を手にし、関数型言語によって、あるいは、みなさんが関わることになる言語に知見を取り入れることによって、より良い未来を築き上げていく一助になればと思います。

2016年8月　**大川 徳之**

● 本書の構成

本書では、各章は次のような構成となっています。

- **第0章　[入門]関数プログラミング** ——「関数」の世界
  第0章は導入です。関数プログラミングと、その実現のための関数型言語とはそれぞれ一体どういうものなのかを説明します。合わせて、関数プログラミング界隈の人とコミュニケーションが取れる程度の、基本的な概念や特徴、用語、歴史などを紹介します。いろいろな関数型言語やそれらで書かれたプロダクトの紹介なども含まれます。
- **第1章　[比較で見えてくる]関数プログラミング**
  ——C/C++、Java、JavaScript、Ruby、Python、そしてHaskell
  第1章では、同一の問題設定の元でメジャーな言語のいずれかとHaskellを比較することで、Haskell(あるいは同様の関数型言語)の持つ機能がプログラミングに与える効果を俯瞰(ふかん)します。この時点ではHaskellの文法を説明していませんが、比較対照が存在しHaskellコードの解説も適宜盛り込んでいるため、エッセンスを読み取るのには支障がないような解説となっています。本当にはじめてHaskellに触れる方は、一度第1章をスキップし、第2章から第5章を読んでから戻ってきても良いでしょう。
- **第2章　型と値** ——「型」は、すべての基本である
- **第3章　関数** ——関数適用、関数合成、関数定義、再帰関数、高階関数
- **第4章　評価戦略** ——遅延評価と積極評価
- **第5章　モナド** ——文脈を持つ計算を扱うための仕掛け
  第2章から第5章までは、Haskellをはじめ多くの関数型言語の安全性に多大な貢献を果たす「型」、Haskellのコードを読み書きするための基本的な文法や、Haskellと他の言語で実際に計算が進んでいくしくみの違い、特徴的で他の命令型言語で取り入れられ始めた機能であるモナドなどについて詳解します。
- **第6章　オススメの開発/設計テクニック**
  ——「関数型/Haskellっぽい」プログラムの設計/実装、考え方
  第6章では、Haskellでのオススメの設計法を、その思考過程がわかるようにステップバイステップ(*step by step*)で説明していきます。何がHaskellらしいコードであり、どう考えればそのようなコードを書けるのか、その手段の一つを把握できるでしょう。もし、(想定読者ではありませんが)あなたに関数型言語の経験があるのであれば、第5章までをスキップし第6章から読み始めるのは良い選択です。
- **第7章　Haskellによるプロダクト開発への道** ——パッケージとの付き合い方
  第7章は、実際にHaskellを使ってプロダクトを作るにあたり、どうコードベースやライブラリを管理していけば良いかを扱います。あなたのプログラムをオープンソースとして公開したり、業務でHaskellを使ったりする場合の参考となるでしょう。
- **第8章　各言語に見られる関数プログラミングの影響**
  ——Ruby、Python、Java、JavaScript、Go、Swift、Rust、C#、C++
  第8章は、既存の、あるいは比較的新しい言語において、関数プログラミングに特徴的な各要素/機能がどのように取り込まれているかを見ていきます。それぞれの言語で関数プログラミングを行う上での助けとなり、また、その言語そのものに対する理解を深めるきっかけとなるでしょう。
- **Appendix**
  巻末付録です。関数型言語が使えるプログラミングコンテストサイトや、ステップアップのために押さえておきたい参考文献や参考情報を紹介しました。

● 増補改訂における、おもな変更点

増補改訂に伴い、おもに以下の内容の追加/更新を行いました。

- 本書内で使われるHaskellサンプルコード/処理系について、執筆時点最新版のGHC8に全面対応
- 第0章、第7章を中心に、Haskell開発環境構築とパッケージ管理において現在デファクトスタンダードになりつつある、Stackage/Stackを採用し、その利用のための解説を追加
- 1.6節「文書をルール通りに生成する ——安全なDSL」を新規追加
- 2.7節「よくある誤解 ——実行時型情報を利用したい」を新規追加
- 4.3節「評価の制御 ——パフォーマンスチューニングのために」において、評価の制御に関する解説をGHC8による関連拡張と共に強化
- 第8章「各言語に見られる関数プログラミングの影響 ——Ruby、Python、Java、JavaScript、Go、Swift、Rust、C#、C++」を新設

● 本書で必要となる前提知識

本書では、前提として、以下に関する知識等を必要とします。❶❷は比較や概念の対比という形で現れます。❸は、Haskellや他の言語のサンプルコードを実際に試してみるためには必要です。

また、必須ではありませんが、第8章では❹の知識もあると良いでしょう。

❶メジャーな命令型言語に対する経験/知識
- Java、C言語、C++、Ruby、Python、JavaScriptなど
- Java 8、C++11まで触れていると良い

❷構造化プログラミングやオブジェクト指向プログラミングの基本事項
- GoF(*Gang of Four*)のデザインパターンなど

❸Unix系OSやWindowsの基本操作(コマンドプロンプトや各言語の開発/実行環境)

❹比較的新しい言語の知識(Go、Rust、Swiftなど)

● 謝辞

本書を執筆するにあたり日比野啓氏と藤村大介氏に、今回の改訂にあたり日比野氏には再度、有益なご助言をいただきました。心より感謝いたします。

また、Haskellをはじめとした技術導入、関連勉強会の開催、本書の執筆などに対し、理解ある職場㈱朝日ネットおよび、そこでの同僚の皆様、そして、スキル向上のため刺激的な勉強会を開催/集い、積極的に関数プログラミングを盛り上げている関数プログラミング界隈、とくにHaskell界隈の皆様にも、厚く御礼申し上げます。

目次●[増補改訂]関数プログラミング実践入門　簡潔で、正しいコードを書くために

本書について iii
本書の構成 v
増補改訂における、おもな変更点 vi
本書で必要となる前提知識 vi
謝辞 vi

第0章
[入門]関数プログラミング
「関数」の世界 2

0.1 関数プログラミング、その前に ——実用のプログラムで活かせる強みを知る 4
関数プログラミングから得られる改善 4

0.2 関数とは何か? ——命令型言語における関数との違い 5
関数プログラミングにおける関数 5
副作用 7

0.3 関数プログミングとは何か? ——「プログラムとは関数である」という見方 8
プログラミングのパラダイム 8
命令型プログラミングのパラダイム 8
オブジェクト指向プログラミングのパラダイム 8
関数プログラミングのパラダイム ——プログラムとは「関数」である 9
関数の持つモジュラリティ ——「プログラムを構成する部品」としての独立性 9

0.4 関数型言語とは? ——関数が第一級の対象である? 代入がない? 10
関数型言語であるための条件 10
関数のリテラルがある 11
関数を実行時に生成できる 11
関数を変数に入れて扱える 11
関数を手続きや関数に引数として与えることができる 11
関数を手続きや関数の結果として返すことができる 11
関数型言語と命令型言語 12
代入がないことから得られるもの 14
Column いろいろな関数型言語 15

0.5 関数型言語の特徴的な機能 ——型の有無、静的/動的、強弱 18
型付きと型なし 18
静的型付けと動的型付け 19
純粋 19

型検査 …… 20
強い型付けと弱い型付け …… 20
型推論 …… 21
Column 弱い型付けは何のため? …… 21
依存型 …… 22
評価戦略 …… 22
おもな関数型言語と命令型言語の機能一覧 …… 23

0.6 なぜ今関数型言語なのか? ——抽象化、最適化、並行/並列化 …… 23
関数型言語の抽象化 ——数学的な抽象化とは? …… 24
関数型言語の最適化 …… 25
関数型言語と並行/並列プログラミング …… 28
並行/並列という概念とプログラミングの難しさ …… 29
目的から考える並行/並列プログラミング …… 30
並行プログラミングの難しさ ——競合状態、デッドロック …… 31
並列プログラミングの一助 ——参照透過性の保証 …… 33
Column 関数型言語と定理証明 …… 34

0.7 関数型言語と関数プログラミングの関係 ——強力な成果を引き出すために …… 35
関数プログラミングの導入 ——命令型でも活かせる技法 …… 35
関数型言語による関数プログラミングの導入 …… 35

0.8 関数型言語の歴史 ——過去を知り、今後を探る …… 36
関数型言語のこれまで …… 36
関数型言語のこれから …… 38
進化の方向 …… 38
普及可能性 …… 40

0.9 関数型言語を採用するメリット ——宣言的であること、制約の充足のチェック、型と型検査、型推論 …… 41
宣言的であることのメリット …… 41
制約の充足をチェックしてくれるメリット …… 42
型と型検査があることのメリット …… 43
型推論のメリット …… 45

0.10 本書で取り上げる関数型言語 ——Haskellの特徴、実装、環境構築 …… 46
Haskellが持つ特徴的な機能 …… 46
Column 世界で一番美しい? クイックソート? …… 46
Haskellの実装 …… 47
Haskell環境の構築 …… 47
対話的インタープリタGHCiの基本的な使い方 …… 48
コンパイラGHCの基本的な使い方 …… 49

0.11 まとめ 51

Column 現在関数型言語が採用されている分野/プロダクト 52

第1章
[比較で見えてくる]関数プログラミング
C/C++、Java、JavaScript、Ruby、Python、そしてHaskell 56

1.1 部品を組み合わせる ――合う部品のみ合わせられる力 58
同じものから同じものへの変換を組み合わせる 58
2次元の座標変換 58
C言語の場合 ――合わない部品 59
JavaScriptの場合 ――合うかもしれない部品を作り/合わせる力 62
組み合わせやすさは部品化の大前提 64
さらなる部品化 64
Haskellの場合 ――合う部品を作り/合う部品のみ合わせる力 67

1.2 文脈をプログラミングする ――NULL considered harmful 68
NULLが示すもの 69
NULLの危険性 69
値がないことを扱う方法 70
C++(boost::optional)の場合 ――強力過ぎる例外処理のボイラープレート 70
Javaの場合 ――ネストしていくメソッドチェイン 73
Haskellの場合 ――行間に処理を発生させることのできる力 75

1.3 正しい並列計算パターン ――計算パターンの変化と影響 77
C(OpenMP)の場合 ――アノテーションによる並列化 77
要件追加に対応するための不用意な変更 79
失敗の原因と正しい変更 80
Haskellの場合 ――危険な並列化の排除 82
要件追加に対応する変更 83
純粋であることによって守られたもの 84
Column それでも並列化は難しい 84

1.4 構造化データの取り扱い ――Visitorパターン 85
Java(Visitorパターン)の場合 ――肥大化と引き換えの柔軟性 85
Haskellの場合 ――型の定義/利用のしさすさ 88
コード量の差が生じる要因 89
型を簡単に定義できる 89
パターンマッチがある 90

1.5 型に性質を持たせる ——文字列のエスケープ 91
HTMLの文字列エスケープ 91
Rubyの場合 ——性質の改変は利用者の権利 93
「エスケープ済みである」という性質をクラスで保護/保証する 93
保証を破れる言語機能の存在 94
Haskellの場合 ——性質の保証は提供者の義務 95
「エスケープ済みである」という性質を型で保護/保証する 96
保証した性質を破らせない 97
「型システムが強力である」ことが意味するもの ——その場所場所で、適切な型付けの度合いを選択する余地がある 98
1.6 文書をルール通りに生成する ——安全なDSL 99
構造を持つ文書とルール 99
プログラムから文書を生成する方法 99
Pythonの場合 ——Jinja2で生成してみる 100
Haskellの場合 ——言語内DSL 102
文脈にまで性質を持たせる 106
1.7 まとめ 107
第2章 型と値 「型」は、すべての基本である 108
2.1 Prelude ——基本のモジュール 110
基本のPreludeモジュール ——モジュールのimportの基本 110
2.2 値 ——操作の対象 111
値の基本 111
リテラル ——値の表現、およびその方法 111
数値リテラル 112
文字リテラル 112
文字列リテラル 113
ラムダ式 ——関数のリテラル 114
値コンストラクタ ——Haskellの真偽値True/Falseは値コンストラクタ 115
2.3 変数 ——値の抽象化 116
変数 116
定数 117
束縛 117

2.4 型 ——値の性質 118

型の基本 118
型の確認と型注釈 119
関数の型 120
カリー化 121
意図的に避けた型の確認 123
型検査 124
多相型と型変数 125
リスト 125
タプル 128
Either 130
Maybe 130
型推論 132

2.5 型を定義する ——扱う性質の決定 133

既存の型に別名を付ける ——type宣言 133
既存の型をベースにした新しい型を作る ——newtype宣言 134
完全に新しい型を作る ——代数データ型 135
代数データ型の定義の基本 ——HTTPステータス 137
レコードを使う ——色空間RGBA 137
多相型に定義し直してみる ——2次元の座標空間 139
再帰型の定義 ——自然数 140
多相型と再帰型 ——2分木 141
代数データ型と直積/直和 142

2.6 型クラス ——型に共通した性質 143

型クラスとは何か? 143
型クラスを調べる 145
いろいろな型クラス 145
Show 145
Read 146
Num 147
Fractional 148
Floating 148
Integral 149
Eq 150
Ord 150
Enum 151
Bounded 152

2.7 よくある誤解 ——実行時型情報を利用したい 152

型を見て分岐したい 153
実行時型情報と型検査の相性 154

2.8 まとめ 154

Column コンストラクタ名に惑わされず、データの構造を捉える 155

第3章 関数
関数適用、関数合成、関数定義、再帰関数、高階関数 156

3.1 関数を作る ——既存の関数から作る、直接新たな関数の定義する 158

関数を作る方法 158

3.2 関数適用 ——既存関数の引数に、値を与える 158

関数適用のスペース 158
関数適用の結合優先度 159
関数の結果としての関数との関数適用 159
関数の2項演算子化 160
2項演算子の関数化 161
　セクション 161
部分適用 162

3.3 関数合成 ——既存の関数を繋げる 162

関数合成と、合成関数 162

3.4 Haskellのソースファイル ——ソースファイルに関数を定義し、GHCi上でそれを読み込む 164

サンプルファイルの準備とGHCiへの読み込み 165
ソースファイルへの追加/編集、再読み込み 166

3.5 関数定義 ——パターンマッチとガード 167

一般的な関数の定義 167
パターンマッチ ——データの構造を見る 167
　直接的な値にマッチさせる 168
　コンストラクタにマッチさせる 169
　複合的なパターンマッチ 170
　パターンマッチの網羅性 171
　asパターン 172
　プレースホルダ 172
ガード ——データの性質を見る 173
　網羅的でないガード条件 174
パターンマッチとガードを組み合わせる 175
caseとif 176

Column 「文」と「式」と、その判別 177

where/let 178

Column 場合分けの構文糖衣 ——実は、全部case 179

let式 180

where節 181

3.6 再帰関数 ——反復的な挙動を定義する関数 182

3つの制御構造と、再帰関数の位置付け ——連結、分岐、反復 182

再帰的定義 182

関数の再帰的定義 183

いろいろな再帰関数 184

length 184

take/drop 185

挿入ソート 186

再帰的な考え方のコツ 187

再帰の危険性とその対処 188

Column そんなに再帰して大丈夫か(!?) 189

3.7 高階関数 ——結果が関数になる関数、引数として関数を要求する関数 190

高階関数とは? 190

結果が関数になる関数 190

引数として関数を要求する関数 191

高階関数を定義する 191

いろいろな高階関数 192

filter 192

map 193

zip(zipWith) 194

foldl/foldr 195

scanl/scanr 197

実際に使ってみる ——部分列の列挙 198

3.8 まとめ 199

第4章

評価戦略

遅延評価と積極評価 200

4.1 遅延評価を見てみよう ——有効利用した例から、しっかり学ぶ 202

たらい回し関数(竹内関数) 202

たらい回し関数の定義 202

たらい回し関数の実行——C++版 203
たらい回し関数の実行——Haskell版 204
たらい回しの省略 205
無限のデータ 206
レンジによる無限列 207
再帰的定義による無限列 207
フィボナッチ数列、再び 208
無限に広がる2分木 209
省略によるエラー耐性 211
実行時のエラー 211
最高の実行時エラー対策 ——それは、実行しないこと 212
平均値 213
通常の平均値の計算 213
ちょっと変わった平均値の計算 214

4.2 評価戦略 ——遅延評価と積極評価のしくみ、メリット/デメリット 216

評価戦略と遅延評価 216
簡約 216
正規形 217
簡約の順番 217
順番による結果の違い 218
積極評価 219
C言語 219
遅延評価 220
最左最外簡約 220
WHNF(弱冠頭正規形) 220
サンク 221
グラフ簡約 222
積極評価と遅延評価の、利点と欠点 223
積極評価の利点、遅延評価の欠点 223
遅延評価の利点、積極評価の欠点 224

4.3 評価を制御する ——パフォーマンスチューニングのために 226

評価の進む様子を観察する 226
サンクを潰す 227
コンストラクト時に潰す 228
束縛時に潰す ——BangPatterns 230
モジュール単位で潰す ——積極評価のHaskell 231
サンクを潰したいケース ——スペースリークの恐怖 232
Haskell版たらい回し関数を遅くする 234
C++版たらい回し関数を速くする 235

4.4 まとめ 237

Column **パフォーマンスチューニングの第一歩 ——プロファイルを取る** 238

第5章 モナド
文脈を持つ計算を扱うための仕掛け

第5章 モナド 文脈を持つ計算を扱うための仕掛け 240

5.1 型クラスをもう一度 ――自分で作るという視点で 242
型クラスを定義する 242
型クラスのインスタンスを作る 243
型クラスインタフェースのデフォルト実装 244
[比較]他の言語の「あの機能」と「型クラス」 245
インタフェースの後付け 245
同じ型であることの保証 246

5.2 モナドの使い方 ――文脈をうまく扱うための型クラスインタフェース 248
文脈を持つ計算 ――モナドを使うモチベーション 248
どこかで失敗するかもしれない計算 ――Maybeモナド 249
複数の結果を持つ計算 ――リストモナド 251
同じ環境を参照する計算 ――((->) r)というモナド 253
型クラスとしてのモナド ――アクション、return(注意!)、bind演算子 256
モナド則 ――インスタンスが満たすべき、3つの性質 256
「モナド則を満たしていないモナド型クラスのインスタンス」の例、とHaskellでの注意点 257
do記法 257
do記法とモナド則 259

5.3 いろいろなモナド ――Identity、Maybe、リスト、Reader、Writer、State、IO ... 260
Identity ――文脈を持たない 261
Maybe ――失敗の可能性を持っている 261
現実世界と理想的な型の世界の接続と失敗 262
リスト ――複数の可能性を持っている 264
リスト内包表記 265
文脈の多相性 266
Reader ――参照できる環境を共有する 268
configを参照する処理 270
Writer ――主要な計算の横で、別の値も一直線に合成する 271
State ――状態の引き継ぎ 276
IO ――副作用を伴う 279
副作用を扱えるのに純粋と言える理由 281

5.4 他の言語におけるモナド ――モナドや、それに類する機能のサポート状況 283
他の関数型言語とモナド 283
命令型言語とモナド ――Javaのモナドとの比較 283

Optionalクラス 283
Streamクラス 284
メソッドチェインの弊害 ――do記法のありがたみ 284
副作用による汚染は防げない 286

5.5 Haskellプログラムのコンパイル ――コンパイルして、Hello, World! 287

「普通」の実行方法について ――コンパイルして実行する 287

5.6 まとめ 288

Column 関数型言語で飯を喰う 289

第6章 オススメの開発/設計テクニック
「関数型/Haskellっぽい」プログラムの設計/実装、考え方 290

6.1 動作を決める ――テストを書こう 292

テスト、その前に 292
テストのためのライブラリ 292
doctest/QuickCheckによるテスト 293
doctestの導入 293
doctestを使う 294
QuickCheckを併用する 294

6.2 トップダウンに考える ――問題を大枠で捉え、小さい問題に分割していく 296

ランレングス圧縮(RLE) 296
関数の型を決める 297
テストを書く 297
「らしからぬ」コード 298
「らしい」コード 299
トップダウンに設計/実装する 299
型から関数を検索する ――型情報で検索できる「hoogle」 301
設計/実装を進める 301
hlintで仕上げる ――よりHaskellらしいコードにするために 308
さらなる仕上げ ――もっとシンプルに 310
今回の例から学ぶ、設計/実装、考え方の勘所 311
数独 312
ソルバの型を考える 312
盤面状況を扱うデータ構造を決める 313
何をすると数独が解けるか 314
まだ数値が埋まっていないマスの候補を選ぶ 316
マスに入れることのできる数値の候補を選ぶ 317

入れることのできる数値の候補が最も少ないマスを選ぶ 319

6.3 制約を設ける ——型に制約を持たせる 322

制約をどのように表現するか 322
2の冪乗を要求するインタフェース 323
2の冪乗という制約を持った数の型 324
可視性を制御して性質を保護する 326
命令型言語で型に制約を持たせる ——C++の例 327

6.4 適切な処理を選ばせる ——型と型クラスを適切に利用し、型に制約を記憶させる 330

複数のエスケープ 330
変換履歴を持った文字列の型 331
変換されているかもしれない文字列のクラス 332
エスケープ方法の持つべき性質 332
各エスケープを定義する 333
モジュールを利用してみる 334

6.5 より複雑な制約を与える ——とても強力なロジックパズルの例 337

ロジックパズル ——3人の昼食 338
人間の推論 339
推論規則を型で表す 341
推論規則を使って答えを実装する 344
強力な型がインタフェース設計に与えた力 345

6.6 まとめ 346

第7章 Haskellによるプロダクト開発への道 パッケージとの付き合い方 348

7.1 パッケージの利用 ——パッケージシステムCabal 350

Haskellのパッケージシステム 350
公開されているパッケージを探す ——Hackage 350
公開されているパッケージを利用する ——cabal編 351
パッケージのインストール 351
パッケージのアンインストール 352
パッケージを利用する 352
公開されているパッケージを利用する ——Cabal sandbox編 353
sandbox環境を使う 353

7.2 パッケージの作成 ——とりあえずパッケージングしておこう 354

cabalize ——パッケージング作業 354
サンプルパッケージの作成 ——FizzBuzzライブラリ 355
cabalizeする 355
オススメのディレクトリ構成 357
モジュールの作成と公開 357
ビルド 358
パッケージング 359
バージョニング 359
パッケージの作成方法 360
パッケージのアップロード、バージョンアップ 361
Column **Hackageへ公開しよう** 362

7.3 組織内開発パッケージの扱い ——工夫、あれこれ 363

Cabalを通した利用 ——一番単純な方法 363
Cabal sandboxを通した利用 ——パッケージデータベースを共有しない方法 364
組織内Hackageサーバの利用 365
パッケージを分けない 366

7.4 利用するパッケージの選定 ——依存関係地獄、選定の指針 366

依存関係地獄 367
Haskellにおける依存関係地獄 367
パッケージ選定上、有望な性質 368
コアに近いパッケージ 369
枯れたパッケージ 369
シンプルなパッケージ 369
依存関係が少ないパッケージ 370
Column **「バージョン上限」を設ける利点** 370
依存関係が広いパッケージ 371
Column **Cabal sandboxの光と影** ——「パッケージレベルでの組み合わせやすさ」は、いかに? 372
インタフェースが安定しているパッケージ 373

7.5 依存パッケージのバージョンコントロール ——パッケージごとにどのバージョンを選択するか 373

バージョンの選定および固定について 373
1 各OSのパッケージシステムに用意されているものを使う 374
1 Cabalでローリングアップデートポリシーを定めて逐次更新していく 376
3 Stackageに用意されているものを使う 377

7.6 バージョン間差の吸収 ——バージョン間の差分の検出から 378

複数開発環境の共存 378
Dockerを使う 379
Stackを使う 380

CIサービスを使う 380
インタフェースが安定しないパッケージの扱い方 381
Column Stackage/Stackを使う上での注意 384

7.7 まとめ 385

Column Haskellでのwebアプリケーション作成 ——より一層、複雑な文脈を表現するモナドの必要性 386

第8章
各言語に見られる関数プログラミングの影響
Ruby、Python、Java、JavaScript、Go、Swift、Rust、C#、C++ 388

8.1 変数を定数化できるか ——変更を抑止する 390
変数を定数修飾する 390
メソッドを定数修飾する 390

8.2 関数の扱いやすさ ——関数/ラムダ式、変数への代入、関数合成、部分適用、演算子 391
各言語における関数/ラムダ式 391
変数への代入 391
呼び出し方の差異 ——Rubyの例 392
[関数ではない点1]Pythonのラムダ式 ——参照する環境の影響 393
[関数ではない点2]Javaのラムダ式 ——定数制約の検査 394
[関数ではない点3]C++のラムダ式 ——キャプチャ 395
「関数」を定義するポイント 397
関数合成 397
部分適用 398
Rubyの部分適用 398
C++、Pythonの部分適用 399
Goの部分適用 399
演算子 400
Swiftの演算子定義 ——オペレータ関数 400
Rubyの演算子定義 401

8.3 データ型定義とパターンマッチ ——Rust、Swift 402
データ型定義とパターンマッチの例 402
網羅性検査 403
再帰的な構造 404

8.4 型システムの強化 ——静的型付けと型検査、型推論 405
静的型付けの導入 405
型推論の採用 406

8.5 リスト内包表記 ——Python、C#のLINQ 408
Pythonのリスト内包表記 408
C#のリスト内包表記 ——LINQ 409
8.6 モナド ——Java 8、Swift 409
Swiftのモナド相当のインタフェース 409
Column Python関数プログラミングHOWTO 409
Stateモナド相当の実装例 411
8.7 コンパイル時計算 ——C++テンプレート 413
C++テンプレートによる関数プログラミング 413
C++テンプレートによるデータ型定義 414
自然数 414
リスト 416
C++テンプレートによる関数定義 416
C++テンプレートの評価戦略 419
C++テンプレートの限界 420
8.8 まとめ 422
Column Safe navigation operator 423
Appendix 424
A.1 関数型言語が使えるプログラミングコンテストサイト ——ゲーム感覚で挑戦 425
[入門]プログラミングコンテスト 425
Anarchy Golf 426
AtCoder 427
CodeChef 428
Codeforces 429
SPOJ 430
A.2 押さえておきたい参考文献&参考情報 ——次の1手。さらに深い世界へ… 431
関数プログラミングについて 431
Haskellについて 432
型システムについて 434
圏論について 434
索引 435

［増補改訂］

関数プログラミング実践入門

簡潔で、正しいコードを書くために

第0章

[入門]関数プログラミング

「関数」の世界

関数プログラミング

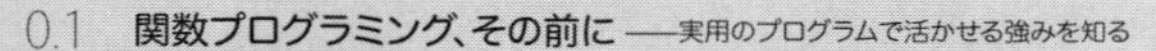

0.1 関数プログラミング、その前に ——実用のプログラムで活かせる強みを知る
0.2 関数とは何か? ——命令型言語における関数との違い
0.3 関数プログラミングとは何か? ——「プログラムとは関数である」という見方
0.4 関数型言語とは? ——関数が第一級の対象である? 代入がない?
0.5 関数型言語の特徴的な機能 ——型の有無、静的/動的、強弱
0.6 なぜ今関数型言語なのか? ——抽象化、最適化、並行/並列化
0.7 関数型言語と関数プログラミングの関係 ——強力な成果を引き出すために
0.8 関数型言語の歴史 ——過去を知り、今後を探る
0.9 関数型言語を採用するメリット ——宣言的であること、制約の充足のチェック、型と型検査、型推論
0.10 本書で取り上げる関数型言語 ——Haskellの特徴、実装、環境構築
0.11 まとめ

「関数プログラミング」や「関数型言語」という単語について、最近気になっている人は多いのではないでしょうか。開発効率が良い、バグが少ない、といった謳い文句と共に、関数プログラミングに関する記事などもよく目にするようになりました。すでに、関数型言語によって作られたプロダクトも現れています(詳しくは後述)。

元々研究の世界で行われてきた関数プログラミングは、もはや一部の研究者だけのものではありません。関数型言語は、プロダクト開発のための十分実用的な選択肢として、よく知られた命令型言語たちと肩を並べるようにして、我々の前にもう存在しているのです。

では、「関数プログラミング」とは、実際にはどのようなものなのでしょうか。「関数型言語」における「関数」とは何でしょうか。命令型言語で言うところの関数と同じものでしょうか。何が違うのでしょうか。本当に開発効率が良かったりバグが少なくできるとしたら、その根拠はどのようなところにあるのでしょうか。

本章では、関数プログラミングの世界を見晴るかすため、まずは関数プログラミングおよび関数型言語の特徴を明らかにしていきましょう。

0.1 関数プログラミング、その前に
実用のプログラムで活かせる強みを知る

関数プログラミングや関数型言語を学ぶにあたり、まずはモチベーションを明確にします。実利に勝る理由付けは、なかなかないでしょう。

関数プログラミングから得られる改善

はじめに、関数プログラミングや関数型言語を学び、利用することにより、どのようなことが可能になるのでしょうか。その概略を見ておきましょう。

>コード量が少なくなる

それなりの機能を持つプログラムを普通に書くと、ずっと少ない行数で済むことに驚くでしょう。これは、関数プログラミングでは、高度で有用な抽象化能力を持つことで知られた「数学」という分野の概念を、そのままプログラミングにも適用しやすいためです。コードの少なさは、他のどのような小細工よりもメンテナンス性の高さに直結します。

>最適化がしやすい

最適化はすでに多くのプログラマが労力をかけるような仕事ではなく、コンパイラなどの処理系が自動でやってくれる仕事になっています。そのため、処理系が最適化のために使える有用な特徴を備えているほど、効率を気にしないプログラムから高効率のプログラムが自動生成されることになります。ここでも、関数プログラミングの高度な抽象化能力が役に立つでしょう。

>並行/並列化がしやすい

CPUの進化は、単に動作周波数が速くなっていった過去と異なり、コアが増えていく方向に進んでいます。つまり、どのようなプログラムであってもCPUが新しくなれば何となく速くなっていった過去と異なり、並行/並列化されたプログラムでないとCPUが新しくなっても速くなってはくれません。時代に応じて、さらにCPUコアが増加していったとしても、正しく並行/並列化されたプログラムであれば(後述)、プログラムの変更なしにコアを十二分に使い切るでしょう。

>バグり/バグらせにくい

一部の関数型言語では、かなり高度な制約条件を「型」として表現し、その制約条件が守られているかをコンパイル時などに検査させることが可能です。自分が書いたライブラリを他の人に使ってもらうとき、あるいは、数年前の自分が書いたプログラムをメンテナンスするときなど、正しくない使い方がそもそもできないように禁止してしまうことができます。

>ドキュメントが少なくなる

高度な制約条件が守られているかコンパイル時などに検査できるということは、その制約条件についてはドキュメンテーションの必要がないということです。わざわざドキュメントに守られるべき制約条件を記述するくらいなら、その時間を制約条件を

表現するためのプログラミングに使えば良いのです。ドキュメントで注意喚起するよりも検査で禁止してしまえば良いのですから。

●●●●●●●●●●

実用のプログラムに携わる人で、かつ、上記のような項目に興味がないという人はまずいないでしょう。以降、関数プログラミングや関数型言語そのものからスタートし、これらの項目についても適宜取り上げていきます。

0.2 関数とは何か？ 命令型言語における関数との違い

関数プログラミングや関数型言語で最も特徴的なものは「関数」(*function*)です。まずは、これらが扱う関数とは一体どのようなものかについて見ていきましょう。

関数プログラミングにおける関数

関数プログラミングにおける「関数」とは何でしょうか。命令型言語[注1]における関数とは特定の命令/手続きの列に付けられたラベル[注2]に過ぎません。対して、関数プログラミングにおける関数とは「与えられた入力の値のみから出力となる値をただ1つ決める規則」という数学的な意味での関数です[注3]。

たとえば、次のsay.cppのsayは、関数プログラミングにおける関数ではありません。

```
// C++
// say.cpp
// 文字列を標準出力に表示する
void say(const std::string& something) {
    std::cout << something << std::endl; // 外界との入出力を行っている
}
```

上記コードでsayは外界への文字の出力を行っています。外界との入出力は

注1　計算機が実行すべき命令文の羅列によりプログラムを記述する言語です。「手続き型言語」と言われることもあります。C言語やJava、PerlやRubyにPythonなど現在主流となっている言語はほとんど命令型言語です。

注2　補足しておくと、アセンブラで言うところの「ラベル」を意図しています。ただし、ここは単に命令列のの先頭、あるいは命令列のブロックを識別するための単なる「名前」と思っていて差し支えありません。

注3　関数プログラミングおよび関数型言語と数学の関係は後述します(0.6節内「関数型言語の抽象化」項)。

当然外界の状況に依存するため、常に同じ結果になるとは限りません。

もう一つ、例を見てみましょう。

```
# Ruby
# current.rb
# 現在時刻を得る
def current
  Time.now # 与えられた入力値以外から出力が決まっている
end
```

上記コードにおけるcurrentは外界から時刻を取得しています。currentには何も引数を与えていないので、与えられた入力の値のみから出力となる値がただ1つ決まるという数学的な意味での関数であれば、常に同じ値にならなければいけませんが、実際はcurrentを使うときによって結果が毎回異なってきます。

次のshow.cppのshowは、関数プログラミングにおける関数と言って差し支えないでしょう。

```
// C++
// show.cpp
// 整数値nを文字列に変換する
// show(1234) => "1234"
std::string show(const int n) {
    std::ostringstream oss;
    oss << n;
    return oss.str();
}
```

上記コードにおけるshowは、与えられた数値のみからその文字列表現を得ます。showはいつどのように使っても、同じ数値を与えれば同じ文字列表現が得られます。showは数学的な意味での関数です。

```
# Ruby total.rb
# numbersの中身を全部足す
# total([1,2,3]) => 6
def total(numbers)
  numbers.inject(:+)
end
```

上記コードにおけるtotalは、与えられた数値の列のみからその総和を得ます。totalはいつどのように使っても、同じ数値の列を与えれば同じ総和が得られます。totalは数学的な意味での関数です。

以降、本書では、単に「関数」とだけ書かれていた場合、数学的な意味での関数を意味するものとして扱います。対して、関数でないもの、たとえば、命令型言語における「(いわゆる)関数」は、本書では「手続き」と呼び分けます。

副作用

プログラミングにおいて、「状態」を参照し、あるいは「状態」に変化を与えることで、次回以降の結果にまで影響を与える効果のことを**副作用**（*side effect*）と呼びます。

たとえば、代入は副作用です[注4]。変わりゆく変数の中身がその時点で何であるかは「状態」の一つです。次回の参照時には、前回と違う「状態」が結果として得られるかもしれません。

たとえば、入出力は言語の外の世界[注5]の「状態」に干渉しますから副作用になります。ファイルへの書き込みはもちろんのこと、ファイルの内容を一切変更せずただ読み出すだけの処理を考えても、物理ディスクから読み出しを行う物理的な動作（磁気ヘッドの駆動やプラッタの回転）を発生させるかもしれず、その動作によって物理ディスク自身が破損するかもしれません。そうなると、次回以降同様の読み出しが同じ結果になりません[注6]。

副作用を持つ手続きは、前述した「関数」ではありません。関数プログラミングについて学んでいく上では、プログラミングが対象とする処理内容について、**図0.1**のように副作用を区別して考えていくことが重要です。

注4　とくに、グローバル変数の参照/書き換えは最も厄介な副作用です。

注5　つまり、論理の世界ではなく、我々のいるこの世界。

注6　と言うより、そもそもI/Oエラーになるでしょう。

図0.1 プログラミングが対象とする処理

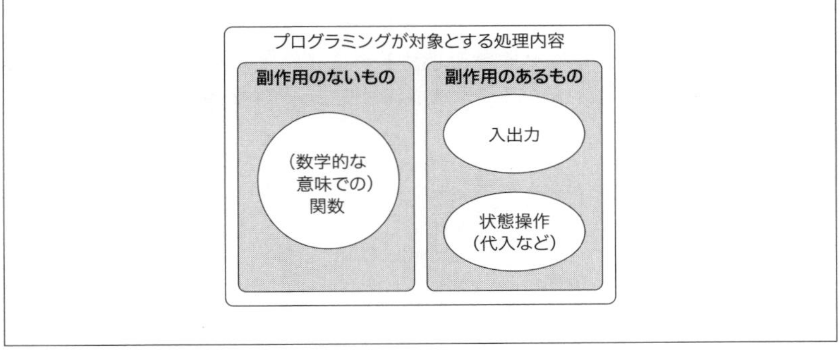

0.3 関数プログミングとは何か?
「プログラムとは関数である」という見方

関数プログラミング(*functional programming*)とは、値に、前節で解説した関数を適用していくことで計算を進めるプログラミングスタイルです。

プログラミングのパラダイム

プログラミングにおいて、プログラムやそれが対象とする問題自体を「どういうものとして見るか」を、プログラミングパラダイム(*programming paradigm*)と呼びます注7。大抵1つの言語は1つのパラダイムを持ちます。複数のパラダイムでプログラミング可能な言語をマルチパラダイムなどと呼びます。

プログラミングに限らず、「物事を違う視点で捉える」というのは難しいことです。関数プログラミングが難しいという印象を与えやすいのは、多くのプログラマが初学時に学んだ言語によるプログラミングパラダイムと、関数プログラミングのパラダイムが違うためです注8。

では、命令型やオブジェクト指向のパラダイムを確認した上で、関数プログラミングのパラダイムとはどのようなものかを見てみましょう。

命令型プログラミングのパラダイム

命令型プログラミングにおいては、「プログラムとは計算機が行うべき命令の列」です。プログラミングとは命令を適切な順番に並べることであり、並べた命令を順番に実行することにより問題を解き、機能を実現します。

オブジェクト指向プログラミングのパラダイム

オブジェクト指向プログラミングにおいては、「プログラムとはオブジェクトとそのメッセージング」です。プログラミングとは問題の中にどのようなオブジェクトがあるのかを見出して定義することであり、オブジェクトを生成/管理してオブジェクト同士メッセージをやり取りすることで問題を解き、機能を実現します。

注7　「ハンマーを持つ人には、すべてが釘に見える」というやつに近いでしょうか。
注8　逆に言えば、その程度の理由でしかないのです。

関数プログラミングのパラダイム──プログラムとは「関数」である

一方、関数プログラミングでは、「プログラムとは『関数』である」という見方をします。そして、大きなプログラムは小さなプログラムの組み合わせから成ります。大きなプログラムは大きな関数、小さなプログラムは小さな関数であるとすると、プログラムの組み合わせとは**関数合成**(*function composition*)ということになります。ここで言う関数合成も数学のものと同じで、ある関数fと関数gがあるときに`h(x)=f(g(x))`という結果になる新しい関数hを作ることです。関数hが関数fと関数gを合成したものであるとき、hをf∘gと書き`(f∘g)(x)=f(g(x))`となります。このようにして組み立てた関数を適用していくことにより、問題を解き、機能を実現します。

「プログラムが小さな部品の組み合わせから成る」ということは、どの言語を使っているプログラマでも同じ認識を持っているでしょう。このときの組み合わせやすさ/部品としての独立性のことを**モジュラリティ**(*modularity*)と言います。関数プログラミングは、関数と関数合成の持つ性質によってモジュラリティの高さを保証しているのです。

関数の持つモジュラリティ ──「プログラムを構成する部品」としての独立性

関数プログラミングにおける**関数**は、前節で述べたとおり入力だけから出力が決定しそれ以外の要因によらない、つまり副作用を持たないため、「プログラムを構成する部品」としての独立性は良好です。

関数に対し、入力の取り得る値全体から成る集合を**定義域**(*domain*)、出力の取り得る値全体から成る集合を**値域**(*codomain*)と言います。たとえば、文字列の長さを得る関数であれば、定義域は文字列全体、値域は自然数[注9]全体となります。

値xが関数fの定義域に含まれていればxにfを適用することができますし、関数fの値域が関数gの定義域に収まっていれば、関数fとgは問題なく合成できます。

関数プログラミングにおける関数に相当しないものは、一般にモジュラリティが悪くなります。たとえば、値域と定義域が一致しているような関数fとgがあったとしましょう。つまり、`f(g(x))`でも、`g(f(x))`でも、この呼び出し自体

注9　0を含みます。

に問題はないものです。ただし、fは内部であるリソースの初期化を行っており、gは内部でfと同じリソースを初期化済みを仮定して利用しているとします。すなわち、関数のつもりでfとgを使っていますが、これらは実は手続きだったという状況です。このとき、fを適用してからgを適用するような組み合わせは可能ですが、gを適用してからfを適用するような組み合わせはできません。値域と定義域のみから関数を部品として組み合わせることはできず、fとgの間には**文脈**(*content*)注10が存在していることになります。

本節冒頭で述べたとおり、関数プログラミングでは、手続きでなく「関数」を扱います。そのため、「数学的な意味での関数のみ使う＝手続きを扱わない」という**制約**があることになります。

0.4 関数型言語とは?
関数が第一級の対象である? 代入がない?

続いて、関数プログラミングを実現する関数型言語(*functional language*)**とはどのようなものか、という点について見ていきましょう。**

関数型言語であるための条件

一般的には、関数型言語とは**関数が第一級**(*first class*)**の対象である言語**のことです。「第一級の対象である」とは、その言語において単なる値と同じ、たとえば以下のような特徴を与えられているということです。

- リテラルがある
- 実行時に生成できる
- 変数に入れて扱える
- 手続きや関数に引数として与えることができる
- 手続きや関数の結果として返すことができる

関数が第一級の対象であるということは、特別なこと注11をしなくとも「**関数を値**と同じように扱う機能を持つ」ということです。関数と値に区別がほとんど

注10 ここでは、定義域と値域だけでない背後に隠れた何かを「文脈」と呼んでいます。関数型言語には文脈をプログラミングできるものもあり、たとえばF#なら「コンピュテーション式」(p.15のコラム内の「F#」部分も合わせて参照)、Haskellなら「モナド」で扱います。モナドは第5章で取り上げます。

注11 関数ポインタを扱ったりとか関数オブジェクトを作ったりなど。

ないのです。

関数が第一級の対象であるとはどういうことか、前出の項目についてそれぞれ説明します。

● 関数のリテラルがある

文字列や数値にリテラルがあるように、関数型言語では関数にもリテラルが与えられています。よく見られるのはラムダ式（λ式、後述）によるものです。言語によってラムダ式の記法は異なるので、ここでは説明のために雰囲気だけですが、たとえば引数に1を足す関数はラムダ式`(λx . x + 1)`で表せるといった感じです。この関数を2に適用すると`(λx . x + 1) (2)`が2+1となります。

● 関数を実行時に生成できる

関数型言語では、関数を実行時に生成でき、その方法は多岐にわたります。関数合成によって作られることもありますし、部分適用（後述）や高階関数（後述）によって作られることもあります。ラムダ式によって作られることもあります。

● 関数を変数に入れて扱える

値を変数に入れるのと同様にして、関数を変数に入れて扱うことができます。関数型言語では変数の中身は値かもしれないし関数かもしれません。

● 関数を手続きや関数に引数として与えることができる

定義域が特定の関数の集合となるような関数が作れるということです。たとえば、関数を引数に取って、その関数に1を適用した結果になる関数が作れます。`(λf . f (1))`という雰囲気です。

● 関数を手続きや関数の結果として返すことができる

値域が特定の関数の集合となるような関数が作れるということです。たとえば、値を1つ取って、その値を足す関数になるような関数が作れます。ラムダ式では`(λa . (λb . a + b))`という雰囲気です。実際に、1にこの関数を適用すると、`(λa . (λb . b + a)) (1)`が`(λb . b + 1)`という結果になります。1を足す関数になっていますね。

●●●●●●●●●●

ただし、最近では既存の命令型言語でも関数型言語の特徴を取り込もうとしている言語もあるため、この要件だけをもって関数型言語を特徴付けることは難しくなってきています。

たとえば、JavaScriptなどは以前から関数が第一級の対象になっていますし、JavaやC++もそれぞれJava 8とC++11でラムダ式を取り入れるなど、徐々に関数型言語の機能を取り込もうとしている部分があるようです。

もちろん、関数型言語の特徴を取り込んだ言語でも、関数プログラミングをすることは可能です。ただし、やりやすいかと、有用であるかとは、また別の話[注12]ということになります。

関数型言語と命令型言語

プログラミングというものに対し関数型言語から入るという人は、割合としてはあまり多くはないでしょう。多くの人は命令型言語にまず触れていると思いますが、関数型言語と命令型言語の間には大きな違いがあります。

命令型言語では、ある結果を達成するため、CPUあるいは処理系の低レベルな挙動を陽に記述する必要があります。具体的には、

- 値をどこに格納するのか(代入)
- どこから値を取り出してくるのか(参照)
- 次にどの手続きに飛ぶのか(手続きの呼び出し)

といったことです。関数型言語では、ある結果を達成するため、その**結果の性質のみを宣言**します。そして、その性質の充足自体は処理系[注13]に任されます。

「宣言的である」ということは、出力の性質がどういうものなのかに着目し、それだけを記述させるということです。たとえば、ソートを達成するにあたり、「配列の先頭要素と次の要素を比較して、次の要素が小さければ入れ替え、さらに次の(以下略)」などと書かされるなら宣言的ではありません。「配列のある位置の要素は、それ以降の要素よりも小さくあるべし」と書くだけで済むなら宣言的です。

たとえば、多くの命令型言語ではメモリモデルを陽に扱います。その代表的な挙動の一つとして「変数への値の代入」があります。これは**図0.2**に示すように、記憶媒体の操作に対する言語の抽象度が十分でないため、メモリに対する非常に低級な操作が代入という言語の基本操作としてプログラマに見えてしまっているのです。処理の手順を記載する都合上、値を(メモリあるいはレジスタ

注12 C言語でもオブジェクト指向プログラミングができると言うのと同じであると言っても過言ではないでしょう。

注13 コンパイラ、インタープリタ、ランタイム等々。

などの）どこに置くかを強く意識させ、また、それを記述させることを要求してきます。

命令型言語を学ぶ際は、変数のことを「値を入れる箱」という概念として学ぶことが多いのではないでしょうか。この箱には値を入れる回数にとくに制約があるわけでもないので、一度値を代入した変数に違う値を代入する「破壊的代入操作」ができます[注14]。変数に入っている値を書き換えられるということは、「変数にどのような値が入っている、あるいは、入れるのか」という状態を扱うことになります。つまり、副作用の項でも説明したように、代入は副作用と考えられます。

対して、関数型言語には変数への代入がないか、もしくは非常に限定されており、基本的には一度変数の値を決めたら変えられない**束縛**（*binding*）しかありません。代入を持つような関数型言語でも、代入と束縛は明確に区別して扱われます。変数に入っている値は、その変数が使える範囲で変化しません。つまり、代入のように状態を扱う必要がありません。

関数型言語に慣れていない命令型言語プログラマにとっては、代入がないということは使いにくい制約のように見えるでしょう。なぜなら、代入が一度しかできないということは、すべての変数にC言語で言うconstなどの定数化をかけてプログラムを書けと言われているようなものだからです[注15]。

注14　変数に値を入れる操作が代入で、それまで入っていた値を上書きしてしまうことを強調する場合、とくに「破壊的代入」や「再代入」と呼びます。が、本質的にできることに違いがないので、とくに区別しないこともあります。

注15　そういうプログラマこそ関数型言語に慣れた後で命令型言語に戻ってみてください。あらゆる変数に対しconstなどの定数化キーワードを付けないと気が済まない自分に気付くでしょう。

図0.2　メモリモデルと代入

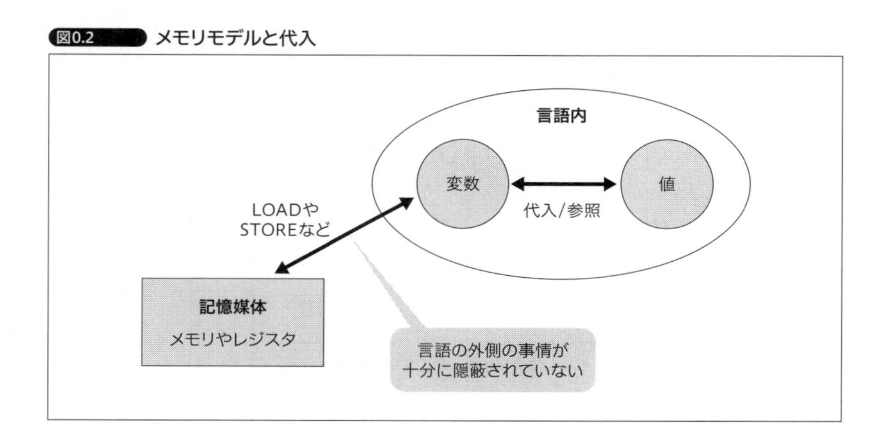

● 代入がないことから得られるもの

代入がなく束縛しかないということは、

- 値が入っていない[注16]ということがない(=値が常に入っている)
- 値が変わってしまっていることがない(=値が変わらない)

ということです。値が入っているからNULLチェックのような本質的でない処理を書く必要がないですし、値が変わらないから本当に着目したい処理の前後で何をやっていても気にする必要が少ない[注17]のです。

束縛という制約の上では、値が「入っている」ことと「変わらない」ことはほぼ同じことです。もしある時点において変数が「入っていない」に相当する何かの状態であったとすると、その状態が「変わらない」ので、最後までその変数には値が入っていないことになります。つまり、その変数は最初から最後までそのスコープ内で使い物になりません。前述の箇条書きで「入っている」と「変わらない」を分けて挙げたのは、代入あり未初期化ありの言語では、この2つの性質には明確な差があり、それらを束縛のみの場合と個々に比較するためです。

とくに大きなプログラムを複数人で開発していく場合、自分のコードを書くより他人のコードを読む機会のほうが多くなります。気にしたいこと以外を気にしなくて良いということが、人の注意力によらず言語機能として保証されているというのは、コードを読む段においてとても楽なのです。

また、処理系にとっても、束縛した変数の値が変わらないという性質はとても有用であり、代入を許した場合よりも高度な最適化を期待できます。ごく単純な例ですが、代入のある言語で、

```
x = a + b;
<中略>
y = a + b;
```

のようにコード上では記述されていても、省略された間の部分のコードによってはxとyは等しくはならないかもしれません。つまり、実際に省略された部分でaにもbにも破壊的代入を行わず、プログラマの認識ではxとyが等しいということを知っていたとしても、xとyが等しいことを利用した最適化が必要なときには、処理系は省略された間の部分の解析をしなければなりません。しかし、もし束縛しかない言語であれば、aもbも一度束縛したら変わらないはずなの

注16　Rubyのnil、Javaのnull、もしくはデフォルト値のない未初期化の変数値といったもの。

注17　変数名がshadowing(より狭いスコープを持つ同じ名前の変数があること)されていないかだけは気にする必要がありますが、大抵は処理系が警告してくれます。

で、プログラマにとっても処理系にとっても、xとyが等しいということは簡単にわかります。

図0.3は、破壊的代入の有無がコードリーディング時の視線移動に与える差を簡単な例で表現しています。`a == b`のaの値を追う際、破壊的代入がある場合、aの値が最終的にどうなったかを追い切らねばなりません。aの値が最初に代入されてから`a == b`で実際に使うまでに、何度その中身が差し変わってしまっているのかわかりません。対して、破壊的代入がない場合は、aが最初に束縛された位置を探して見れば、それがそのままaの定義であり、以降変わらないことが保証されているわけです。

図0.3 コードリーディング時の視線移動

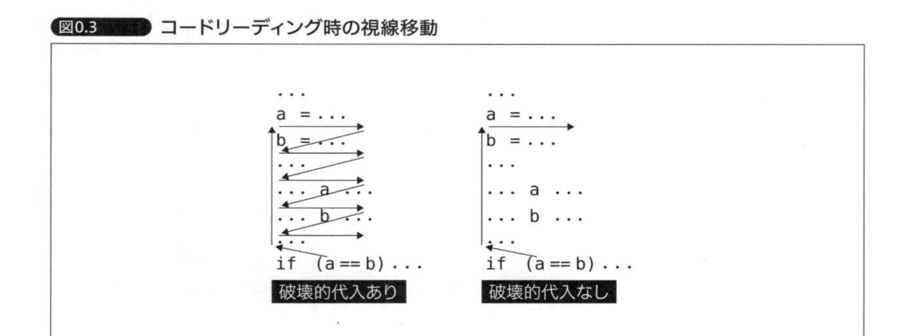

Column

いろいろな関数型言語

いろいろな関数型言語を紹介します。以下、辞書順で取り上げます。

Agda URL http://wiki.portal.chalmers.se/agda/pmwiki.php

スウェーデンのChalmers University of Technologyで開発されている関数型言語。型の中でも強力な**依存型**というしくみを持っており、定理証明を行うことができます。後述するHaskellライクな文法を持っています。

Clean URL http://wiki.clean.cs.ru.nl/Clean

オランダのRadboud University Nijmegenで開発されている純粋関数型言語。Mirandaという関数型言語を元にした文法を持っています。**一意型**という機能によって副作用を扱います。開発環境には商用版と非商用版があります。

Clojure URL http://clojure.org/

Rich Hickey氏によるJVM (*Java VM*)上で動作する関数型言語。LISPの方言の一つです。LISP自体関数型言語に分類されていることがありますが、近年では関数型言語に分類するにはやや制約が緩いと思います。対して、Clojureはより関数型言語な方向に機能を寄せて作られています。

Coq URL https://coq.inria.fr/

INRIA (*Institut National de Recherche en Informatique Enautomatique*、フランス国立情報学自動制御研究所)が開発した**定理証明支援系**であり、**純粋関数型言語**。OCamlの影響を受け、OCamlで実装されています。Agda同様**依存型**というしくみを持っており、関数を書き、関数が満たすべき性質を書き、その性質について定理証明を行うことができます。tacticという証明用の強力な機能を備えており、tacticコマンドを羅列することで証明を進めることができます。また、証明された関数を他の言語に出力することもできます。

Erlang URL http://www.erlang.org/

Ericsson社による関数型言語。並行/分散処理を強く意識した言語設計になっており、**軽量プロセス**と呼ばれる独自スレッド間のメッセージング[注a]により処理を行います。軽量プロセス自体は同一ノードでも遠隔ノードでも気にせず**透過的**[注b]に扱えます。**ホットスワップ**[注c]、**耐障害性**[注d]などにも配慮が行き届いています。

F# URL https://msdn.microsoft.com/ja-jp/visualfsharpdocs/conceptual/visual-fsharp

MicrosoftがOCamlを元にして開発している.NET Framework上の関数型言語。Visual Studio 2010から追加されています。**コンピュテーション式**(*computation expression*)というもので副作用の制御ができます。

Haskell URL https://www.haskell.org/

関数型言語のオープンな標準として作られた純粋関数型言語。Clean同様Mirandaを元にした文法を持っています。**モナド**(後述)というしくみで副作用を扱います。

注a　任意の値をメッセージとし、別の軽量プロセスとの間で送受信できます。
注b　ここでは、軽量プロセスが動作しているノードの違いがあってもなくても同じようにという意味。
注c　稼動中のモジュールを非停止で入れ変えることができます。
注d　エラーによってプログラム全体の動作が停止しないようにでき、エラー発生時のロギング(*logging*)やプロセスの再起動がしやすいこと指します。

Idris URL http://www.idris-lang.org/

University of St AndrewsのEdwin Bradyにより開発された依存型を持つ関数型言語。Haskellに似た文法や言語機能と、Coqが持っているtacticを持ち合わせています。

OCaml URL http://caml.inria.fr/ocaml/

INRIAが開発したML系の言語。C言語で書いた場合と遜色ない速度での動作が期待できます。camlp4というプリプロセッサも強力で、なんと構文が拡張できてしまいます[注e]。

OCamlは、元々Camlという MLの方言に対しオブジェクト指向的な機能を取り入れたものです。しかしながら、信頼性を重視するOCamlプログラマほど、相応の理由がない限りオブジェクト指向的な部分は使わないようです。オブジェクト指向のパラダイムを安全に扱うのは本質的に難しい、つまり、人間にとってもバグなく扱うのが難しいということなのでしょう。

Scala URL http://www.scala-lang.org/

Martin Odersky氏によるJVM上で動作する関数型言語。関数型とオブジェクト指向の統合を目的の一つに掲げています。Javaのライブラリを使うこともできるため、Javaのプログラムと連携させやすいことから、既存のJavaプログラムを部分的にScalaに置き換えていくような話も耳にします。

別の関数型言語の初心者向け勉強会[注f]に行っても、「Haskellははじめてだけど Scalaは使ったことある」という方も割といました。

Standard ML (SML)

Standard ML (SML)[注g]は、標準化したとされるML。SML系の言語としては、とても多くの処理系実装が存在しており、各々にSMLの仕様との互換性を保ちながら拡張が施されたりしています。

注e　ここまでできると強力過ぎるという見方もあるようです。
注f　「孤独のHaskell」という勉強会でした。
注g　『The Definition of Standard ML』(Robin Milner/Robert Harper/David MacQueen/Mads Tofte著、MIT Press、1997)

0.5 関数型言語の特徴的な機能
型の有無、静的/動的、強弱

p.15のコラムでは、さまざまな関数型言語を紹介しました。

本節では、関数型言語の特徴的な機能と題して、「型付きと型なし」「静的型付けと動的型付け」「純粋」「型検査」「強い型付けと弱い型付け」「型推論」「依存型」「評価戦略」を取り上げます。

型付きと型なし

関数型言語を分類する上で、「型」(詳しくは後述)に関する機能が占めるウェイトはとても大きいものです。まず、**型付き**(*typed*)か、**型なし**(*untyped*)かで大きく分けられます。

型付きのものは、既存の命令型言語でもよく目にするでしょう。型が合わないということを、どこかのタイミングで検出し、何らかのエラーを提示します。型付きのものは、さらに静的型付けと動的型付けに分けられ、これらは次項で説明します。

逆に、型なしとは一体どういうものかなかなかピンとこないかもしれません。型がないということは、すべての値に対してまったく型を区別せず、それでも計算は行うことができるというものです。

たとえば、足し算と足し算を足し算するといった、あまり意味のわからない計算を考えましょう。型付きでは、通常、数と計算は区別されているためエラーになります。型なしでは、数と計算の区別もありませんので、計算結果が作られます。ただし、その結果できあがったものが一体何なのかについては、とくに気にはされていません。よくわからないものにならないようにするのは、我々人間の仕事になります。

現在、実用的な段階にある言語は型付きのものがほとんどです。型付きということは何らかの**型システム**(*type system*)が存在しているということです。型システムは、プログラムに型を付けることで、その振る舞いを保証するための枠組みです。以降、型に関する何かが出てきた場合、それは型システムの枠組みの一部だと捉えて読むと良いでしょう。

静的型付けと動的型付け

型付きの関数型言語には、大きく分けて静的型付き言語と動的型付き言語があります。型検査をコンパイル時に行うのが**静的型付け**（*static typing*）で、静的型付けを持つのが静的型付き言語（*statically typed language*）、型検査を実行時に行うのが**動的型付け**（*dynamic typing*）で、動的型付けを持つのが動的型付き言語（*dynamically typed language*）となります[注18]。

純粋

純粋（*pure*）とは、同じ式はいつ評価しても同じ結果になる**参照透過性**（*referential transparency*）という性質を持っていることです。

純粋ならば、ある変数を参照したときの結果は常に同じです。純粋ならば、関数を値に適用したときの結果は常に同じです。純粋な関数型言語はとくに純粋関数型言語（*purely functional language*）と呼ばれます。

副作用がなければ、参照透過になります。副作用のある式が書ける言語は純粋ではありません[注19]。

参照透過性を保たない関数として、次のようなC言語の関数fooを考えてみましょう。

```
int foo() {
  static int n = 0;
  return ++n;
}
```

foo()という式はfoo自体が呼ばれた数を返しますが、当然、毎回結果が異なります。nが状態となっていてその参照と書き換えを行っている、つまり、これが副作用になっています。

参照透過性を保たない変数を考えてみましょう。と言っても、C言語の変数の値は簡単に代入で書き換えられてしまいますので、変数単位で見れば大体参照透過ではありません。そこで、ここでは、たとえ代入を行わなくとも値が変わってしまう式を生じるような極端なシチュエーションも与えます。次のようなC言語の変数fooを考えてみます。

注18　命令型言語でも静的型付き言語と動的型付き言語の区別はあります。C言語やJavaなどは静的型付き言語、PerlやPythonなどは動的型付き言語です。

注19　つまり、ほとんどの言語は純粋ではありません。

```
volatile int *foo = 0xDEADBEEF;
```

このコードは、組み込みプログラミングで0xDEADBEEF番地にマップされたハードウェア信号をリードするための準備です。*fooという式により、その時点での信号状態を取得することができますが、当然、*fooという式は使われるたびに結果が異なる可能性があります。値を参照するたびに外部との入出力を発生させる(そして、そうであることに意味がある)ためです。

参照透過性を保つ変数は簡単です。次のようなC言語の変数は参照透過です。

```
const int foo = 0;
```

この変数fooを参照するfooという式は[注20]いつでも0です。

参照透過性を保つ関数は、すなわち数学的な意味での関数です。次のようなC言語の変数fooは参照透過です。

```
int foo() {
  return 1;
}
```

この関数fooを呼び出すfoo()という式は、いつでも1になります。

型検査

型検査(*type checking*)は、プログラム(関数)として「型」に整合性があるかをコンパイル時などに検査してくれる機能です。検査に失敗するような式がある場合、通常コンパイルエラーとして扱われます。

強い型付けと弱い型付け

言語仕様で定義されていない動作を発生させないことを、安全性(*safety*)と言います。ここで、「言語仕様で定義されていない動作」の代表としては、C言語などで「まったく関係ないメモリ領域から間違ってデータを読み出してしまう」といったものが挙げられます。プログラムは明らかに好ましくない状態に突入するでしょう。

この安全性に対し、型検査に成功すれば安全性が保証される型付けを**強い型付け**(*strong typing*)、逆に、型検査に成功しても安全性が保証されない型付けを

注20 C言語の場合「よほどダーティ(*dirty*)なことをしなければ」と言わざるを得ませんが。

弱い型付け（*weak typing*）と言います。静的型付きの命令型言語は弱い型付けであることが多いです注21。型付きの言語であるならば、強い型付けのほうが「型」のありがたみがあるでしょう。

型推論

型推論（*type inference*）は、陽に与えられた型の情報から、陽に与えられていない部分の型も推論してくれる機能です注22。

たとえば、「何らかの比較可能な型の値の列を取りその列の中の値で最大の値を返す」関数maximumと「整数値を取り文字列表現（文字の列）を返す」関数showがあるとしましょう。関数maximumが取るのは比較さえできれば何の列でも良いのですが、関数合成して`maximum∘show`を得ると、maximumはshowの結果である文字の列を取るので、関数`maximum∘show`は「整数値を取り、文字を返す」関数になります。「何らかの比較可能な型」が「文字」と型推論されたためです。

注21　動的型付き言語で型が合わない場合は、強い型付けでは型エラーを吐きますが、弱い型付けでは型の変換を試みて動かそうとします。

注22　「陽に与えられた」はプログラマが与えたという意味。「陽に与えられていない」はプログラマが型の記述を省略したという意味。

Column

弱い型付けは何のため？

これに関しては、筆者も明確な理由を把握しているわけではないため確信があるわけではないのですが、弱い静的型付けの場合、「ある」というより「まだ残っている」ということだと思います。

たとえば、当初のC言語では、型は、アセンブラに落とす際や、メモリに値を格納する際に、どの命令を割り当てるのが適切か、どれだけの領域を占有する値なのかを示すためのアノテーション程度の意味しか持っていなかったはずです。型に関する理論が発展していくにつれて型の役割が見直され、せっかく型を付けるのであれば、強い型付けが出てくるようになったのでしょう。

それでも、コンパイル時にチェックするわけではない動的型付けでは「たとえ意図しない挙動をしていたとしても可能な限りエラーで止まらず動くため」という目的が（その良し悪しは別として）弱い型付けにもあります。

ただ、通常コンパイルを通すはずの静的型付けの場合、何か強い意図があって「弱い型付け」にしているわけではないと思います。

依存型

依存型(*dependent type*)は、他の型に依存した型や、値に依存した型を作れる機能です。たとえば、型Aと型Bが同じときのみ、その型に値が存在する型や、長さを型レベルで持ったリスト型といった、より強い制約を持つ型が作れます。

評価戦略

評価戦略とは、プログラミング言語において、「どのような順番で式を評価するか」という規則のことです。**積極評価**(*eager evaluation*)や**遅延評価**(*lazy evaluation*)などがあります。積極評価では引数は渡される前に評価されます。遅延評価では必要になるまで評価されません。関数型言語に限らず、現在のほとんどの言語が積極評価です。一部の純粋関数型言語が遅延評価になっています。

次の関数taraiは、「たらい回し関数」(竹内関数)と呼ばれる関数です。

```
int tarai(int x, int y, int z) {
    return (x <= y)
        ? y
        : tarai(tarai(x - 1, y, z),
                tarai(y - 1, z, x),
                tarai(z - 1, x, y));
}
```

この関数では、xがyより小さい場合はzの値は必要とされずに結果が決まります。そのため、積極評価の言語で素直に実装するとzの分の計算をしてしまうために遅くなり、遅延評価の言語で素直に実装するとzの分の計算が必要とされず省略されるので速くなるという特徴的な関数となっています。

もちろん、どんな場合でも遅延評価のほうが速くなるというわけではありません。評価待ちの状態[注23]を大量に生成することもあるので、恐らく積極評価が速い場合のほうが圧倒的に多いです。それでも遅延評価があるのは、遅延評価のほうが言語としては数学的で自然な記述になりやすいであるとか、実は評価するとエラーになる場合でも省略されてしまえば関係なく計算が進むなど、有利な点も持っているためです。

注23 最終的に評価されないとしても。

おもな関数型言語と命令型言語の機能一覧

おもな関数型言語と、命令型言語のいくつかについて、備えている機能を**表0.1**にまとめておきます[注24]。

0.6 なぜ今関数型言語なのか?
抽象化、最適化、並行/並列化

今、関数型言語を採用する理由はいろいろあります。本節では、「抽象化」「最適化」「並行/並列化」といった、現代のプログラミングにおいて開発効率や実行効率に影響する重要な観点から、関数型言語を採用する理由を見ていきましょう。

注24 表中、○が多いほど良いとかお勧めというわけでは当然ありません。道具は適材適所です。

表0.1 おもな関数型言語と命令型言語の機能

言語	型付け	純粋	型推論	依存型
Agda	強い、静的	○	○	○
Clean	強い、静的	○	○	×
Coq	強い、静的	○	○	○
F#	強い、静的	×	△	×
Haskell	強い、静的	○	○	△
Idris	強い、静的	○	○	○
OCaml	強い、静的	×	○	△
Scala	強い、静的	×	△	×
SML	強い、静的	×	○	×
Clojure	強い、動的	×	-	-
Erlang	強い、動的	×	-	-
C	弱い、静的	-	×	-
C++ (C++11)	弱い、静的	-	△	-
Java	強い、静的	-	△	-
JavaScript	弱い、動的	-	-	-
Perl	弱い、動的	-	-	-
Python	強い、動的	-	-	-
Ruby	強い、動的	-	-	-

関数型言語の抽象化 ——数学的な抽象化とは?

プログラミングにおいて**抽象化**(*abstraction*)は重要な技術です。モジュールの再利用性を高めたり、実装とインタフェースを切り離しておいたり、適切な抽象化によりプログラムは柔軟に保たれます。プログラマの持つ抽象化能力に占める割合も大きいですが、言語機能によって可能な抽象化がまた違ってくるのも確かなのです。

関数型言語においては抽象化を行う際、関数型プログラマの誰もが明確に良いと言える方向性があります。それは、群論(ぐんろん)(*group theory*)や圏論(けんろん)(*category theory*)[注25]といった数学方向への抽象化です。

ここで、良い抽象化とはどのようなものであるかについて考えてみましょう。筆者が考える抽象化の良さに関する評価基準は、

- **多くの問題に対し、汎用的に適用できる**
- **抽象化後の世界で行える操作が豊富である**

といったものであると考えています。汎用的に適用できないものはそもそも抽象化しているとは言えません。したがって、前者については当たり前の基準であるでしょう。では、後者についてはどうでしょうか。抽象化した後の何者かの上で多くの強力な操作ができるかという点は、案外考慮されていないものなのです。

数学は実に多くの問題を扱うことができますし、問題を一度数学の世界に抽象化できてしまえば、コンピュータの歴史よりも長きにわたり蓄積された豊かで強力な数学の世界の成果を、すべてそのまま適用できる状態になります。これは、前述した良い抽象化の評価基準2点を十分満たしています。

ただし、あまり数学が得意でない方でも心配は無用です。すべての関数型プログラマが数学的な知識を持っていなければ関数型言語は使えない、というわけではありません[注26]。

数学的に美しく抽象化したプログラムを書きたい/ライブラリを提供したいという場合を除き、先人が用意した美しく抽象化されたライブラリを利用できます。また、自分では数学的な意味がわからなくとも、あるインタフェースや型の制約に従って記述するだけで、勝手に数学的に綺麗な抽象化をしたことになっているという場合もあります。

注25 群論や圏論は数学的な構造を扱うための分野です。関数型言語では数学的な意味での関数を扱うため、数学的な構造を扱う手法がそのまま適用しやすい傾向があります。

注26 そもそも筆者も持っていません。

関数型言語の最適化

プログラミング言語あるいはプログラマにとって、**最適化**(*optimization*)もまたとても重要な要素です。最適化が強力であればあるほど、プログラマが効率を気にせず簡潔さだけに留意したわかりやすいコードを書くだけで、コードの表現以上に十分に効率の良い動作をしてくれることが期待できます[注27]。

とくに、以前のように計算機の性能が低い時代と異なり、計算機の性能が格段に向上した昨今においては、コンパイラなどの処理系任せで可能な最適化の余地が大きいほど、プログラマが楽できる可能性が高いということになります。

前述したとおり、関数型言語では数学的な抽象化を行います。数学的に綺麗な世界を経由することで、最適化についても数学の成果を利用したものが可能となります。

ここで、1からnまでの自然数をすべて足す関数totalFrom1Toを考えてみましょう。たとえばC言語では次のようになるでしょう。

```
// C (C99)
int totalFrom1To(int n) {
    int result = 0;
    for (int i = 1; i <= n; result += i++);
    return result;
}
```

resultに足される数iを1からインクリメントしながら足し込んで、iがnになるまでループさせれば良いですね。

対して、Haskellで次のように書いたとします。

```
-- Haskell
totalFrom1To = sum . enumFromTo 1
```

このコードでは2つの関数、リストの中身をすべて足し算して総和の値にする関数sumと、1からNまでのリストを作る関数enumFromTo 1を関数合成しています。Haskellのコードの例のように、一度中間的にリストを作ってから作ったリストを全部走査するような処理を書いたら、「リストを作る分処理がもったいないのでは？」と思うかもしれません。ですが、こういった処理は最適化により、

注27　たとえば、人力による最適化の場合、キャッシュに載り切るデータの量を気にした上で、その単位にデータを区切って処理するようにコードを書くなどしますが、それは、キャッシュのサイズが変われば変わるような話で、対象としている問題に対するアルゴリズムの本質とはまた別の話です。人力で無理に最適化を行うことにより、「対象の問題を解く」のと「処理を速くする」という2つの課題を同時に解決させようとするコードを記述することになるため、全体としてわかりにくくメンテナンスしにくくなります。

C言語のコードと同じように中間リストを作らない処理にすることができます。これは、ある種の構造(今回の例ではリスト)を作る関数と、ある種の構造(今回の例ではリスト)を畳み込む関数は、合成したときに中間構造を作らない関数に変換できる、という数学の世界の成果が取り入れられているからです。

もしこういった最適化がない場合に、C言語のコードと同じような処理を期待するとすれば次のように記述することになるでしょう。

```
-- Haskell
totalFrom1To = auxTotalFrom1To 0 where
  auxTotalFrom1To result 0 = result
  auxTotalFrom1To result n = auxTotalFrom1To (result+n) (n-1)
```

ここでは、このコードについての説明は行いません。重要なのは、今回の例では一度リストを経由したコード例のほうがプログラマにとって見通しが良いということです。「1からnまでのリストを作って」から「作ったリストの中身を全部足す」コードは、「resultに足される数iを1からインクリメントしながらnまで足し込む」コードよりも部品化されています。部品ごとに正しい動作をすることを確認するのも簡単でしょう。

プログラマにとって見通しが良いというのは、別にプログラムが短く書けるとかそのようなことではありません注28。「プログラムの正しさ」(正しい結果を返すこと)が人目にも明らかであるということを意味しています。しかし、正しいことが明らかであるようなコードは往々にして効率注29が良くはありません。関数型言語の最適化機構は、言語の持つ強い制約と数学的な抽象化を利用し、正しいことが明らかだけど効率が悪いプログラムから、等価でより効率の良いプログラムに変換することができます。

図0.4は上記のコードに対する最適化なしの場合(つまり、コードの字面から理解したそのままの動きをすると考えた場合)に計算が進んでいく過程を示したもの、同じく、**図0.5**は最適化された場合に計算が進んでいく過程を示したものです。ともに1から5までの数を足した結果を計算していますが、最適化された挙動では途中でリストを作る作業をしない分、時間効率も空間効率も改善されています。

もちろん、他の言語にもあるような低レベルでの最適化なども別途適用されます。ここで説明した最適化はより抽象度の高い段階での最適化です。**図0.6**は、言語の持つ最適化の概略になっています。関数型言語では、抽象化の項で

注28　そういう面もありますが。
注29　時間効率(実行速度)や空間効率(メモリ使用量)が代表的な効率の指標です。

も説明したとおり、数学的な抽象化を良いものとして利用しますので、他の言語でも行われるような通常の最適化手法の他に、数学的な抽象化を利用した最適化の段階を持つことがあります。当たり前ですが、言語の持つ性質が数学的に綺麗であるほど、数学的な最適化は適用しやすくなります。

ただし、最適化でできることが多いからと言って、必ずしも効率の良いものが生成されるわけではないというのは、既存の命令型言語と同様です。

とくに、現在のCPUは命令型言語[注30]を速く動かすことに軸足が置かれています。と言うよりも、元々CPUがあり、そのために機械語という命令型言語が

注30　もっと言ってしまえば、C言語。

図0.4　最適化なし

：はリストの先頭に要素をくっつけている

リストを作っている

[] は空のリスト

リストを潰している

```
   sum (enumFromTo 1 5)
=> sum (1 : enumFromTo 2 5)
=> sum (1 : 2 : enumFromTo 3 5)
=> sum (1 : 2 : 3 : enemFromTo 4 5)
=> sum (1 : 2 : 3 : 4 : enumFromTo 5 5)
=> sum (1 : 2 : 3 : 4 : 5 : enumFromTo 6 5)
=> sum (1 : 2 : 3 : 4 : 5 : [])
=> 1 + sum (2 : 3 : 4 : 5 : [])
=> 1 + (2 + sum (3 : 4 : 5 : []))
=> 1 + (2 + (3 + sum (4 : 5 : [])))
=> 1 + (2 + (3 + (4 + sum (5 : []))))
=> 1 + (2 + (3 + (4 + (5 + sum []))))
=> 1 + (2 + (3 + (4 + (5 + 0 ))))
=> 15
```

図0.5　最適化あり

リストを作らず計算が進む

```
   sum (enumFromTo 1 5)
=> 1 + sum (enumFromTo 2 5)
=> 1 + (2 + sum (enumFromTo 3 5))
=> 1 + (2 + (3 + sum (enumFromTo 4 5)))
=> 1 + (2 + (3 + (4 + sum (enumFromTo 5 5))))
=> 1 + (2 + (3 + (4 + (5 + sum(enumFromTo 6 5)))))
=> 1 + (2 + (3 + (4 + (5 + 0))))
=> 15
```

図0.6 利用できる最適化機構

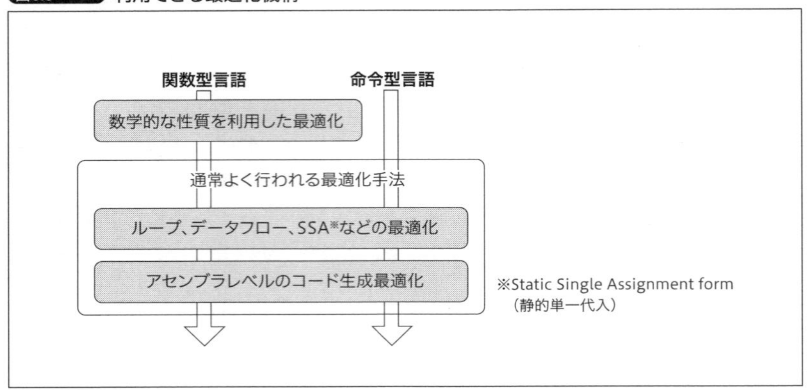

存在しているので、命令型言語のほうがCPUに良く言えば一枚近い位置に、悪く言えば抽象度の低い位置にあるのでこれは当然ではあるのです。そのため、単純に命令型言語と比較した場合、実行速度で関数型言語に不利な点があるというのは事実です。なおかつ、最適化を含めても望むパフォーマンスに至らなかった場合、一般に高度な最適化[注31]がかけられているほどチューニングの難易度は上がります。

しかし、どの言語においても言語の数学的性質が改善されることはほぼありませんが、その一方で研究により最適化手法は進歩していきます。

別の言語で適用できる最適化手法[注32]であっても、ある言語では言語そのものの性質があまり良くない(純粋でないなど)ため適用できない最適化手法というのもあるでしょう。抽象度が高く言語の性質が比較的良いという点で、関数型言語は命令型言語に比べ最適化の「のびしろ」が大きいと言えるでしょう。

関数型言語と並行/並列プログラミング

みなさんのお手元のCPUは何コアでしょうか[注33]。年々CPUのコア数は増加してきており、HT込みで10以上の並列処理をするような環境もすでにコモディティ化しています。さて、プログラムの側はどうでしょうか。多くの場合、

注31　最適化機構によらず、とにかく人間にとって自明ではない変換を行うものなど。

注32　たとえば純粋な言語で、参照透過性を利用して同じ引数だったら再計算せずに前回計算した結果を与えてしまうなど。

注33　ちなみに、筆者のメイン環境は6コア(HT/*Hyper-Threading*で12スレッド)です(本書原稿執筆時点2016年8月)。

同じプログラムでも、より周波数の大きなCPU上で動かせば処理は期待される程度には速くなるでしょう。しかし、同じプログラムでも、よりコアの多いCPU上で動かしたらそれだけで期待されるほどに速くなるでしょうか。

● 並行/並列という概念とプログラミングの難しさ

プログラムがマルチコアCPUを十分に活かすためには、適切に並行/並列プログラミングされていなければなりません。しかし、並行/並列プログラミングは一般に簡単ではありません。たとえば、並行実行においては、ある処理の列と別の処理の列がどのような混ざり方で実行されたとしても、全体として期待する動作にならなければならないからです。混ざり方のパターンは一般に膨大になりますし、その中のごく少数で期待する動作にならないとすれば、非常に再現性[注34]の低いバグとして表面化することになります。

一般に、**図0.7**のように物理的に複数の処理を同時に実行できるということを**並列**(*parallel*)と言い、**図0.8**のように論理的に複数の処理を同時に実行できる/実行状態を複数保てることを**並行**(*concurrent*)と言います。並列ならば並行です。たとえば、シングルコア環境において、スレッド切り換え(時分割)で複数の処理を見かけ上同時に行っているかのように見せるのは、並行実行ということになります。

注34　同じ条件で同じことをすれば同じ結果が得られるという性質。

図0.7 並列

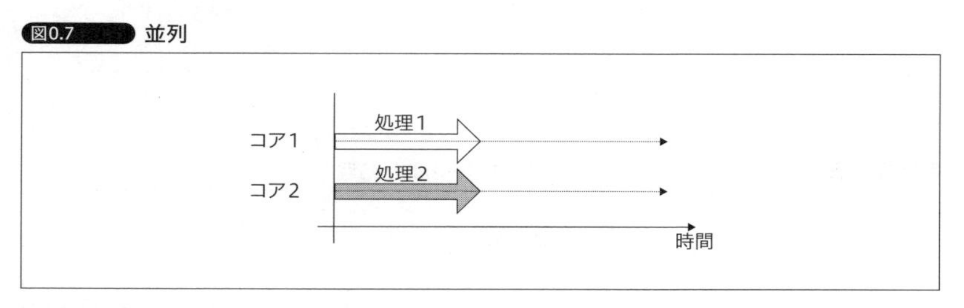

図0.8 並行

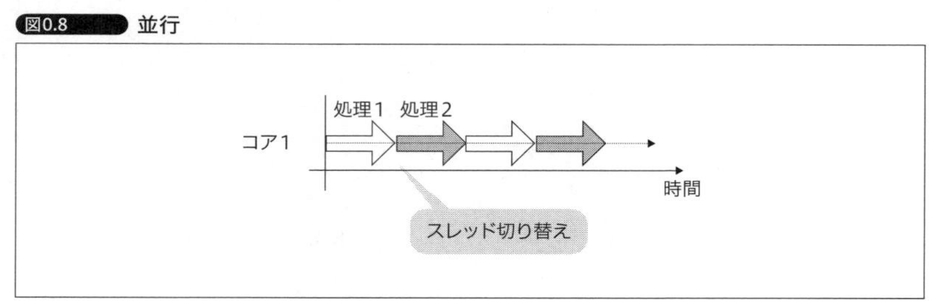

● 目的から考える並行/並列プログラミング

実際に対象とする問題とその解決策としてのプログラミングに着目すると、並行/並列プログラミングが目的とする方向性の違いも見えてきます。並行プログラミングを行う目的は、複数のタスクを同時に実行することになります。対して、並列プログラミングでは明らかにタスクの高速化を目的としています。

並行プログラミングでは複数のタスクが同質のものである必要や、結果が決定的[注35]である必要はとくにありません。着目している問題に対して同時に実行されれば良いという条件しかないためです。たとえば、Webアプリケーションは並行プログラグラミングされていると言えます。Webアプリケーションの場合、複数のタスクとはリクエストに対するレスポンスの生成であり、リクエストは同時に処理されますが、レスポンスの内容はタイミングにより非決定的になります。**図0.9**はアクセスカウンタを持つようなWebアプリケーションに対し、ほぼ同時に複数のリクエストが発生するようなケースです。適切に並行プログラミングされていれば、これら複数のリクエストは並行に処理されます。しかし、アクセスカウント部分は順番に処理される必要があるので、実際どのリクエストに対し先にカウントアップが行われるかにより、各リクエストに対するレスポンスの内容は非決定的に変わります。

並列プログラミングでは元々の(逐次で行われていた)タスクの高速化を目的とするので、結果が決定的であることまで期待されることがあります。つまり、シングルコアで実行したときとマルチコアで実行したときで違う結果になった

注35 同じ答えを得られること。

図0.9 Webアプリケーションによるリクエストの並行処理

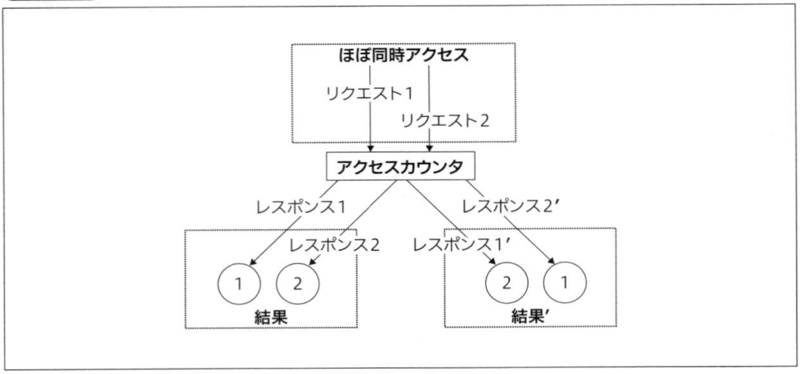

りするのは実用上困るというケースです。たとえば、何か計算中にとても大きな配列の中身を全部足すような総和処理があったとしましょう。この総和処理を並列化すると、**図0.10**に示すように、配列をコア数分に分割し、各コアで個々の担当分を足してから、最後に各コアでの結果を集めて足すことになります。実はこの並列化では、足し算が結合則`a+(b+c)=(a+b)+c`を満たさないような値の配列に適用した場合、決定的になりません。IEEE 754浮動小数点数などではまさに足し算が結合則を満たしていないので、分野[注36]によってはこの並列アルゴリズムでは問題になることがあります。

● 並行プログラミングの難しさ――競合状態、デッドロック

いくつかの関数型言語は、軽量スレッドや軽量プロセスと呼ばれるとてもコストの低いスレッド機構[注37]と、それをコントロールするための優秀なスレッドコントローラやI/Oマネージャを持っています。

並行プログラミングは通常**マルチスレッドプログラミング**（*multithreaded programming*）によって実現します。そのため、並行プログラミングの難しさはマルチスレッドプログラミングの難しさです。

マルチスレッドプログラミングの難しさとしておもに問題となるのは、複数のスレッドが同一リソースにほぼ同時にアクセスする際、リソースが予期しない状態になってしまう**競合状態**（*race condition*）です。通常、mutexロック[注38]な

注36　小さな誤差が大きな誤差を生み、それがクリティカルな分野だと考えると、金融や航空宇宙など。
注37　ユーザ空間で動作し、コンテキストが小さくてスイッチも速いという特徴を持っています。
注38　同時に1つの処理のみしかクリティカルセクションに入れないようにするための相互排他機構。ロックを取得したコンテキストの処理しかクリティカルセクション内を実行できなくなります。

図0.10　並列総和

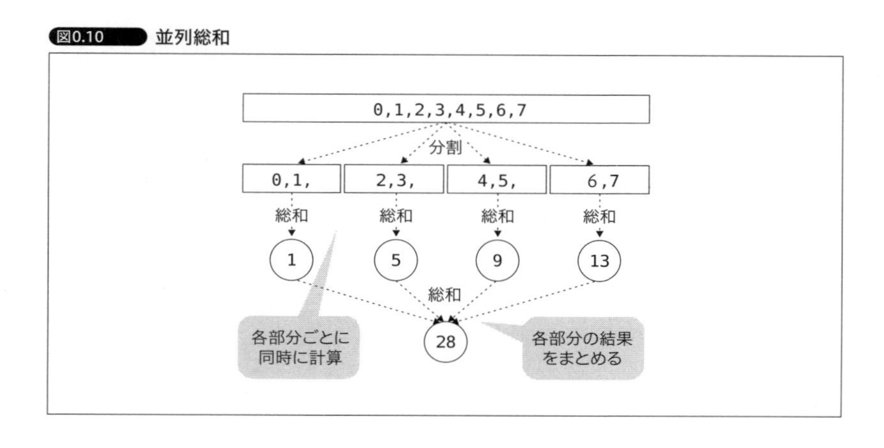

どを利用し、目的リソースへのアクセスをクリティカルセクション内に限るなど、適切に競合状態を起こさないように排他制御[注39]を行う必要があります。

しかし、旧来のロックによるリソース制御はとても煩雑であり、並行プログラミングにおけるトラブルの根源となっています。たとえば、

- ロックすべきリソースであることを仕様/設計/既存コードなどから読み取れず、ロックし忘れていた
- ロックしたリソースを使った後、アンロックを忘れていた
- ロックする必要がない/あるいは当初必要があったがなくなったリソースに対し、依然ロックをしていてパフォーマンスが上がらない
- ロックを取る範囲が無駄に大きいため、パフォーマンスが上がらない
- スレッド2つが互いのロック済みリソースを取り合って止まってしまうデッドロック

などが代表的なトラブルでしょう。そして、これらに起因するほとんどの問題が、再現性のないバグ報告として上がってきます。

結果、プログラマの貴重な時間は、なかなか再現しない現象を再現させるための単純な操作を、ただひたすら運に任せて繰り返すことに費されます。

とくに危険なのは**デッドロック**(*deadlock*)です。デッドロックはプログラムが以下の条件を満たしているだけで発生し得ます。

- ロックすべき2つ以上のリソースがある
- すでに1つ以上のリソースをロックしたままで、別のリソースのロックを要求し待つことがある
- すでにロックされているリソースを横取りできない
- リソースのロックを取る順番が決まっていない

マルチスレッドプログラミングにおいては、最初の3つの条件は割とどうしようもないことがあり、最後の条件を潰すためリソースのロック順を決めておくことで対処することがあります。

しかし、この対処法は明らかに人の注意力に頼っています。後から開発に参入してきたプログラマに対し、プログラム全体でいくつあるかも明確でないリソースの、ロックに関する順番をコードから追わせるのは酷でしかないでしょう。だからと言って、ドキュメントで管理するとなると、稀に笑い話[注40]で出て

注39　同時に利用されてしまうことを防ぐこと。
注40　いまだ笑い話でないかもしれませんが...。

くる「表計算ソフトで管理された変数管理表」のような存在になってしまうのではないでしょうか。それに、何かのリソースをロックしている手続きの中で、別のリソースをロックする必要のある手続きを呼ぼうとしたときに、結果的に2つのリソースのロック順序が決められたロック順序に反してしまう場合、この呼び出しはしてはいけなかったということになってしまいます。呼び出そうとしている手続きの中であっても、何をどの順でロックしているかをすべて追って検証できなければ、通常気軽に行っているような手続き呼び出しすら危険なのです。事実上、ロックを含んでいる手続き同士は組み合わせることができないと言っても良いでしょう。

いくつかの関数型言語はSTM（*Software Transactional Memory*）というDBのトランザクション[注41]およびそのリトライ制御に似た機構を備えており、比較的高い実行効率でリソースの排他を簡単に扱うことができます。リソースの排他中に行える処理が制限されているなど、実に安全です。

● 並列プログラミングの一助 ――参照透過性の保証

関数型言語では、命令型言語との比較においても述べたとおり、破壊的代入操作ができないかあるいは非常に限定的な条件のもとでしか許されません。とくに純粋関数型言語では、関数はいつどのように評価しても同じ結果になります。つまり、その処理だけ並列化しても同じ結果になるということがわかっているのです。

重要なのは「わかっている」ということです。たとえば、別段関数型言語でなくとも、参照透過性を満たすような処理でさえあれば、何も考えずに並列化してもまったく問題ありません。ただし、本当に参照透過性を満たすような処理であるか、そして、後々誰かが処理に手を加えたとしても参照透過性を満たし続けているか、といったことは、逐一プログラマが人としての注意力の限界内で保証しなければならないのです。

ある程度の大きさの処理であれば、コンパイル時等に参照透過性を満たしているということを処理系が自動で判断することもできるでしょう。しかしながら、もし満たさなくなってしまっているからと言って、多くの言語ではコンパイルエラーになってくれるわけでもありません。ここでの「わかっている」は「言語機能として処理系の基準で判断できる」ということです。

担当したプログラマがわかっているから大丈夫などと言われることもありま

注41　状態の整合性を保つ目的等で、複数の処理を不可分のものとして実行し、それらのすべてが問題なく実行できたときのみ反映させる処理。

すが、プログラマ自身が人間として限界ある記憶力でいつまで覚えているか、また、手を入れる他のプログラマも同様にわかっているか、は一切保証していません。対して、処理系が処理の性質を判断できて、性質を満たさなければコンパイルエラーとすることで、プログラマが言語の制約を破ることがそもそもできないのであれば、誰が処理に手を加えても性質は保証されるのです。

間違えずに書けるのであれば、そして、間違えずにメンテナンスしていけるのであれば、現代の計算機アーキテクチャでは命令型言語のほうが速いことが多いです。真に速さが求められる箇所であれば、Fortranなどの並列計算能力のほうがまだ優位性もあることでしょう。しかし、書き捨てにしても良いと確実に言える分野のプログラムならともかくとして、多くの場合、プログラムはメンテナンスなりアップデートしてユーザに提供しなければなりません。仕様として正しい動作を定め直し、現実的なコストと時間内で、できればプログラマ

Column

関数型言語と定理証明

ソフトウェアやハードウェアの仕様/設計/検証を、数学的な厳密さをもって行う形式手法というものがあります。定理証明(*theorem proving*)は形式手法(*fomal method*)の1分野で、システムやプログラム、1つの関数などが、仕様通りの動作をすることを、テストに頼らず丸々証明してしまうというものです。テストでは、テストを通ったケースのみが正しく動作することしかわかりません。結果的に、境界値のようなコーナーケースのテスト漏れなどが発生し、バグとして現れてはプログラマの時間を盗んでいきます。対して、仕様通りであることが証明されていれば、どのようなケースの入力に対しても正しく動作することが保証されます。

関数型言語は定理証明と相性が良いことが知られています。p.15のコラムで紹介したCoqやAgda、Idrisなども定理証明を行うことができる関数型言語です。

一般には定理証明はまだ簡単とは言えません。関数型言語に慣れたプログラマであっても、定理証明を十全に使えるというプログラマは恐らく多くはないでしょう。それだけ定理証明を行うにはコストがかかります。

ただし、世の中にはシステムがバグを出すと人命に関わる分野があります。たとえば、航空、宇宙、医療、原子力などがそうでしょう。また、完璧であることに価値が認められるものもあります。暗号をはじめとするセキュリティ分野などでしょうか。このような分野においては、形式手法はコストに見合った効果を発揮し得ます。他にもミッションクリティカルである分野ほど、定理証明をはじめ形式手法の効果は認められ進んでいくでしょう。

に過度の負担がかからない範囲で、プログラムに手を入れ続ける必要があるのです。並列化部分が問題なく動くための性質[注42]を処理系が保証できるという事実は、きっとプログラマの助けになることでしょう。

0.7 関数型言語と関数プログラミングの関係 強力な成果を引き出すために

関数プログラミングのために関数型言語を使ったほうが良いのは、それなりの理由があります。本節ではその理由を確認してみます。

関数プログラミングの導入——命令型でも活かせる技法

関数プログラミングは、そのためのいくつかの制約を守れば、恐らく多くの言語で可能です。実際、関数プログラミングを学んだ後に命令型言語を使う機会があるならば、その言語の上であっても関数プログラミングを行うことに利点があることがわかるでしょう。

別の言語を使っていたとしても、関数プログラミングで得た知見をフィードバックし、安全なプログラムを目指していくことは可能です[注43]。関数プログラミングのための制約を守って、できるだけ代入を行わず、行わざるを得ない場合も最小限のスコープに限り、関数の適用をベースに処理を記述できるようにすれば良いのです[注44]。

関数型言語による関数プログラミングの導入

その上で、関数プログラミングを行うには、やはり関数型言語が向いていると言えるでしょう。関数プログラミングのための制約を守り、規律正しくプログラムを記述していることを、普通は関数型言語がチェックしてくれるからです。

たとえば、「入出力を含む処理を書いてはいけない」という制約付きのスコー

注42　たとえば並列ライブラリに対し利用者が与える処理が「数学的な意味の関数でなければならない」など。

注43　ただし、現実問題として、新たに立ち上がるプロジェクトでもない限り、関数型言語を使っていなかった業務において関数型言語を使い始めるのは、既存の資産やしがらみ/教育コストなどに鑑(かんが)みるとそうそうできるものではないでしょう。

注44　実際、筆者は命令型言語を使う場合、このようにするコーディングするクセが付いています。

プを定義でき、実際にその中で入出力を含む処理を書けない機能があるとすれば、これはとても有用な機能です。トランザクションのように巻き戻しが発生するような処理では、実行したら巻き戻せない入出力処理は使われるべきではありません。そのような箇所が前述した制約の付いたスコープになっていれば、安全にプログラミングを行うことができます。

しかし、こういった機能がない言語の場合、入出力処理を含まないという制約をプログラマに守らせるには、その旨をドキュメントやコメントに書くしか方法がなく、本当に入出力が書かれていないかは、コードを追う以外確認できないというのが現実でしょう。

p.15のコラムで紹介した関数型言語は、関数プログラミングを簡単に行うために、そして、関数プログラミングを行った結果からより強力な成果を引き出すために、機能を洗練させてきた言語たちなのです[注45]。

0.8 関数型言語の歴史
過去を知り、今後を探る

関数型言語の辿ってきた歴史を見ることで、今後の進化の方向を探ってみます。

関数型言語のこれまで

表0.2は関数型言語の登場年表です。

関数型言語の背景である**ラムダ計算**(λ計算)は、1930年代にAlonzo Churchにより考案されました[注46]。ラムダ計算はそれ自体がチューリング完全、つまり、万能チューリングマシンと同じ計算能力を持つ、もっと直観的に言うなら、他のよく知られた言語と同様の表現能力がある、ということが示されています。

関数型言語として最初の実用的な実装と言える**LISP**[注47]は1958年に現れました。LISPは「S式」[注48]というシンプルかつ強力な記法を導入しました。S式では

注45 この点については、0.9節「関数型言語を採用するメリット」にて、もう少し詳しく取り上げます。合わせて参照してください。

注46 A. Church「A set of postulates for the foundation of logic」(Annals of Mathematics、Series 2、33:346-366、1932)

注47 J. McCarthy「Recursive functions of symbolic expressions and their computation by machine」(Communications of the ACM、3:184–195、1960)

注48 S式は「シンボル」と「S式の組」のみから成る非常にシンプルな式で、木構造のデータとして扱えます。カッコが大量に出てきます。

プログラムそのものをデータとして扱うことがとても容易です。方言であるSchemeやCommon Lisp、Clojureを含め、今日でも熱烈なファンがいる言語です。Emacs使いの人もEmacs LISPというLISP方言にはお世話になっているでしょう。

1966年、ISWIM[注49]という抽象プログラミング言語が考案されました。ISWIMはラムダ計算のコアを命令型言語で構文糖衣したものとなっており、実装こそ与えられませんでしたが、後のML、SASL[注50]系列の関数型言語の構文に大きな影響を与えています。

注49 P. J. Landin「The next 700 programming languages」(Communications of the ACM、9(3):157-166、1966)

注50 型なしの純粋関数型言語です。

表0.2 関数型言語関連年表※

時期	言語
1930年代	ラムダ計算(λ計算)
1958年	LISP
1966年	ISWIM
1970年代	ML
1972年	SASL
1975年	Scheme
1981年	KRC
1984年	Common Lisp
1985年	Miranda
1987年	Clean
1990年	Haskell 1.0
1990年	SML
1991年	Coq(CoCより改名)
1996年	OCaml(当時Objective Caml)
1998年	Erlang(オープンソース化)
1990年代	Agda
2003年	Scala
2005年	F#
2007年	Clojure
2012年	Idris 0.9

※ p.15のコラム「いろいろな関数型言語」を合わせて参照。

1970年代前半にMLが関数型言語に「静的型」を導入しました[注51]。MLはそれ以降の多くの関数型言語に強い影響を与えています。SMLやOCaml、F#はML系の言語なので文法を継承していますし、他の静的型付き関数型言語も型による検証を継いでいます。

1985年、最初の商用純粋関数型言語Miranda[注52]が登場しました。Miranda自体はSASL、KRC[注53]という関数型言語の後継言語として遅延評価を備えています。Mirandaの文法を継承している言語も多く、Haskell、Cleanなどや、さらにAgda、Idrisへとこの流れは続きます。

1984年から開発が続いていたCoCが1991年にCoqに改名しました。Coqは関数型言語ではありますが、チューリング完全にならないように制限して設計されました。制限がない場合、プログラムの停止性[注54]を示すのが難しいためです。定理証明支援系としてプログラムの停止性を示せる範囲のものしか書けないよう限定しているのです。AgdaやIdrisも同様の意図で同じような制限が導入されています。

関数型言語のこれから

本節では、前節での関数型言語の進化を踏まえ、これからの進化の方向性について、加えて、関数型言語は果たして普及するかについて考えてみます。

進化の方向

関数型言語は、これまでより強い制約を与えることで、安全なプログラムが書けるようにしたり、モジュラリティを向上させたりしてきました。この進化傾向は、過去に命令型言語も辿ってきたような、

- **構造化プログラミングの導入**
- **カプセル化の導入**

などと同様の進化傾向と言えます。

1968年、Edsger W. Dijkstraは、それまでgotoに対して挙げられてきた危険性/懐疑をまとめ、人間が処理の進捗を把握できるような制御構造によるプロ

注51 R. Milner「A theory of type polymorphism in programming」(Journal of Computer and System Sciences、17(3):348-375、1978)

注52 URL http://miranda.org.uk/

注53 SASLベースに機能追加された関数型言語です。

注54 無限ループに陥ることなく、有限時間で実行が停止するというプログラムの性質。

グラミングが重要であること、構造化プログラミングを提唱しました。それまで使われてきた「何でもできる代わりに危険」なものを排除しようとしたのです。

オブジェクト指向において、オブジェクト内のデータや挙動を隠蔽するカプセル化は、オブジェクトの内部状態を直接触らせず、メッセージングによってのみ制御を行おうとします。内部状態を直接オブジェクトの外から手を加えられる場合、オブジェクトとしてはあり得ない状態に陥るバグを作り込んでしまいがちです。オブジェクト指向言語では、オブジェクト内のものに可視性を指定して制限できるようにすることで、それまで使われてきた「何でもできる代わりに危険」なものを排除しようとしています。

これら命令型言語が辿った事例を見ても、**強い制約を課す/与える**ことで物事を便利に安全にしようというアプローチの有用性については、一定の理解が得られるでしょう。ここで言う**制約**は2種類あり、

- **言語機能として課せられた制約**
- **プログラマが与えることのできる制約**

です。前者はたとえば純粋関数型言語で参照透過性を満たさなければならないこと、後者はたとえば命令型言語で変数にconstなどの定数化キーワードを付けることです。

現在の関数型言語は、一般に命令型言語よりも前者の制約がとても強いことが多いです[注55]。

対して、後者の制約については、言語の制約の記述力内で強いものから弱いものまで自由に選択できます。制約を便利に与えることができると言ったほうが良いかもしれません。必要な箇所に必要な程度の制約をもって安全にプログラミングできると言えます。言語の制約の記述力が豊かであるほど、より複雑で繊細で強力な制約を記述できることは言うまでもありません。

たとえば、あなたがライブラリを作るとして、「ここの部分はライブラリのユーザが定義して与える」という処理があったとします。その際、あなたのライブラリが正しく動くためには、ユーザの与えてくる処理の中では、「入出力は使えるけど、何でも使えるわけではなく、せいぜいファイルの読み出ししか許されない」という条件を付けなければならないことがわかったとします。プログラマが与えることのできる制約が弱い言語では、このような細かい条件付けを強制することは難しいでしょう。条件付けをドキュメントやコメントに残しておい

注55　0.9節「関数型言語を採用するメリット」の「制約の充足をチェックしてくれるメリット」でもう少し詳しく取り上げますので、合わせて参照してください。

て、実際に条件を満たす処理を与えてくれることをユーザの良識に期待することになります。プログラマが与えることのできる制約が強い言語では、このような細かい条件付けを強制することができ、ユーザは実際にこの条件を満たす処理しか与えることができなくなります。

これからの関数型言語は、言語の制約の記述力を高め、その制約を言語やライブラリが把握/利用できる方向に進んでいくでしょう。たとえば、依存型は制約の記述力を大きく高めます。前述したとおり、すでにAgda、Coq、Idrisなどは依存型を持っていますし、HaskellやOCamlなどにも依存型の機能を取り入れる方向の変更がたびたびあります。そして、強い制約は、プログラマが書いたプログラムをより効率的なものに自動で変換したり、自動で並列化したりといった最適化や、プログラムの正しさの証明に利用されていきます。たとえば、同じ処理をするライブラリ関数が2つあり、1つは普通に与えられた引数から逐次実行で計算してくれるような関数、もう1つでは同じ引数に加えて何らかの制約を表す引数を受け取るようになっており、プログラマが陽に並列プログラミングしなくとも、受け取った制約を利用して勝手に並列化し並列実行してくれる関数、といったイメージです。もちろん、ここで使う制約をわざわざプログラマが与えなくとも、制約を満たしていることを自動で検出する方向も発展していくでしょう。

● 普及可能性

関数型言語は巷のイメージ以上にすでに普及していますし、求人も実は少なくありません[注56]。とくに、利に聡(さと)い(敏感である)ことが何より肝要で、なおかつ、元々数学的なものとの相性が良い金融分野での採用をよく耳にします。

とは言っても、現状のJavaのように多くの人が「誰でも何となくできている」状態を普及の基準とするのならば、急激にそのレベルまで辿りつくかと言われると難しいでしょう。理由は以下2点です。

- ほとんどの場合、関数型言語は「何となくできている」を許容しない(もしくは、そのようにもできる)
- まだ命令型言語からプログラミングに入ってくる人が多い

前者について、関数型言語では、「何となく」でもできていなければそもそも実行まで辿りつけなかったりと、言語と扱う問題に対する正しい理解をプログラマに要求します。これはバグが少なくなると言われる理由の一つでもありますが、「誰でも何となくできている」状態であっても問題なく回る分野であれば、

注56 p.52およびp.289のコラムも参考にしてください。

ただの邪魔な制限にしか見えないため、なかなか普及しないかもしれません。

後者についてはもっと簡単で、命令型言語から入ると、これまで説明してきたような命令型言語と関数型言語のギャップから、「難しい」「使いにくい」と感じる人が多いためです。単純にまだ命令型言語の仕事のほうが多いですし、別段関数型言語を覚えなくとも潰しはききます。技術的興味以外に関数型言語を使う強い動機がないという人は多いでしょう。人の多さは、当然何らかのプロダクトを作る際の言語選択にも影響を与えますから、こちらの理由も単純でありながら割とクリティカルです。

しかし、最近では安全や品質に厳しい世情も手伝って、とくに前者の理由が崩れつつあります。人命やセキュリティに関わるような分野において、実際に動作させてみることでしか安全性を検証できないコードベースをメンテナンスし続けているようだと、それはもはや「問題なく回る」と言える範囲に収まってはいません。

ある程度、余裕がある組織やプロジェクトなどで、検証に人手をかけるデメリットがそもそも薄い場合、マンパワーである程度は処理できそうですが、検証し切れるわけではありませんし、締め切りが押してくるなどの理由があると検証は比較的削られやすいフェーズであったりもします。こういった事情の元では、言語としての性質が良いため、システムの正しさを検証するための各種形式手法との相性も良い関数型言語に分があります。人命やセキュリティを損なうことで、看過できないリスク[注57]があると判断され得る分野であるほど、関数型言語は存在感を増していくでしょう。

0.9 関数型言語を採用するメリット 宣言的であること、制約の充足のチェック、型と型検査、型推論

関数型言語を使うことで、我々にはどのようなメリットが得られるのかをまとめてみます。

宣言的であることのメリット

「宣言的である」ということは、出力の性質がどういうものなのかに着目し、それだけを記述させるということでした。宣言的であることは、プログラムを

注57 事業継続が困難な事態に陥ったり、莫大な損害賠償請求であったり。

より良く抽象化されたものとし、本質的に記述したいこと/把握したいこと以外の瑣末事(さまつごと)からプログラマを解放します。プログラマは結果がどういう性質を満たすかという点にのみ着目し、その性質を書き下すだけで良いのです。

たとえば、平均が欲しい場合に、

```
数値の列 に対する平均 を求める手続きは
  総和を保持する数 を0で初期化
  要素数を保持する数 を0で初期化
  数値の列 の先頭から1つずつ 数値 を取り出して以下の処理をする
    総和を保持する数 に 数値 を足す
    要素数を保持する数 に 1 を足す
  総和を保持する数 / 要素数を保持する数 を結果とする
```

と手続き的に書かれているよりは、

```
「数値の列 に対する平均」の満たすべき性質は「数値の列 の総和 / 数値の列 の要素数」
である
```

と宣言的に書かれているほうが見通しが良いでしょう。

性質を満たす結果が正しく得られるのであれば、結果を得る方法(変数や分岐やループなど何個どのように使っているかなど)については何でも良いのです。逆に、この方法の部分の決定をプログラマが明示せず言語の側へ渡すことで、最適化に自由度を持たせているとも言えます。手続き的に書かれている場合、手続きから性質を発見しないと、性質を破壊せずに最適化できているかわかりません。宣言的に書かれていれば、守るべき性質は最初から示されています。

制約の充足をチェックしてくれるメリット

前述のとおり、関数型言語では、

- 言語機能として課せられた制約
- プログラマが与えることのできる制約

と共にプログラミングを行います。そして、多くの関数型言語は、その制約が守られていることをプログラマに期待しません。言語自身が制約を守っているかどうかをチェック[注58]し、守られていなければそのことを(可能ならバグとして現れる前に)顕在化させます[注59]。そのため、言語レベルで物事を便利に安全に

注58 型検査などによって。
注59 たとえば、コンパイルエラーといった形などで。

記述できる範囲が大きくなります。プログラマはこのチェック機構に任せて、注意力は他のことに向けることができます。

たとえば、最も代表的な制約である「参照透過である」こと、つまり「純粋な言語である」という点に着目してみましょう。純粋な言語であるということは、数学的な意味での関数しか認めない言語であるということです。数学的な意味での関数でないような関数をそもそも書くことができないので、そのような関数を書いてしまう、もしくは、そのような関数に後から修正してしまう、というような制約破りをしてしまうことがありません。

制約の充足をチェックしてくれることは、プログラマ単体で見てもとても有用ですが、多人数による開発の場合、さらにその有用性は高まります。なぜなら、言語でチェックされるものであれば、コーディング規約やドキュメントでメンバーに制約を守らせる必要がないのですから、結果的に、コーディング規約は小さくなりますし、記述しなければならないドキュメントも減ります。そして、コードベースに対するこれらのドキュメント類が少ないということは、プロジェクトに対してメンバーが新規に加入する際、既存コードベースに対するラーニングコストやミスのリスクが少ないということでもあります。

型と型検査があることのメリット

型と型検査を持つ言語という点に着目してみましょう。前述のとおり、関数プログラミングにおいては、**図0.11**のように関数fの値域が関数gの定義域に収まっていれば、関数fとgは問題なく合成できます。

しかし、定義域に収まっていることを、プログラマがチェックするのは大変です。もちろん、そのような面倒なことはしないでしょう。強い型付けは、関数の値域と定義域に適切に型を与えることで、定義域に与えられた型が定義域となり、値域に与えられた型に値域が含まれるようにしてくれます。その結果、「関数fの値域が関数gの定義域に収まっていること」は、「関数fの値域に与えられた型が関数gの定義域に与えられた型と合うこと」という型検査の問題となり、関数fと関数gが合成できる関数同士であるかをプログラマがチェックせずとも良くなります。合成できない関数であるのならば、型検査に失敗して教えてくれるからです。たとえば、次のようなコードを考えてみましょう。

```
# compose.rb
def f(x)
  if x < 1
    0
```

図0.11 関数合成

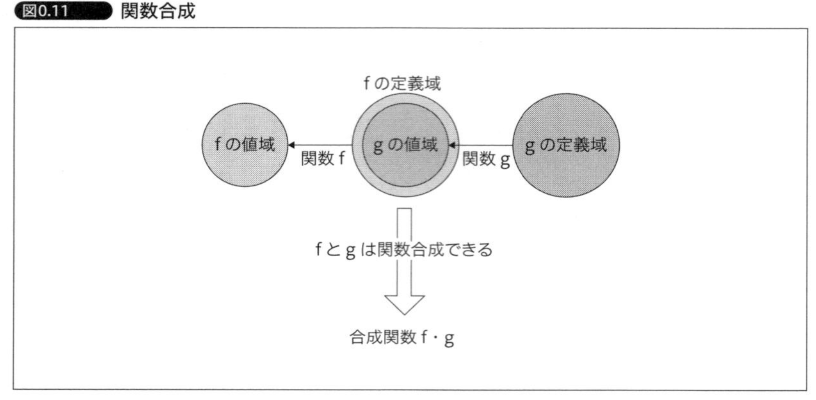


```
  else
    "foo"
  end
end

def g(n)
  n+1
end

p g(f(0)) # OK
p g(f(1)) # NG
```

恐らくこのようなコードを書いてしまうプログラマはいないでしょう。しかし、ここでは、実際にOKの行まで実行できてしまうこと自体を問題視しています。NG行で起きるエラーは、まさにgの定義域内にfの値域が収まっていないため生じるNGです。このサンプルコードでうまくいってない箇所が明らかなのは、とても小さい上に恣意的なコードであるからということに注意してください。

実際に、コードが巨大になって、しかも、fとgは別の人が書くようなプロジェクトで、もっと複雑なオブジェクトをfが作り分けてくるような事態になってから、明らかにダメな実行経路を簡単に判別できることは稀です。そして、その経路を他に影響なく修正/メンテナンスできるケースはもっと稀ですし、そのための十分な時間も取れないでしょう。

「単体テストを書いて/書いておいて、潰せば良い」、それももっともです。しかし、そのためには、型検査があればタダでわかるようなことでも、コードが変更されたときにはテストを書き直し、経路が網羅されていることを確認し続けることにコストを割く覚悟が必要です。

テストが役に立たないとか不要とかいった話ではありません。関数型言語も個々にテストフレームワークは持っています。対象とする問題に対する検査手法として適切かどうかには一考の余地があり、取れる検査手法の選択肢の多さと強力さは言語選択の時点でほぼ決定するということです。

型推論のメリット

型推論は、陽に与えられた型の情報から、陽に与えられていない部分の型も推論してくれる機能でした。

変数の型を逐一記述するのは、誰にとっても面倒に感じるものです[注60]。しかし、とくに静的型付き言語を学習すると強く実感することになるのですが、型は、値や処理の満たすべき性質を強く意味付けするために使うことができ、「プログラムの正しさ」を保証するための重要なファクターです。型を決定するということは、実装に先立ち、実装が満たすべき適切な性質を決定する設計行為に当たります。したがって、型を記述することは正しいプログラムを書く上で、決してないがしろにはできない行為であることは確かなのです。

型推論は、あらゆる型をプログラマが逐一宣言する負担からプログラマを解放します。推論から導かれる型については、プログラマが型を記述しなくとも良いのです。Javaに導入された**ダイヤモンド演算子**やC++に導入された**auto**など、関数型言語でなくとも、型推論[注61]が導入されてきているのは、やはり、これがプログラマの助けになっている証左でしょう。

そして、前述した「型は値や処理の満たすべき性質を強く意味付けする」ことと合わせて考えると、型推論はさらに強力なポテンシャルを持っていることがわかります。つまり、型を推論してくれるということは、プログラマに代わり必要な性質を推論してくれるということでもあるのです。

注60　関数型命令型に限らず静的型付きの言語のデメリットとして挙げられる項目の一つとして、「明らかにわかっている型であっても一々宣言させるのは億劫」というもっともな指摘があります。

注61　強力なものではないにしろ。

0.10 本書で取り上げる関数型言語
Haskellの特徴、実装、環境構築

本節では、本書でおもに取り上げるHaskellと、その実装、環境構築について、知っておきたい基本事項を簡単にまとめておきます。

Haskellが持つ特徴的な機能

本書では、おもにHaskellを扱って解説していきます。現在の関数型言語で、ユーザも一定数いて、プロダクトでの利用例も十分あり[注62]、関数型言語としてのオープンな標準を目指し作られた言語で関数型言語として特徴的な機能を持っているためです。本書で取り上げるHaskellに特徴的な機能を押さえておけば、他の関数型言語に触れる際にもつつがないでしょう。Haskellには、

- **純粋**
- **静的型付け**

注62　以下が参考になります。URL http://www.tiobe.com/tiobe_index
URL http://www.dataists.com/2010/12/ranking-the-popularity-of-programming-langauges/
URL https://www.haskell.org/haskellwiki/Haskell_in_industry

Column

世界で一番美しい？ クイックソート？

Haskellを紹介するときに、話題にされがちな次の整列関数があります。

```
sort [] = []
sort (x:xs) = sort [ a | a <- xs, a < x ] ++ x : sort [ a | a <- xs, x <= a]
```

sortの分割統治の方法はクイックソートと同じです。平均時間計算量こそ同じですが、空間計算量は大きくなります。また、ほぼソート済み入力に対し、必ず最悪計算量になります。クイックソートと思い使っても速くはありません。

Haskellでクイックソートがこんなに美しく！ と宣伝されることがあります。しかし、同程度のポテンシャルを持たないもので勝負することは、他言語に対してフェアではありません。Haskellは、誇大広告に頼らなければ勝負できないような言語ではありません[注a]。

注a　筆者は、そもそもクイックソート自体、「新幹線」と同程度には駄目な名前付けだと思っています。

- 強い型付け
- 型検査
- 型推論
- 遅延評価

などの特徴があります。規格としてHaskell 98、Haskell 2010などがあります。

Haskellの実装

Haskellの実装はいくつかありますが、現在主流のものは**GHC**/The Glasgow Haskell Compilerです。本書でもGHCを利用します。ここでは、GHCに加え、他の処理系も簡単に紹介しておきます。

>GHC/The Glasgow Haskell Compiler URL `https://www.haskell.org/ghc/`
GHCはコンパイラや対話的インタープリタを持つシステム。Windows、OS X、Unix系(LinuxやBSDなど)で動作する。Haskell 98、Haskell 2010サポートのほか、先進的な多くの言語拡張を持っている。現在提供されているHaskellライブラリの多くがGHCを想定しており、デファクトスタンダードとなっている

>UHC/Utrecht Haskell Compiler URL `http://foswiki.cs.uu.nl/foswiki/UHC`
UHCはUtrecht Universityによるコンパイラ実装。Haskell 98のサポートのほか、独自の実験的な拡張を持っている。Windows、OS X、Unix系などで動作する

>JHC URL `http://repetae.net/computer/jhc/`
JHCはJohn Meacham氏による効率的なプログラムの生成を目的としたコンパイラ。Haskell 98のサポートのほか、FFI(*Foreign function interface*)系の拡張を持っている。コンパイルでは、一度C言語ソースコードを経由させる。また、ランタイム自体も3000行程度のC言語で書かれているため、GHCに比べて非常にフットプリントの小さなバイナリが生成される。つまり、既存のクロスコンパイラツールチェインによるクロスコンパイルも容易であり、また、フットプリントの小ささは組み込みシステムに望まれる特性でもある。JHCをforkしたAjhcというプロジェクト[注63]では、マイコンボードをHaskellプログラムで制御するといったことも行われていた

Haskell環境の構築

Haskellのプログラミング環境を整えるには、**Stack**(`http://docs.haskellstack.org/en/stable/README/`)を使うのが一般的です。Stackは、コンパイラとしてGHCを利用、ビルドツールであるcabal-installをラップし、「依存関係に

注63 URL http://ajhc.metasepi.org/

問題を起こすことなく正常にビルドできることが保証されたパッケージ群」としてメンテナンスされているStackage注64を利用する、便利な開発ツールとなっています。PythonのVirtualenvやRubyのRVM（*Ruby Version Manager*）、rbenvのようなものをイメージしてください。

上記URLからみなさんの環境に合わせたStackバイナリをダウンロードしてインストール、あるいは特定のLinux環境であればStackのパッケージがあるのでインストールしてください。本書では詳しい手順は扱いませんが、インストール関連情報は同URLから辿れるので適宜参考にしてください。

Stackでは、Stackageのバージョンによって利用するGHCのバージョンも変わります。以降、本書で解説に使うのは「Stackage LTS Haskell 7.*」系です注65。GHCのバージョンとしては「8」となります。ただし、GHCのバージョンによって大きく変化があるような部分については本書では扱わないので、あまり気にしなくても大丈夫です。

エディタについてはお好きなものをお使いください。とは言いつつも、Haskell用のモードがあるエディタをお勧めしておきます。と言うのも、HaskellはPythonのようにインデント位置でコードブロックを表現する言語なので、次のインデント位置がどこになるべきか把握して決めてくれるエディタでないと効率が悪いのです。EmacsやVimにghc-modというツールを組み合わせて使う人が多いです。Sublime Textを使っているという話もよく聞きます。

● 対話的インタープリタGHCiの基本的な使い方

対話的インタープリタ**GHCi**を起動してみましょう。Stackをインストールした環境でターミナルを起動してください。まず以下のように実行すると、GHCがインストールされます。

```
$ stack setup
```

次に、ターミナル上で`stack exec ghci`とタイプ注66して Enter を押すと、対話的インタープリタGHCiが起動します。なお、`setup`時に`stack`の設定ファイルが作成されており、この設定ファイルに従い、同じく`setup`時にインストールされたGHCが適切に選択されます。

注64 URL https://www.stackage.org/

注65 Stackage LTS（*Long Term Support*）は、安定的にビルド可能であるようにメンテナンスされたパッケージ群です。なお、原稿執筆時点でStackage LTS Haskell 7系は正式リリース前で、LTSではなくnightlyで動作確認を行いました。もし7系がリリースされていない時点で本書向けの開発環境をセットアップする場合には、LTSではなくnightlyという系統を使ってみてください。

注66 `stack ghci`というのもありますが、こちらはパッケージ開発用です。

```
$ stack exec ghci
```

インタープリタ自体のGHCi操作コマンドヘルプを見るには:?とタイプして Enter です。GHCi自体デバッガでもあるため、デバッグ系のコマンドも含まれています。インタープリタを終了させるには:qとタイプして Enter です。

当然、ファイルに書いたプログラムをロードすることもできます。Haskellソースコードファイルの拡張子は通常「hs」です。foo.hsというファイルにプログラムを書いたら、GHCiの起動時にfoo.hsを実行時引数として渡せばロードされます。

```
$ stack exec ghci foo.hs
```

もしくは、すでにGHCiが起動しているならば:l(エル) fooとタイプして Enter でロードできます。

```
$ ls
foo.hs
$ stack exec ghci
> :l foo
```

ただし、文法が間違っていたり、型検査に失敗するようなプログラムが書かれていると、いずれの方法でもロードに失敗します。foo.hsを変更したならば、再度ロードし直す必要があります。リロードするには:rとタイプして Enter です。

● コンパイラGHCの基本的な使い方

コンパイラを使ってみましょう。Stackをインストールした環境でターミナルを起動してください。ターミナル上でstack ghcとタイプして Enter を押すとコンパイラが起動します。

```
$ stack ghc
```

と言っても、ソースコードを渡してないので何も起きませんね。foo.hsをコンパイル&リンクするにはstack ghc fooとタイプして Enter です。

```
$ ls
foo.hs
$ stack ghc foo
$ ls
foo foo.hs foo.hi foo.o
```

「foo」という実行バイナリが生成されます。

また、実行バイナリを生成せずにスクリプト実行することもできます。スクリプト実行するには、runghcコマンドを使います。ターミナル上でstack runghc fooとタイプして Enter を押すと、foo.hsが実行されます。runghcをshebangで実行するようなHaskellスクリプトを書くこともできますが、あまりお勧めはしません。

大方のコンパイラの例に漏れず、ghcにも大量のオプションがあります。最新GHCのユーザガイドは以下のとおりです。

URL https://www.haskell.org/ghc/docs/latest/html/users_guide/

stackを介してghcオプションを渡すには、

```
$ stack ghc -- -o foo foo
```

のように--(ハイフン2つ)を挟みます。

表0.3に、よく使うオプションをまとめました。本書で詳しい説明は行いませんが、本書の段階では-Oと-Wallを付けておけば、そうおかしなことにはならないでしょう。その他のオプションや詳しい説明は、前述のガイドを参照してください。

表0.3 よく使うオプション

オプション	説明
--help、-?	ヘルプを表示する
--make	依存性解析しながらビルドしてくれる。デフォルトモードである
-e *expression*	expressionを評価する
--version、-V	GHCのバージョンを表示する
-v *N*	レベルNの冗長出力をする
-W	標準に加え、いくつかの警告を有効にする
-Wall	いくつかの警告を除き、疑わしいすべての警告を有効にする
-Werror	警告をエラーにする
-package *p*	インストールされたパッケージpを使えるようにする
-hide-package *p*	インストールされた(余計な)パッケージpを使えないようにする
-O0	最適化を無効にする
-O、-O1	それほど時間をかけずに最適化する
-O2	時間をかけても最適化する
-rtsopts	ランタイムシステムオプション処理を有効にする
-threaded	スレッド化ランタイムにリンクする
-debug	デバッグ版ランタイムにリンクする
-prof	プロファイルを有効にする

0.11 まとめ

関数型言語の世界への導入として、いろいろな関数型言語や概念/特徴を紹介しました。

以降の章は、本書ではHaskellを使って説明していきますが、ある程度Haskellを理解した後であれば、他の関数型言語を習得することもそう難しいことではないでしょう。もちろん、これはHaskellが他と比べて難しいからという意味ではありません。とくに命令型言語しか使ったことない方が多いでしょうから、一度、関数型的な視点を導入してしまえば、他の関数型言語を学ぶこともさして難しくはないのです。

仕事でプログラムに関わっている方の中には、Haskellあるいは他の関数型言語をそうそう導入できる環境にはないという方もまた多いでしょう。ソースコードまで納品物に含まれ言語指定もあるような受託開発であったり、C言語がいまだ強い組み込みの分野であったり、既存言語でのコードベースが巨大で移行の決断もできない場合であったり、言語選択はさまざまな事情に影響されます。もちろん、それらの状況を変えられるのが理想的ではありますが、現実的には難しいことのほうが多いです。

しかし、もしHaskellを使えない環境にあったとしても、Haskellあるいは他の関数型言語の知識を学ぶことは決して無駄にはなりません。「なぜ、ある言語の機能が別の言語にないか」などと、今みなさんがおもに関わっている言語との比較を行いながら、Haskell以外の言語にも本書で得た知見を適宜フィードバックしていくことで、Haskellを使える環境にいる人はもちろん、すぐには使えない環境にいる人にとっても、プログラミング能力の向上が見込めるでしょう。

Column

現在関数型言語が採用されている分野/プロダクト

関数型言語は研究や特定目的にしか使えないというわけではなく、すでに十分実用レベルに達しているため、採用されている分野と言っても実はあらゆる分野に使われています。かろうじて組み込み分野に対してはまだ弱いことがあるという程度でしょう。中でも、とくに「金融」「コード解析ツール」「コンパイラ」「Webサービス」あたりでよく採用事例を耳にします。また、組み込み同様プラットフォームの制約で開発言語として採用されにくいところはありますが、「ゲーム」の分野でも見るようになってきました。いろいろと事例を見ていきましょう。

Twitter URL `https://twitter.com/`

元々TwitterはRuby on Railsベースのシステムでしたが、ベースをJVM上へと徐々に移行しました。RubyのGC(*Garbage Collector*)[注a]性能が増大する負荷に追いつかなくなったことがおもな理由だったようです。JVM上で動作する関数型言語であるScalaを採用しています。RPCフレームワークFinagle、メッセージキューKestrelといった、多数のScalaフレームワークを利用しています。FinagleはTwitter社が公開/メンテナンスしています。

Facebook URL `https://www.facebook.com/`

Facebookは現在主流のHaskellコンパイラであるGHCの主要開発者を擁し、スパム対策等をHaskellで書いています。既存システムのHaskell移行なども着々と進めているようです[注b]。

lino URL `http://ja.linoit.com/`

オンライン付箋サービスです。ページ内に「Powered by Haskell」とあり、Haskellを使っていることが見て取れます。

BlockApps URL `http://blockapps.net/`

ブロックチェイン技術[注c]の一つであるEthereum[注d]に準拠した、ブロックチェインアプリケーションの開発プラットフォームです。同社のGitHubリポジトリ(`https://github.com/blockapps`)からHaskellで開発されていることがわかります。

注a　ガベージコレクタ。不要メモリ領域の検出および解放を行う機構。
注b　以下によると、2018年までに全システムをHaskellに移したいようです。
　　URL https://www.youtube.com/watch?v=sl2zo7tzrO8
注c　取引記録とその正当性検証を分散管理できるようにする技術。
注d　URL https://www.ethereum.org/

LinkedIn URL https://www.linkedin.com/

大量の検索クエリを捌(さば)くため、Scalaで実装されたフレームワーク「Norbert」を利用しています。NorbertはZooKeeper[注e]、Netty[注f]、Protocol Buffers[注g]をラップしており、クラスタアプリケーションを簡単に構築できるフレームワークです。

Foursquare URL https://foursquare.com/

元々はLAMP（*Linux+Apache+MySQL+PHP/Perl/Python*）構成にて稼動していた位置情報SNSサービス。どうも最初は非エンジニアによってPHPで書かれていた[注h]ようです。

たった3ヵ月で全体の9割がScalaのWebフレームワークLiftにリプレイスされました。残りの1割はiPhone用向けの変更でこれもプラス2ヵ月で完了したようです。元々どのくらいのPHPコードだったのかは情報が得られないのですが、置換後の段階で14000行のScalaコードと5000行のマークアップになったようです。

comnus URL http://comnus.com/

やはりScala + Liftで作られたSNSサービス。

Tabbles URL http://tabbles.net/

F#で作られたファイルマネージャ。開発者の一人曰く「F#以外（とくにC#）を使うことは考えられない。ロジックの読み書きが難しく、もっと早期に管理/メンテナンス不可能に陥っただろう。恐らくC#では3倍のコード長、4倍の行数、より多くの実行時バグに苛(さいな)まれることになり、全然作れなかっただろう」とのことです[注i]。

WebSharper URL http://www.websharper.com/

F#のWebアプリケーションフレームワーク。F#でJavaScript/マークアップなどのフロントエンドから、バックエンドまで記述することができます。

COBOLのリバースエンジニアリングツール㈱NTTデータ)

COBOLによる大規模レガシーソフトウェアのシステムで仕様書がないものに対し、COBOLコードをリバースエンジニアリングして仕様書を起こすツール。理由

注e　設定情報集中管理のための高信頼サーバ。

注f　非同期イベント駆動ネットワークアプリケーションフレームワーク。

注g　バイナリシリアライズ形式とシリアライザ。

注h　URL https://docs.google.com/presentation/d/1y-uLNBl2cAaoFjXJI9FdvK2NnsiiBOteXAH5hkogZMo/present#slide=id.i0

注i　URL http://blogs.msdn.com/b/dsyme/archive/2010/07/08/tabbles-organize-your-files-written-in-f.aspx

はよくわからないのですが、どうもインドにはHaskellerも多いようで、インド人を含む開発者10数人による開発だそうです。HaskellはHaskellで実装されたStrafunski[注j]という強力な構文解析ツールを擁しており、関数型言語の特性と相まって、プログラムの解析ツールやコンパイラなどの作成は比較的得意な分野となります。本ツールもStrafunskiを利用しているようです[注k]。

BancMeasure (新日鉄住金ソリューションズ㈱)

Haskellで開発された時価会計対応パッケージソフトウェア。Haskell習得期間含め、10人6ヵ月で完成させたそうです[注l]。習得については、お手本となるコードがあれば実際は問題なかったようです。ただし、トラブルシュートなどのためにHaskellに詳しい人は最低限必要とのこと。実際は、Coqによる定理証明まで行いたかったらしいのですが、そこまでは習得が困難だったらしくハードルが高かったようです。

manaba (㈱朝日ネット) URL http://manaba.jp/

教育機関向けの学習管理システムです。大学生の方々はもしかすると現在進行形で利用しているかもしれません。元々Perlで開発されたシステムですが、出席管理/アンケート機能については筆者らがHaskellで独立に新規開発しました。ブラウザ-Webサーバ間の双方向通信が可能なWebSocketによりリアルタイムに回答状況を確認することができます。関数型言語でモダンな機能を使ったWebアプリケーションを作るのも、今後は一般的になっていくのではないでしょうか。

LexiFi URL http://www.lexifi.com/

OCamlによる金融商品の統合開発環境。MLFi (*Modelling Language for Finance*) という専用の金融商品記述言語もOCamlで作られています。MLFiはコンビネータの組み合わせで複雑な契約や金融商品を定義することができるようになっています。また、定義の意味的なチェックもコンパイラが行い、不合理な商品を定義してしまってもそれを検出することができます。

XenServerのツール群(Citrix Systems, Inc.) URL https://www.citrix.com/

よく知られた仮想化サーバXenのツール群は13万行のOCamlで書かれています。

注j URL https://code.google.com/archive/p/strafunski/
注k 参考:URL http://itpro.nikkeibp.co.jp/article/COLUMN/20130112/449224/
上記ツールの関連サービスもリリースされています。
参考:URL http://www.nttdata.com/jp/ja/news/release/2013/042402.html
注l URL http://itpro.nikkeibp.co.jp/article/COLUMN/20130112/449224/

Coherent PDF Command Line Tools URL http://www.coherentpdf.com/

OCamlで書かれたPDF編集ツール。CamlPDFというPDFライブラリも公開しています。

Field Reports（(同)フィールドワークス） URL http://www.field-works.co.jp/

OCamlで書かれたLL言語用PDF帳票ツール。上記で言及したCamlPDFを利用しているようです。

SCAWAR（Punch Wolf Game Studios） URL http://www.punchwolf.com/scawar/

Scalaで書かれたAndroid端末向けのシューティングゲーム。バックエンド部分や周辺ツールではなく、ゲーム本体に関数型言語を採用する例はまだ多くはありません。商用ゲームの分野では、据え置き機では専用開発ツールチェイン、ブラウザゲームではJavaScriptやFlashに束縛されがちであるため、選択肢が少ないという事情もあるかもしれません。AndroidゲームではScalaやClojureなどが活躍できる余地があります。

第1章

[比較で見えてくる]関数プログラミング

C/C++、Java、JavaScript、Ruby、Python、そしてHaskell

1.1 部品を組み合わせる ——合う部品のみ合わせられる力
1.2 文脈をプログラミングする ——NULL considered harmful
1.3 正しい並列計算パターン ——計算パターンの変化と影響
1.4 構造化データの取り扱い ——Visitorパターン
1.5 型に性質を持たせる ——文字列のエスケープ
1.6 文書をルール通りに生成する ——安全なDSL
1.7 まとめ

前章で関数プログラミングや関数型言語の特徴についての概要は掴めたかと思います。しかし、実際のところ、使いやすそうと感じるところまでは行っていないのではないでしょうか。

本章ではプログラミングにおいてよく遭遇する事態に対し、Haskellとそれ以外の言語のアプローチをそれぞれ観察することにより、関数プログラミング/関数型言語あるいはHaskellの持つ特徴が、さまざまなシーンに対し、どのように効果的に活かされるかを見ていきます。

本章では基本的に、話題の説明、他の言語によるアプローチとその問題点、それに対するHaskellでのアプローチという順で、いくつかの節が構成されていきます。各節で扱う話題はそれぞれに独立していますので、どの話題から見ていってもかまいません。

まだHaskellの文法などについては説明を行っていませんので、Haskellのプログラムを紹介する際には適切にコメントを付与し説明を行います。後の章にて解説するHaskellの文法などを把握した後、もう一度本章に戻ってHaskellプログラムを眺めてみることで、各文法がどのように使われているのかを確認してみるのも勉強になるでしょう。

1.1 部品を組み合わせる
合う部品のみ合わせられる力

本節では座標変換を例にして、「部品の組み合わせ」とはどのようなことかについて押さえます。

同じものから同じものへの変換を組み合わせる

あるデータに対し、状況に応じていくつかの変換をかけるような処理はよく見られます。たとえば、

- いくつかの装置キャリブレーション機能を、設定次第でON/OFFできるようにする
- 画像の表示状態を変えるために、複数の座標値に対し、同じ座標変換を施す
- 抽象構文木に対し、特定の変換をかける/かけないを制御する[注1]

といった状況です。これらはそれぞれ、装置状態から装置状態の変換であったり、座標から座標への変換であったり、構文木から構文木への変換であったりと、同じものから同じものへの変換をいくつか組み合わせて、最終的に望む変換にしているものになっているはずです。

以下、本節では2次元の座標変換を取り上げて、**部品を組み合わせる**ということについて見ていきます。

2次元の座標変換

2次元の座標変換では、以下など、

- ある点を中心とした回転
- ある点を中心とした任意軸方向の拡大縮小
- 並行移動

いろいろありますが、簡単のためにここでは回転と並行移動のみ考えます。

まず並行移動は、**図1.1**のように、元の座標に対してX軸Y軸方向の移動量`(dx,dy)`を足すだけです。

次に回転ですが、ある点`(a,b)`を中心としたθラジアンの回転は次の3つの操作になります。

注1 コンパイラの最適化オプション等。

❶回転中心を並行移動で原点に移す、(-a,-b)の移動量での並行移動
❷原点中心としたθラジアンの回転
❸回転中心を並行移動で元の位置に移す、(a,b)の移動量での並行移動

このうち、❶と❸の並行移動については、すでに説明したとおりです。❷の回転については図1.2のように、(x,y)をθラジアン回転させると(cos θ * x - sin θ * y, sin θ * x + cos θ * y)へ移ります。

どちらでも良いですが、回転してから並行移動させたほうが回転中心の扱いが簡単なので、今回は回転させてから並行移動させるような処理を考えます。

C言語の場合 ――合わない部品

2次元の座標変換をC言語で素直に書くと、リスト1.1のようなプログラムになるでしょう。

図1.1　並行移動

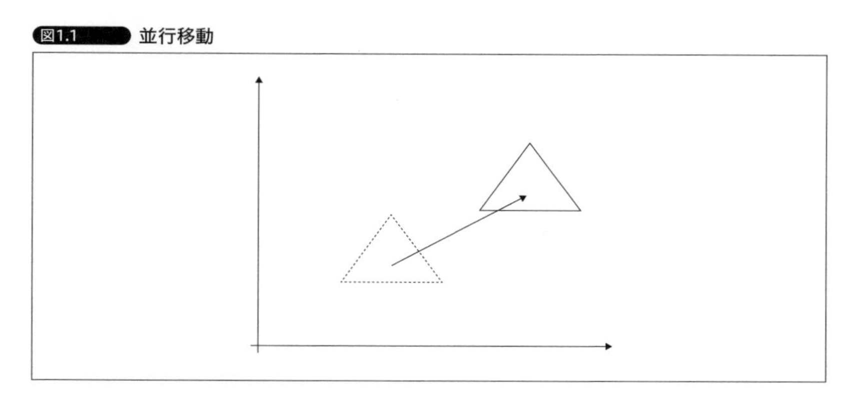

図1.2　原点中心回転

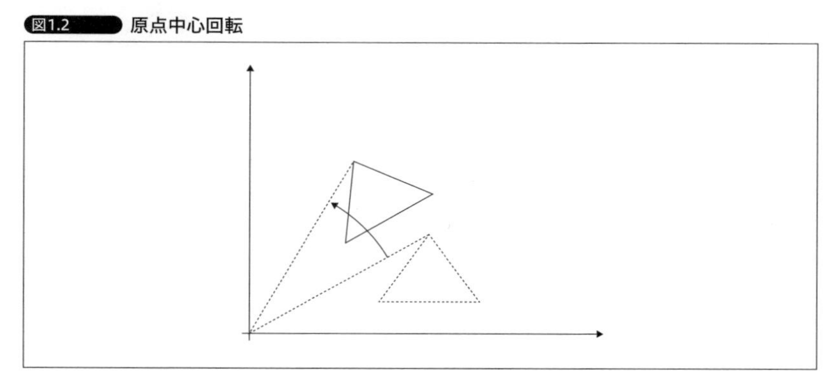

リスト1.1 coord.c

```
/* coord.c
   $ gcc -o coord coord.c -W -Wall -Wextra -lm -ansi -pedantic
   $ ./coord
   (-0.000000,-0.707107)
   (-0.707107,0.000000)
   (0.000000,0.707107)
   (0.707107,-0.000000)
*/
#include <stdio.h>
#include <math.h>

/* 座標の型 */
typedef struct {
    double x;
    double y;
} coord_t;

/* 座標変換設定 */
typedef struct {
    coord_t rotAt; /* 回転中心座標 */
    double  theta; /* 回転量[ラジアン] */
    double  ofs_x; /* X軸方向並行移動量 */
    double  ofs_y; /* X軸方向並行移動量 */
} config_t;

typedef coord_t (*converter_t)(coord_t);

/* 並行移動のプリミティブ */
coord_t trans(double dx, double dy, coord_t coord) {
    coord_t result = coord;
    result.x += dx;
    result.y += dy;
    return result;
}

/* 原点中心回転のプリミティブ */
coord_t rotate(double theta, coord_t coord) {
    coord_t result = {0, 0};
    result.x = cos(theta) * coord.x - sin(theta) * coord.y;
    result.y = sin(theta) * coord.x + cos(theta) * coord.y;
    return result;
}

/* 設定を元にした並行移動 */
coord_t trans_by_config(config_t config, coord_t coord) {
    return trans(config.ofs_x, config.ofs_y, coord);
}

/* 設定を元にした回転 */
coord_t rotate_by_config(config_t config, coord_t coord) {
```

```
    coord_t pre_trans  = trans(-config.rotAt.x, -config.rotAt.y, coord);
    coord_t rotated    = rotate(config.theta, pre_trans);
    coord_t post_trans = trans(config.rotAt.x, config.rotAt.y, rotated);
    return post_trans;
}

/* ❷設定を元にした座標変換 */
coord_t convert_by_config(config_t config, coord_t coord) {
    return trans_by_config(config, rotate_by_config(config, coord));
}

/* ❶座標すべてに同じ変換を適用 */
void map_to_coords(converter_t conv, size_t n, coord_t* in_coord, coord_t* out_coord) {
    unsigned int i = 0;
    for (i = 0; i < n; i++) out_coord[i] = conv(in_coord[i]);
}

int main() {
    /* (0.5, 0.5)を中心に反時計回りに45度回転させ、(-0.5, -0.5)並行移動させる設定 */
    config_t config = { {0.5, 0.5}, 3.141592653589793 / 4, -0.5, -0.5 };
    /* 変換前の座標、たとえばこの4点から成る正方形 */
    coord_t unit_rect[] = { {0, 0}, {0, 1}, {1, 1}, {1, 0} };
    /* 変換後の座標 */
    coord_t converted_rect[] = { {0, 0}, {0, 0}, {0, 0}, {0, 0} };

    /*
      ❸map_to_coordsが使いたいが、
      convert_by_configと簡単には組み合わせられない
      仕方ないのでループ
    */
    {   unsigned int i = 0;
        for (i = 0; i < sizeof(unit_rect)/sizeof(unit_rect[0]); i++)
            converted_rect[i] = convert_by_config(config, unit_rect[i]);
    }

    {   unsigned int i = 0;
        for (i = 0; i < sizeof(converted_rect)/sizeof(converted_rect[0]); i++)
            printf("(%.6f,%.6f)\n", converted_rect[i].x, converted_rect[i].y);
    }
    return 0;
}
```

コメントにもありますが、せっかくmap_to_coords関数を作った(リスト1.1❶)ので使いたいところですが(簡単には)使えません。これは、C言語に「関数を実行時に生成する能力」がないためです。

convert_by_config関数(リスト1.1❷)は、変換設定であるconfigと、変換元の座標coordを一度に受け取り、変換後の座標を返します。しかし、map_to_coords関数で求められているのは、変換元の座標を受け取り、変換後の座標を返す関数のポインタです。実際に、そのような関数(のポインタ)であればmap_to_coords関数に渡すことができますが、convert_by_config関数の「第1引数だけを固定した新しい関数(のポインタ)」を正攻法で作れないため、組み合わせることができないのです(リスト1.1❸)。

JavaScriptの場合 ——合うかもしれない部品を作り/合わせる力

では、「関数を実行時に生成する能力」を持つ言語を使ってみましょう。**リスト1.2**はJavaScriptによるプログラムです。

リスト1.2 coord.js❶

```
// coord.js
// $ node coord.js
// (-0.000000,-0.707107)
// (-0.707107,0.000000)
// (0.000000,0.707107)
// (0.707107,-0.000000)

// オブジェクトのコピー用
function clone(obj) {
    var f = function(){};
    f.prototype = obj;
    return new f;
}

// 並行移動のプリミティブ
var trans = function(dx,dy,coord) {
    var result = clone(coord);
    result.x += dx;
    result.y += dy;
    return result;
}

// 原点中心回転のプリミティブ
var rotate = function(theta,coord) {
    var result = clone(coord);
    result.x = Math.cos(theta) * coord.x - Math.sin(theta) * coord.y;
    result.y = Math.sin(theta) * coord.x + Math.cos(theta) * coord.y;
    return result;
}

// 設定を元にした並行移動
var transByConfig = function(config, coord) {
    return trans(config.ofsX, config.ofsY, coord);
}
```

```
// 設定を元にした回転
var rotateByConfig = function(config, coord) {
    var preTrans  = trans(-config.rotAt.x, -config.rotAt.y, coord);
    var rotated   = rotate(config.theta, preTrans);
    var postTrans = trans(config.rotAt.x, config.rotAt.y, rotated);
    return postTrans;
}

// ❷設定を元にした座標変換
var convertByConfig = function(config, coord) {
    return transByConfig(config, rotateByConfig(config, coord));
}

// ❶座標すべてに同じ変換を適用はArray.mapで良い

// (0.5, 0.5)を中心に反時計回りに45度回転させ、(-0.5, -0.5)並行移動させる設定
var config = {
    'rotAt' : {
        'x' : 0.5,
        'y' : 0.5
    },
    'theta' : Math.PI / 4,
    'ofsX' : -0.5,
    'ofsY' : -0.5
};
// 変換前の座標、たとえばこの4点から成る正方形
var unit_rect = [
    { 'x' : 0, 'y' : 0},
    { 'x' : 0, 'y' : 1},
    { 'x' : 1, 'y' : 1},
    { 'x' : 1, 'y' : 0}
];
// ❸変換後の座標
var converted_rect = unit_rect.map(function(coord){
    return convertByConfig(config, coord);
});

converted_rect.map(function(coord) {
    console.log('('+coord.x.toFixed(6)+','+coord.y.toFixed(6)+')');
});
```

Array.mapによって、各要素に関数を適用しようとしている事情は変わりません(リスト1.2❶)。ただし、C言語の場合と異なり、座標変換設定configと変換前座標coordを取るconvertByConfig関数のconfigだけを固定し、coordだけを取って変換後の座標を返す関数を新たに作り出して渡すことができるため(リスト1.2❷)、Array.mapとconvertByConfig関数を組み合わせることができています(リスト1.2❸)。

● 組み合わせやすさは部品化の大前提

前章にて説明しましたが、「関数を実行時に生成できる」のは、関数が第一級の対象であるという関数型言語の要件の一つでした。関数を実行時に生成できると、mapのような関数を受け取って利用する部品が活きてきます。C言語では、関数ポインタを受け取って利用する部品こそ書けますが、実行時に処理を作りその関数ポインタを得るようなことはできないため、せっかく部品になっていても組み合わせで得られる表現力が大きくならないのです。

組み合わせやすさ(*composability*)は、**モジュラリティ**を高めようとするモチベーションです。大前提として、プログラマが部品化を行うのは、バラバラにしておいても「結局は組み合わせられる」からというところにあります。組み合わせられない/組み合わせにくいのであれば、部品化する価値が薄いのです。組み合わせやすさは部品の設計によるところも大きいため、いろいろと設計パターンが考えられたりするのですが、言語選択の時点で組み合わせやすさの差は確実に出ています。

● さらなる部品化

さて、部品化という視点でこのプログラム全体を見ると、至る所で「何かと座標を受け取って座標を返す」関数が出てきます。そして、最終的に使われる(=Array.mapで欲しがる)のは「座標を受けとって座標を返す」関数です。ならば、最初から「何か」の部分を切り離しておいたほうが良さそうな気持ちになります。なぜなら、「何かと座標を受け取って座標を返す」関数同士を組み合わせる場合、「何か」の部分を与えなければならないのが組み合わせ時の記述を煩雑にするからです。「座標を受けとって座標を返す」関数同士を組み合わせるのであれば、関数に入れるのも関数から出てくるのも同じ座標なので、ただ順番に適用するだけで組み合わせることができるようになるため、部品としての組み合わせやすさが一層上がったものになるでしょう。

リスト1.3のプログラムは同じことをするプログラムですが、「何かと座標を受け取って座標を返す」関数だったものを、「何かを受け取って『座標を受け取って座標を返す』関数を返す」関数にしたものです。

リスト1.3 coord.js 2

```
// coord.js
// $ node coord.js
// (-0.000000,-0.707107)
// (-0.707107,0.000000)
```

```
// (0.000000,0.707107)
// (0.707107,-0.000000)

// オブジェクトのコピー用
function clone(obj) {
    var f = function(){};
    f.prototype = obj;
    return new f;
}

// ❸関数合成
function compose(f,g) { return function(x) { return f(g(x)); } }

// 並行移動のプリミティブ
var trans = function(dx,dy) {
    return function(coord) {
        var result = clone(coord);
        result.x += dx;
        result.y += dy;
        return result;
    }
}

// 原点中心回転のプリミティブ
var rotate = function(theta) {
    return function(coord) {
        var result = clone(coord);
        result.x = Math.cos(theta) * coord.x - Math.sin(theta) * coord.y;
        result.y = Math.sin(theta) * coord.x + Math.cos(theta) * coord.y;
        return result;
    }
}

// ❷設定を元にした並行移動
var transByConfig = function(config) {
    return trans(config.ofsX, config.ofsY);
}

// 設定を元にした回転
var rotateByConfig = function(config) {
    return compose(trans(config.rotAt.x, config.rotAt.y),
                   compose(rotate(config.theta),
                           trans(-config.rotAt.x, -config.rotAt.y)));
}

// ❶設定を元にした座標変換
var convertByConfig = function(config) {
    return compose(transByConfig(config), rotateByConfig(config));
}

// 座標すべてに同じ変換を適用はArray.mapで良い
```

```
// (0.5, 0.5)を中心に反時計回りに45度回転させ、(-0.5, -0.5)並行移動させる設定
var config = {
    'rotAt' : {
        'x' : 0.5,
        'y' : 0.5
    },
    'theta' : Math.PI / 4,
    'ofsX' : -0.5,
    'ofsY' : -0.5
};
// 変換前の座標、たとえばこの4点から成る正方形
var unit_rect = [
    { 'x' : 0, 'y' : 0},
    { 'x' : 0, 'y' : 1},
    { 'x' : 1, 'y' : 1},
    { 'x' : 1, 'y' : 0}
];
// 変換後の座標
var converted_rect = unit_rect.map(convertByConfig(config));

converted_rect.map(function(coord) {
    console.log('('+coord.x.toFixed(6)+','+coord.y.toFixed(6)+')');
});
```

今度は、convertByConfig関数も「configを受け取って『座標を受け取って座標を返す』関数を返す」関数になっているため、configを渡すだけでArray.mapに渡すのに適切なものが得られるようになっています(リスト1.3❶)。

前出のリスト1.2のプログラムでは各関数において座標の値がやり取りされていましたが、「座標を受け取って座標を返す」関数がやり取りされるようになりました。それに伴い、コードを読んだときの受け取り方も変わっています。transByConfig関数を取り上げると、前出のリスト1.2のプログラムでは「座標変換設定の並行移動量で与えられた座標を並行移動した変換後の座標」を与えるものですが、今回のリスト1.3では「座標変換設定の並行移動量で並行移動する変換」を与えるものになっています(リスト1.3❷)。扱うものが「値そのもの」から「値の変換」になっています。

リスト1.3❸で新たに追加したcompose関数は、変換と変換を合成した変換にする関数で、これが先ほど述べた「座標を受けとって座標を返す」関数同士の組み合わせになっています。「何か」の部分を除いて扱えるようにしたことで、一般的で簡単な組み合わせ方を(これも部品として)導入し、それが使えるようになったのです。

Haskellの場合 ——合う部品を作り/合う部品のみ合わせる力

Haskellで同じことをするプログラムは**リスト1.4**のようになります。

リスト1.4 Coord.hs

```
-- Coord.hs
-- $ stack runghc Coord.hs
-- (-0.000000,-0.707107)
-- (-0.707107,0.000000)
-- (0.000000,0.707107)
-- (0.707107,-0.000000)

import Text.Printf

-- 座標の型
type Coord = (Double, Double)

-- 座標変換設定
data Config = Config { rotAt :: Coord           -- 回転中心座標
                     , theta :: Double          -- 回転量[ラジアン]
                     , ofs :: (Double, Double) -- 並行移動量
                     }

-- 座標変換関数の型は「座標を別の座標に移す」関数
type CoordConverter = Coord -> Coord

-- 並行移動のプリミティブ
trans :: (Double, Double) -> CoordConverter
trans (dx, dy) = \(x, y) -> (x+dx, y+dy)

-- 回転のプリミティブ
rotate :: Double -> CoordConverter
rotate t = \(x, y) -> (cos t * x - sin t * y, sin t * x + cos t * y)

-- 設定を元にした並行移動
transByConfig :: Config -> CoordConverter
transByConfig config = trans (ofs config)

-- ❶設定を元にした回転
rotateByConfig :: Config -> CoordConverter
rotateByConfig config = postTrans . rotate (theta config) . preTrans where
    rotateAt  = rotAt config
    preTrans  = trans (rotate pi $ rotateAt)
    postTrans = trans rotateAt

-- ❷設定を元にした座標変換
convertByConfig :: Config -> CoordConverter
convertByConfig config = transByConfig config . rotateByConfig config
```

```
main :: IO ()
main = do
  -- (0.5, 0.5)を中心に反時計回りに45度回転させ、(-0.5, -0.5)並行移動させる設定
  let config = Config { rotAt = (0.5, 0.5), theta = pi / 4, ofs = (-0.5, -0.5) }
  -- 変換前の座標、たとえばこの4点から成る正方形
  let unitRect = [(0, 0), (0, 1), (1, 1), (1, 0)]
  -- 変換後の座標
  let convertedRect = map (convertByConfig config) unitRect
  mapM_ (uncurry $ printf "(%.6f,%.6f)\n") convertedRect
```

基本的には、前出のリスト1.3(2つめのJavaScriptプログラム)と同じことをしています。やっていることにはとくに大差はありません。各関数が何をしているのかは、JavaScriptのほうの同じ名前の関数を見直してもらえば良いです。

1点特筆すべき点を挙げるなら、それは**関数合成のしやすさ**です。Haskellでは.(ドット)が関数合成をする関数なので、JavaScriptのプログラムで使ったcompose関数に相当するものはただのドットになっています(リスト1.4❶❷参照)。`f . g . h`となっていたら、それは`f∘g∘h`という合成関数です。よく使い、(f∘g)のような数学的な記述に近いため、ドットが使われています。このようなものが最も基本的なライブラリ関数として用意されていることこそ、関数と関数合成の持つ組み合わせやすさを強く意識した言語であることの一つの証左とも言えます。

また、JavaScriptのcompose関数は、合成する関数が本当に合成できるのか、つまり、合成関数`f∘g`を作ったとき、gの値域とfの定義域が整合するかを検査できません。実行時に関数を作ることができるからこそ、その実行時に作った関数同士が合成できる/できているかどうかは、テスト等で実際にそのパスを通してみてわかることになります。一方、Haskellには**型検査**がありますから、合成して良いかどうかも型によって検査されるため安全です。

1.2 文脈をプログラミングする
NULL considered harmful

みなさんNULL、もしくはそれに相当するnilやundef、を使ったことがありますか? おそらく、NULL相当のない言語でプログラムを学習し始めたという少数の方を除き、ほとんどの人が使ってしまったことがあるのでしょう。

NULL参照の発明は10億ドル単位の誤ちだった[注2]との発言にもあるように、

注2 URL https://qconlondon.com/london-2009/qconlondon.com/london-2009/presentation/Null%2bReferences_%2bThe%2bBillion%2bDollar%2bMistake.html (※2016年8月4日時点でリンク先確認)

NULLがとても危険で煩わしい存在であることは、NULL(あるいはNULLに相当するようなnilやundef)のある言語を使ったことのある多くのプログラマにとって経験的にでもわかっていることでしょう。

NULLが示すもの

NULLが出てくる、あるいは、使われるのは次のような場合です。

- **変数が未初期化である**
  - 単に初期化を忘れている
  - まだ入れるべき値が定まっていない
- **処理に失敗して本来得られるべき値が得られない**

上記のうち、未初期化については、コーディング規約などで対応されるか、もしくは、言語によっては警告によって検出したりもするでしょう[注3]。

上記の失敗は、**例外**などで扱われることも多く、失敗についてもコーディング規約や設計で対応されることが多いでしょう。しかし、多くの言語で例外は、

- **とても複雑な処理フローを生じさせるため、他の言語仕様との関連によっては意図しない動作を発生させやすい**
- **例外安全や例外中立といった概念を正しく理解し実装されなければいけない**
- **実行速度に多少の損を与えることがある**

など、扱わずに済むのであれば避けて通りたいものに含まれます。

NULLの危険性

NULLが存在することの危険性は枚挙に暇がありません。多かれ少なかれ、NULL参照系の例外(JavaでのNullPointerExceptionや、RubyのNilClass undefined methodなど)を作り込んでしまい、プログラムが落ちてしまったという経験をしているのではないかと思います。あるいはもっと質(たち)の悪い挙動をする言語であれば、NULLのままでも処理が進んでしまい何か思いもよらない出力がされていて異常になかなか気付けなかったり、NULLの発生源とは遠い別のところで他の例外を発生させたりと、NULLはやりたい放題です。こうな

注3　たとえば、C言語の安全性と可搬性を高めるためのサブセットを定める規約であるMISRA-Cには、「すべての自動変数は用いる前に値を代入しなければならない」と定められています。

ると、**ステップ実行**と**変数値参照**ができる**デバッガ**なくしては、原因がさっぱり掴めないといった事態に陥るでしょう[注4]。

もちろん、デバッガが不要と言いたいわけではありません。デバッガが入り用になる前の段階で潰せるものは潰しておいて、もっと本質的なこと/有効なことに時間を使いたいところです。

と言っても、「NULLチェックをあらゆる箇所で行う」というのも違います。逐一NULLチェックなど入れていたら、本来の目的と離れた本質的でない処理がほとんど至る所に偏在することになり、可読性が著しく低下します。人は忘れるしミスする生き物なので、煩雑なことをさせれば必ずいつかどこかでチェックを忘れます。もっと人に優しいしくみが必要なのです。

値がないことを扱う方法

では、NULLを使わずに値がないことをどう扱えば良いかというと、C++ではBoostライブラリにあるboost::optionalであったり、Java(8以降)ではjava.util.Optionalであったりでしょう。これらは有効な値があるか/ないかを扱うためのコンテナです。ある型に無効な値を加えた型のようなものです。少なくともこれらを使えば、無効な値が入っていれば値を取り出せないため、無効な値を参照した処理を書いてしまう事態は減ります。

C++(boost::optional)の場合 ――強力過ぎる例外処理のボイラープレート

しかし、とくにboost::optionalのほうは、無効な値か取り出せるかを逐一判定して取り出さないと処理ができません。「NULLチェックをあらゆる箇所で行う」に相当する問題が解決できないのです。

リスト1.5のプログラムは、標準入力から`1 + 1`や`2 - 1`のような「整数四則演算整数」という文字列を1行入力として受け、計算結果を標準出力へと出力するプログラムです。

リスト1.5 optional.cpp

```
// optional.cpp
// $ g++ -std=c++0x -pedantic -W -Wall -Wextra -o optional optional.cpp
// $ echo "1 + 1" | ./optional
// 2
// $ echo "2 - 1" | ./optional
```

注4 筆者の主観的な話に過ぎませんが、危険なものを多く持つ言語の界隈ほど、デバッガとその使いやすさの重要性が強く叫ばれる傾向にあるような気がします。

```
// 1
// $ echo "3 * 3" | ./optional
// 9
// $ echo "4 / 2" | ./optional
// 2
// $ echo "4 / 0" | ./optional
// invalid

#include <boost/optional.hpp>
#include <boost/algorithm/string.hpp>
#include <iostream>
#include <sstream>
#include <string>
#include <functional>
using namespace boost;

// スペースで分割する。3つに分割できなければ無効
// "1 + 2" -> "1", "+", "2"
auto words = [](std::string str) -> optional< std::list< std::string > > {
    std::list< std::string > results;
    split(results, str, is_any_of(" "));
    return (results.size() == 3) ?
        optional< std::list< std::string > >(results) :
        optional< std::list< std::string > >();
};

// 文字列を整数に変換。できなければ無効
auto to_num = [](std::string str) -> optional< int > {
    int n = 0;
    std::istringstream iss(str);
    return ((iss >> n) && iss.eof()) ? optional< int >(n) : optional< int >();
};

// 四則演算。演算できなければ無効
auto binop_add = [](int a, int b) { return optional< int >(a + b); };
auto binop_sub = [](int a, int b) { return optional< int >(a - b); };
auto binop_mul = [](int a, int b) { return optional< int >(a * b); };
auto binop_div = [](int a, int b) {
    return b ? optional< int >(a / b) : optional< int >();
};

// "+","-","*","/"のどれかの文字列を演算に変換。それ以外は無効
typedef std::function< optional< int >(int, int) > binop_t;
auto to_binop = [](std::string str) -> optional< binop_t > {
    if ("+" == str) return optional< binop_t >(binop_add);
    if ("-" == str) return optional< binop_t >(binop_sub);
    if ("*" == str) return optional< binop_t >(binop_mul);
    if ("/" == str) return optional< binop_t >(binop_div);
    return optional< binop_t >();
};
```

```
int main () {
    try {
        std::string expr;
        std::getline(std::cin, expr);
        auto ws = words(expr);       if (!ws) throw ws; // wsが無効な値かもしれないので
        auto iter = ws->begin();
        auto a  = to_num(*iter++);   if (!a)  throw a;  // a が無効な値かもしれないので
        auto op = to_binop(*iter++); if (!op) throw op; // opが無効な値かもしれないので
        auto b  = to_num(*iter++);   if (!b)  throw b;  // b が無効な値かもしれないので
        auto n  = (*op)(*a, *b);     if (!n)  throw n;  // n が無効な値かもしれないので
        std::cout << *n << std::endl;
        return 0;
    } catch (...) {
        std::cout << "invalid" << std::endl;
        return 1;
    }
}
```

リスト1.5のプログラムは格好悪いところがあります[注5]。それは無効な値になる可能性のある変数の取り扱いです。コメントにあるとおり、前の処理におけるoptionalが有効な値か無効な値かを確認し、有効なら計算を続け、無効ならinvalidで終わるという同じ処理を繰り返し行っています。いわゆるボイラープレート[注6]ですね。無効になる可能性のある処理をたくさん繋げると、それだけでこのような繰り返しを続けることになります。

説明のためにシンプルな例を扱っていますが、実際にプログラムを書いていると、このような処理は至る所に現れてきます。たとえば、ユーザから文字列入力を受け取ってパースします。ユーザは人なので、妙なデータを突っ込まれてパースは失敗するかもしれません。パースに成功したときのみ後の処理を行います。次、パースしたデータと他のデータを付き合わせてバリデーションをします。付き合わせに不整合があればバリデーションは失敗するかもしれません。バリデーションに成功したときのみ後の処理を行います。では次は…といった具合です。

通常こういった場合、失敗する可能性のある処理の中から直接例外を投げるのでしょう。しかし、例外は構造化された処理フローを一足飛びにしてしまう

注5　もちろん、普通この程度の処理に対し、わざわざ上記のような記述はしないでしょう。後述するJavaやHaskellの例では同じ処理構造をもっとシンプルに記述できることを示すために、boost::optionalの機能だけで足りない部分が最もシンプルに見えるように恣意的に選んでいるので、C++を好まれている方と喧嘩したいわけではないというところは誤解なきよう願います。

注6　プログラミングの文脈においては、「お決まりのコード」のことです。

ため、一般に例外を「正しく」扱うのは難しいことです[注7]。例外は強力過ぎるのです[注8]。本当にその必然性があるのならばともかく、受け取られない可能性が残る例外を闇雲に投げておくよりも、明示的に無効な値として扱ったほうが安全なケースも多いのです[注9]。

● Javaの場合――ネストしていくメソッドチェイン

一方でjava.util.Optionalのほうは、「有効な値だったときのみある処理をして、その結果を再度コンテナに入れる」というメソッドを持っているので、メソッドチェイン[注10]で繋げていけば、「Optionalな値に対して、いくつか処理を適用し、どれかの処理が失敗した時点で無効な値になる」という、処理をif文地獄に陥らずに記述することができます。

リスト1.6のプログラムは、前出のリスト1.5のC++のものとほぼ同様のことを行うものです。

リスト1.6 **TestOptional.java**

```
// TestOptional.java
// $ javac TestOptional.java
// $ echo "1 + 1" | java TestOptional
// 2
// $ echo "2 - 1" | java TestOptional
// 1
// $ echo "3 * 3" | java TestOptional
// 9
// $ echo "4 / 2" | java TestOptional
// 2
// $ echo "4 / 0" | java TestOptional
// invalid

import java.util.Optional;
import java.util.function.Function;
import java.util.function.BiFunction;
import java.io.*;

public class TestOptional {
```

注7　とくに、リソース管理と混ざったときなどをイメージしてください。例外発生時にもリソース解放を正しくハンドリングできているかは、ぱっと見ではわかりません。

注8　例外周り(とくにC++の)に怖さを感じないとしたら、あなたは本当はよく理解していないか、もしくは仕様書に近い存在かもしれません。

注9　たとえば、Go言語では一般的なtry-catch-finallyのような例外処理機構を排除しています。理由はやはりフローが入り組んでしまうからです。戻り値を多値にすることができるのでそれにより例外を報告することを推奨しています。

注10　メソッドがオブジェクトを返すとき、さらにそのオブジェクトのメソッドを繋げて呼ぶこと。

```
    // スペースで分割する、3つに分割できなければ無効
    // "1 + 2" -> "1", "+", "2"
    private static Optional< String[] > words(String expr) {
        String[] result = expr.split(" ");
        return 3 == result.length ? Optional.of(result) : Optional.empty();
    }

    // 文字列を整数に変換。できなければ無効
    private static Optional< Integer > toNum(String s) {
        try { return Optional.of(Integer.parseInt(s)); }
        catch (NumberFormatException ex) { return Optional.empty(); }
    }

    // 四則演算。演算できなければ無効
    private static Optional< Integer > add(Integer a, Integer b) {
        return Optional.of(a + b);
    }
    private static Optional< Integer > sub(Integer a, Integer b) {
        return Optional.of(a - b);
    }
    private static Optional< Integer > mul(Integer a, Integer b) {
        return Optional.of(a * b);
    }
    private static Optional< Integer > div(Integer a, Integer b) {
        return 0 != b ? Optional.of(a / b) : Optional.empty();
    }

    // "+","-","*","/"のどれかの文字列を演算に変換。それ以外は無効
    private static Optional< BiFunction< Integer, Integer, Optional< Integer > > > toBinOp(String s) {
        return
            s.equals("+") ? Optional.of(TestOptional::add) :
            s.equals("-") ? Optional.of(TestOptional::sub) :
            s.equals("*") ? Optional.of(TestOptional::mul) :
            s.equals("/") ? Optional.of(TestOptional::div) :
            Optional.empty();
    }

    public static void main(String[] args) throws Exception { // ❶(良い子はマネしないように)
        String expr = new BufferedReader(new InputStreamReader(System.in)).readLine();
        System.out.println(words(expr)
                        .flatMap(ss -> toNum(ss[0])
                                 .flatMap(a -> toBinOp(ss[1])
                                          .flatMap(op -> toNum(ss[2])
                                                   .flatMap(b -> op.apply(a,b)))
                                          )
                                 )
                        .map(n -> "" + n)
                        .orElseGet(() -> "invalid")
                        );
    }
}
```

Optionalのflatmapメソッドは、

❶インスタンスが有効値を持つのなら、その有効値にOptionalを返す処理を適用
　①処理が有効値を返せば引き続きその値を有効値として返す
　②処理が無効値を返せば無効値を返す
❷インスタンスが無効値であれば無効値を返す

という処理を行います。つまり、「NULLチェックをあらゆる箇所で行う」に相当する処理を内包してくれています。途中どこかで無効になったら何もしなくなるため、ifによる分岐でコードを複雑にすることがなくなります。

ただ、リスト1.6❶以下のコードを見てわかるとおり、最初のflatMapとmap、orElseGetはチェインしていますが、flatMapの処理の中では同様に無効値を扱いたいだけなのにチェインが切れてしまっています。これは、flatMapがインスタンスメソッドであることに起因した問題です。今回のサンプルで扱っている処理では、変換に失敗して無効になるかもしれない値を、数値(`toNum(ss[0])`によるもの)、演算(`toBinOp(ss[1])`によるもの)、数値(`toNum(ss[2])`によるもの)の3つ同時に扱う必要があります。しかし、オブジェクトとして「失敗するかもしれない」を扱わざるを得ないため、これら3つの無効失敗をインスタンス別に扱わねばならなくなってしまっているのです。

● Haskellの場合——行間に処理を発生させることのできる力

これまで、C++のboost::optionalでは無効値のチェックを頻繁に行う問題が、Javaのjava.util.Optionalでは別々のインスタンスに対する失敗が同一文脈で扱えない問題が、それぞれ解決できませんでした。

では、Haskellのアプローチを見てみましょう(**リスト1.7**)。

リスト1.7 Optional.hs

```
-- Optional.hs
-- $ stack ghc Optional
-- $ echo "1 + 1" | ./Optional
-- 2
-- $ echo "2 - 1" | ./Optional
-- 1
-- $ echo "3 * 3" | ./Optional
-- 9
-- $ echo "4 / 2" | ./Optional
-- 2
-- $ echo "4 / 0" | ./Optional
-- invalid
```

```
-- 文字列を整数に変換。できなければ無効
toNum :: String -> Maybe Int
toNum s = case reads s of
            [(n,"")] -> Just n
            _        -> Nothing

-- 四則演算。演算できなければ無効
addOp :: Int -> Int -> Maybe Int
addOp a b = Just (a + b)
subOp :: Int -> Int -> Maybe Int
subOp a b = Just (a - b)
mulOp :: Int -> Int -> Maybe Int
mulOp a b = Just (a * b)
divOp :: Int -> Int -> Maybe Int
divOp _ 0 = Nothing
divOp a b = Just (a `div` b)

--  "+","-","*","/"のどれかの文字列を演算に変換。それ以外は無効
toBinOp :: String -> Maybe (Int -> Int -> Maybe Int)
toBinOp "+" = Just addOp
toBinOp "-" = Just subOp
toBinOp "*" = Just mulOp
toBinOp "/" = Just divOp
toBinOp _   = Nothing

eval :: String -> Maybe Int
eval expr = do
  -- スペースで分割する、3つに分割できなければ無効
  -- "1 + 2" -> "1", "+", "2"
  let [ sa, sop, sb ] = words expr
  a <- toNum sa        -- 文字列を数値に変換
  op <- toBinOp sop    -- 文字列を演算に変換
  b <- toNum sb        -- 文字列を数値に変換
  a `op` b             -- 数値 演算 数値 の計算

main :: IO ()
main = getLine >>= putStrLn . maybe "invalid" show . eval
```

Haskellについては、個々の文法などの説明は後の章になります。ここでは、おもにevalの中を眺めてコメントを追い、先出のC++とJavaのコードと比べてみてください。

Haskellでは「Maybe」(詳しくは後述)と呼ばれるものが、boost::optionalやjava.util.Optionalが扱うのと同じ問題を扱います。`Nothing`が無効値、`Just`が有効値です。そして、サンプルコードではeval関数がすべてMaybeの中での出来事になっています。この中では、前の行の処理のどこかでNothingが発生したら、以降の処理は行われず最終的な結果もまたNothingとなると思ってください。前述したjava.util.OptionalのflatMapの中での出来事と似ていますが、

java.util.Optionalの場合と異なり、3つの無効値になるかもしれない値を区別なく扱えています。また、無効値になった場合に後の処理を飛ばすようなコードはどこにも現れてきません。そもそも、無効になるかもしれないことすら無視して書かれているように見えます。

これは、Haskellが持つ「文脈をプログラミングできる力[注11]」を利用しているためです。「文脈」とはC++やJavaで言う文と文の間に行われる何かです。つまり、C++やJavaでの文の末尾に付く;(セミコロン)に何かの処理を行わせているようなものです。

Maybeはそのように「文脈」をプログラムした例の一つになっています。Maybeが持つ文脈とは、「以前の処理が無効になっていたら以降すべて無効、そうでなければ正常に処理を続ける」といったものです。

java.util.Optionalのように、インスタンスに付随させた機能ではなく、文脈に付随させた機能であるため、各値に依存したコードにせずに済んでいるのです。

1.3 正しい並列計算パターン
計算パターンの変化と影響

前章で述べたとおり、CPUコアが増えていく傾向にある現在、プログラムの並列化により期待できる性能向上は多大なものがあります。その一方、処理を正しく並列化することは簡単ではありません。この側面に着目してみましょう。

C(OpenMP)の場合 ――アノテーションによる並列化

性能向上を目的とした並列化について着目する以上、比較対象として取り上げるに相応しいのは依然としてC言語でしょう[注12]。C言語ではOpenMP[注13]を利用した並列化が一般的です。

リスト1.8のようなプログラムについて考えてみましょう。

リスト1.8 parallel.c 1

```
/* parallel.c
   $ gcc -o parallel parallel.c -fopenmp -lm -O2 -Wall -W -ansi -pedantic
   $ ./parallel
```

注11 後の章で説明しますが、モナドのdo記法のことです。

注12 Fortranかもしれませんが、どちらにしろ以降の議論は一緒です。

注13 URL http://openmp.org/wp/

```
   PROC: 4
   primes: 78498
*/
#include <stdio.h>
#include <math.h>
#include <omp.h>

/* 素数判定 */
int is_prime (int n) {
    const int m = floor(sqrt(n));
    int i = 0;
    for (i = 2; i <= m; i++) if (0 == n % i) return 0;
    return 1;
}

int main () {
    int arr[1000001];
    {   /* 1000000までの数（実質使うのは2〜）*/
        unsigned int i = 0;
        for (i = 0; i < sizeof(arr)/sizeof(int); i++)
            arr[i] = i;
    }

#ifdef _OPENMP
    /* OpenMPで並列実行する際はプロセッサ数を表示 */
    printf("PROC: %d\n", omp_get_num_procs());
#endif

    {   /* arrの各要素にis_primeを適用 */
        unsigned int i = 0;
#ifdef _OPENMP
#pragma omp parallel for
#endif
        for (i = 2; i < sizeof(arr)/sizeof(int); i++)
            arr[i] = is_prime(arr[i]);
    }

    {   /* 素数を数える */
        int primes = 0;
        unsigned int i = 0;
        for (i = 2; i < sizeof(arr)/sizeof(int); i++)
            primes += arr[i];
        printf("primes: %d\n", primes);
    }

    return 0;
}
```

これは、2から1000000までの区間に素数が何個あるかを数えるプログラムです。並列化しているのは、arrの各要素に関数is_primeを適用しているforループです。OpenMPのプラグマでforループにアノテーションを付けることで、要素ごとの関数is_primeの計算を並列化しています。

OpenMPは、プラグマとしてプログラム中に必要なアノテーションを付けた上、コンパイル時に必要なオプション注14を与えてコンパイルすれば、それだけで並列化されるという、とても嬉しい機構になっています。

● 要件追加に対応するための不用意な変更

さて、今は素数判定を並列に実行し、その後、素数の数を逐次でカウントして出力しています。これに「素数の数のカウントも並列に実行したい」という要件が後々追加されたとしましょう。本当に何も注意力や思考を働かさなければ、**リスト1.9**のようにしてしまえば良いと思うでしょう。

リスト1.9 parallel.c 2

```
/* ❶parallel.c
   $ gcc -o parallel parallel.c -fopenmp -lm -O2 -Wall -W -ansi -pedantic
   $ ./parallel
   PROC: 4
   primes: 72689
   $ ./parallel
   PROC: 4
   primes: 73549
   $ ./parallel
   PROC: 4
   primes: 73912
*/
#include <stdio.h>
#include <math.h>
#include <omp.h>

/* 素数判定 */
int is_prime (int n) {
    const int m = floor(sqrt(n));
    int i = 0;
    for (i = 2; i <= m; i++) if (0 == n % i) return 0;
    return 1;
}

int main () {
    int arr[1000001];
    int primes = 0;
    {   /* 1000000までの数（実質使うのは2～）*/
        unsigned int i = 0;
        for (i = 0; i < sizeof(arr)/sizeof(int); i++)
```

注14 たとえば、gccなら-fopenmp。

```
            arr[i] = i;
    }

#ifdef _OPENMP    /* OpenMPで並列実行する際はプロセッサ数を表示 */
    printf("PROC: %d\n", omp_get_num_procs());
#endif

    {   /* arrの各要素にis_primeを適用 */
        unsigned int i = 0;
#ifdef _OPENMP
#pragma omp parallel for
#endif
        for (i = 2; i < sizeof(arr)/sizeof(int); i++)
            primes += is_prime(arr[i]);  /* ❷ */
    }

    printf("primes: %d\n", primes);

    return 0;
}
```

リスト1.9❶の冒頭のコメントにある実行結果を見てもらえばわかりますが、このプログラムでは実行結果が毎回異なる恐れがあります。つまり、非決定的な結果になってしまいます。求めているのは2〜1000000の間にある素数の数なので、毎回結果が異なるのは明らかに間違いです。並行/並列プログラミングに慣れていればすぐにピンと来ると思いますが、この非決定的な結果は、並列に実行されるループの中で以下のよう実行タイミングにて計算が行われることで発生します。

❶処理Pと別の処理Qが並列に動作している
❷Pが、変数primesを参照して値を取り出し
❸Qが、変数primesを参照して値を取り出し
❹この時点で、PとQが取り出した値は同じ
❺Pが、取り出した値にis_primesの結果を加えて変数primesに代入
❻Qが、取り出した値にis_primesの結果を加えて変数primesに代入

つまり、変数primesの中身の更新がアトミックでないために発生するわけですが、アトミックにするためにmutexロックによる排他など入れてしまうと、今度は肝心の性能が著しく損なわれてしまいます。

● 失敗の原因と正しい変更

前出のリスト1.9の失敗は、仕様変更を受けたことによって、これまで使っ

ていた並列計算パターンが不適当になったにもかかわらず、そのままで進めてしまったことから発生しています。適切なパターンにするにはOpenMPの使い方を変える必要があったのです。forの各ループを並列に実行するだけではなく、primesへの値の蓄積を考慮させる並列計算パターンにすると**リスト1.10**のようになります。

リスト1.10 parallel.c 3

```
/* parallel.c
   $ gcc -o parallel parallel.c -fopenmp -lm -O2 -Wall -W -ansi -pedantic
   $ ./parallel
   PROC: 4
   primes: 78498
*/
#include <stdio.h>
#include <math.h>
#include <omp.h>

/* 素数判定 */
int is_prime (int n) {
    const int m = floor(sqrt(n));
    int i = 0;
    for (i = 2; i <= m; i++) if (0 == n % i) return 0;
    return 1;
}

int main () {
    int arr[1000001];
    int primes = 0;
    {   /* 1000000までの数（実質使うのは2～）*/
        unsigned int i = 0;
        for (i = 0; i < sizeof(arr)/sizeof(int); i++)
            arr[i] = i;
    }

#ifdef _OPENMP    /* OpenMPで並列実行する際はプロセッサ数を表示 */
    printf("PROC: %d\n", omp_get_num_procs());
#endif

    {   /* arrの各要素にis_primeを適用 */
        unsigned int i = 0;
#ifdef _OPENMP
#pragma omp parallel for reduction(+:primes)
#endif
        for (i = 2; i < sizeof(arr)/sizeof(int); i++)
            primes += is_prime(arr[i]);
    }

    printf("primes: %d\n", primes);
```

```
    return 0;
}
```

実は、ループの中で行われている処理の違いに、この不適当さが色濃く現れています(リスト1.9❷)。その差異とは、「変更前のループ内処理には副作用がないが変更後のものには副作用がある」ということです。

変更前では、ループ内のある回の処理は別の回の処理には関係ない処理になっています。しかし、変更後のループ内処理では、ループの外の変数で、なおかつ、各ループで共通に使われてしまう変数primesを操作しており、ある回の処理と別の回の処理が関連してしまっています。

Haskellの場合 ——危険な並列化の排除

前章で説明したとおり、もし関数型言語を利用していれば、関数は副作用を含まないかあるいは制限された条件下でのみ利用可能であるため、うっかり前述したような誤った変更をしてしまうことは難しいです。

変更前のプログラムに対応するHaskellプログラムは、たとえば**リスト1.11**のようになります。mapの行が配列arrの各要素に対し並列に関数isPrimeを適用します。

リスト1.11 parallel.hs ❶

```
-- parallel.hs
-- parallelパッケージが必要
-- $ ./parallel +RTS -N4
-- primes: 78498
import Prelude
import Data.Int
import Control.Parallel.Strategies

-- 素数判定
isPrime :: Int32 -> Bool
isPrime x = all (\n -> x `mod` n /= 0) [ 2 .. toEnum (floor $ sqrt $ fromIntegral x) ]

-- 2から1000000までの数
arr :: [Int32]
arr = [ 2 .. 1000000 ]

main :: IO ()
main = do
  let arr' = map isPrime arr `using` parListChunk 256 rpar -- arrの各要素にisPrimeを適用
  putStr "primes: " >> print (length $ filter id arr') -- 素数判定で真になったものの個数を表示
```

● 要件追加に対応する変更

そして、不適切な変更後のC言語プログラム(リスト1.9)に対応するHaskellプログラムですが、こちらに関してはそもそも「書けません」。なぜなら、Haskellは「純粋」関数型言語なので、副作用を持たない関数を持つ関数に変更するようなことはできないからです。

適切な変更は、たとえば**リスト1.12**のようになります。

リスト1.12 parallel.hs 2

```
-- parallel.hs
-- parallelパッケージが必要
-- $ ./parallel +RTS -N4
-- primes: 78498
import Prelude
import Data.Int
import Control.Parallel

-- 素数判定
isPrime :: Int32 -> Bool
isPrime x = all (\n -> x `mod` n /= 0) [ 2 .. toEnum (floor $ sqrt $ fromIntegral x) ]

-- 2から1000000までの数
arr :: [Int32]
arr = [ 2 .. 1000000 ]

main :: IO ()
main = do
  let primes = reduceP (fromEnum . isPrime) (+) arr -- 判定しながら集計
  putStr "primes: " >> print primes -- 集計結果を表示

-- 計算を適用しながら集計する並列計算パターン
reduceP :: (b -> a) -> (a -> a -> a) -> [b] -> a
reduceP f _     [x] = f x
reduceP f (<+>) xs  = (ys `par` zs) `pseq` (ys <+> zs) where
    len = length xs
    (ys', zs') = splitAt (len `div` 2) xs
    ys = reduceP f (<+>) ys'
    zs = reduceP f (<+>) zs'
```

詳しくは説明しませんが、ここではreducePという、より強い[注15]並列計算パターンを利用し、素数の個数を求めさせています。すなわち、各要素に関数isPrimeを並列に適用するだけだった変更前の計算よりも、変更後のものに対しては本質的に難しい計算が必要だったのです。

注15 ここでの「強い」は、「いろいろなことができる」くらいの意味です。

● 純粋であることによって守られたもの

先出のC言語のサンプル(リスト1.8〜リスト1.10)では、本質的に強い計算パターンの導入が必要だったところに、計算パターンを変えず副作用の導入によって解決を試みたことが失敗の原因でした。他の言語において副作用がなかった部分に副作用が入ってくるような変更は、本来、それまでの設計に対し歪みを生じさせようとしているサインとなります。このサインを検知した時点で、原因を認識し本質的な対応を行わなければ、後々のさらなる変更に耐えられないものや、そもそも間違っているものができあがりやすくなります。

一方、純粋関数型言語であるHaskellでは、このような設計見直しをしないとそもそも動作するプログラムが書けないため、常に一定レベルの保守性が保たれることが期待できますし、誤った変更をしてしまうリスクも小さくなるのです。

Column

それでも並列化は難しい

本文で取り上げたとおり、「簡単にかつ正しく並列化をすること」はHaskellに分があります。しかし、実は贔屓目に見たとしても、「本当に速い並列化をすること」は慣れたHaskellerでも難しかったりします。

一般的な話として、抽象度の高い言語の実行効率のチューニング全般は難しいことが多いのですが、Haskellの場合、遅延評価であるためなおさら難しくなります。

たとえば、あまり深く考えずに並列化したつもりになっていると、実際に並列に動いてはいても、並列に実行している部分では、「計算の予定(まだ本質的にコストのかかる計算自体は遅延されている)」を組み立てただけになってしまっているケースがあります。最終的に、その予定はどこかで実行に移されねばならないでしょうから、実際は「逐次部分で計算が発生してしまう」ことがあるのです。

そのため、Haskellの評価のしくみなどをある程度以上に知り、そしてそれらを意識して制御する方法を知っていなければ、「並列化したつもりだけど全然速くなっていない」ということがよくあります。

やや高度な内容なので本書ではこれ以上取り上げませんが、詳しく知りたい方は、『Parallel and Concurrent Programming in Haskell：Techniques for Multicore and Multithreaded Programming』を読むと良いでしょう[注a]。

注a　Appendixの A.2で参考文献として紹介しています。合わせて参照してください。

1.4 構造化データの取り扱い Visitorパターン

「構造」を持つデータを辿って処理を行うのは、さまざまな場所で見られます。たとえば、XML（*Extensible Markup Language*）やJSON（*JavaScript Object Notation*）などのデータから情報を取り出したり他のデータへ変換することもあります。また、プログラミング言語のようなものを対象にして何かを行うのであれば、抽象構文木を作ってからが本番となるでしょう。

Java（Visitorパターン）の場合 ——肥大化と引き換えの柔軟性

オブジェクト指向言語で**構造**を持つデータを辿る処理を行うには、デザインパターンで言うところのVisitorパターンをよく使うことになります。実際に、XML SAXライブラリやパーザジェネレータ等では、Visitorパターンのインタフェースを生成しプログラマに提供するものがあります。

ここでは、数値の足し算と2乗のみを持つ式の構文木を辿り、式を評価したり、式をそのまま文字列にしたりする処理を考えてみましょう。式は、以下のようなBNFで表現されるとします。

```
式 ::= 式 '+' 式 | '(' 式 ')^2' | 数値
```

たとえば、1 + (2 + 3)^2 + 4という式に対しては**図1.3**のような構造になります。JavaによりVisitorパターンを使うと、たとえば、**リスト1.13**のようなプログラムになります。

図1.3 構文木の構造

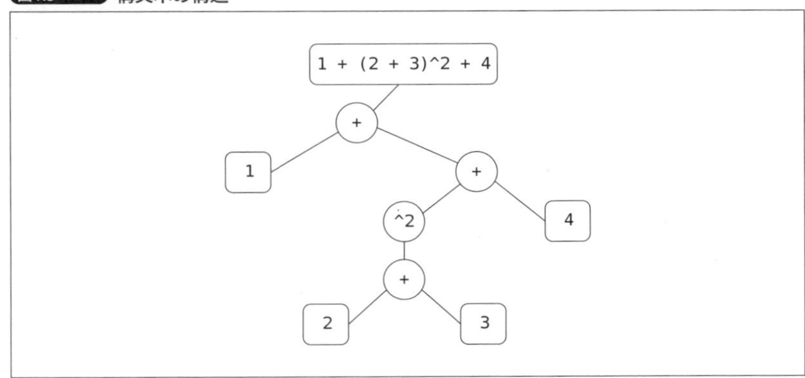

リスト1.13 TestVisitor.java

```
// TestVisitor.java
// $ javac TestVisitor.java
// $ java TestVisitor
// 1 + (2 + 3)^2
// 26

// Visitor
interface Visitor< N, R > {
    // 足し算の式用のメソッド
    R plus(Expr< N > e1, Expr< N > e2);
    // 2乗の式用のメソッド
    R square(Expr< N > e);
    // 数値用のメソッド
    R number(N e);
}

// 式のインタフェース
interface Expr< N > {
    < R > R accept(Visitor< N, R > v);
}

// 足し算の式
class Plus< N > implements Expr< N > {
    Expr< N > e1;
    Expr< N > e2;
    Plus(Expr< N > e1, Expr< N > e2) { this.e1 = e1; this.e2 = e2; }
    public < R > R accept(Visitor< N, R > v) { return v.plus(e1, e2); }
}

// 2乗の式
class Square< N > implements Expr< N > {
    Expr< N > e;
    Square(Expr< N > e) { this.e = e; }
    public < R > R accept(Visitor< N, R > v) { return v.square(e); }
}

// 数値の式
class Number< N > implements Expr< N > {
    N n;
    Number(N n) { this.n = n; }
    public < R > R accept(Visitor< N, R > v) { return v.number(n); }
}

// 式の評価を行うVisitor
class Eval implements Visitor< Integer, Integer > {
    public Integer plus(Expr< Integer > e1, Expr< Integer > e2) {
        return e1.accept(this) + e2.accept(this);
    }
    public Integer square(Expr< Integer > e) {
        Integer x = e.accept(this);
```

```
        return x * x;
    }
    public Integer number(Integer n) {
        return n;
    }
}

// 式を文字列にするVisitor
class Show implements Visitor< Integer, String > {
    public String plus(Expr< Integer > e1, Expr< Integer > e2) {
        return e1.accept(this) + " + " +  e2.accept(this);
    }
    public String square(Expr< Integer > e) {
        return "(" + e.accept(this) + ")^2";
    }
    public String number(Integer n) {
        return n + "";
    }
}

public class TestVisitor {
    public static void main(String[] args) {
        // e = 1 + (2 + 3)^2
        // 実際には構文解析などによりもっと大きくて複雑なものを想定
        Expr e = new Plus(new Number(1),
                          new Square(new Plus(new Number(2),
                                              new Number(3))));
        System.out.println(e.accept(new Show()));
        System.out.println(e.accept(new Eval()));
    }
}
```

今回については、リスト1.13のプログラムや設計に関して、とくにこれといった問題はありません。変更に対する柔軟性についても、

- **式の増加に対して**[注16]
  - Visitorのメソッドを増やす
  - 式のインタフェースを継承するクラスを増やす
- **式に対する処理の種類の増加に対して**[注17]
  - Visitorを継承するクラスを増やす

によって、それぞれ加法的に対応することができるため、Visitorパターンを用いるのはオブジェクト指向の枠組みとしては申し分ない手法と言えるでしょう。

注16 たとえば、引き算を追加するなど。
注17 たとえば、MathMLに変換したいなど。

Haskellの場合 ——型の定義/利用のしさすさ

では、今度はHaskellで同じ処理をすると、どうなるかを見てみましょう(**リスト1.14**)。

リスト1.14 VisitorIsTooLarge.hs

```
-- VisitorIsTooLarge.hs
-- $ stack ghc VisitorIsTooLarge
-- $ ./VisitorIsTooLarge
-- 1 + (2 + 3)^2
-- 26

-- 式
data Expr a = Plus (Expr a) (Expr a) -- 足し算の式
            | Square (Expr a)        -- 2乗の式
            | Number a               -- 数値の式

-- 式の評価を行う関数
evalExpr :: Expr Int -> Int
evalExpr (Plus e1 e2) = evalExpr e1 + evalExpr e2
evalExpr (Square e)   = evalExpr e ^ (2 :: Int)
evalExpr (Number n)   = n

-- 式を文字列にする関数
showExpr :: Expr Int -> String
showExpr (Plus e1 e2) = showExpr e1 ++ " + " ++ showExpr e2
showExpr (Square e)   = "(" ++ showExpr e ++ ")^2"
showExpr (Number n)   = show n

main :: IO ()
main = do
  -- e = 1 + (2 + 3)^2
  -- 実際には構文解析などによりもっと大きくて複雑なものを想定
  let e = Plus (Number 1) (Square (Plus (Number 2) (Number 3)))
  putStrLn (showExpr e)
  print (evalExpr e)
```

これだけです。リスト1.14はこれだけで、

- **式の増加に対して**
  - `data Expr a`の右側を増やす
- **式に対する処理の種類の増加に対して**
  - 単にevalExprやshowExprのような関数を増やす

といったように、Visitorパターンの場合と同等以上の柔軟性も確保できています。

● コード量の差が生じる要因

ここで誰しもが気になるのは、「なぜこれほどまでコード量に差が付いたのか？」だと思います。そのおもな原因は、以下のような「環境の違い」にあります。順に見ていきましょう。

- 型を簡単に定義できる
- パターンマッチがある

● 型を簡単に定義できる

具体的に、リスト1.14中で「型を簡単に定義」しているのはdataで始まる行の箇所です。型の定義の仕方については後の章で詳しく扱いますが、ここでは、式とはどういう型なのかを定義しています。先述のとおり、今回扱っている式は「式 ::= 式 '+' 式 | '(' 式 ')^2' | 数値」のとおりのBNFで表され、式同士の足し算か、2乗の式か、数値そのもののいずれかのことでした。

リスト1.14中のコメントのとおり、Haskellではこの構造をそのままコードに落とすことができます。Plusは、「式同士の足し算」で表現される式の値、を構成するコンストラクタになっています。Squareは、「2乗の式」で表現される式の値、を構成するコンストラクタになっています。Numberは、「数値」で表現される式の値、を構成するコンストラクタになっています。式のBNFを、大きな見た目の差異すら発生させず、そのまま「式の型」と「式の型の値のコンストラクタ」に置き換えることができています。

一方、リスト1.13のJavaによるVisitorパターンの例では、基本的に型はクラスで表すしかありません。Plus、Square、Numberなど各式の値自体もクラスによって実装することになり、これらのクラスがどれも「式」であることを表現するため同じExprインタフェースを持たせます。別の設計として、Visitorパターンを捨て、Exprクラスのようなものを1つだけ作り、Plus、Square、Numberに相当するようなExprのコンストラクタを3つ用意することも考えられますが、Exprクラスの中身が肥大化しますし、式の拡張に対する加法性が著しく低下します。

つまり、この時点で、Haskellでは扱いたい式の型を3行程度で簡単に定義できているのに対し、Javaではインタフェースやクラスを4つ定義せねばならなくなっています。同じデータ構造を扱っているはずなのに、実装コストが大きく異なっています。

● パターンマッチがある

VisitorであるShowやEvalクラスと、HaskellのshowExprやevalExpr関数が対応していますが、こちらについての記述量の差は、「パターンマッチ」という機能から生じています。パターンマッチについても後の章で詳しく扱います。

先ほど、リスト1.14で、式の型を定義し、それと同時に、式の型の値は、PlusかSquareかNumberか3種類のコンストラクタのどれかによって作られるものとも定義しました。しかも式の型の定義部分以外からPlus、Square、Number以外の要素が入り込むことはありません。式の型は定義の時点で閉じられており、定義以外から式の型に値を追加することはできません。そのため、式の型を持つ値は、「これらのうちのどれか」であるとコンパイラが正確に判別できるのです。そして、実際に「これらのうちのどれか」を判別するのがパターンマッチです。

パターンマッチはコンストラクトの逆計算にあたり、ある型の値があったときに、「値が実際にどのコンストラクタで作られたか」を判別し、作られたときに与えられた各要素を取り出すことのできる機能です。showExprやevalExprは、引数に式を取り、それぞれ文字列や数値に変換しています。引数に取る式の値が、Plus、Square、Numberのどれで作られたものかをパターンマッチで判別し、その場合に応じて定義を変更しているのです。数学で言うところの「場合分け」のようなものです。たとえば、evelExprに与えられた式がPlusでコンストラクトされた値のときは、Plusでパターンマッチされたときに、足し算されるべき2つの式があることもわかるので、それぞれをさらにevalExprして結果を足し算したものになることがevalExprに望まれる性質となります。

リスト1.13のVisitorパターンによる設計では、Exprインタフェースを持つ各クラスがそれぞれのacceptメソッドの中において、各クラス専用に用意したVisitorインタフェースのメソッドを呼び出しておくことで判別します。たとえば、NumberクラスはVisitorインタフェースのnumberメソッドを呼んでおく、といった形です。そして、showExprやevalExprに対応する処理もまた、ShowやEvalといったVisitorインタフェースを持つクラスとして実装することになります。ShowやEvalクラスのplus、paren、numberの実装の中身は、showExprやevalExpr関数の実装とほとんど同じであることがわかります。逆に、本質的にはHaskell程度の記述で済むはずのものなのですが、本質以外の記述にそれだけ余計にコストがかかっているのです。「これらのうちどれか」がコンパイラにはまったくわからないような言語仕様であるため、このようにせざるを得ないのです。

Visitorパターンを捨てた別の設計として、instanceofのような実行時型情報が使える言語であれば、パターンマッチがそうするように、インスタンスがどの型(クラス)のものかを判別する実装も考えられるでしょう。しかし、この場合、式が拡張されたときに、その式に対応した処理の実装がどこかで漏れていたとしても検出できません。実装漏れはインタフェースの未実装としてコンパイルエラーとして検出されるという点において、Visitorパターンのほうがまだ安全なのです。

●●●●●●●●●●

「関数型言語の開発効率が良い」と言われることがあるのは、こういった特徴のおかげで、本質に関わること以外のコードを大量に記述する必要がない[注18]ためでもあるのです。

1.5 型に性質を持たせる 文字列のエスケープ

文字列のエスケープのような処理は「XMLやHTMLといったマークアップ文書の生成」「URLエンコーディング」「SQLクエリの生成」など、実にさまざまな場面で登場します。本節における話題としてはどれを用いても良いのですが、ここでは、HTML生成時のエスケープに着目してみましょう。

HTMLの文字列エスケープ

動的にHTMLを生成するときに、文字列を埋め込む場合はエスケープが行われます。まず、HTML自体は文書として構造を持ち、この構造によって単なる文字列以上の意味付けが行われます。次のように、タグを用いて文書の構造が表現されます。

```
<html>
  <head>
  </head>
  <body>
    <h1>HTMLサンプル</h1>
    <p>何らかの動的に挿し込まれる文字列があったりする</p>
  </body>
```

注18　そして、書かなければミスもない。

タグもまた文字列で表現されるため、次のように構造の表現に使うような文字列が、構造と関係ないデータの中で使われるとさまざまな不都合が発生するためです。表示が崩れるだけであればともかくとして、とくにJavaScriptが埋め込めるようなケースでは、Webアプリケーションとして脆弱性を持つということになります。

```
<html>
  <head>
  </head>
  <body>
    <h1>HTMLサンプル</h1>
    <p>
       何らかの動的に挿し込まれる文字列に
       <script>悪意あるJavaScript</script>
       が混ざってしまったりする</p>
  </body>
```

たとえば、ある画面Aでフォームのテキストエリアに入力して送信されてきた文字列を、そのまま別の画面Bで表示してしまうようなことをすると、ユーザが好きな文字列を画面BのHTMLに埋め込めてしまうため問題となります。

このような事態を防ぐため、HTMLから見て構造を表す文字列と誤解してしまうかもしれない記号をエスケープしておくということが行われます。たとえば、次のような具合です。

- "(ダブルクォート)を"に
- &(アンパサンド)を&に
- <(小なり)を<に
- >(大なり)を>に

そして、次のように適切にエスケープされていれば問題は生じません。

```
<html>
  <head>
  </head>
  <body>
    <h1>HTMLサンプル</h1>
    <p>
       何らかの動的に挿し込まれる文字列に
       &lt;script&gt;悪意あるJavaScript&lt;/script&gt;
       が混ざってしまったりする
    </p>
  </body>
```

Rubyの場合 ——性質の改変は利用者の権利

ここではRubyでHTMLエスケープを行う処理を見てみます。とくに、テンプレートエンジンの機能の一部として、そのような処理を持つライブラリを設計するケースを想定してみましょう。

まず、単にエスケープの部分だけ見ていきます。**リスト1.15**は標準入力から1行読み込み、HTMLエスケープを行って標準出力へ表示するプログラムです。

リスト1.15 escape.rb

```
# escape.rb
# $ echo '"&<>' | ruby escape.rb
# &quot;&amp;&lt;&gt;
require 'cgi'

# 標準入力から1行読む
raw_string = gets.chomp!
# HTMLエスケープした文字列に変換する
escaped_string = CGI.escapeHTML raw_string
# 標準出力へ表示する
puts escaped_string
```

CGI.escapeHTMLは渡された文字列を未エスケープ文字列だと思い、エスケープ済み文字列に変換する処理です。必要な箇所で、このエスケープを行わせれば問題ないですね。

「エスケープ済みである」という性質をクラスで保護/保証する

ただし、先のリスト1.15には、バグを誘発させやすい問題点が2つあります。

1つは、文字列が未エスケープかどうかをライブラリのユーザが把握していなければならない点です。エスケープ済み文字列にCGI.escapeHTMLを再度適用することもできますが、当然以下のように何度もエスケープされた文字列になります。

```
$ echo '&quot;&amp;&lt;&gt;' | ruby escape.rb
&amp;quot;&amp;amp;&amp;lt;&amp;gt;
```

もう1つは、エスケープ済み文字列に通常の文字列に対する操作[注19]が簡単に[注20]適用できてしまう点です。エスケープ済み文字列に対し、未エスケープ文字列と同様の加工が可能であったら、その加工の結果エスケープ済み文字列で

注19　連結や正規表現置換などいろいろ。

注20　ここでの「簡単に」は「うっかりでも、そうしてしまったことについて認識しないままに」というニュアンスを含みます。

なくなってしまうかもしれません。たとえば、未エスケープ文字列とエスケープ済み文字列を連結できるとしたら、それ全体としては安全側に倒すと未エスケープ文字列として扱われるべきでしょう。しかし、ここからさらに全体にエスケープを施すと、部分的に何度もエスケープされた文字列ができてしまい、意図した表示にならない可能性が高くなります。

これらの問題をライブラリの設計レベルで避けるためには、エスケープ済み文字列を通常の文字列と同じ扱いができないようにする必要があります。つまり、Ruby的には文字列とは別のクラスにすれば良さそうです。

```
class EscapedString
  def initialize(str)
    @str = CGI.escapeHTML str
  end
end
```

こうしておくと、

```
escaped_string = EscapedString.new raw_string
# 簡単には再エスケープできない
# re_escaped_string = EscapedString.new escaped_string
# 簡単には文字列と連結できない
# concat_string = raw_string + escaped_string
# 簡単には文字列操作できない
# editted_string = escaped_string.gsub(/&amp;/, '&')
```

のように、ライブラリのユーザが何かおかしなことをしようとすると、実行時にですがエラーになってくれます。

テンプレートライブラリ全体としては、文字列を直接受け入れるインタフェースにはせず、このEscapedStringのみを受け入れるようにすれば安全な設計になるでしょう。

● 保証を破れる言語機能の存在

しかし、Rubyの場合、これだけやってもまだライブラリのユーザ側で横紙を破ることができます。Rubyのクラスは「オープンクラス」と言って、既存のクラスの機能が物足りない場合、そのクラスを再定義してに機能を追加することができます。これはとても自由で強力な機能ですが、その分危険なものでもあります。たとえば、先ほどのEscapedStringについてもどこかに、

```
class EscapedString
  def to_s
    @str
```

```
  end
end
```

などとライブラリのユーザが書くことで、それだけで簡単にエスケープ済み文字列を取り出すことができるようになります。つまり、前述したような問題を再燃させることができてしまいます。もちろん、こういうことを「やらなければ良い」のですが、ライブラリのユーザ側で「できてしまう」ことを問題と見ることがあり、クラスがオープンであるという性質の利用を忌避する向きもあります。

●●●●●●●●●●

Rubyを取り上げましたが、オープンクラスな言語[注21]はRubyだけではありません。Smalltalkもオープンクラスですし、Objective-Cのカテゴリや、C#のパーシャルクラスといったものについても、本節の文脈においては似た機能と言えるでしょう。

Haskellの場合 ——性質の保証は提供者の義務

Haskellで、標準入力から1行読み込み、HTMLエスケープを行って標準出力へ表示するプログラムは、たとえばリスト1.16のようになります。

escapeが文字列をHTMLエスケープ済み文字列に変換する関数です。

リスト1.16 escape.hs **1**

```
-- escape.hs
-- $ echo '"&<>' | stack runghc escape.hs
-- &quot;&amp;&lt;&gt;

-- 文字列をHTMLエスケープする
escape :: String -> String
escape str = str >>= escapeAmp >>= escapeOther where
    escapeAmp   '&' = "&amp;"
    escapeAmp    c  = [c]
    escapeOther '<' = "&lt;"
    escapeOther '>' = "&gt;"
    escapeOther '"' = "&quot;"
    escapeOther  c  = [c]

main :: IO ()
main = do
  -- 標準入力から1行読む
```

注21 定義が閉じないで後々追加できる状態になっていることを「オープン」と言います。

```
  rawString <- getLine
  -- HTMLエスケープした文字列に変換する
  let escapedString = escape rawString
  -- 標準出力へ表示する
  putStrLn escapedString
```

●「エスケープ済みである」という性質を型で保護/保証する

ただしこのままだと、未エスケープの文字列もエスケープ済みの文字列も同じ文字列なので、前述したような問題、つまり、未エスケープの文字列とエスケープ済みの文字列を連結できてしまうなど、危険な操作が可能なのは変わりません。そこで、Rubyの場合にエスケープ済み文字列を別のクラスにしたように、今回はエスケープ済み文字列を別の型にすることを考えます。

先ほどのescape.hsと同じディレクトリに、新たにソースファイルを作ります(**リスト1.17**)。

リスト1.17 HTMLEscapedString.hs

```
-- HTMLEscapedString.hs
module HTMLEscapedString
    ( HTMLEscapedString
    , escape
    , putHTMLEscapedStrLn
    ) where

-- エスケープ済み文字列の型を新たに定義する
data HTMLEscapedString = HTMLEscapedString String

-- 文字列をエスケープ済み文字列に変換する
escape :: String -> HTMLEscapedString
escape str = HTMLEscapedString (str >>= escapeAmp >>= escapeOther) where
    escapeAmp   '&' = "&amp;"
    escapeAmp    c  = [c]
    escapeOther '<' = "&lt;"
    escapeOther '>' = "&gt;"
    escapeOther '"' = "&quot;"
    escapeOther  c  = [c]

-- エスケープ済み文字列を使う処理
-- 今回はただの出力
putHTMLEscapedStrLn :: HTMLEscapedString -> IO ()
putHTMLEscapedStrLn (HTMLEscapedString str) = putStrLn str
```

このソースファイルは、HTMLエスケープ処理(escape)とエスケープ済み文字列の型(HTMLEscapedString)のために新たなモジュールを作成しています。

そして、このモジュールを利用するように、**リスト1.18**のようにescape.hs

を書き換えます。

リスト1.18 escape.hs 2

```
-- escape.hs
-- $ echo '"&<>' | stack runghc escape.hs
-- &quot;&amp;&lt;&gt;
import HTMLEscapedString -- この部分を書き換える

main :: IO ()
main = do
  -- 標準入力から1行読む
  rawString <- getLine
  -- HTMLエスケープした文字列に変換する
  let escapedString = escape rawString
  -- 標準出力へ表示する
  putHTMLEscapedStrLn escapedString
```

escapeは普通の文字列をエスケープ済みの文字列に変換しているのは変わりませんが、変換前後が違う型になっているので、本節で着目している危険な操作ができなくなっています。ここまではRubyでできていることと同じです。

● 保証した性質を破らせない

ここからが差異になりますが、Rubyはオープンクラスでした。クラスが定義されている箇所と別の箇所でメソッドをクラスに追加することができ、クラスとしての振る舞いを自由に変更することができていました。例として、メンバ変数にアクセスするようなメソッドを追加してみました。

対してリスト1.17〜リスト1.18のHaskellの例では、型が完全にクローズしている、つまり「escape.hsの中からはHTMLEscapedStringの型の中身(String)が取り出せない」ということが違います。リスト1.17のHTMLEscapedStringモジュールは、HTMLEscapedStringの型のみを公開しており、この型に属する値を直接構成するコンストラクタは公開しないように書かれています。つまり、escapeを使う以外の方法で、HTMLEscapedStringの型の値を得る方法がありません。Visitorパターンの1.4節において「パターンマッチはコンストラクトの逆計算」と述べましたが、コンストラクタが見えていない場合、コンストラクトの逆であるパターンマッチもまたできなくなります。HTMLEscapedString型のコンストラクタHTMLEscapedStringは、文字列を1つ持ってHTMLEscapedString型をコンストラクトしますが、HTMLEscapedStringモジュールの外からはコンストラクタが見えていないため、この持たせた文字列を取り出す手段がありません。

もちろん、取り出せるようにコンストラクタHTMLEscapedStringも公開するよう変更してしまえば、エスケープ済みの文字列を取り出して、未エスケープの文字列と結合するなど、危険な操作ができてしまうことは変わりません。

ですが、今回の想定シチュエーション、「とくに、テンプレートエンジンの機能の一部として、そのような処理を持つライブラリを設計するケースを想定してみましょう」に立ち戻って考えるのであれば、提供側はコンストラクタを未公開にし、利用側はそのライブラリを使うだけになりますので、ライブラリが提供した機能を利用する側で破ることはできなくなります。

Rubyのオープンクラスは自由で強力な機能ですが、ライブラリ利用側の権利が強過ぎるため、ライブラリ提供側が適切な機能制限を与えることが難しくなっているのです。

Haskellでは型で性質[注22]を表現することで、正しく安全にプログラミングを行うことが推奨されます。そのためには、表現した性質が破られるような機能[注23]を適切に不可能にするなど、制御することもできなければならないのです。

もちろん、Rubyのようなオープンクラスが便利な局面もあり、やたら細かい性質の違いにまで個々に型を付けるのは手間がかかるという面もあるので、このあたりは一長一短あるところです。本節のHaskellの最初のリスト1.16のように、エスケープ前後の文字列が同じ型のまま開発を進めることも、型による助けこそ得られませんが、相応に注意深ければ問題は生じないかもしれません。

●「型システムが強力である」ことが意味するもの ——その場所場所で、適切な型付けの度合いを選択する余地がある

本節のまとめとして、一つだけ心に留めておきたい点は、エスケープ済み文字列を別の型として扱うように変更したように、「型による助けが必要な箇所には、それに必要な強度で導入することができるし、また、導入しないという選択肢も取れる」ということです。静的型や型検査、型推論など型システムに着目されることが多いですが、「型システムが強力である」ことは、何も「さまざまなものに対し、厳格に型付けせねばならない」ことを意味しているわけではなく、「その場所場所で、適切な型付けの度合いを選択する余地がある」ことなのです。

注22 本節の例では「エスケープ済み」という性質です。

注23 本節の例では「エスケープ済みの文字列を通常の文字列型としてパターンマッチ等で取り出される」ような機能です。

1.6 文書をルール通りに生成する
安全なDSL

あるプログラムが扱う文書データを、別のプログラムで生成するということはよくあることかと思います。XML、JSON、YAMLなどは元々データ交換のための文書は言うに及ばず、各種プログラムの設定ファイルを自動生成するといったケースもあるでしょう。本節では文書の生成について見ていきます。

構造を持つ文書とルール

構造を持つ文書には、よく「ある部品は特定の箇所にしか配置できない/すべき」といったルールを持つものが存在します。たとえば、以下のようなルールがあります。

- HTML
  - input要素はフレージングコンテンツ(*phrasing content*)の中
  - tbody要素はtable要素の中
- nginx.conf(nginxの設定ファイル)
  - indexディレクティブはhttp、server、locationコンテキストの中
  - locationブロックはserver、locationコンテキストの中

本節では、nginx.confの生成を取り上げます。ディレクティブやブロックの配置ルールを守りつつ、nginx.confをプログラムから生成してみます。

プログラムから文書を生成する方法

プログラムから文書の生成を行うには、

❶単純にプログラムから印字(*print*)する
❷テンプレートエンジンを利用する
❸DSL(*Domain Specific Language*、ドメイン記述言語)を利用する

などの方法があるでしょう。

❶の方法、単純にプログラムから印字する方法については、とくに深く説明する必要もないでしょう。

❷の方法、テンプレートエンジンは、あらかじめおもに静的に定義しておいたテンプレートに対し、おもに動的に変化するデータを与えてレンダリングを

行うことで、対応した成果物文書を生成することができるというしくみです。よく知られたものとしては、JSP(*JavaServer Pages*)、ERB(*Embedded RuBy*)、PythonのJinja2などがあるでしょう。また、PHPは文書の生成に特化しており、プログラミング言語であると共に、元々テンプレートエンジンとしての性格を強く持っていると言えます。実用上、多くのWebアプリケーションフレームワークは何らかのテンプレートエンジンからHTMLを生成していますし、Ansibleのような構成管理ツールでは実際にJinja2テンプレートから生成した設定ファイルを対象環境に配置するなどします。

最後の❸の方法についてです。DSLとは、特定の問題領域に特化して解決するために用意された言語です。たとえば、UML(*Unified Modeling Language*)系の図を生成するblockdiagシリーズ(blockdiag、seqdiag、actdiag、nwdiag)や、グラフ描画用のGraphviz、ベクターグラフィック生成のMetaPost等です。SQLなどもRDB(*Relational database*)に対するクエリに特化したDSLですし、DSLは、我々の周りにありふれています。文書生成を問題領域と見ると、テンプレートエンジンと文書生成用DSLは、その境界が曖昧になることもあります。

あるプログラミング言語とDSLの関係に着目したとき、その言語の機能や構文を利用して実現されているDSL(言語内DSL)と、言語としては独立しているDSL(言語外DSL)とに分けられます。

すでに挙げたDSLは、いずれも独立しているものと言えるでしょう。ある言語の機能を利用して実現されているDSLは、その言語の構文を自然に利用して実装できる、別の構文を学習する必要がない、といったメリットがあります。当然、また別の言語からは利用できないというデメリットもあります。たとえば、C++から見たpficommonライブラリのxhtml_cgi[注24]は、C++の言語機能を利用しC++内に実現されたXHTML生成のための言語内DSLとしてわかりやすいものでしょう。

Pythonの場合 ——Jinja2で生成してみる

ここでは、Jinja2を利用して簡単なnginx.confを生成してみましょう。まずは、**リスト1.19**のようなJinja2テンプレート`nginx.conf.j2`と、このリスト1.19のテンプレートをレンダリングするPythonプログラム`genconf.py`(**リスト1.20**)を用意します。

注24 URL http://pfi.github.io/pficommon/network/cgi.html#xhtml-cgi

リスト1.19 nginx.conf.j2 1

```
http {
 server {
  listen {{ addr }};
  location {{ path }} {
   index {{ file }};
  }
 }
}
```

リスト1.20 genconf.py

```
# genconf.py
# （使い方は続く実行例を参照）
from jinja2 import Environment, PackageLoader

if name == 'main':
    env = Environment(loader=PackageLoader('genconf', '.'))
    template = env.get_template('nginx.conf.j2') # テンプレートの読み出し
    print template.render(                       # 変数値を与えてレンダリング
        addr = "*:80",                           # nginxがlistenするアドレスとポートの指定
        path = "/",                              # nginxが扱うロケーションパスの指定
        file = "index.html"                      # nginxがレスポンスするファイルの指定
    )
```

それから、以下のように生成を行います。

```
$ python genconf.py
http {
 server {
  listen *:80;
  location / {
   index index.html;
  }
 }
}
```

ここまでで生成されたnginx.confはとくに問題ありませんが、nginx.confの各種ディレクティブには、ルール、つまり配置できる位置に制限があります。制限を破る位置にディレクティブやブロックを配置するようなnginx.confは生成されて欲しくはありません。ですが、**リスト1.21**のように誤ってテンプレートを編集し、

リスト1.21 nginx.conf.j2 2

```
http {
 server {
  location {{ path }} {
```

```
    listen {{ addr }}; # listenディレクティブはlocationコンテキスト中には配置できない
    index {{ file }};
   }
  }
 }
```

先ほどと同様に生成を行った場合、

```
$ python genconf.py
http {
 server {
  location / {
   listen *:80;  # listenディレクティブはlocationコンテキスト中には配置できない
   index index.html;
  }
 }
}
```

上記のように、listenディレクティブはlocationコンテキスト内に配置できませんが、生成自体はできてしまいます。

nginxには設定ファイルのテストがありますので、実際に生成した設定を反映させる前の段階でテストを実施すれば、一応その段階で検知することはできます。しかし、それは本来生成時にわかるはずのミスを後工程に押し付けているだけです。

汎用のテンプレートエンジンでは文書に特有のルールを強制できないため、無効な文書が生成されてしまうのを防ぐことはできません。安全にnginx.confを生成するためには、ディレクティブの配置ルールまで考慮されたDSLが必要になります。

Haskellの場合 ——言語内DSL

とは言え、nginx.confのためのDSLがあるかと言うと、思い当たるものがありません。そこで、Haskellで定義してみましょう。

リスト1.22のようなNginxモジュール[注25]をNginx.hsファイルで作って言語内DSLを定義します。

リスト1.22 Nginx.hs

```
-- Nginx.hs
```

注25 nginxにもモジュールがあるため誤解を招きそうですが、nginxのモジュールではなく、Haskellのモジュールです。

```
module Nginx ( Conf, runConf
             , http, server, location
             , index, listen
             ) where

-- 設定を組み立てるためのConfモナド
newtype Conf ctx a = Conf { unConf :: Int -> IO a }

-- Confが持つ各種基本的な性質の定義（モナド等）
instance Functor (Conf ctx) where
  fmap f conf = Conf (fmap f . unConf conf)
instance Applicative (Conf ctx) where
  pure = Conf . const . return
  f <*> x = Conf (\n -> unConf f n <*> unConf x n)
instance Monad (Conf ctx) where
  return = pure
  x >>= f = Conf (\n -> unConf x n >>= \a -> unConf (f a) n)

-- nginx設定のコンテキストに対応する型
data GlobalCtx   -- グローバルコンテキスト
data HTTPCtx     -- httpコンテキスト
data ServerCtx   -- serverコンテキスト
data LocationCtx -- locationコンテキスト

-- Confにより組み立てた設定の実行器
runConf :: Conf GlobalCtx a -> IO a
runConf conf = unConf conf 0

-- インデント付きの1行出力
putStrLnWithIndent :: String -> Conf ctx ()
putStrLnWithIndent ss = Conf (\n -> putStrLn $ replicate n ' ' ++ ss)

-- コンテキストの切り替え
unCtx :: Conf ctx a -> Conf ctx' a
unCtx = Conf . unConf

-- インデントを1段深くする
indented :: Conf ctx a -> Conf ctx a
indented conf = Conf $ unConf conf . succ

-- httpブロックはglobalコンテキスト内にのみ配置
http :: Conf HTTPCtx a -> Conf GlobalCtx a
http block = putStrLnWithIndent "http {" *>
             unCtx (indented block) <*
             putStrLnWithIndent "}"

-- serverブロックはhttpコンテキスト内にのみ配置
server :: Conf ServerCtx a -> Conf HTTPCtx a
server block = putStrLnWithIndent "server {" *>
               unCtx (indented block) <*
               putStrLnWithIndent "}"
```

```
-- locationブロックはlocationコンテキストかserverコンテキスト内にのみ配置
class LocationCtxBlockCtxs ctx
instance LocationCtxBlockCtxs ServerCtx
instance LocationCtxBlockCtxs LocationCtx
location :: LocationCtxBlockCtxs ctx => String -> Conf LocationCtx a -> Conf ctx a
location pattern block = putStrLnWithIndent ("location " ++ pattern ++ " {") *>
                         unCtx (indented block) <*
                         putStrLnWithIndent "}"

-- indexディレクティブはhttp、server、locationコンテキスト内にのみ配置
class IndexDirectiveCtxs ctx
instance IndexDirectiveCtxs HTTPCtx
instance IndexDirectiveCtxs ServerCtx
instance IndexDirectiveCtxs LocationCtx
-- 複数取れるが簡単のため1つに
index :: IndexDirectiveCtxs ctx => String -> Conf ctx ()
index file = putStrLnWithIndent $ "index " ++ file ++ ";"

-- listenディレクティブはserverコンテキスト内にのみ配置
listen :: String -> Conf ServerCtx ()
listen addrport = putStrLnWithIndent $ "listen " ++ addrport ++ ";"
```

このNginxモジュールを利用して、先ほどと同等のnginx.confを生成するプログラムgenconf.hsは**リスト1.23**のように記述できます。

リスト1.23 genconf.hs■1

```
-- genconf.hs
module Main where

import Nginx

-- ディレクティブやブロックが
-- 正しいコンテキストに配置されれば何も言われない
main :: IO ()
main = runConf $ do
  http $ do
    server $ do
      listen "*:80"
      location "/" $ do
        index "index.html"
```

実行すると、

```
$ stack ghc genconf.hs
$ ./genconf
```

次のようにnginx.confが生成されます。

```
http {
 server {
  listen *:80;
  location / {
   index index.html;
  }
 }
}
```

また、先のリスト1.21の間違え方と同様の編集を行ってみましょう（**リスト1.24**）。

リスト1.24 genconf.hs 2

```
-- genconf.hs
module Main where

import Nginx

-- 誤ったコンテキストに配置されると型検査でエラーになる
main :: IO ()
main = runConf $ do
  http $ do
    server $ do
      location "/" $ do
        listen "*:80" -- これが間違い
        index "index.html"
```

listenディレクティブをlocationコンテキスト内に配置するよう言語内DSLを編集しましたが、リスト1.24のプログラムはコンパイルエラーとなり実行することができません。

```
$ stack ghc genconf.hs
[2 of 2] Compiling Main             ( genconf.hs, genconf.o )

genconf.hs:12:9:
    Couldn't match type ‘Nginx.ServerCtx’ with ‘Nginx.LocationCtx’
    Expected type: Conf Nginx.LocationCtx ()
      Actual type: Conf Nginx.ServerCtx ()
    In a stmt of a 'do' block: listen "*:80"
    In the second argument of ‘($)’, namely
      ‘do { listen "*:80";
            index "index.html" }’
```

これで、Nginxモジュールをただ利用しているだけならば、ディレクティブの配置ルールについては間違えることができなくなりました。

文脈にまで性質を持たせる

本節で実現したDSLでは、1.2節で見た「文脈をプログラミングできる力」と、1.5節で見た「型に性質を持たせる」という2点を同時に利用しています。これらは安全な言語内DSLを定義するためには、非常に有効に働きます。

今回、文脈としては「nginx.confの何らかのコンテキストの中である」というものを定義しています。そして、文脈もまた型で表現されているため、「何らかの」の部分の違いによって別々の性質を持たせています。ここで持たせた性質は「listenディレクティブはlocationコンテキスト中には配置できない」といった、一連のディレクティブやブロックに対するルールを表現したものとなっています。

同等の力を持った言語内DSLをPython他で定義するのは難しい、あるいは、メリットが薄いことになると思われます。たとえば、Pythonで言語内DSLを定義するとしたら、あるブロック内に要素を並べるという部分について、シーケンスのリテラルや可変長引数で実現するのが一般的[注26]になるかと思います。

ただ、せっかくの言語内DSLとして定義しても、シーケンスのリテラル内に書けるものにのみ制限されてしまうため、元言語と比較して過剰に機能を制限されたDSLに仕上がるでしょう。具体的にはif文のようなものをDSL内では自然に使えないといったことが起き得るでしょう。

対して、本節でHaskellで定義した言語内DSLの場合、文脈に性質を持たせて型検査で無効な配置のみを弾いているだけで、それ以外については何も制限していません。DSL内であっても言語機能的にはHaskellと何も変わらないため、「やってはいけないことがピンポイントできないだけ」なのです。

動的型付き言語ではある程度仕方ないとしても、たとえ静的型付き言語であっても、既存の多くの言語では「文脈をプログラミングする力」、および、「型に性質を持たせてそれを強制する力」については、ないかあるいはそれほど強くありません。そのため、言語内DSLを定義したときの有用性には大きな差が生じます。やって良いことを最大限尊重しつつ、やってはいけないことだけをピンポイントに禁止できることは、プログラマに自由とそれに振り回されない安全性の両面を提供してくれるのです。

注26 StanやBrevé、DirtyといったPythonのHTML DSLはそうなっています。

1.7 まとめ

本章では、Haskellの特徴的な機能が概要として掴めるように、簡単な問題設定の上でいろいろな言語とHaskellの場合の比較を行ってきました。もちろん、Haskellを紹介するという目的の上で、その特徴が目立つようなケースをピックアップしていますので、比較対象の言語とHaskellの間にある総合的な優劣について述べるものではありません。

Haskellや関数型言語の特徴としてよく挙げられる項目は、❶開発効率が良い、❷バグが少ない、❸並行並列処理に強いといったことでしょう。今回紹介した例はいずれも、これらのどれかに当てはまるようなケースになっています。

❶は、おもに宣言的な言語では簡潔な記述ができることに起因しています。直面した問題を解決するための本質以外の記述を、言語の都合で要請することが少ないということです。本質的ではない記述を要求されるほどにコードは肥大化していき、たとえば1画面あたりのコードに込められる意味が薄くなります。そうなると、単純に同じ機能に対しても、まずプログラマの記述すべきコード量が増えてしまいますし、そうして増えたコードをメンテナンスのために後々になって読む労力も増えていきます。

❷は、安全を保証してそれを破らせないような設計ができるということです。しかし、安全に設計できるからと言って、必ずしも微に入り細を穿(うが)ち安全にしなければいけないということではありません。どの程度の安全さを保証するかまで状況に応じた選択の余地があるということです。クリティカルな部分は詳細に定義してバグが入りにくくすることもできますし、そうでない部分は緩めに定義して記述量を抑えることもできます。

❸は、おもに純粋であるというHaskellの性質から来ています。ただ、期待通りの正しい挙動をする並行並列化は他の言語に比べて簡単ですが、本当に高速な並行並列化をするのは他の言語と同程度には難しいでしょう。

まだHaskellの文法については解説していませんので、詳細な部分はあまり踏み込んで説明していませんが、比較を通してHaskellも使いやすそうな言語であると思えるようになったでしょう。同時に、他の言語で同等の安全性や拡張性を実現するためには、どれだけのことをすることになるかや、そもそもできるできないといったことについても、部分的にですが何となく見えているのではないでしょうか。もし、Haskellで得た知見を他の言語にもフィードバックしていくとなると、このような記述が求められていきます。逆に言うと、Haskellでは簡潔な記述だけでそれだけのことを実現してくれているとも言えるでしょう。

第2章

型と値

「型」は、すべての基本である

型

2.1 Prelude ——基本のモジュール
2.2 値 ——操作の対象
2.3 変数 ——値の抽象化
2.4 型 ——値の性質
2.5 型を定義する ——扱う性質の決定
2.6 型クラス ——型に共通した性質
2.7 よくある誤解 ——「型は値の性質を表す」について
2.8 まとめ

本章から、いよいよHaskell自体に触れていきましょう。

まずは、プログラムが操作対象となる「値」、つまりデータと、強力な型システムを持つ静的型付き言語であるHaskellにおいて、値とは切っても切り離すことができない重要なファクター、「型」について見ていきます。

Haskellでは、すべての式/値に型が付き、そしてそれらに不整合がないかどうかについて検査が行われます。逆に言うと、文法が正しいだけではプログラムを実行してみることすらできません。

これは正しいプログラムを書く上では非常に強力で頼りになる特性ですが、HaskellやOCamlのような型検査が強力な言語に触れる際に、ハードルが高いと感じてしまう一因にもなっています。型に曖昧さや不整合があっても許していたり、暗黙の型変換によりプログラマの意図する正しさを気にせず型を無理矢理合わせてくる言語のつもりで、Haskellにも同様に取り組み始めてしまうと、実行してみるところまで辿り付かないためです。

本章では、Haskellが扱う値/関数と、それらに付く型について、処理系が我々に提示する型の情報が読み取れるレベルまでを目標とし、解説をしていきます。

2.1 Prelude
基本のモジュール

本章のテーマである、値と型の話に入る前に、本節ではPreludeモジュールについて説明しておきます。

基本のPreludeモジュール ——モジュールのimportの基本

GHCiを起動すると、以下のようにPreludeと表示されたプロンプトが表示されます。

```
$ stack exec ghci
GHCi, version 8.0.0.20160204: http://www.haskell.org/ghc/  :? for help
Prelude> ←プロンプト。デフォルトで「現在importされている=利用できるモジュールの名前」が表示される
```

このPreludeは、Haskellの基本的なモジュールのうち、何もせずともデフォルトで使える状態になっているモジュールです。

Haskellでモジュールを使えるようにするには、importする必要があります。Preludeについては、C/C++のinclude、JavaやPythonのimport、Perlのuse/requireやRubyのrequireのようなものをイメージすると良いでしょう。つまり、Preludeモジュールは明示的にimportせずともimportされているということです。もし、他にもモジュールをimportしたならば、それらもプロンプトに追加されていきます[注1]。

本章の説明に出てくる値やその型、また、次の第3章での説明に出てくる関数などは、ほとんどこのPreludeの中のものです。Preludeにはそれくらい基本的なものが詰まっています。

稀にPreludeに入っていないものを使うこともありますが、そのときは、対象の関数が入ったモジュールをimportすることになります。具体的な方法については後述します。

注1　たくさんモジュールをimportすると、プロンプトの表示が長くなっていくということでもあります。長さが気になるのであれば、:set promptによりプロンプトを変更できます。ちなみに筆者は滅多にプロンプトを変更しません。

2.2 値
操作の対象

続いて、本章のテーマの一つ、値について見ていきましょう。本節では、数値、文字、文字列のリテラル、関数のリテラルであるラムダ式、そして、値コンストラクタについて取り上げます。

値の基本

値(*value*)はプログラム中で操作の対象となる、具体的な何らかのデータです。

代表的でわかりやすいものとしては、「真偽値」であったり、0,1,2,3,4,…といった「自然数」であったり、'A','B','C','D'…といった「文字」や、"Hello, World!"のような「文字列」です。

またオブジェクト指向言語であれば、オブジェクトのインスタンスであったりもするでしょう。

第0章でも述べましたが、関数型言語では、その特徴として関数自体も値になることができますし、Haskellもその例に漏れません。**図2.1**は、Haskellでの基本的な値たちです。

図2.1中で、「小文字にする」や「2倍する」と記載されているものは、そのような処理を行う関数だと思ってください。関数が値であるということは、処理もまたデータとして扱えるということです。

リテラル ——値の表現、およびその方法

リテラル(*literal*)とは、プログラム中での値の表現、およびその方法のことで

図2.1 さまざまな値

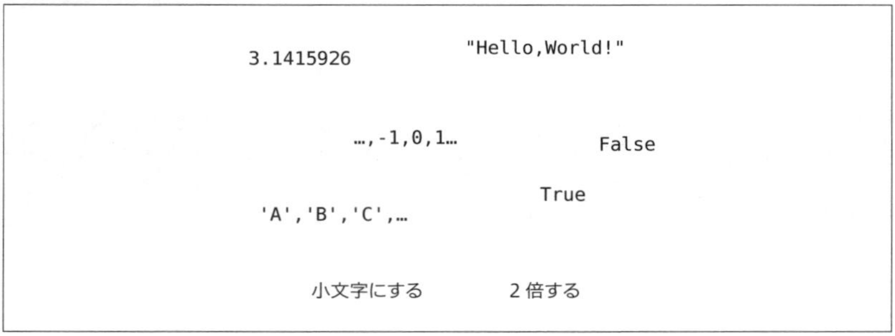

```
3.1415926    "Hello,World!"
…,-1,0,1…    False
'A','B','C',…    True
小文字にする    2倍する
```

す。プログラミング言語によってどのようなリテラルを持っているかは異なりますが、大体のプログラミング言語において、数値リテラルや文字リテラル、文字列リテラルは持っているでしょう。言語によっては、正規表現リテラルや関数リテラルを持っていることもあります。

Haskellでも基本的なリテラルをGHCiでいくつか確認してみます。

● 数値リテラル

数値リテラルは、そのまま数値を記述します。

```
Prelude> 0
0
Prelude> 1
1
Prelude> -1
-1
Prelude> 42
42
```

デフォルトで10進整数ですが、他の多くの言語がそうであるように、8進や16進整数、浮動小数点数やその科学的記数法も持っています。

```
Prelude> 0o644  -- 8進数リテラル
420
Prelude> 0xFF   -- 16進数リテラル
255
Prelude> 3.14   -- 小数点数リテラル
3.14
Prelude> 0.01   -- 小数点数リテラル
1.0e-2          -- 指数表現される
Prelude> 1.0e-2 -- 小数点数リテラル（指数表現）
1.0e-2
```

● 文字リテラル

文字リテラルは'（シングルクォート）で文字を囲みます。シングルクォート自体のエスケープを含め、これも他の多くの言語と同様ですね。

```
Prelude> 'A'
'A'
Prelude> '\'' -- シングルクォート自体の\によるエスケープ
'\''
```

制御文字などのASCIIエスケープ文字も同様です。

```
Prelude> '\n'
'\n'
Prelude> '\t'
'\t'
```

Haskellの文字はUnicodeなので、Unicode文字も問題なく使えます。プロンプト上でIMEなどで変換して文字を入力してみてください[注2]。

```
Prelude> 'λ'  -- ラムダ
'\955'        -- コードポイントの10進表記での'λ'
Prelude> '∀'  -- FOR ALL / 全称 (IMEにもよるが「任意」や「全称」で変換できることもある)
'\8704'       -- コードポイントの10進表記での'∀'
Prelude> '∈'  -- ELEMENT OF / 集合の要素 (IMEにもよるが「属する」で変換できることもある)
'\8712'       -- コードポイントの10進表記での'∈'
Prelude> 'あ'
'\12354'      -- コードポイントの10進表記での'あ'
```

文字値の表示はコードポイント[注3]で行われています。文字値を出力用の関数で表示してあげれば、期待通りの表示になります。コードポイントを直接与える表現もあります。

```
Prelude> '¬'     -- NOT SIGN / 否定記号 (IMEにもよるが「否定」で変換できることもある)
'\172'
Prelude> '\xAC' -- コードポイントの16進表記で否定記号を表す
'\172'
Prelude> '\172' -- コードポイントの10進表記で否定記号を表す
'\172'
```

コードポイントになっている文字を実際に表示してみます。文字の印字用の関数は**putChar**という関数です。関数については次章で扱うため、今はよくわからずともそのまま試してみてください。

```
Prelude> putChar '\172' -- putCharによる文字の印字
¬
```

● 文字列リテラル

文字列リテラルは" (ダブルクォート) で文字列を囲みます。これも他の多くの言語と同様です。

注2　もし、手元のIMEで変換できなければ、Web上で読みや記号一覧を検索して、記号をコピー&ペーストでも大丈夫です。

注3　文字に割り当てられた数値による表現。

```
Prelude> "Hello,World!"
"Hello,World!"
```

文字列リテラル中では、エスケープ対象がシングルクォートからダブルクォートに変わるだけで、他の表現は文字リテラルのものと同じものが使えます。

```
Prelude> "λ∀∈¬\xAC\172\n'\""
"\955\8704\8712\172\172\172\n'\""
```

文字同様、文字列の値の表示はコードポイントで行われていますが、文字列値を出力用の関数で表示してあげれば期待通りの表示になります。

コードポイントになっている文字列を実際に表示してみます。文字列の印字用の関数は**putStr**という関数です。こちらについても、関数については次章で扱うため、今はよくわからずともそのまま試してみてください。

```
Prelude> putStr "\955\8704\8712\172\172\172\n'\"" -- putStrによる文字列の印字
λ∀∈¬¬¬
'"
```

● ラムダ式 ——関数のリテラル

関数のリテラルは「無名関数」や「ラムダ式」と呼ばれ、「\引数->式」という形で記述します。元々ラムダ式は「**λ**変数.式」という形のものですが、.(ドット)は関数合成で使われており、λはASCII外の文字になるので、それぞれ別の文字で代用されています。

たとえば、「2倍する関数」は、以下のようになります。

```
Prelude> \x -> 2 * x
```

しかし、他のわかりやすいリテラルと異なり、関数自体はGHCiでプリントできないためエラーが表示されます。

```
Prelude> \x -> 2 * x

<interactive>:1:1: error:     -- エラーメッセージが出た!
    • No instance for (Show (a0 -> a0)) arising from a use of ‘print’
        (maybe you haven't applied a function to enough arguments?)
    • In the first argument of ‘print’, namely ‘it’
      In a stmt of an interactive GHCi command: print it
```

エラーメッセージでは、ターミナルの最初にエラーとなった行の位置が表示されます。今回の場合、`<interactive>:1:1:`がそれにあたります。`<interactive>`はGHCiを使っていてのエラーであるということ、次の数値部分は行、列を表しますが、GHCiの場合にはそのとき打ち込んだ表現についてになるので、実際はあまり位置を気にすることはないでしょう。次の行(No instance for ...)以降がエラーの内容です。「関数を印字」しようとしたが「関数の型は文字列表現できる型ではない」ので「印字できない型である」と言っています。このエラーの意味を理解するには、2.6節で説明する型クラスの知識が必要になります。

実際に、この関数を何らかの値に「適用」し「評価」させてみると、2倍されていることが確認できます。

```
Prelude> (\x -> 2 * x) 1
2
Prelude> (\x -> 2 * x) 2
4
Prelude> (\x -> 2 * x) 3
6
```

Haskellでは▒(スペース)が**関数適用**に相当します。f▒x(スペース)は「fをxに**適用**する」ということになります。他の言語でのf(x)という手続きの呼び出しのようなものです。fが関数ならば、その引数としてxを与えることになります。

上記、実行例中で()(丸カッコ)を付けているのは、関数適用の優先度は最強だからです。つまり、\x -> 2 * x 1としてしまうと、\x -> 2 * (x 1)という意味になってしまうためです。

式を計算して値にすること、およびその方法が「評価」です。つまり、(\x -> 2 * x) 1という式を実際に計算して2にする方法のことです。

関数とその適用や評価については、次章以降で詳しく取り上げます。

値コンストラクタ ——Haskellの真偽値True/Falseは値コンストラクタ

プログラミングにおいて、真偽値はよく利用します。Haskellの真偽値は、**True**か**False**で与えられます。

```
Prelude> True
True
Prelude> False
False
Prelude> 1 < 2 -- 順序比較
True
Prelude> 2 < 1
False
```

一見、TrueとFalseという真偽値リテラルがあるように見えますが、厳密にはこれらはリテラルではなく、**値コンストラクタ**(あるいは単に**コンストラク**

タ)というものになっています。

Trueというコンストラクタで作られた値は「真」に、Falseというコンストラクタで作られた値は「偽」になります。

後の説明の都合上、真偽値を導入しておきたかったため、この位置で紹介しましたが、コンストラクタについては2.5節で再度詳しく取り挙げます。

2.3 変数 値の抽象化

本節では、変数、定数、そして変数への値の束縛について、整理しておきましょう。

変数

変数は、さまざまな値に対して同様の扱いができるようにするために、値の間の違いを捨象するための道具立てです。

たとえば、自然数に対しての操作「次の値にする」を決めたいという場合に、

- 0を次の値にすると1になる
- 1を次の値にすると2になる
- 2を次の値にすると3になる
- 以下、可算無限個続く...

ということをわざわざ教えるのは大変ですね。というより、可算無限個与えなければならないので与え切れません。なので、変数を導入して具体的な値の違いを捨象し、

- 「何か」の値を次の値にすると「何か」+1の値になる

のように**抽象化**して定義すれば良いようになっています。ここでの「何か」が変数です。実際に処理が行われる際には、変数に結び付けられている具体的な値に対して処理が行われます。

逆に言うと、値を変数に結び付けるための、何らかの方法も同時に提供されていることになります。命令型言語ではそれは多くの場合「代入」ですし、関数型言語ではそれは多くの場合「束縛」となります。

ちなみに、Haskellの**変数名**は「アルファベット小文字開始」になります。

定数

結び付けられた値を変えられない変数を**定数**と呼びます。しかし、代入がない言語の場合、変数の中の値は束縛された時点から変わりようがないので、変数は常に定数です。わざわざ区別しません。

束縛

GHCiで、変数への値の**束縛**(*binding*)を確認してみましょう。GHCi上で変数に値を束縛するには**let**を使います。

変数oneに数値1を束縛してみます。最初はoneという変数はスコープ内にありません。

```
Prelude> one

<interactive>:10:1: error: Variable not in scope: one  -- エラー!
```

letで束縛されてはじめて、oneという変数が環境内に登場します。

```
Prelude> let one = 1
```

oneに束縛されている値は、1であることが確認できます。

```
Prelude> one
1
```

oneに束縛されている値を、さらに別の変数anotherに束縛してみます。

```
Prelude> let another = one
Prelude> another
1
```

変数は値同様に計算に用いることができます。足し算してみましょう。

```
Prelude> 1 + 1
2
Prelude> one + 1
2
Prelude> 1 + one
2
Prelude> one + one
2
```

関数も値ですので、変数に束縛することができます。2倍する関数をdblという変数に束縛してみます。

```
Prelude> let dbl = \x -> 2 * x
Prelude> dbl 5
10
```

2.4 型
値の性質

いよいよ、本節では「型」を取り上げます。これまで何度か触れてきたとおり、関数プログラミングにおいて、「型」は極めて重要な役割を果たします。本節でまず、基本事項をしっかり理解しておきましょう。

型の基本

型(*type*)あるいは**データ型**(*data type*)とは、データがどのような性質の集合に属するかを示すものです。Haskellは静的型付き言語なので、すべての値は**型付け**(*typing*)されています。

たとえば、値としては、真や偽や`0,1,2,3,4, ...`や`'A','B','C','D' ...`や`"Hello,World!"`などがありますが、真や偽は真偽値型、`0,1,2,3,4, ...`は数値型、`'A','B','C','D' ...`は文字型、`"Hello,World!"`は文字列型、ということになるでしょう。

Haskellの基本的で理解しやすいデータ型としては、以下のようなものがあります。

- **真偽値(Bool)**
- **数値**
  - 固定長整数(Int)
  - 多倍長整数(Integer)
  - 単精度浮動小数点数(Float)
  - 倍精度浮動小数点数(Double)
  - 有理数(Rational)
- **文字(Char)**
- **文字列(String)**

Haskellの**型名**は「アルファベット大文字開始」です。

図2.2はHaskellでの基本的な値たちが、それぞれどのような型を持つかで分

類したものです。なお、図2.2中の「小文字にする」「2倍にする」の型は厳密にはそれぞれ違う型になりますが、とりあえず今はこのように分類しておきます。

型の確認と型注釈

Haskellでは、データの型を明示的に指定する場合、値や変数に対して次のように::(コロン2つ)に続けて型を与えます。これを**型注釈**(*type annotation*)と言います。また、GHCiでは:t(コロンt)コマンドで実際にGHCiが認識している型を確認できます。

いろいろな値や変数について型を確認してみましょう。

```
Prelude> :t True
True :: Bool
Prelude> :t False
False :: Bool
Prelude> let one :: Int; one = 1 -- oneはInt型と指定した上で数値リテラル1を束縛
Prelude> one
1 -- 数値リテラル1が整数として解釈されたことが確認できる
Prelude> :t one -- oneの型を確認する
one :: Int
Prelude> let two :: Double; two = 2 -- twoはDouble型と指定した上で数値リテラル2を束縛
Prelude> two
2.0 -- 数値リテラル2が小数点数として解釈されたことが確認できる
Prelude> :t two -- twoの型を確認する
two :: Double
Prelude> :t 'A' -- 'A'の型を確認する
'A' :: Char
```

すべてに型が付きますから、値だけではなく、式にも(もちろん単一の値も式の一種ですが)型が付きます。

図2.2 さまざまな値の型

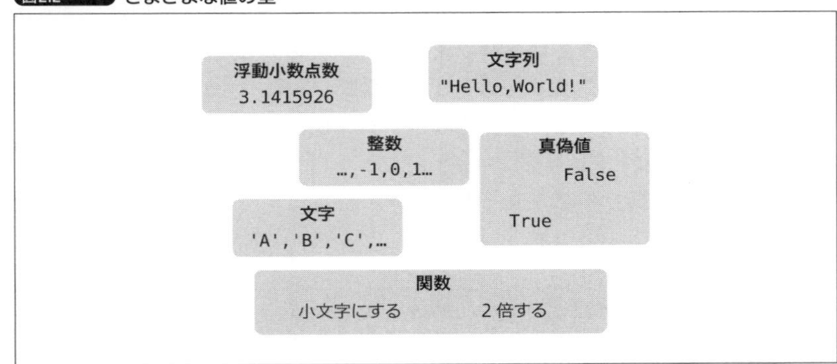

順序比較の結果は真偽値になりますし、足し算など四則演算は計算に使われる数の型と同じ型になります。

```
順序比較
Prelude> :t 1 < 2
1 < 2 :: Bool  -- 真偽値
Prelude> :t 2 < 1
2 < 1 :: Bool  -- 真偽値

四則演算
Prelude> :t 10 + one -- oneはInt型と指定してある
10 + one :: Int  -- 数の型と同じInt型になっている
Prelude> :t two - 10 -- twoはDouble型と指定してある
two - 10 :: Double  -- 数の型と同じDouble型になっている
```

関数の型

関数にも型は付きますので、:tは関数にも使えます。関数の型を確認してみましょう。

論理否定の関数として**not**があります。

```
Prelude> not True
False
Prelude> not False
True
```

この関数notの型を:tで確認してみます。

```
Prelude> :t not
not :: Bool -> Bool  -- 関数notはBool型の値を受け取ってBool型の値になる
```

->という矢印のような表現が型の部分に出てきました。関数の型はこのように「何かの型->何かの型」という型で表され、「矢印の元の型の値を受け取って、矢印の先の型の値になる」関数であることを意味します。つまり、関数の型とは「型の変換の型」ということです。関数notは、「Bool型の値を受け取ってBool型の値になる」関数です。

次に、論理積の演算子&&を見てみます[注4]。

注4　&&はPreludeにある演算子です。Haskellの演算子は、他の多くの言語と異なり「演算子はこれらに限る」というようには定められていません。使える文字に条件こそありますが、演算子もプログラマが自由に定義できます。

```
Prelude> True && True
True
Prelude> True && False
False
Prelude> False && True
False
Prelude> False && False
False
```

Haskellでは、演算子もまた関数です。演算子に()(丸カッコ)を付けると、関数として扱えます。

```
Prelude> (&&) True True
True
Prelude> (&&) True False
False
Prelude> (&&) False True
False
Prelude> (&&) False False
False
```

また、:tでその型も確認できます。

```
Prelude> :t (&&)
(&&) :: Bool -> Bool -> Bool
```

->が2個も出てきました。

->自体は右結合になっています。つまり、Bool -> Bool -> Boolという型に->の結合優先度に合わせて省略されているカッコを付けると、Bool -> (Bool -> Bool)という型と同じということになります。これを->の表現通りに解釈すると、「Bool型の値を受け取って、『Bool型の値を受け取って、Bool型の値になる』関数になる」関数ということになります。論理積の演算子(&&)は、Bool型の値を2つ(その演算子の両側に)受け取って、Bool型の値になるため、このようになります。

● カリー化

(&&)は2引数関数と思ってもらっても良いのですが、Haskellには厳密には「2引数関数」というべきものはありません。

なぜなら、第0章で述べたように、関数が第一級の対象だから、つまり関数が関数の結果の値になれるからです。極端な言い方をすると、引数の数という概念そのものが不要なのです。

たとえば、(&&)に1つだけ真偽値を与えておくことができます。

```
Prelude> let andT = (&&) True
```

このandTの型と挙動を確認すると、

```
Prelude> :t andT
andT :: Bool -> Bool
Prelude> andT True
True
Prelude> andT False
False
```

となります。

繰り返しになりますが、関数(&&)の型は、`Bool -> Bool -> Bool`、つまり`Bool -> (Bool -> Bool)`でした。(&&)は、**図2.3**に示すように、1つだけ真偽値を与えておくと、`Bool -> (Bool -> Bool)`の矢印の元が埋まり矢印の先である`Bool -> Bool`になります。これが関数andTの型と一致していることが確認できます。関数(&&)は、1つ真偽値を与えられると「関数」になるのです。さらに1つ真偽値を与えられると、それでやっと「`Bool`」になります。

「2引数関数」とは「1つ引数を与えられると1引数関数になる」1引数関数のことです。同様に、「n[注5]引数関数」とは「1つ引数を与えられるとn-1引数関数になる」1引数関数のことです。

しかし、関数が関数の結果の値になれない言語では、1つ引数を与えられた

注5 n > 1

図2.3 論理積の型

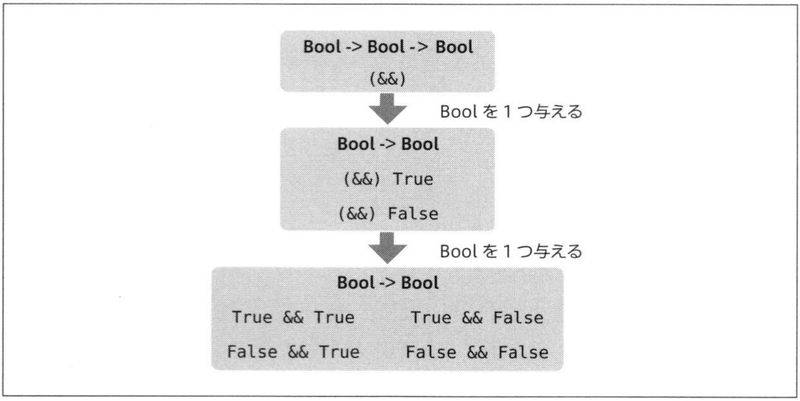

Bool -> Bool -> Bool (&&)
↓ Boolを1つ与える
Bool -> Bool (&&) True (&&) False
↓ Boolを1つ与える
Bool -> Bool True && True　True && False False && True　False && False

だけでは、関数という結果に至ることができません。結果として、n個の引数をすべて与えて(関数でない)値を取り出すことになります。

Haskellや大部分の関数型言語では、その特徴として関数が第一級の対象なので、関数が関数の結果の値になるということはごく当たり前です。n引数関数を「1つ引数を与えられるとn-1引数関数になる」1引数関数とし、n-1引数関数もまた「1つ引数を与えられるとn-2引数関数になる」1引数関数とするといったように、どんどんと引数の数を減らしていくことができます。そのうちに、「1つ引数を与えられると0引数関数(=定数)になる」1引数関数となり、これはもう関数の結果が関数ではないため、高階関数でないただの1引数関数となります。つまり、n引数関数は「1つ引数を与えられると「1つ引数を与えられると＜中略＞ただの1引数関数＜中略＞になる」1引数関数になる」1引数関数として表現することができるのです。この表現の中に登場する関数は1引数関数だけなので、1引数関数だけあればn引数関数を表現することができるということです。

このように、n引数関数を1引数関数だけで構成される形にすることを、**カリー化**(*currying*)と言います。Haskellの関数はカリー化されているのです。

意図的に避けた型の確認

さて、これまでの型の確認操作の中で、型を明示的に指定しない数値リテラル`0,1,2, ...`や、文字列リテラル`"Hello,World!"`について`:t`で確認はあえてしませんでした。では、これらがどうなるかを見てみましょう。

まず、文字列リテラル`"Hello,World!"`の型ですが、

```
Prelude> :t "Hello,World!"
"Hello,World!" :: [Char]
```

と、文字型Charを何やら[]で囲んだものが型として出てきました。これは、リスト型を表すもので、本節内の「多相型と型変数」項で後ほど取り上げます。

次に、数値についてです。

```
Prelude> :t 0
0 :: Num t => t
```

こちらもよくわからない表現`=>`が出てきました。これは「型クラス」と呼ばれるものです。型クラスについては、2.6節で説明します。

型検査

型検査は、型の制約に対して不整合がないかを検査し、検査に失敗していたらエラーにする機能です。

先ほど、整数値と決めたoneに数値リテラル1を束縛する例がありましたが、束縛する値を文字にしたらどうなるか見てみましょう。

```
Prelude> let one :: Int; one = 'A'

<interactive>:1:23: error:  -- エラー！
    • Couldn't match expected type 'Int' with actual type 'Char'
    • In the expression: 'A'
      In an equation for 'one': one = 'A'
```

エラーになりました。これは、「整数値と思われる箇所に文字が入ってしまっている」という型検査のエラーです。

次に、整数と小数点数同士の足し算を見てみましょう。

```
Prelude> (1 :: Int) + (2 :: Double)

<interactive>:1:15: error:  -- エラー！
    • Couldn't match expected type 'Int' with actual type 'Double'
    • In the second argument of '(+)', namely '(2 :: Double)'
      In the expression: (1 :: Int) + (2 :: Double)
      In an equation for 'it': it = (1 :: Int) + (2 :: Double)
```

こちらもエラーになりました。これは、「整数値と思われる箇所に浮動小数点数値が入ってしまっている」という型検査のエラーです。

このような足し算の場合、多くの言語では「より大きなほうの数値型に合わせる」といった、**暗黙の型変換**(*implicit conversion*)が行われ、このような足し算も[注6]問題なく通過していきます。

一方Haskellでは、暗黙の型変換が行われないようになっています。Haskellの足し算は同じ型の数値同士でしか許されませんので、別の型の数値同士を足し算しようとして型検査に失敗しているのです。

具体的に何が起こったかと言うと、以下のような具合です。

❶型検査に使われる型情報として以下の3つが与えられる

- 「1」がInt型
- 「2」がDouble型
- 足し算の左側、右側、その結果はすべて同じ型

注6　実際は問題があってプログラマが一切そのことに気付けなかったとしても。

❷「1」についての型情報から、足し算の左側がInt型に決まる
❸足し算の型情報から、右側およびその結果もInt型に決まる
❹「2」の型情報から、(Int型に決まったはずの)足し算の右側にDouble型が入っている
❺型検査に不整合があるので、エラーとなる

型検査では、与えられているあらゆる部分の型情報を使った上で、不整合な部分がないかどうかを確認してくれます。

多相型と型変数

データ構造としてのコンテナを考えたりすると、C++であればテンプレート、Javaであればジェネリクスを使うように、コンテナの中に入れるデータの型について多相的に扱う方法が必要になってきます。これをHaskellでは**多相型**(*polymorphic type*)と**型変数**(*type variable*)で扱います。後述する型変数の入った型をとくに多相型と呼びます。Haskellで、基本的でわかりやすい多相型のデータ構造としては、

- リスト
- タプル
- Either
- Maybe

があります。それぞれを型変数と共に紹介していきます。

リスト

先ほど文字列値の型を確認したとき、文字のリスト型[Char]が出てきました。リストのデータ構造(**図2.4**)は他の言語におけるリストと同様で、末尾に相当する部分と、1要素とそれ以降のリストを示す部分からできています。また、図2.4

図2.4 リストのデータ構造(Consリストの例)

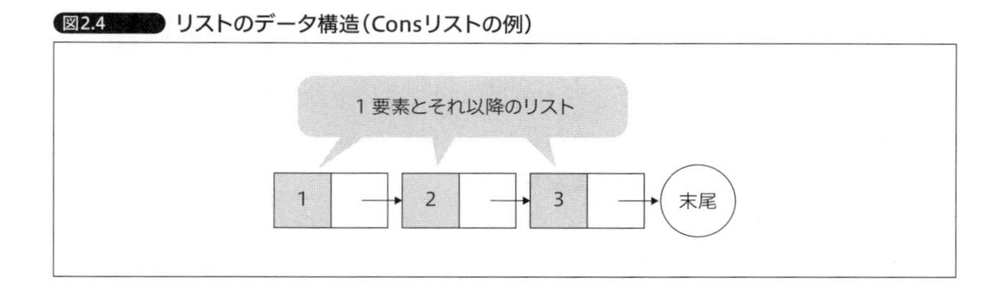

の例のように先頭に要素を追加していくような構造のリストを、とくに「Consリスト」と呼びます。

リストの内容物にいろいろな型が混ざっても良い言語もありますが、Haskellのリストの内容物は決められた単一の型以外は許されません。[Char]であれば内容物はCharのみです。リストは「何かの型のリスト」という形となっており、たとえば、具体的なリスト型は以下のようになります。

- **多倍長整数のリスト**([Integer])
- **倍精度浮動小数点数のリスト**([Double])
- **文字のリスト**([Char])
- **文字のリストのリスト**([[Char]])

リストにもリテラルがあり、次のように[](角カッコ)と,(カンマ)区切りで内容物を表現します。

```
Prelude> [] -- 空のリスト
[]
Prelude> [1,2,3,4]
[1,2,3,4]
```

また、リストの先頭に要素を1つくっつけるのは:(コロン)でできます。

```
Prelude> 1 : []
[1]
```

本来リストは多相的なデータ構造であり、内容物に相当する型が与えられてはじめて具体的な型のリスト型になります。計算によっては、リストの中身の型はどうでも良いことがあります。

たとえば、リストの長さを得る関数を考えましょう。

- [Integer] **の長さを得る** lengthInteger :: [Integer] -> Int
- [Double] **の長さを得る** lengthDouble :: [Double] -> Int
- [Char] **の長さを得る** lengthChar :: [Char] -> Int

のように、一々リストの中身ごとに用意していたら不便ですし、キリがありません。そのため、値を変数にしてその具体的な違いを捨象して扱えるように、型もまた変数のようなものにしておいて、具体的な違いを捨象できれば良いと考えられます。まさに、これが**型変数**です。

実際、関数**head**は何らかのリスト型[a]の先頭要素を得る関数としてPreludeに定義されており、リストの中身の型aはまったく関係ありません。

```
Prelude> :t head
head :: [a] -> a
Prelude> head [1,2,3,4]  -- 整数のリストでも
1
Prelude> head [1.2,2.3,4.5,5.6] -- 小数点数のリストでも
1.2
Prelude> head "test"  -- 文字のリスト、つまり文字列でも
't'
```

このaが型変数です。aの部分には**どのような型が入っても良い**ことになっており、関数headは「リストという型の構造は気にするけれど、その中身の型には頓着しない」という多相的な関数です。

多相的なリストの型[a]は、型aを[]で包むことでできています。このように、ある型にくっつけて別の型を作るもののことを**型コンストラクタ**(*type constructor*)と呼びます。なお、多少紛らわしいですが、**型**の[]は型を1つ包んでリストになる「リストの型コンストラクタ」で、**値**の[]は「空リスト」であることに注意してください。

別の関数**length**も見てみましょう。関数lengthは何か「1つの値に畳み込むやり方が決められている構造」から、その構造の大きさを得る関数としてPreludeに定義されており、これも構造の中身の型はまったく関係ありません。

```
Prelude> :t length
length :: Foldable t => t a -> Int
Prelude> length [1,2,3,4]  -- 整数のリストでも
4
Prelude> length [1.2,2.3,4.5,5.6]  -- 小数点数のリストでも
4
Prelude> length "test"  -- 文字のリスト、つまり文字列でも
4
```

headでは1つだった型変数が、今度はtとaの2つ出てきました。**Foldable**は後の2.6節で説明する**型クラス**というものの一つです。**Foldable t**は型コンストラクタtが「1つの値に畳み込むやり方が決められている構造」であることを意味します。各種リストに対して使っているように、リストは「1つの値に畳み込むやり方が決められている構造」です。引数の型t aとは、「1つの値に畳み込むやり方が決められている構造tの中身としてaを持つ型」なのです。たとえば、整数のリスト[Int]であれば、tがリストの型コンストラクタ、aがIntとなります。

headやlengthにはリストの中身の型変数は引数に1つしか現れませんでしたが、もし同じ名前の型変数が複数箇所に現れてきたら、それらは同じ型である必要があります。リストの結合演算子(++)を見てみましょう。

リストの結合演算子の型では、3ヵ所に型変数aが現れます。これらはすべて厳密に同じ型でなければなりません。そのため、次のように型が異なるリスト同士は

結合できませんし、結果だけ異なる型のリストになることもできません。

```
Prelude> [1,2,3] ++ "123"  -- 数値のリストと文字のリストの結合

<interactive>:1:2: error:
    • No instance for (Num Char) arising from the literal ‘1’
    • In the expression: 1
      In the first argument of ‘(++)’, namely ‘[1, 2, 3]’
      In the expression: [1, 2, 3] ++ "123"
Prelude> [1::Int] ++ [1::Double]  -- IntのリストとDoubleのリストの結合

<interactive>:2:14: error:
    • Couldn't match expected type ‘Int’ with actual type ‘Double’
    • In the expression: 1 :: Double
      In the second argument of ‘(++)’, namely ‘[1 :: Double]’
      In the expression: [1 :: Int] ++ [1 :: Double]
Prelude> ([1::Int] ++ [2::Int]) :: [Double]  -- IntのリストとIntのリストがDoubleのリストに

<interactive>:3:2: error:
    • Couldn't match type ‘Int’ with ‘Double’
      Expected type: [Double]
        Actual type: [Int]
    • In the expression: ([1 :: Int] ++ [2 :: Int]) :: [Double]
      In an equation for ‘it’:
          it = ([1 :: Int] ++ [2 :: Int]) :: [Double]
```

● タプル

2つの値を組にした構造を**タプル**(*tuple*)と呼びます。一般には3つ組以上のものも考えられ、また実際に存在しますが、2つ組があれば3つ組は2つ組との2つ組と構造としては同じなので2つ組のもののみ説明します。タプルもまた多相型です。Haskellでは(,)によって表現します。どのような値になるか見てみます。

```
Prelude> (1,2)
(1,2)
Prelude> ("foo","bar")
("foo","bar")
Prelude> ('A',2)
('A',2)
Prelude> (True,"bar")
(True,"bar")
```

同じ型の値なら任意の個数の要素を並べることのできるリストと異なり、**違う型の値で作ることができる**のですが、**要素数は2つで固定**です。いくつか、型を確認してみましょう。

```
Prelude> :t (1 :: Int, 2 :: Double)
```

```
(1 :: Int, 2 :: Double) :: (Int, Double) -- IntとDoubleのタプル型
Prelude> :t (True,"bar")
(True,"bar") :: (Bool, [Char])           -- Boolと[Char]つまりStringのタプル型
Prelude> :t (("foo", True), ('A', 1 :: Int))
(("foo", True), ('A', 1 :: Int)) :: (([Char], Bool), (Char, Int)) -- [Char]とBool
                                          のタプル型 と Char と Int のタプル型 の タプル型
```

タプルの型は、ある型aとある型bにより(a,b)という多相型になります。この型aと型bが型変数となっています。こちらも多少紛らわしいですが、**型**の(,)は型を2つ包んでタプル型になる「タプルの型コンストラクタ」で、**値**の(,)は「タプルのコンストラクタ」であることに注意してください。

タプルから1つめを取り出す関数fstと、2つめを取り出す関数sndが用意されているので、これらの型を確認してみましょう。

```
Prelude> :t fst
fst :: (a, b) -> a
Prelude> :t snd
snd :: (a, b) -> b
```

関数fstは型aと型bのタプルから型aのほうだけ取り出すような型になっており、関数sndは型aと型bのタプルから型bのほうだけ取り出すような型になっていることがわかります。aとbは型としては関係がありませんので、独立に別々の型になることができます。実際に挙動を確認すると、一目瞭然です。

```
Prelude> fst (True,"bar")
True
Prelude> :t fst (True,"bar")
fst (True,"bar") :: Bool
Prelude> snd (True,"bar")
"bar"
Prelude> :t snd (True,"bar")
snd (True,"bar") :: [Char]
```

fstやsndも、リストに対するlengthと同様に、中身の型の違いには頓着せず、タプルという型の構造だけを気にして扱える多相的な関数になっています。

タプルのように、2つの型の組み合わせ[注7]を作る型を**直積型**と言います。タプル(a,b)の要素数は、型aの要素数と型bの要素数の積になっています。たとえば、Bool型の要素数は明らかにFalseとTrueの2つです。そして、(Bool,Bool)型を持つ値の要素は(False,False)(False,True)(True,False)(True,True)の4つです。

注7　**どちらからも**、値を取ること。

Either

2つの型の値のうち、どちらかを取る構造が**Either**です。Eitherもまた多相型です。Haskellでは「どちらか」の選択を**Left**か**Right**によって表現します。具体的にどのような値になるかを見てみましょう。

```
Prelude> Left 1 :: Either Int String
Left 1
Prelude> Right "test" :: Either Int String
Right "test"
```

Eitherもタプルのようにある型aとある型bにより、Either a bという多相型になります。つまり、Eitherは型を2つ包んでEither a b型を作る「型コンストラクタ」です。Either a bの値は、型aの値か型bの値のどちらかを取ります。どちらを取ったかがLeftもしくはRightで表され、Leftのときは型aの値、Rightのときが型bの値です。

Eitherのように2つの型の貼り合わせ[注8]を作る型を**直和型**と言います。Either a bの要素数は、型aの要素数と型bの要素数の和になっています。

Maybe

Maybeは第1章のNULL排除の節でも少し紹介しましたが、ある型aに無効な値を加えた型**Maybe a**を作ります。Maybeも多相型です。

Maybeは型を1つ包んでMaybe a型を作る型コンストラクタです。たとえば、**Maybe String**という型は、有効なString型の値か、もしくは無効な値を持つ型ということです。有効な値は**Just**で、無効な値は**Nothing**で表現されます。

```
Prelude> Just "foo"
Just "foo"
Prelude> Nothing
Nothing
```

同様に、**図2.5**は、Bool型と**Maybe Bool**型に含まれる値を比較したものです。Bool型の値は、

- **True（真）**
- **False（偽）**

のどちらか一方になりますが、Mayby Bool型は、

注8　**どちらかから**、値を取ること。

- Just True（有効なデータとしての真）
- Just False（有効なデータとしての偽）
- Nothing（無効なデータ）

の3つのうちどれかになります。たとえば、リモートから送られてくるJSONに対し、ある要素が真偽値であることが期待されているとして、実際に真偽値が入っているなら有効なデータとして扱い、その要素がなかったり真偽値以外のデータが入っていたりら無効なデータとして扱う、というようなありがちなケースで、Maybe Bool型がしっくりと当てはまりそうだと感じられるでしょう。

「ある型に無効な値を加えた型」と述べたように、ある型の部分は「型変数」になっており、どのような型が入ってもよくなっています。

たとえば、Maybe a型の値がJustかどうかを与える関数**isJust**があります。これの型と挙動を調べてみましょう。

```
Prelude> import Data.Maybe -- isJustを使えるようにする
Prelude Data.Maybe> :t isJust
isJust :: Maybe a -> Bool
Prelude Data.Maybe> isJust (Just 1)
True
Prelude Data.Maybe> isJust (Just "foo")
True
Prelude Data.Maybe> isJust Nothing
False
Prelude Data.Maybe> :m -Data.Maybe -- Data.Maybeを使えなくする
Prelude>
```

関数isJustの型は、Maybeの中身の型aにはまったく頓着せず、`Just`か`Nothing`かを見てその真偽を判定しています。

図2.5 BoolとMaybe Bool

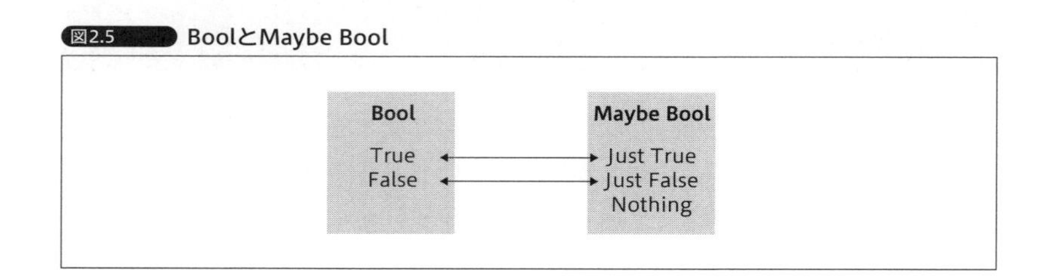

型推論

Haskellは**型推論**という機能を持っており、あらゆる部分の型をプログラマが明示的に指定せずとも、他の部分から推論可能ならば適切なものを推論してくれます。たとえば、型検査の項で確認したように、足し算は同じ型の数値の間でしか行いません。しかし、次のような足し算では、

```
Prelude> let a = (1 :: Int) + 2
Prelude> a
3
Prelude> :t a
a :: Int
Prelude> let b = (1 :: Double) + 2
Prelude> b
3.0
Prelude> :t b
b :: Double
```

aについてもbについても、数値リテラル2のほうは型を明示的に指定してこそいません。しかし、計算は期待通りにできています。

このとき、どの数値型にも受けとれるような数値リテラル2は、明示的に型の指定された数値リテラル1の情報と、「同じ型の数値の間でしか許されない」という足し算の情報を使って、それぞれ適切な型に推論されているのです。

つまり、数値リテラル1のほうをIntと指定したときは、足し算の情報から数値リテラル2の側もIntであると推論し、Intだと思って数値リテラル2を解釈します。同様に、数値リテラル1のほうをDoubleと指定したときは、足し算の情報から数値リテラル2の側もDoubleであると推論し、Doubleだと思って数値リテラル2を解釈します。

もちろん、数値リテラルが適切な型に解釈できない場合は型検査に失敗します。

```
Prelude> let c = (1 :: Int) + 2.0

<interactive>:1:22: error:
    • No instance for (Fractional Int) arising from the literal ‘2.0’
    • In the second argument of ‘(+)’, namely ‘2.0’
      In the expression: (1 :: Int) + 2.0
      In an equation for ‘c’: c = (1 :: Int) + 2.0
```

この場合、2.0という数値リテラルはInt型に解釈できません。

今回は足し算だけなので、足し算の両側という非常に小さい範囲で推論が行われますが、もっと複雑なプログラムになった場合も、その中のあらゆる関連箇所の情報を使って推論が行われます。

Haskellではあらゆる式に「型」が付いてなければいけませんが、型推論によって型をプログラマが明示せずともよくなっています。設計上必要と思われる箇所にだけ型を記述して明確にしておけばよく、それ以外の型検査での整合性を保った上で自明に型推論され得るような箇所では、わざわざ型注釈を与えずに済むようになっています。

2.5 型を定義する 扱う性質の決定

用意された型とその値を利用するだけではなく、自分で型とその値を定義してみましょう。型を定義するには、いくつか方法があります。

既存の型に別名を付ける ——type宣言

まずは真に新しい型を作るのではなく、既存の型に別名を付けてみましょう。型に別名を付けるには、以下のような構文で**type**宣言をします。

```
type 型の別名 = 型
```

たとえば、絶対温度型Kと摂氏温度型CをDouble型の別名として定義してみます。

```
Prelude> type K = Double
Prelude> type C = Double
```

このように定義した型Kや型Cは元の型の別名に過ぎないので、真に違いはないのですが、特定のインタフェースをわかりやすくすることができます。

続いて、摂氏温度から絶対温度への変換を行う関数convertを定義してみます。

```
Prelude> let convert = \c -> c + 273.15 :: Double
Prelude> :t convert
convert :: Double -> Double
```

普通に定義すると、このようにDoubleからDoubleへの関数となり、関数convertの型が何から何への変換なのか、わかりやすい型とはなりません。

関数convertの実体はまったく同じまま、先ほど定義した別名を関数convertの型に指定すると、

```
Prelude> let convert :: C -> K; convert = \c -> c + 273.15 :: Double
Prelude> :t convert
convert :: C -> K
```

と、関数convertの型を見たときに、「摂氏温度から絶対温度への変換」であることがわかりやすくなります。

既存の型をベースにした新しい型を作る ——newtype宣言

さて、型Kと型CはただのDoubleの別名でしかありません。関数convertが何をするものか自体は型からわかりやすくなっているものの、実際には関数convertには型Cの値を与えたつもりで型Kの値を与えてしまうことができてしまいます。別名なだけでKもCもDoubleと同じ型だからです。

```
Prelude> let k :: K; k = 0 -- 絶対温度
Prelude> :t k
k :: K
Prelude> convert k -- 摂氏温度からの変換関数に誤って絶対温度を与えてしまえる
273.15
```

このような単位変換のミスによるバグには、心当たりのある方も多いのではないでしょうか。

このままではうっかりミスが防げないので、Doubleをベースにするところはそのままに、別の新しい型にしてみます。既存の型をベースに新しい型を作るには、次のような構文で**newtype**宣言をします。

```
newtype 新しい型名 = コンストラクタ ベースとなる既存の型
```

newtypeにより絶対温度型Kと摂氏温度型Cを定義し直すと、以下のようになります。

```
Prelude> newtype K = K Double
Prelude> newtype C = C Double
```

同じ名前なのですが、イコールの左にあるKやCが型の名前で、イコールの右にあるKやCがコンストラクタになります。型名とコンストラクタ名を同じ名前にする必要はありません[注9]。

注9 後述するdataと異なり、newtypeでは必ずコンストラクタは1つしかないので、同じ名前にしてしまうことが多いように思います。

コンストラクタはその型の値を作る関数になっています。確かめてみましょう。

```
Prelude> :t K
K :: Double -> K
Prelude> :t C
C :: Double -> C
```

コンストラクタKはDoubleからK型の値を、コンストラクタCはDoubleからC型の値をそれぞれ構築します。

```
Prelude> :t K 1
K 1 :: K
Prelude> :t C 0
C 0 :: C
```

これらを利用してconvertを定義し直すと、以下のとおりです。

```
Prelude> let convert = \(C x) -> K (x + 273.15)
Prelude> :t convert
convert :: C -> K
```

convertの定義にはパターンマッチという機能を使っていますが、本章ではなく次章で説明します。C型の値の中身になっているDoubleの値を取り出して、Doubleの上で計算した上で、K型の値を構築しています。

この新しいconvertに対しては、単なる別名で定義していた先ほどまでとは異なり、今回は明確にCもKもDoubleとは別の型になりましたので、K型の値を関数convertに渡してしまえるようなうっかりは型検査でエラーになり、ミスできなくなっています。つまり、インタフェースとしてより安全になりました。

完全に新しい型を作る ——代数データ型

ここまでは、既存の型をベースに新しい型を作る方法を紹介しましたが、既存の型にとらわれない新しい型を作ることもできます。

新しい型を作るには、以下のような構文でdata宣言をします。

```
data 新しい型名 型変数 ... = コンストラクタ1 既存の型か型変数 ...
                         | コンストラクタ2 既存の型か型変数 ...
                         .
                         .
```

この宣言は、「イコールの左辺の型は、コンストラクタ1によって作られる値、もしくは、コンストラクタ2によって作られる値、もしくは、...を値として持つ」を意味します。最低限必要なものは型名と最低1つのコンストラクタだけで、型変数などは不要ならば書きません。

dataで定義されるデータ型は、**代数データ型**（*algebraic data type*）と呼ばれます。先出のnewtypeも、コンストラクタが1つと決まっている代数データ型と見て良いでしょう。Haskellでデータ型を定義したら、それはもう「代数データ型」です。

たとえば、これまで見てきたBool型は、

```
data Bool = False
          | True
```

となっています。前出の構文と上記の例の対応について補足をしておくと、Bool型には型変数は不要なので、上記例の`Bool`と`=`の間に型変数はありません。また、FalseとTrueのコンストラクタだけがあれば良いので、FlaseやTrueの後にも何も付ける必要はありません。

代数データ型による型定義では、ある型に属する値は型定義でコンストラクタが与えられたものしか存在しないことが保証されます。また、コンパイラもそのことを理解してくれています。つまり、Bool型では、**False**と**True**しか値はありません。これは、もしBool型の値に対して何かの処理を記述した場合に、

- False（True）の場合しか書いてなかったら、True（False）の場合が不足していることがわかる
- FalseとTrueに加え、その他の場合が書いてあったら、それが無駄であることがわかる

などといった判断に使われます。考えるべき場合が不足していることをコンパイラがプログラマに提示できるわけです。とくに、第3章で取り上げるパターンマッチでこの性質が前提になります。

比較対象として、一般的なクラスベースオブジェクト指向を考えましょう。クラスによる型の定義では、あるクラスのインスタンスだけではなく、継承したクラスのインスタンスもまた親クラスの型の値として認識されるでしょう。もしBoolクラスがあったら、それを継承したSubBoolクラスのインスタンスもまた、Boolクラスのインスタンスとして扱うことができるでしょう。つまり、Boolクラスの定義を見ただけでは、コンパイラには型としてのBoolクラスにどのような値が存在し得るのかは把握し切れません。結果として、コンパイラはその情報を利用することはできなくなります。

いくつか実際に代数データ型を定義してみます。

● 代数データ型の定義の基本 ――HTTPステータス

まず、HTTPステータスの型を作ってみましょう。とは言え、ステータスはたくさんあるので、以下のステータスだけに絞って説明します。

- 200 OK
- 302 Found
- 404 Not Found
- 503 Service Unavailable

たとえば、以下のように作れます。

```
Prelude> :{
Prelude| data HTTPStatus = OK
Prelude|                 | Found
Prelude|                 | NotFound
Prelude|                 | ServiceUnavailable
Prelude| :}
```

GHCiで複数行にまたがる入力をするために、:{ … :}(コロン、波カッコ)を使っています。

この宣言では、HTTPStatus型は、OKかFoundかNotFoundかService Unavailableのどれかを値に持ちます。

OKなどはコンストラクタですが、Double型の値を必要として絶対温度型Kの値となるコンストラクタKとは異なり、他の型の値などを必要とせずそれ単体でHTTPStatus型の値になります。

```
Prelude> :t K
K :: Double -> K
Prelude> :t K 0
K 0 :: K
Prelude> :t OK
OK :: HTTPStatus
Prelude> :t Found
Found :: HTTPStatus
Prelude> :t NotFound
NotFound :: HTTPStatus
Prelude> :t ServiceUnavailable
ServiceUnavailable :: HTTPStatus
```

● レコードを使う ――色空間RGBA

次に、RGBAの色空間型を作ってみましょう。赤(*Red*)、緑(*Green*)、青(*Blue*)、色の透過度(*Alpha*)をそれぞれ0〜1の範囲の値として持つ空間を考えます。RGBA

の各色成分はFloat型[注10]で良いでしょう。

```
Prelude> data RGBA = RGBA Float Float Float Float
```

コンストラクタRGBAの型を確認します。

```
Prelude> :t RGBA
RGBA :: Float -> Float -> Float -> Float -> RGBA
```

赤、緑、青、透過度をこの順で取ってRGBA型の値を作ります。

```
Prelude> :t RGBA 0.25 0.5 0.75 1
RGBA 0.25 0.5 0.75 1 :: RGBA
```

ただし、すべて同じFloatなので、どれが何色の成分なのかよくわからなくなりますね。

そこで、**レコード**を使った定義を紹介します。レコードでは、コンストラクタの受け取る引数にフィールド名を付けることで、そのフィールド名でコンストラクトを行ったり値を取り出したりできるようになります。dataやnewtypeで、コンストラクタの部分に対し、次のようなレコード構文で宣言します。

```
コンストラクタ { フィールド1 :: 既存の型もしくは型変数
               , フィールド2 :: 既存の型もしくは型変数
               .
               .
               }
```

レコードを使ってRGBA型を定義し直すと、たとえば、要素ごとに次のようになります。

```
Prelude> :{
Prelude| data RGBA = RGBA { getR :: Float
Prelude|                  , getG :: Float
Prelude|                  , getB :: Float
Prelude|                  , getA :: Float
Prelude|                  }
Prelude| :}
```

この定義でのコンストラクタRGBAの型は、先ほどのものと変わりません。

```
Prelude> :t RGBA
RGBA :: Float -> Float -> Float -> Float -> RGBA
```

注10　0〜1の間という新しい型を作っても良いですが。

しかし、フィールド名で各要素値を与えてRGBA型の値をコンストラクトすることができます。この際、順番は問われません。

```
Prelude> :t RGBA { getA = 1, getR = 0.25, getG = 0.5, getB = 0.75 }
RGBA { getA = 1, getR = 0.25, getG = 0.5, getB = 0.75 } :: RGBA
```

また、各フィールド名はRGBA値から値を取り出す関数にもなっています。

```
Prelude> :t getR
getR :: RGBA -> Float
Prelude> :t getG
getG :: RGBA -> Float
Prelude> :t getB
getB :: RGBA -> Float
Prelude> :t getA
getA :: RGBA -> Float
```

実際に、RGBA値から値を取り出すことができます。

```
Prelude> let rgba = RGBA { getA = 1, getR = 0.25, getG = 0.5, getB = 0.75 }
Prelude> getR rgba
0.25
Prelude> getG rgba
0.5
Prelude> getB rgba
0.75
Prelude> getA rgba
1.0
```

● 多相型に定義し直してみる――2次元の座標空間

2次元の座標空間を作ってみます。これは、先ほどの色空間とほとんど同様です。

```
Prelude> data Coord = Coord { getX :: Double, getY :: Double }
```

この定義では、X軸Y軸がDoubleになるように定義していますが、実際には、Floatで十分かもしれませんし、整数格子点[注11]で良いかもしれません。

このような場合、Coordを「多相型」にしたくなるでしょう。型変数を導入して、多相型に定義し直してみます。

```
Prelude> data Coord a = Coord { getX :: a, getY :: a }
```

注11　座標が整数、つまりInt型で表せる点。

型変数aを伴って、Coord aという型を定義するように変更しました。コンストラクタやレコードの型を確認してみます。

```
Prelude> :t Coord
Coord :: a -> a -> Coord a
Prelude> :t getX
getX :: Coord a -> a
Prelude> :t getY
getY :: Coord a -> a
```

コンストラクタCoordは何かの型aからCoord a型を作るようになっており、getXやgetYはCoord a型からX軸Y軸要素であるa型の値を取り出すようになっています。同じ型変数には、同じ型が入ることに注意してください。つまり、getXがIntでgetYがDoubleになるようなCoord aを満たす型aはありません。

実際に値を構築して、型を確認してみます。

```
Prelude> :t Coord { getX = 1.0 :: Double, getY = -1.0 }
Coord { getX = 1.0 :: Double, getY = -1.0 } :: Coord Double
Prelude> :t Coord { getX = 1, getY = 2 :: Int }
Coord { getX = 1, getY = 2 :: Int } :: Coord Int
```

コンストラクタCoordにDouble型の値を与えると、Coord Double型の座標値になり、コンストラクタCoordにInt型の値を与えると、Coord Int型の座標値になることが確認できます。

● 再帰型の定義――自然数

再帰的な型の定義も可能です。これまでの説明で既存の型と表現している部分は、今定義しようとしている自分自身の型もOKです。このように定義される型を**再帰型**(*recursive type*)とも呼びます。

たとえば、自然数型を定義してみましょう。自然数なので、0に相当する値を基本として、0の次、さらにその次、という定義の方法を取ります。

```
Prelude> data Nat = Zero | Succ Nat
```

コンストラクタZeroが0に相当する値を構成し、コンストラクタSuccがある自然数の次の自然数に相当する値を構成します。

図2.6は、実際にこの自然数型における各自然数の値がどうなるかを示したものです。定義通りに、ある整数をSuccしたものが次の整数となっており、我々がイメージする自然数とはSuccの個数で対応しています。

ZeroとSuccの型を確認してみます。

```
Prelude> :t Zero
Zero :: Nat
Prelude> :t Succ
Succ :: Nat -> Nat
```

Zeroは単体で自然数になり、Succは元の自然数から次の自然数を作ります。

実際に、このNat型によって値を作り確認してみます。

```
Prelude> :t Zero -- 0相当
Zero :: Nat
Prelude> :t Succ Zero -- 1相当
Succ Zero :: Nat
Prelude> :t Succ (Succ Zero) -- 2相当
Succ (Succ Zero) :: Nat
```

● 多相型と再帰型――2分木

多相型と再帰型により、リストや2分木を作ることができるようになります。実際に何らかの型の値を持つ2分木型を定義してみましょう。

2分木は**図2.7**のようなデータ構造です。つまり、2分木とは、

- **末端の葉であるLeaf（図中の○）**
- **枝分かれであるFork（図中の△）**

のどちらかであり、左と右に分かれる枝分かれの先にはまた2分木があるという再帰的な構造です。

この見た目をそのままに型を宣言すると、**図2.8**のようになります。コンス

図2.6 自然数

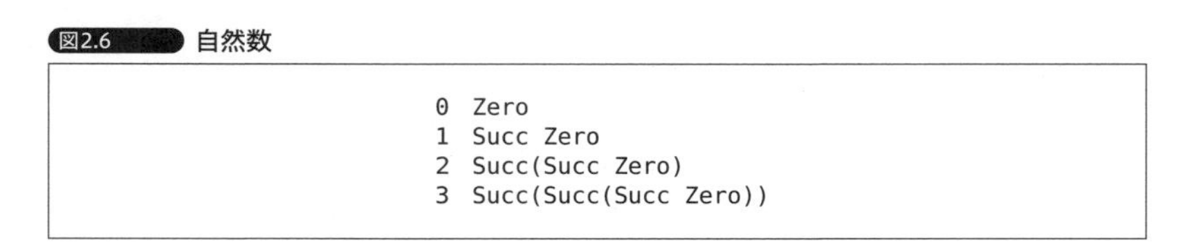

図2.7 2分木

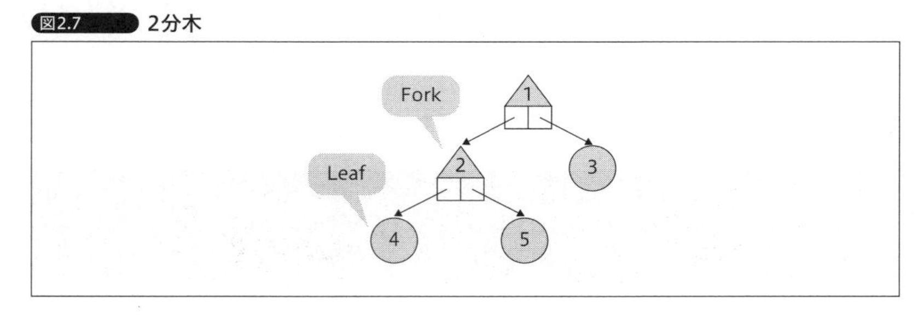

図2.8 2分木の定義

```
Prelude> :{
Prelude| data Tree a = Leaf { element :: a } -- 末端
Prelude|             | Fork { element :: a   -- 枝分かれ
Prelude|                    , left    :: Tree a
Prelude|                    , right   :: Tree a
Prelude|                    }
Prelude| :}
```

トラクタLeafは末端のノードである葉を、コンストラクタForkは枝分かれのノードを表現します。フィールドelementは各ノードにある値の要素を、フィールドleftは枝分かれの左側にある2分木を、フィールドrightは枝分かれの右側にある2分木を、それぞれ表現しています。

```
Prelude> :t Leaf
Leaf :: a -> Tree a
Prelude> :t Fork
Fork :: a -> Tree a -> Tree a -> Tree a
Prelude> :t element
element :: Tree a -> a
Prelude> :t left
left :: Tree a -> Tree a
Prelude> :t right
right :: Tree a -> Tree a
```

型変数aはどんな型でも良いので、Tree Int型なら各ノードにはInt型の値が入った2分木になりますし、Tree String型なら各ノードにはString型の値が入った2分木になります。

代数データ型と直積/直和

代数データ型とは「直積で表されたいくつかの型を直和にした型」です。これまでにタプルとEitherを説明しましたが、それぞれ、タプルを「直積型」、Eitherを「直和型」と呼ぶと述べました。つまり、代数データ型は、タプルで表せる型をEitherで組み合わせたものと本質的には同じ形をしているのです。

具体的に、先ほどの図2.8の2分木の型について見てみましょう。フィールド名を付けなければ、2分木は次のようになります。

```
Prelude> :{
Prelude| data Tree a = Leaf a
Prelude|             | Fork a (Tree a) (Tree a)
Prelude| :}
```

さらに、Leafは元々1個の要素しか持ちませんが、Forkについて、その3個の要素をタプルにしてみます。

```
Prelude> :{
Prelude| data Tree a = Leaf a
Prelude|             | Fork (a, (Tree a, Tree a))
Prelude| :}
```

LeafをLeft、ForkをRightに見立てると、`Tree a`はそのどちらかなので、`Either a (a, (Tree a, Tree a))`と表したものと同じ構造であるとわかります。

これは、すべての代数データ型に対する考察は、タプルとEitherに対する考察だけ行えば十分であることを示す、とても強力な特長です。実際にこのことを利用し、いくつかのHaskellのライブラリではタプルとEitherに対する関数定義だけから、任意の代数データ型に対する関数定義を自動で導出するなどします。

2.6 型クラス 型に共通した性質

2.2節や2.4節で簡単に触れた「型クラス」について、本節で詳しく説明します。

型クラスとは何か?

型クラス(*type class*)とは、ある型が何らかの性質を持つことを示すインタフェースです。たとえば、「文字列型での表現に変換できる」という性質を考えてみます。**表2.1**に示すように、さまざまな型の値は文字列型の値での表現を定義することができます。

表2.1 文字列での表現

型	値	文字列表現
Int	1234	"1234"
Integer	-567	"-567"
Float	0.24	"0.24"
Double	4.02	"4.02"
[Int]	[1,2]	"[1,2]"
Char	'A'	"'A'"
String	"test"	"\"test\""
Bool	True	"True"

実際にHaskellでは、「文字列型での表現に変換できる」という性質は**Show**という型クラスで与えられます。そして、これら表2.1の型は、その型クラスShowの**インスタンス**(*instance*)にすることができます。「ある型をある型クラスのインスタンスにする」とは、ある型に対し対象の型クラスに求められる性質を実際に実装する、ということです[注12]。IntはShowのインスタンスにすることができます。BoolもShowのインスタンスにすることができます。ある型aがある型クラスCのインスタンスであることを「C a」と書きます[注13]。

と言っても、これだけではどのように使われているかわからないと思いますので、もう少し詳しく使われ方を見ていきます。

「文字列型への変換を行う関数」が欲しいと思ったとき、

```
showInt :: Int -> String
showInteger :: Integer -> String
showFloat :: Float -> String
```

などと、型に合わせて異なる名前の関数を使うのは美しくありませんし不便です。

値を文字列へ変換するための実装が、型ごとに異なっているのは当たり前ですが、そのためのインタフェースは統一されていても問題ないはずなのです。なぜなら、型という情報がすでに与えられているため、「どの型用の実装で変換すれば良いか」は処理系が理解できるはずだからです。

このようなときは「型変数」を利用して、「何かの型から文字列へ変換を行う関数」というインタフェースを、

```
show :: a -> String
```

のようにし、いろいろな型をこの関数showだけで賄(まかな)えるようにしたいところです。

しかし、関数の型など文字列への変換を定義できない型も存在します。となると、型aは実は何でも良いわけではなく、「文字列型での表現に変換できる」性質を持つ型aでなければなりません。そして、そのことを型で表すと、

```
show :: Show a => a -> String
```

のようになります。この::から=>の間の部分は**型クラス制約**[注14]と呼び、=>の右側に出てくる型変数aに対して、型上での制約を記載します。そして、この

注12　実際に型クラスやインスタンスを定義する方法は、第5章で説明します。

注13　「関数」を使うときのf xや、Maybe aのような「型コンストラクタ」と紛らわしいのでは?と心配になるかもしれませんが、文法上、関数は値が書ける箇所にしか現れませんし、型コンストラクタは型が書ける箇所にしか現れません。同様に、「型クラスのインスタンス」であるC aという表現も、後述する型クラス制約の箇所にしか現れないため、紛らわしいと感じることはないでしょう。

注14　あるいは**文脈**(*context*)。

型上の制約は**型クラス**によって表されます。この関数showの場合、「型クラスShowのインスタンスである型aから文字列型への関数」と読みます。

型クラスを調べる

各クラスについて、どのようなインタフェースがあるのか、どのような型がインスタンスになっているのかを調べるには、GHCiで:i(コロンi)を使います。

実際に、Showクラスについて調べてみます。

```
Prelude> :i Show
class Show a where
  showsPrec :: Int -> a -> ShowS
  show :: a -> String
  showList :: [a] -> ShowS  -- Defined in 'GHC.Show'
instance (Show a, Show b) => Show (Either a b)     -- Defined in 'Data.Either'
instance Show a => Show [a] -- Defined in 'GHC.Show'
<中略>
instance Show Double -- Defined in 'GHC.Float'
```

最初に、型クラスShowがどのようなインタフェースを持つかが表示されます。showsPrec、show、showListの3つの関数が定義されているようです。次に、Showのインスタンスにどのようなものがあるかが表示されます。とても多いので省略していますが、Eitherやリスト、DoubleがShowのインスタンスになっています。

いろいろな型クラス

基本的なHaskellの型クラスを紹介していきます。**表2.2**に、これから紹介する型クラスとそのインスタンスである型の一部を一覧にして示します。

Show

ここまで型クラスの説明に利用した型クラスShowと文字列への変換を行う関数showは、実際に定義されており利用できます。

関数showの型と挙動を確認してみましょう。

```
Prelude> :t show
show :: Show a => a -> String
Prelude> show 1
"1"
Prelude> show False
"False"
```

```
Prelude> show [1,2,3]
"[1,2,3]"
```

型クラスShowのインスタンスでない型の値をshowしようとすると、型検査に失敗します。関数の型はShowのインスタンスではないので失敗しています。

```
Prelude> show (\x -> x)

<interactive>:1:1: error:
    • No instance for (Show (t0 -> t0)) arising from a use of ‘show’
        (maybe you haven't applied a function to enough arguments?)
    • In the expression: show (\ x -> x)
      In an equation for ‘it’: it = show (\ x -> x)
```

● Read

Readは、Showの反対の性質である「文字列表現から変換できる」という性質を表す型クラスです。Readのインスタンスになっている型の場合、**read**関数により文字列からその型の値に変換できます。

```
Prelude> :t read
read :: Read a => String -> a
Prelude> read "1" :: Int
1
Prelude> read "[1,2,3]" :: [Int]     -- 数の文字列表現から整数値のリストにする
[1,2,3]
Prelude> read "[1,2,3]" :: [Double] -- 同じ表現から浮動小数点数値のリストにする
[1.0,2.0,3.0]
Prelude> read "True" :: Bool
True
```

表2.2 基本的な型クラス

型クラス	インスタンスの例
Show	Bool、Char、Double、Float、Int、Integer、Rational
Read	Bool、Char、Double、Float、Int、Integer、Rational
Num	Double、Float、Int、Integer、Rational
Fractional	Double、Float、Rational
Floating	Double、Float
Integral	Int、Integer
Eq	Bool、Char、Double、Float、Int、Integer、Rational
Ord	Bool、Char、Double、Float、Int、Integer、Rational
Enum	Bool、Char、Double、Float、Int、Integer、Rational
Bounded	Bool、Char、Int

逐一「型注釈」を与えているのは、与えなければどの型に変換すれば良いか、GHCiがわからないためです。

showは型変数になっている部分が引数部分の型なので、引数を与えれば型が確定したのに対し、readは型変数になっている部分が結果の型であるため、結果が何になるか型推論に足る材料がない場合、明示的に教える必要があります。

逆に言うと、型推論されるような材料が十分であれば次のように、型を明示しなくとも良くなります[注15]。

```
Prelude> read "1" + 0 -- 関数適用は最優先なので(read "1") + 0と同じ
1
```

● Num

Numは、本章の型の項において数値の型を確認した際、以下のような型になりました。型aに対して型クラス制約により「aはNumのインスタンスである」という制約が付けられています。

```
Prelude> :t 0
0 :: Num a => a
```

Numは「足し算、引き算、掛け算、符号反転、絶対値などが定義されている」という数値の基本的な性質を表す型クラスです。

```
Prelude> :t (+)
(+) :: Num a => a -> a -> a
Prelude> :t (-)
(-) :: Num a => a -> a -> a
Prelude> :t (*)
(*) :: Num a => a -> a -> a
Prelude> negate 1 -- 符号反転
-1
Prelude> :t negate
negate :: Num a => a -> a
Prelude> abs (-1) -- 絶対値
1
```

何も型を指定せず、ただ数値リテラルの0について:tで型を調べた場合、GHCiの型推論の結果、数値リテラルだから数値型らしいけど、具体的には型が1つに決まらないと判断され、結果、冒頭のような型になります。

注15　readは実際には変換に失敗することがあり、またその失敗すること自体を型で表現できていないため、Haskellの基本的な関数の中でもかなりダメな部類の関数です。したがって、与える文字列がよほど綺麗なものでない限り、readを実用することはありません。

Fractional

同様に数値リテラルでも小数点を持つ数値リテラルにすると、少し型が具体的になる様子が確認できます。

```
Prelude> :t 0.0
0.0 :: Fractional a => a
```

Fractionalは、Numに加え[注16]、「(整数のものでない)割り算が定義されている」という小数点数の基本的な性質を表す型クラスです。

```
Prelude> 1 / 2 -- 割り算
0.5
Prelude> :t 1 / 2
1 / 2 :: Fractional a => a
Prelude> :t (/)
(/) :: Fractional a => a -> a -> a
```

FloatやDoubleの浮動小数点数型に加え、有理数型であるRationalなどもFractionalのインスタンスです。

```
Prelude> let a = 1 :: Float
Prelude> 1 / a
1.0
Prelude> :t 1 / a
1 / a :: Float
Prelude> let b = 2 :: Double
Prelude> 1 / b
0.5
Prelude> :t 1 / b
1 / b :: Double
Prelude> let c = 3 :: Rational
Prelude> 1 / c
1 % 3
Prelude> :t 1 / c
1 / c :: Rational
```

Floating

Fractionalに加え[注17]、「特定の計算が定義されている」という性質を持つ型クラスが**Floating**です。ここでの特定の計算は以下の三角関数、根号、ネイピア数[注18]と対数、円周率など、一般的に浮動小数点数で使えるような計算です。

注16　Fractionalのインスタンスであるためには、Numのインスタンスである必要があります。
注17　Floatingのインスタンスであるためには、Fractionalのインスタンスである必要があります。
注18　自然対数の底として用いられる定数のこと。

```
三角関数
Prelude> :t sin
sin :: Floating a => a -> a
Prelude> :t cos
cos :: Floating a => a -> a
Prelude> :t tan
tan :: Floating a => a -> a

根号
Prelude> sqrt 2
1.4142135623730951
Prelude> :t sqrt
sqrt :: Floating a => a -> a
ネイピア数と対数
Prelude> exp 1
2.718281828459045
Prelude> :t exp
exp :: Floating a => a -> a
Prelude> log (exp 2)
2.0
Prelude> :t log
log :: Floating a => a -> a

円周率
Prelude> pi
3.141592653589793
Prelude> :t pi
pi :: Floating a => a
```

つまり、名前のままですが、Floatingとは浮動小数点数を意味する型クラスであり、実際にFloatやDoubleがそのインスタンスになっています。つまり、Float型のpiやDouble型のpi、Float型のsqrtやDouble型のsqrtがそれぞれに定義されています。

一方、FractionalのインスタンスであったRationalは、Floatingのインスタンスになっていません。有理数だけでは無理数になる可能性のある計算[注19]を定義できないためです。

● Integral

Fractional、FloatingはNumに対して小数点数、浮動小数点数方向に性質を加えていったものですが、それとは別の方向として、整数方向の性質を加えていったものが**Integral**です。IntegralはNumに加えて[注20]、「(整数の)割り算や剰余などが定義されている」という性質を持ちます。

注19　根号など。

注20　Integralのインスタンスであるためには、Numのインスタンスである必要があります。

```
Prelude> div 24 10 -- 割り算
2
Prelude> :t div
div :: Integral a => a -> a -> a
Prelude> mod 24 10 -- 剰余
4
Prelude> :t mod
mod :: Integral a => a -> a -> a
```

IntやIntegerはIntegralのインスタンスになっています。つまり、Int型のdivやInteger型のdiv、Int型のmodやInteger型のmodがそれぞれに定義されています。

● Eq

Eqは「等値性が定義されている」という性質を意味する型クラスです。

```
Prelude> :t (==)
(==) :: Eq a => a -> a -> Bool
Prelude> :t (/=)
(/=) :: Eq a => a -> a -> Bool
```

値として同じ(違う)かどうかが判定できる型[注21]がインスタンスになっています。実際、関数の型以外、多くの型がこの型のインスタンスになっています。

```
Prelude> 1 == 1           -- 整数値
True
Prelude> 1 == 2           -- 整数値
False
Prelude> "foo" == "bar" -- 文字列（文字のリスト）
False
Prelude> "foo" /= "bar" -- 文字列（文字のリスト）
True
Prelude> [1,2] == [1,2] -- 数値のリスト
True
Prelude> [1,2] == [1]   -- 数値のリスト
False
```

● Ord

Eqに加え[注22]、「全順序関係が定義されている」のがOrd型クラスです。Ord型クラスの全順序関係はcompare関数という形で定義が与えられます。つまり、Ord型クラスのインスタンスに対しては、compare関数によって2つの値の大小を判断できます。

注21 aになれる型のこと。
注22 Ordのインスタンスになるには、Eqのインスタンスである必要があります。

```
Prelude> :t compare
compare :: Ord a => a -> a -> Ordering
Prelude> compare 0 1
LT -- 0は1より小さい（LTはless than（<）を意味するOrdering型の値）
Prelude> compare 1 0
GT -- 1は0より大きい（GTはgreater than（>）を意味するOrdering型の値）
Prelude> compare 0 0
EQ -- 0は0と等しい（EQはequal（=）を意味するOrdering型の値）
```

また、不等号もOrd型クラスのインタフェースになっています。

```
Prelude> 0 < 1
True
Prelude> 'A' > 'a'
False
Prelude> [] <= [1]
True
Prelude> [] >= []
True
Prelude> :t (<) -- 以下、型を確認
(<) :: Ord a => a -> a -> Bool
Prelude> :t (<=)
(<=) :: Ord a => a -> a -> Bool
Prelude> :t (>)
(>) :: Ord a => a -> a -> Bool
Prelude> :t (>=)
(>=) :: Ord a => a -> a -> Bool
```

● Enum

Enumは、たとえば整数であれば、0の次は1、0の前は-1といったように「ある値の前後の値が定義されている」ことを意味する型クラスです。

```
Prelude> succ 0 -- 次の値（successor）
1
Prelude> pred 0 -- 前の値（predecessor）
-1
Prelude> :t succ
succ :: Enum a => a -> a
Prelude> :t pred
pred :: Enum a => a -> a
```

IntやCharなどがEnumのインスタンスです。

リストの型変数がEnumのインスタンスである場合、**レンジ**（*range*）と呼ばれる特殊な形式のリストリテラルが使えます。

```
Prelude> [1..10] -- 1から10まで（レンジ）
```

```
[1,2,3,4,5,6,7,8,9,10]
Prelude> ['A'..'Z'] -- 'A'から'Z'まで（レンジ）
"ABCDEFGHIJKLMNOPQRSTUVWXYZ"
Prelude> [1,4..10] -- 1から10まで3個間隔で（レンジ）
[1,4,7,10]
```

● Bounded

Boundedは、「上下限が定義されている」ことを意味する型クラスです。

```
Prelude> :t maxBound -- 上限値
maxBound :: Bounded a => a
Prelude> :t minBound -- 下限値
minBound :: Bounded a => a
```

たとえば、Intは固定長整数なので、上限値および下限値が定義でき、Boundedのインスタンスになっています。

```
Prelude> maxBound :: Int
9223372036854775807
Prelude> minBound :: Int
-9223372036854775808
```

対して、Integerは多倍長整数なので、上下限値は定義できません。そのため、Boundedのインスタンスにはなっていません。実際にIntegerのmaxBoundを確認しようとすると、以下のように型検査に失敗し、IntegerはBoundedのインスタンスではない旨のエラーとなります。

```
Prelude> maxBound :: Integer

<interactive>:25:1: error:
    • No instance for (Bounded Integer)
        arising from a use of ‘maxBound’
    • In the expression: maxBound :: Integer
      In an equation for ‘it’: it = maxBound :: Integer
```

2.7 よくある誤解
実行時型情報を利用したい

本節では、とくに別の言語を学んできた方が直面しがちな「型と値」に関するよくある誤解を紹介します。

型を見て分岐したい

動的型付き言語や一部の静的型付き言語では、実行時に値がどのような型であるかをチェックして、処理を分岐させるようなコードを書くことがあります。たとえば、Javaの**instanceof演算子**やRubyの**classメソッド**等を利用したコードです。これらを利用して記述された手続きに対しては、当然ながらいろいろな値が引数として与えられることが想定されており、手続きの中で実行時にその値の型が判別されることになります。

そのような言語をすでに知っている人が、本章で紹介した型変数を用いて表現される型を持つ関数を目にすると、同様に「型を見て分岐させることはできないか？」という質問が出てくることがあります。たとえば、

```
typeName :: a -> String
```

のような型の関数で、型変数aの部分の型によって値を変える次のような挙動をするものをイメージしてください。

```
Prelude> typeName (0 :: Int)
"Int"
Prelude> typeName (0 :: Integer)
"Integer"
Prelude> typeName (0 :: Double)
"Double"
```

このような挙動を実現する関数typeNameは、この型のままでは作れません。

Haskellでは事前（コンパイル時など）に型は検査されてすべて決定しており、どの型かわからない状態で実行されるということがありません。そのため、関数の中で型を判別する必要自体が本来ありません。

型クラスShowで紹介した関数showをもう少し見てみましょう。次のコードでは、

```
Prelude> show (0 :: Int) ++ show (0 :: Integer)
"00"
```

Int型とInteger型の値`0`をそれぞれshowによって文字列に変換して結合しています。関数showの型を再掲すると、

```
show :: Show a => a -> String
```

ですが、先のコードでは、型検査の段階で、前者のshowはIntに対するもの、後者のshowはIntegerに対するものと判別されます。それぞれの関数showの型が`Int -> String`と`Integer -> String`のように定められた後、はじめて実行さ

れます。実行中には判別は行われません。

型によって処理を変えたい場合、型検査の時点で決定できる情報から異なる処理が選ばれなければなりません。これを実現するのが、本章でも紹介した型クラスになります。もし、先ほどの関数typeNameの型に、

```
typeName :: Typeable a => a -> String
```

と、関数showと同じように型クラス制約を付けて良いならば、実現できます。

```
Prelude> import Data.Typeable
Prelude Data.Typeable> let typeName = show . typeRep . (const Proxy :: a -> Proxy a)
Prelude Data.Typeable> :t typeName
typeName :: Typeable a => a -> String
Prelude Data.Typeable> typeName (0 :: Integer)
"Integer"
Prelude Data.Typeable> typeName (0 :: Int)
"Int"
Prelude Data.Typeable> typeName (0 :: Double)
"Double"
```

実行時型情報と型検査の相性

あまり深追いはしませんが、型クラスTypeableは「(自身の)型の表現を取り出せる」という型の性質を表すものです。

型変数を使うということは「処理が具体的な型の性質に依存しない」という性質の宣言でもあります。本章を通して説明したとおり、型は値の性質を表すものです。つまり、型を実行時に判別して処理内容を変えるということは、実行時に性質を検査するのと同じということになります。型検査によりせっかく実行前に性質を検査でき、整合が取れた状態を保証できるのですから、実行時に検査したいという要請には意味がないことがわかると思います。

2.8 まとめ

Haskellにおいて、「型」はすべての基本です。関数にも値にも式にも型は付いています。Haskellはそこまで型に厳しくないほうですが、言語によっては型にすら型が付いています。

Haskellでは、型を正しく理解しなければ、型検査を正常に通過するプログラムを書くことができず、処理系が提示してくる型検査のエラーを正しく読み取

り、正しいものに書き換えることすらできないでしょう。正しい文法をマスターするだけでは動くプログラムが書けないのです。

逆に、型を制すれば、次章から学んでいく処理の実装や、第6章で学ぶ設計についてもまた制したと言って過言ではありません。**実装**とは「正しい文法」で「正しく型を合わせる」ことで、**設計**とは「求める性質を型で定義すること」だからです。

もし、以降の章において記載された型の意味が理解できない場合、本章の理解が不十分である可能性があります。そのようなときは基本に立ち戻って考えてみるようにしてください。

Column

コンストラクタ名に惑わされず、データの構造を捉える

自然数を定義した箇所で「コンストラクタZeroが0に相当する値」としました。このときに「相当するとか回りくどい言い方をしてるのは何故(なぜ)だ？ 0ではないのか？」と思った方がいるかもしれません。

ここで定義した構造(Natのこと)は、「基底となる要素がただ1つ存在する」(Zeroのこと)、「任意の要素に対して、次の新たな要素の決め方がただ1つ存在する」(Succのこと)という2点しか言っていません。なぜなら、この2点を満たすのであれば、我々がイメージする自然数と同じ構造を持つものであると見なせるのです。

「基底となる要素」が「整数値の0」で、「次の要素の決め方」が「1を足す」と考えると、0で始まり1,2,3と続く、我々が自然数としてイメージするものと同じになります。

「基底となる要素」が「空文字列""」で、「次の要素の決め方」が「先頭に文字'A'をくっつける」だとしましょう。これは、""から始まり、"A","AA","AAA"と続くものになります。lengthを取れば0,1,2,3, ...となり、我々が自然数と言われてイメージするものと同じになります。逆に、0,1,2,3, ...から戻してくることもできます。足し算は(+)の代わりに(++)を使えば良いでしょう。

「基底となる要素」が「整数値の1」で、「次の要素の決め方」が「2倍する」だとします。これは1から始まり2,4,8と続くものになり、これも我々が自然数としてイメージするものと相互に変換できます。足し算は(+)の代わりに(*)を使えば良いでしょう。

繰り返しになりますが、今回定義した代数データ構造は自然数そのものではなく、上記のような「自然数と同じ構造を持つもの」です。「自然数と同じ構造を持つもの」はいろいろあり、実際に定義して使うには名前を付けなければいけません。たくさんの「自然数と同じ構造を持つもの」の中で、今回は我々の良く知る自然数を「自然数と同じ構造を持つもの」の代表と決めて名前付けをしました。そのため、型の名前も「Nat」にしました。それに伴い、「基底となる要素」も「整数値の0」に相当しているものとして、コンストラクタ名も「Zero」にしたという寸法です。Zeroだから0なのではなく、「基底となる要素」を「整数値の0」に相当させたから「Zero」になったのです。

第3章

関　数

関数適用、関数合成、関数定義、再帰関数、高階関数

3.1 関数を作る ——既存の関数から作る、直接新たな関数の定義する
3.2 関数適用 ——既存関数の引数に、値を与える
3.3 関数合成 ——既存の関数を繋げる
3.4 Haskellのソースファイル ——ソースファイルに関数を定義し、GHCi上でそれを読み込む
3.5 関数定義 ——パターンマッチとガード
3.6 再帰関数 ——反復的な挙動を定義する関数
3.7 高階関数 ——結果が関数になる関数、引数として関数を要求する関数
3.8 まとめ

本章では、いよいよ「関数」を取り上げます。

Haskellの関数は、宣言的でわかりやすく、モジュラリティが高く柔軟で、そして、型に守られているため間違えにくく安全です。

前章でもラムダ式など簡単な関数に軽く触れてはきましたが、関数の適用、合成、定義の方法や、関数を扱う関数である高階関数など、よく知られているような命令型言語における手続きとは、だいぶ見た目あるいは機能的に異なる部分が多いため、最初は多少とっつきにくい印象を受けるでしょう。

本章では、関数を自在に定義でき、また、定義された関数が読めるように、Haskellの関数についての基本的な事項を説明していきます。

3.1 関数を作る
既存の関数から作る、直接新たな関数の定義する

まずは関数の作り方について、基本事項を整理しておきましょう。

関数を作る方法

関数を作るには、いくつか方法があります。簡単で単純な方法から順に、

- **関数適用(部分適用)による方法**
  - 既存の関数にいくつか引数を与えることで、新たな関数にする
- **関数合成による方法**
  - 既存の関数をいくつか繋げることで、新たな関数にする
- **直接複雑な関数を定義する方法**
  - 関数適用/関数合成のみならず、より高度な構文を利用し、新たな関数を定義する方法

などがあります。

3.2 関数適用
既存関数の引数に、値を与える

前章でもすでに取り上げましたが、関数適用(*function application*)についてきちんと説明します。関数の引数に値を与えることを「関数適用」と呼びます。命令型言語における手続きの呼び出しに似ています。

関数適用のスペース

Haskellでは、関数適用は▒(スペース)で表現されます。たとえば、数値に対して絶対値を求める関数absを見てみます。

```
Prelude> :t abs
abs :: Num a => a -> a
Prelude> abs 1
1
Prelude> abs (-1)
1
```

関数absにスペースを挟んで数値を与えると、絶対値が得られます。関数fに対し、f(x)のような呼び出しは、f␣x(␣はスペース)と書きます[注1]。

関数適用の結合優先度

関数適用の結合優先度は、最強です。他の演算よりも必ず強く結合します。次の計算を見てみましょう。

```
Prelude> 1 + abs 2
3
```

関数適用の優先度は最強なので、absと2が+よりも強く結合しています。つまり、次の()(丸カッコ)を入れたものと同じです。

```
Prelude> 1 + (abs 2)
3
```

仮に+の結合優先度が関数適用よりも高かったとしたら、これは(1 + abs) 2という計算と同じことになりますが、

```
Prelude> (1 + abs) 2

<interactive>:26:1: error:
    • Non type-variable argument in the constraint: Num (a -> a)
      (Use FlexibleContexts to permit this)
    • When checking the inferred type
        it :: forall a. (Num (a -> a), Num a) => a
```

では、数値の足し算で関数を足しているため、型検査に失敗して関数は数値ではない旨のエラーになります。

関数の結果としての関数との関数適用

整数同士の最大公約数を求める関数にgcdがあります。

```
Prelude> :t gcd
gcd :: Integral a => a -> a -> a
```

注1 ()(丸カッコ)があってもかまいません。

gcdは1つ整数に適用すると、「整数を受け取って整数を返す」関数になります。ここでは、とりあえずgcdを12に適用してみます。

```
Prelude> :t gcd 12
gcd 12 :: Integral a => a -> a
```

つまり、できたgcd 12もまた関数なので、さらに関数適用を行うことができます、ここでは、gcd 12を15に適用してみましょう。

```
Prelude> :t gcd 12 15
gcd 12 15 :: Integral a => a
Prelude> gcd 12 15
3
```

やっと値になりました。結果は12と15の最大公約数である3になっていることが確認できます。

関数適用は左結合であるため、g 12 15は(g 12) 15と同じです。計算に複数の引数を要する(ように見える)関数に対しても、gcdに対して順に12と15を与えたように、スペースを空けて引数を順に並べればよくなっています。

関数の2項演算子化

少々特殊な関数の適用方法として、**中置記法**というものがあります。

たとえば、先ほどのgcdを` `(バッククォート2つ)で囲むことで、次のように、まるでそのような2項演算子であるかのような記述が可能です。

```
Prelude> 12 `gcd` 15
3
```

これを関数の中置記法と言います。関数の中には、中置記法で書いたほうが読みやすいものがあります。前章で触れた整数の割り算のdivや剰余のmod、構造中に要素が含まれているかどうかを判定するelemなどです。elemの例を見ておきましょう。

```
Prelude> elem 2 [1..3]
True
Prelude> elem 4 [1..3]
False
Prelude> 2 `elem` [1..3]
True
Prelude> 4 `elem` [1..3]
False
```

2項演算子の関数化

バッククォートにより関数を2項演算子として使えるのとは逆に、+や-などの中置演算子は、()(丸カッコ)で囲むと前置演算子として関数と同じ使い方ができます。たとえば、リストの結合演算子++では以下、どちらも同じ結果になります。

```
Prelude> [1,2] ++ [3,4] -- リストの結合演算子
[1,2,3,4]
Prelude> (++) [1,2] [3,4] -- リストの結合演算子
[1,2,3,4]
```

これは、第2章で+や-の型を確認したときに使いました。

```
Prelude> :t (+)
(+) :: Num a => a -> a -> a
Prelude> :t (*)
(*) :: Num a => a -> a -> a
Prelude> :t (++)
(++) :: [a] -> [a] -> [a]
```

セクション

2項演算子の関数化に関連し、2項演算子では、演算子の左右どちらかに引数を与えた上で、()で囲んでも関数にできます[注2]。この構文を**セクション**(*section*)と言います。冪乗(べきじょう)(累乗)の2項演算子^で確認してみます。

```
Prelude> :t (^)
(^) :: (Num a, Integral b) => a -> b -> a
Prelude> 2 ^ 3 -- 2の3乗
8
Prelude> 3 ^ 2 -- 3の2乗
9
```

演算子の左、つまり、aの型のほうに2を与えて()を付け、セクションにより関数化すると、2の何乗かを求める関数になります。

```
Prelude> :t (2 ^)
(2 ^) :: (Num a, Integral b) => b -> a
Prelude> (2 ^) 1
2
Prelude> (2 ^) 2
4
Prelude> (2 ^) 3
8
```

注2　(演算子 引数)または(引数 演算子)。

演算子の右、つまり、bの型のほうに2を与えて()を付け、セクションにより関数化すると、何かの2乗を求める関数になります。

```
Prelude> :t (^ 2)
(^ 2) :: Num a => a -> a
Prelude> (^ 2) 1
1
Prelude> (^ 2) 2
4
Prelude> (^ 2) 3
9
```

部分適用

Haskellでは、先ほど、関数gcdに12を1つだけ与えてgcd 12という関数にしたように、関数の一部だけに引数を与えたり、セクションを利用して2項演算子の一部のみに引数を与えたりすることができます。これを**部分適用**と言います。

部分適用は、元の関数に対しいくつかの引数だけを与えることで、元の関数の機能に対して幾分限定的な機能を持った関数を作り出すことができます。

Haskellでは関数がカリー化されていますので、すべての関数は1引数関数であり、値になるまで複数引数を要する関数であっても、1つ引数を与えると、残りの引数を待つ関数になります。部分適用が使いやすいように設計されています。

3.3 関数合成
既存の関数を繋げる

本節では、第0章で簡単に触れた関数合成について、詳しく見ていきましょう。

関数合成と、合成関数

定義域Xから値域Yへのある関数gと、定義域Yから値域Zへのある関数fがあるとしましょう。このとき、**図3.1**のように、以下の等式を満たす定義域Xから値域Zへの関数hが存在します。

$$h(x) = f(g(x))$$

このとき、hを$f \circ g$と書き、fとgの**関数合成**(*function composition*)による合成関数と言います。合成関数はつまり、

$$(f \circ g)(x) = f(g(x))$$

となる関数です。合成関数$f \circ g$の結果は、まず引数にgを適用し、さらにその結果にfを適用したものに等しいということです。

以上は数学の世界の話ですが、Haskellでもほぼそのままこれと同じことができます。型Xから型Yへのある関数gと、型Yから型Zへのある関数fがあったとき、このfとgの関数合成を`f . g`とドットを使うことで行い、合成関数を作ることができます。

たとえば、非負10進整数の桁数を求める関数digitsを作りたいとしましょう。材料は次の2つの関数**show**と**length**です。

```
Prelude> :t show
show :: Show a => a -> String
Prelude> :t length
length :: Foldable t => t a -> Int
```

いきなりですが、**図3.2**に示すように、この2つの関数を合成するだけでdigitsは完成します。

図3.1 関数合成

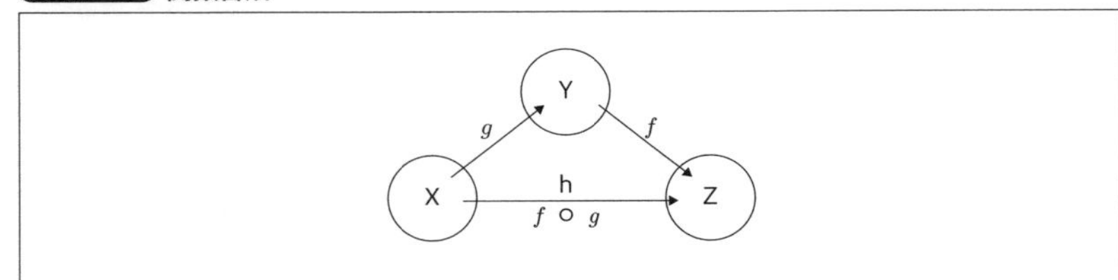

図3.2 関数合成の一例

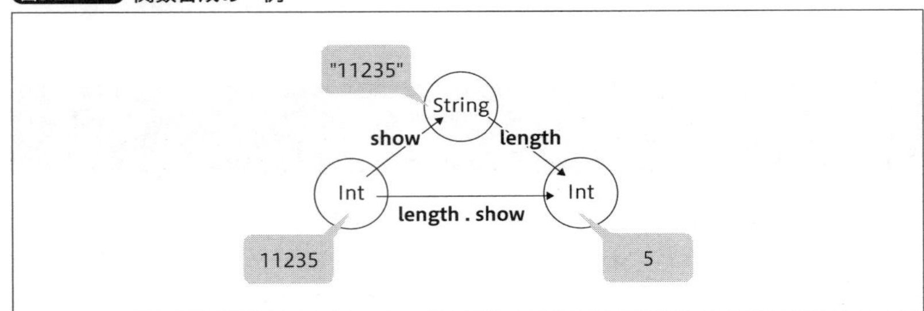

```
Prelude> let digits :: Int -> Int; digits = length . show
Prelude> :t digits
digits :: Int -> Int
Prelude> digits 9
1
Prelude> digits 10
2
Prelude> digits 100
3
Prelude> digits 12345
5
```

この関数における計算の過程を詳しく追うと、次のようになっています。

```
   digits 12345
 {digitsの定義より}
=> (length . show) 12345
 {合成関数の定義より}
=> length (show 12345)
 {showの計算}
=> length "12345"
 {lengthの計算}
=> 5
```

関数合成を行うドットもまた2項演算子なので、関数です。型を確認します。

```
Prelude> :t (.)
(.) :: (b -> c) -> (a -> b) -> a -> c
```

この型をそのまま読むと、「型bから型cへの関数を左側に、型aから型bへの関数を右側に取り、型aから型cへの関数になる」であることがわかり、これはまさしく関数合成を意味する演算子の型になっていることがわかります。

関数合成`f . g`は、ラムダ式`\x -> f (g x)`と同じです。しかし、このように単純に関数を繋げるだけで書ける処理に対しては、ラムダ式を用いるよりも簡潔でわかりやすくなります。

3.4 Haskellのソースファイル

ソースファイルに関数を定義し、GHCi上でそれを読み込む

関数を定義する方法に進みたいのですが、このまますべてGHCi上で行っていくのは(とくに複数行にわたる場合)大変です。そこで、ソースファイルに関数を定義し、GHCi上でそれを読み込むようにする方法を説明します。

サンプルファイルの準備とGHCiへの読み込み

Haskellソースファイルの拡張子は通常「hs」あるいは「lhs」です。ここではhsにしておきましょう[注3]。次のような内容のSample.hsファイルを用意します。

```
-- 非負整数値の桁数
digits :: Int -> Int
digits = length . show
```

これをGHCi内で読み込ませます。GHCiをSample.hsファイルがあるディレクトリと同じディレクトリで実行してください。読み込ませ方は、GHCi起動時に指定する方法か、

```
$ stack exec ghci Sample.hs
[1 of 1] Compiling Main             ( Sample.hs, interpreted )
Ok, modules loaded: Main.
*Main>
```

もしくは、起動しているGHCi上で:l(コロンl(エル))で指定する方法、

```
Prelude> :l Sample.hs
[1 of 1] Compiling Main             ( Sample.hs, interpreted )
Ok, modules loaded: Main.
*Main>
```

のどちらを使っても良いです。プロンプトがMainになるのはSample.hsでモジュール名を指定していないため、Mainというモジュールになります。もし、Sample.hsファイルの先頭で「module Sample where」とモジュールを指定していれば、読み込んだ後のプロンプトは、

```
*Sample>
```

となります。このSample.hsがロードされた状態にすると、ファイル内で定義したdigitsが使えるようになっています。

```
*Main> digits 10
2
```

注3 lhs(*literate haskell*)は文芸的プログラミング(*literate programming*)を行う際に使う拡張子です。

ソースファイルへの追加/編集、再読み込み

本章の説明の中で、今後このSample.hsの中身に、いろいろ追加したり編集したりしていきます。たとえば、2乗する関数squareをファイルの末尾に追加してみましょう。

```
-- 数値の2乗
square :: Num a => a -> a
square = (^ 2)
```

Sample.hsの中身は、次のようになったでしょう。

```
-- 非負整数値の桁数
digits :: Int -> Int
digits = length . show

-- 数値の2乗
square :: Num a => a -> a
square = (^ 2)
```

Sample.hsは更新されましたが、新たに追加した関数squareはまだGHCiの中で使えません。:r(コロンr)でリロードを行ってください。

```
*Main> square 5

<interactive>:1:1: error:
    Variable not in scope: square :: Integer -> t  -- エラー! 使えない!
*Main> :r  -- リロード
[1 of 1] Compiling Main ( Sample.hs, interpreted )
Ok, modules loaded: Main.
*Main>
```

これで、今まで読み込まれていたSample.hsが再度読み込まれ、新しい内容が反映されます。今度はsquareも使えるようになっているでしょう。

```
*Main> square 5
25
```

Sample.hsはMainモジュールとして読み込まれています。もし、Sample.hsをもう使わないのであれば、第2章で読み込んだData.Maybeを外したときと同様に、:m(コロンm)で外すモジュールを-(ハイフン)付きで指定してください。

```
*Main> :m -Main
Prelude>
```

3.5 関数定義
パターンマッチとガード

これまでも、ラムダ式などで関数を定義してきましたが、もっと複雑な関数を定義することも必要になってきます。複雑な関数を定義できるようになるために、本節でパターンマッチとガードをしっかり押さえておきましょう。

一般的な関数の定義

一般的な関数の定義は、以下のような構文になります。

```
関数 :: 文脈 => 型 -> ... -> 型
関数 変数 ... 変数 = 式
```

たとえば、先ほど2乗する関数squareを定義しましたが、このsquareには2乗される変数が陽に出てきませんでした。2乗される変数も表れるように、squareと同じ2乗する関数「square'」を定義すると、次のようになります。

```
square' :: Num a => a -> a
square' x = x ^ 2
```

こちらの定義では`square' x`はxの2乗であるということが、よりわかりやすくなっているでしょう。

パターンマッチ ——データの構造を見る

Haskellの型は「代数データ型」なので、値はコンストラクタのどれかだけから作られます。Bool型の値であれば、FalseかTrueのどちらかのコンストラクタにより作られているはずで、他はあり得ません。Maybe a型の値であれば、NothingかJustのどちらかのコンストラクタにより作られているはずで、他はあり得ません。何らかの型の値が与えられたときに、どのコンストラクタで作られた値かによって場合分けを行いたいことがあります。たとえば、Maybe Int型の値が与えられたときに、Justならばその中身のInt型の値をそのまま取り出し、Nothingならば`0`としてしまうなどです。

データがどのコンストラクタで作られているかによって、場合分けを伴う関数定義を行うしくみとして、**パターンマッチ**(*pattern matching*)という方法が用意されています。

パターンマッチにおける**パターン**とは、「どのコンストラクタで作られたか」です。そして、**マッチ**するということは、値が実際に「そのパターンのコンストラクタで作られていた」ということです。Bool型の値に対するパターンがFalseのとき、値がFalseならマッチしますし、Trueならマッチしません。Just Int型の値に対するパターンがJust aのとき、値がJust 1やJust 2ならマッチしますし、Nothingならマッチしません。

パターンマッチを行う場合、以下のように関数を定義します。

```
関数 :: 文脈 => 型 -> ... -> 型
関数 パターンか変数 .. パターンか変数 = 式1
関数 パターンか変数 .. パターンか変数 = 式2
...
```

関数の型は、どのパターンにマッチするかによらず同じにならなければならないので、=の右辺の式はすべて同じ型である必要があります。つまり、式1が数値で、式2が文字列、になるような定義は型検査に失敗します。

実際に、いくつかパターンマッチを伴う関数定義を見ていきましょう。

● 直接的な値にマッチさせる

たとえば、42という数だけ特別な文字列になる関数ultimateを定義したいとき、パターンマッチを使って、引数が42にマッチするかどうかで、定義を場合分けすると次のようになります。

```
ultimate :: Int -> String -- 関数ultimateを定義する注4
ultimate 42 = "人生、宇宙、すべての答え" -- 「パターン42」にマッチした場合
ultimate n  = show n                   -- 変数nにマッチした場合（必ずマッチする）
```

ある関数の定義がパターンマッチの違いにより複数記述されている場合、上にある定義から先にマッチを確認していきます。

もし、関数ultimateに与えられた引数が42であれば「人生、宇宙、すべての答え」になります。反対に、与えられた引数が42でなければ、先に定義されている42のほうのパターンマッチには失敗し、後に定義されているほうのパターンマッチを試すことになります。後に定義されているほうはただの変数引数がになっており、パターンがないため、どんなInt型の値でもマッチすることになり、その数値の文字列表現になります。

注4　関数ultimateの型は多相型ではないので、前出の構文の「文脈 =>」部分はありません。

● コンストラクタにマッチさせる

関数ultimateでは直接的な値にマッチさせましたが、一般的にパターンマッチには「コンストラクタ」によってマッチを判定し、コンストラクトされた値の中身を変数として取り出す役割があります。**図3.3**は、**図3.4**によって作られた**Either Int String**型の値について、各値が作られたときのコンストラクタがどれだったかをパターンマッチにより判別し、各々の場合に対し中身を取り出す様子を示しています。つまり、パターンマッチは「コンストラクトの逆計算」なのです。

たとえば、Maybeな引数に対するパターンマッチを見てみます。Maybeからリストへ変換する関数maybeToListを考えてみましょう。`Maybe`は`Just`か`Nothing`のどちらかのコンストラクタで作られます。maybeToListは`Just`だったらその要素1つを持つリストに、`Nothing`だったら空のリストに変換する関数になるよう定義すれば良いでしょう。

図3.3 パターンマッチによる値の分解

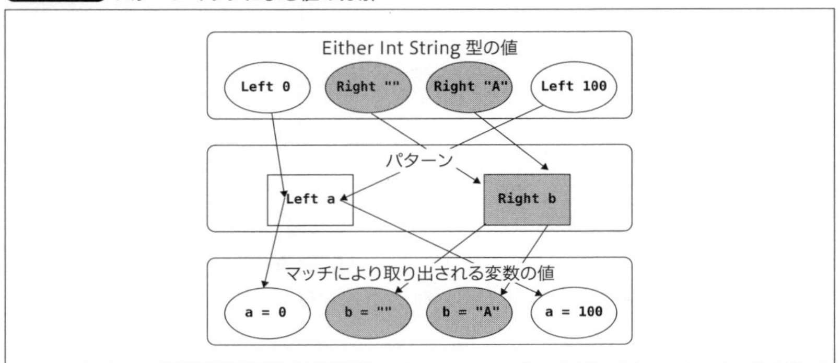

図3.4 値のコンストラクト

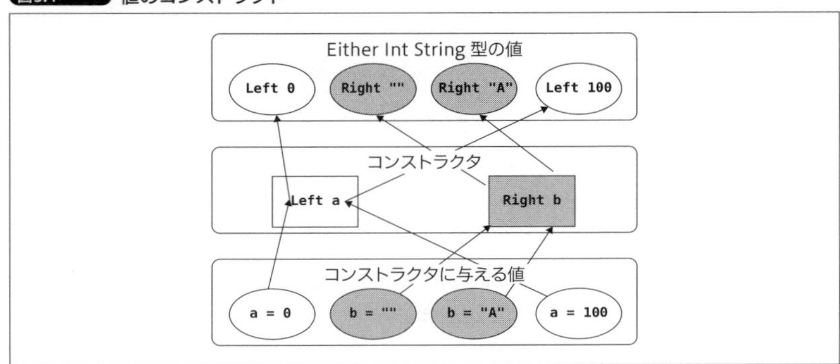

```
maybeToList :: Maybe a -> [a]
maybeToList Nothing  = []  -- パターンNothingにマッチした場合
maybeToList (Just a) = [a] -- パターンJust aにマッチした場合
```

Nothingのケースと異なり、Justはコンストラクタとしては1つフィールドを持っています。Justでパターンマッチさせたときは、このフィールドを(今回はaという)変数として取り出し、=の右辺の定義に使えるようになります。

● 複合的なパターンマッチ

リストのコンストラクタは、実はこれまでも使っている(:)と[]です。リスト型の値は、「空のリスト」のコンストラクタである[]と、「すでにあるリストの先頭に要素を1つ追加したリスト」のコンストラクタである(:)により作られます。

つまり、リストのパターンマッチによって、先ほどのmaybeToListとは逆の、リストからMaybeへの変換する関数listToMaybeを書くならば次のようになります。

```
listToMaybe :: [a] -> Maybe a
listToMaybe []       = Nothing -- 空リストにマッチした場合
listToMaybe (a : as) = Just a  -- 空でないリストにマッチした場合
```

さて、これを利用し、先頭がスペース1文字でインデントされている文字列のときはインデントをスペース2文字に深くし、先頭がスペース2文字以上でインデントされている文字列のときはインデントをスペース4文字に深くし、それ以外の文字列のときはそのままにするという関数deepningを書いてみましょう。これまで同様、パターンマッチを利用すると**リスト3.1**のようになります。

リスト3.1 関数deepning

```
deepning :: String -> String
deepning (' ':' ':xs) = "    " ++ xs -- ❶先頭スペース2文字以上のパターン
deepning (' ':xs)     = "  " ++ xs   -- 先頭スペース1文字のパターン
deepning xs           = xs           -- それ以外のパターン
```

リスト3.1❶のパターンを見てください。(:)とのパターンマッチによって、リストを「先頭1文字」と「残りの文字列」に分解すると同時に、先頭1文字をさらにスペース文字とパターンマッチ、残りの文字列をさらに(:)とのパターンマッチによって分解しています。

このように、データになる変数の箇所をさらにパターンにするなど、パターンマッチは複合的に利用することができます。

● パターンマッチの網羅性

パターンマッチでは、先に定義されたものからマッチが試され、マッチしなければ次の定義を試すという処理になります。しかし、ということは「どれもマッチしない場合もある」ということです。次の関数nonExhaustiveで試してみます。

```
nonExhaustive :: Int -> Int
nonExhaustive 0 = 0
nonExhaustive 1 = 1
nonExhaustive 2 = 2
```

この関数は0と1と2に対しては「何もしない」関数ですが、それ以外のパターンについては何も定義されていません。しかし、関数としては、これでも定義はできています。

だたし、この関数nonExhaustiveに0と1と2以外の数を与えると、実行時に「パターンが網羅的でない」エラーとなってしまいます。

```
Prelude> nonExhaustive 3  -- 3を与える
*** Exception: <interactive>:5:34-94: Non-exhaustive patterns in function
```

Haskellでは、コンパイル時など実行前段階でエラーが発見されることは、どちらかと言えば好ましい事象です。反対に、実行時にエラーが発見されることは、**著しく**望まれない事象となります。実行時に起き得るエラーの可能性も、可能な限りコンパイラが検知できるよう、うまく型を付けたりすることで、実行前に検知できるようにすることが求められてきます。

したがって、本来はこのように網羅的でないパターンマッチは書くべきではありません。とは言っても、複雑なデータ構造や関数を相手にしていると、うっかり網羅的でないパターンマッチを書いてしまい、また、そのことに気付かないことがあるかもしれません。人間の注意力には限界があるからです。

そのようなとき[注5]は、GHCiを以下のように-W(警告増し)にしてソースファイルを読み込んでみてください。

```
$ ghci -W Sample.hs
```

網羅的でないパターンマッチで半端に定義されている関数があると、次のような警告が出るようになってくれます。

注5　と言うより、日常的に行うことをお勧めします。

```
Sample.hs:10:1: warning:
    Pattern match(es) are non-exhaustive
    In an equation for ‘nonExhaustive’:
    Patterns not matched: p where p is not one of {2, 1, 0}
Ok, modules loaded: Main.
```

● asパターン

パターンマッチでは、ある値に対してその中身を分解し変数として取り出すことができるのはこれまで見てきたとおりですが、パターンマッチの対象となった値、つまり、分解する前の値もまだ使いたいときもあります。このようなときに使えるのが**as**パターンです。

asパターンでは、対象とするパターンの前に、そのパターンにマッチさせる変数を@付きで配置します。

```
変数@パターン
```

たとえば、先ほどp.170のリスト3.1で定義した2つまでのスペースインデントを深くする関数deepningを再び見てください。リスト3.1を、asパターンを使って以下のように定義し直すこともできます。

```
deepning :: String -> String
deepning s@(' ':' ':xs) = "  " ++ s -- 先頭スペース2文字以上のパターン
deepning s@(' ':xs)     = " " ++ s  -- 先頭スペース1文字のパターン
deepning s              = s         -- それ以外のパターン
```

最初の定義ではパターンマッチで文字列先頭のスペース2つをマッチさせ、それ以降の文字列をxsとして取り出し、改めてxsの先頭に4つのスペースを結合していました。asパターンで定義し直したほうでは、パターンマッチでスペース2つと文字列xsに分解してはいますが、分解する前の値もsという変数で参照できるようになっています。その結果、右辺ではスペース2つをxsの先頭に結合するようになっています。

● プレースホルダ

ところで、このdeepningを定義したとき、パターンマッチで残りのリスト部分として束縛された変数xsは、もう=の右側に出てこなくなりました。つまり、変数としてはもはや不要になったものなので、この部分について気にしたくはありません。適切な名付けをするのもコストゼロではないのです。

そこに何か値はあるけど、束縛は行わないものに対しては、次のように_(アンダースコア)でマッチさせることができます。これを、**プレースホルダ**

(*placeholder*)と言います。

```
deepning :: String -> String
deepning s@(' ':' ':_) = "  " ++ s -- 先頭スペース2文字以上のパターン
deepning s@(' ':_)     = " " ++ s  -- 先頭スペース1文字のパターン
deepning s             = s         -- それ以外のパターン
```

実際は、アンダースコアで始まっていれば良いので_xsなどでも大丈夫ですが、使わずとも名前で意味だけは明確にしておきたい場合以外、あまり使うことはないでしょう。

Haskellでもコンパイルオプションによっては、使っていない変数に対して警告を出せたりします。不要な束縛は行わないようにして、可読性を上げていきましょう。

ガード——データの性質を見る

パターンマッチは引数のデータ構造、つまり、どのようにデータがコンストラクトされたかによって場合分けをします。データ構造に差異があれば、パターンマッチでは場合分けして定義できます。しかし、データ構造には差異がなく、データの性質に依存して定義を分けるのはパターンマッチにはできません。

たとえば、負の数値と0と正の数値、それぞれの場合で定義を分けることは、すべての値をパターンとして書き下せばできなくはないかもしれませんが、現実的ではないことは理解できるでしょう。数値の正負はデータ構造の差ではなく、データの性質の差になります。

データの性質に対して場合分けを行うには、**ガード**(*guard*)というしくみを利用します。ガードは、以下のような構文になります。

```
関数 :: 文脈 => 型 -> ... -> 型
関数 変数 ... 変数
    | ガード条件1 = 式1
    | ガード条件2 = 式2
    ...
```

|の前は、少なくとも1つスペースが必要です。また、他の|とインデントを合わせてください。|の後のガード条件は、Bool型の式であり、この式の中では関数に与えられた入力を使えます。ガード条件の式が真になったとき、対応する=の右辺の式が採用されます。あるガード条件が偽になったときは、同様に次のガード条件が順に試されていきます。関数の型はどのガード条件に合うかによらず同じにならなければならないので、各ガード条件に対応する式はすべて同じ型である必要があります。

たとえば、NaN（*Not a Number*、非数）にならない根号である関数safeSqrtを考えましょう。通常のsqrt関数は負の数値を与えるとNaNになってしまいます。そこで、Maybeを利用し、NaNになるような場合は無効な値としてNothingに、そうでない場合はsqrtの値がJustで得られるようにします。値が負の値かそうでないかは、Haskellではデータの性質になるので、パターンマッチでは場合分けできません。ガードを使い、以下のように定義することになります。

```
safeSqrt :: (Ord a, Floating a) => a -> Maybe a
safeSqrt x
  | x < 0     = Nothing
  | otherwise = Just (sqrt x)
```

ここで、otherwiseは、常に真になるガード条件になります[注6]。

● 網羅的でないガード条件

網羅的でないパターンマッチを書いたときと同様に、網羅的でないガード条件を書いてしまうと、どのガード条件にも該当しなかったときに、実行時に「ガード条件が網羅的でない」エラーになってしまいます。

otherwiseのケースをコメントアウトしてみましょう。

```
safeSqrt :: (Ord a, Floating a) => a -> Maybe a
safeSqrt x
  | x < 0     = Nothing
--  | otherwise = Just (sqrt x)  -- コメントアウト
```

網羅的でないパターンマッチのときと同様に、GHCiを-W（警告増し）にしてソースファイルを読み込んでみてください。otherwiseがないガードを使った関数があると、次のような警告が出るようになってくれます。

```
Sample.hs:20:1: Warning:
    Pattern match(es) are non-exhaustive
    In an equation for ‘safeSqrt’: Patterns not matched: _
```

ただし、少し網羅的でないパターンマッチのときとは異なる点があります。厳密に網羅的であることが求められているというよりも、実際には「otherwiseガード条件」があることが求められます。

たとえば、数値について着目してみると、負であるかという条件と非負であるという条件で、網羅できているということは我々には明らかと言って良いでしょう。しかし、そのことを利用して、

注6　otherwiseはただのTrueで定義された値です。

の場合が要求されます。

if式全体にも型が付くため、条件式が真のときの式の型と、条件式が偽のときの式の型は同じでなければなりません。

```
if True then 1 else "false"
```

のような式は、型検査でエラーになります。

実際に、先ほどp.175のリスト3.2でパターンマッチとガードを組み合わせて利用したときに定義した関数caseOfFirstLetterを、caseとifを使って定義し直すと次のようになります。

```
caseOfFirstLetter :: String -> String
caseOfFirstLetter str =
    case str of
      ""     -> ""
      (x:xs) -> if 'a' <= x && x <= 'z'
                   then "lower"
                   else if 'A' <= x && x <= 'Z'
                          then "upper"
                          else "other"
```

Column

「文」と「式」と、その判別

似た表現であっても、「文」か「式」かは言語によって異なります。たとえば、Rubyではプログラムは式の羅列です。クラス/メソッドの定義などでさえ、nilなどの値を返します。対して、Pythonではプログラムは文の羅列です。クラス/メソッドの定義は値を持ちません。Rubyではputsの結果をputsする`puts (puts 0)`ができます。Pythonではprintの結果をprintする`print (print 0)`は構文エラーです。

一般的な言語の構文木では、文と式に明確な区別がある場合、

- **式は式の一部になれる**(`a = (b = 1);` **など**)
- **式はそのままで文(式文)になれる**(`a = 1;` **など**)
- **文は文の一部(複文)になれる**(`if (式) {文;文;…}` **など**)
- **文は式になれない**(`if (if (0) {}) {}` **など**)

ように設計されるでしょう。

言語に代入(や束縛)がある場合、文か式かは言語に依(よ)ります。しかし、代入する値側は十中八九「式」です。そのため、文か式かは結果を代入して構文エラーかどうかを見ると手っ取り早いかと思います。もちろん、厳密には言語仕様を確認しましょう。

また、以下のように、caseとガードを組み合わせることもできます。

```
caseOfFirstLetter :: String -> String
caseOfFirstLetter str =
    case str of
      ""      -> ""
      (x:xs) | 'a' <= x && x <= 'z' -> "lower"
             | 'A' <= x && x <= 'Z' -> "upper"
             | otherwise            -> "other"
```

ifやcaseは式なので、式中に現れることもできます。

```
Prelude> 1 + if True then 2 else 3 * 4
3
```

結合優先度を明確にするために、()を付けると、

```
Prelude> 1 + (if True then 2 else (3 * 4))
3
```

であることに注意してください。以下の式とは結果が違います。

```
Prelude> 1 + ((if True then 2 else 3) * 4)
9
```

関数引数でのパターンマッチとcase中でのパターンマッチや、ガードとifは似ていますが、どちらが良いということはありません。関数定義の読みやすさでは、関数引数でのパターンマッチやガードのほうが良いでしょう。一方で、それらは式の途中に現れることができないので、caseやifもまた求められています。

where/let

関数や値[注8]を定義していると、一時的に名前を付けて束縛しておきたい部品が出てきます。名前が付いていれば、その名付けられた計算や計算結果を自然に使い回すことができます。ここで「一時的」と言っているのは、他の関数や値の定義に影響を与えないという意味です。

このような一時的な定義を行うには、where節やlet式を使います。

注8　関数も値ですが。

Column

場合分けの構文糖衣

——実は、全部case

いろいろ場合分けの方法を紹介していますが、実は、これらはcaseの構文糖衣になっています。たとえば、以下のようなパターンマッチは、

```
関数 パターン11 パターン21 = 式1
関数 パターン12 パターン22 = 式2
```

次のようにcaseを使うように機械的に変換できます。

```
関数 引数1 引数2 =
  case (引数1, 引数2) of
    (パターン11, パターン21) -> 式1
    (パターン12, パターン22) -> 式2
```

以下のようなガードであれば、

```
関数 引数 | ガード条件1 = 式1
          | ガード条件2 = 式2
          | otherwise   = 式3
```

次のように、機械的に変換できます。

```
関数 引数 = case () of _
              | ガード条件1 -> 式1
              | ガード条件2 -> 式2
              | otherwise   -> 式3
```

ifも同様で、

```
if 条件式 then 式1 else 式2
```

という式であれば、次のように機械的に変換できます。

```
case 条件式 of
  True  -> 式1
  False -> 式2
```

可読性のために構文がいろいろ用意されていますが、その裏ではcaseだけで扱われているのです。

● let式

let式は式中で一時的な定義を行うことができます。let式は次のような式です[注9]。

```
let 一時的な値1 = 式1
    一時的な値2 = 式2
    ...
in  (一時的な値を含んでも良い) 式
```

1行で書く場合は、;(セミコロン)区切りになります。

```
let 一時的な値1 = 式1;一時的な値2 = 式2; ... in (一時的な値を含んでも良い)式
```

一時的に定義したものが有効なスコープは、そのlet式中のみです。

少しGHCiで挙動を確認してみましょう。まずは一時的に値を作り、それを計算に使ってみます。

```
Prelude> let one = 1 in one + one
2
```

次は、一時的に関数を作り、それを計算に使ってみます。

```
Prelude> let square x = x ^ 2 in square 4
16
```

let式自体も式なので、式が要求される箇所であればどこにでも表れることができます。たとえば、足し算に表れると次のようになるでしょう。

```
Prelude> 2 ^ 2 + let square x = x ^ 2 in square 4
20
```

ただし、let式の外のスコープで、一時的に定義されたものを使うことはできません。

```
Prelude> square 2 + let square x = x ^ 2 in square 4

<interactive>:7:1: error:
    Variable not in scope: square :: Integer -> a
```

この場合、letの外のスコープでsquareを使おうとしているため、エラーになっています。let式は、とても狭いスコープでのみ有効な値を作ることができます。

注9　第2章でGHCiの中で変数の束縛に使っていたletとは構文が違う(inから後がある)ことに注意してください。GHCiの中で使っていたletは、第5章で説明するモナドのdo記法の中でのletになります。

● where節

式中でなく、宣言全体で使える一時的な定義を行うにはwhere節を使います。where節は、次のような構文になります。

```
関数 = (一時的な関数を含む)定義 where
    一時的な関数1 = 一時的な関数1の定義
    一時的な関数2 = 一時的な関数2の定義
    ...
```

whereの後の一時的な関数の宣言は、それを使う関数よりも最低1つのスペースでインデントされている必要があります。

ここで、p.175のリスト3.2で取り上げた、文字列先頭文字の大文字小文字を判別する関数caseOfFirstLetterを、もう一度取り上げます。リスト3.2では、先頭文字変数xがaからzの間、あるいはAからZの間にあることをガード条件に使っています。このガード条件に対し、where節を使い「xがあるものとあるものの間にある」ことを、inRangeという関数に換えると次のようになります。

```
caseOfFirstLetter :: String -> String
caseOfFirstLetter "" = "empty"    -- 空文字列にパターンマッチ
caseOfFirstLetter (x:xs)
    | inRange 'a' 'z' = "lower"
    | inRange 'A' 'Z' = "upper"
    | otherwise       = "other"
    where
      inRange lower upper = lower <= x && x <= upper
```

where節で定義したものが有効なスコープは、where節によって修飾された宣言内になります。これはlet式によるスコープよりも明らかに大きく、たとえば、inRangeのような「ガードを跨(また)いで使う」ような使い方は、let式ではできません。where節で修飾された宣言内なので、空文字列にパターンマッチしているほうの宣言では、関数inRangeを使うことはできません。

また、where節の中では、where節によって修飾された宣言のスコープにある変数を使うことができます。関数inRangeの定義に上限下限であるupperとlowerの他に変数xが出てきています。この変数xは、caseOfFirstLetterのパターンマッチで出てきた先頭文字の変数xです。

● ● ● ● ● ● ● ● ● ●

where節とlet節が似たようなことができますが、スコープや構文上見た目などが異なってくることから、どちらが良いということはありません。適切な選択肢がどちらか一方に決まる状況は確実にあるでしょう。スコープを徒(いたず)らに広げないことも重要ですし、ガードを跨いで使いたいと思うこともまた自然だからです。

一方で、どちらを使っても別に大差ない状況もあります、そのような場合、瑣末事が本質的な定義の前に並びがちなlet式に比べ、瑣末事が本質的な定義の後ろに並ぶように記述できるwhere節を好む人が多いようです。

3.6 再帰関数
反復的な挙動を定義する関数

本節では「再帰関数」を取り上げます。基本事項と合わせて、考え方のコツ、危険性とその対処まで、見ていきましょう。

3つの制御構造と、再帰関数の位置付け ――連結、分岐、反復

構造化プログラミングにおいて、重要な3つの制御構造には「連接」「分岐」「反復」があります。多くの命令型言語では、細かな差異こそあれ、

- 連接=文を並べること
- 分岐=if文
- 反復=for文やwhile文

に対応しているでしょう。一方、Haskellでは、

- 連接=関数合成
- 分岐=パターンマッチやガード

に対応しています。そして、残りの「反復」に対応するものがこれから説明する**再帰関数**です。

Haskellには、for文やwhile文のようなループがありません。そのため、反復的な挙動の定義を行うには、再帰関数を使うのです。

再帰的定義

再帰的定義(*recursive definision*)とは、「それの定義にそれ自体が含まれている様(さま)」です。有名でわかりやすい再帰的定義と言えば、やはりフィボナッチ数列の

定義でしょうか。

フィボナッチ数列とは「1,1,2,3,5,8,13, ...」と続く無限列です。**図3.5**はフィボナッチ数列が列の先頭からどのように作られていくかを示しています。先頭と2番めの1以外の数は、その1つ前の数と2つ前の数を足したものになっています。

また、フィボナッチ数列は、先頭および2番めの数を1とし、残りは**「フィボナッチ数列」と「『フィボナッチ数列』を1つずらした数列」を足し合わせた**数列として再帰的に定義することもできます。**図3.6**は、フィボナッチ数列が再帰的にどのように作られるかを示しています。

関数の再帰的定義

多くのプログラミング言語において、手続きや関数もまた再帰的定義が可能であるようになっています。つまり、ある関数(手続き)定義の中で、その関数(手続き)自身を使って良いのです。再帰的定義された関数をとくに「再帰関数」と言います。

先ほどのフィボナッチ数列について、そのn番めを求める関数fibを、たとえばC言語で書くと次のようになります。

```
int fib(int n) {
    if (n < 2) return 1;
    return fib(n-1) + fib(n-2);
}
```

0番めと1番めは1で、それ以外は1つ前の数と2つ前の数を足したものにな

図3.5 フィボナッチ数列を順番に作る

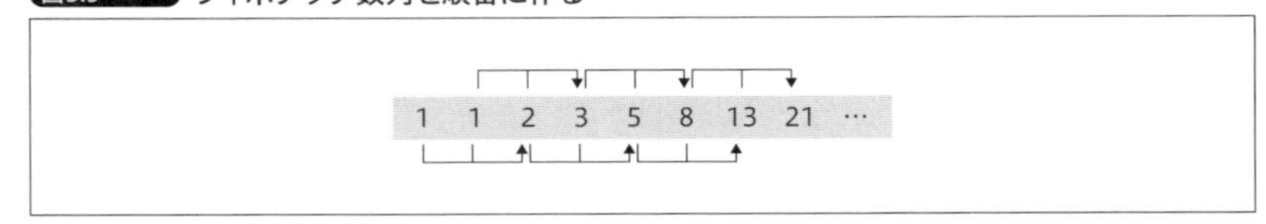

図3.6 フィボナッチ数列を再帰的に作る

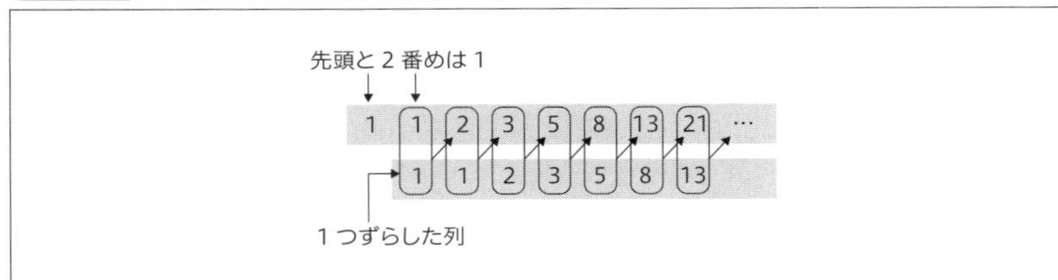

るよう、フィボナッチ数列通りに書いています。

Haskellでも同様に関数fibを再帰的に定義することができます。

```
fib :: Int -> Int
fib 0 = 1
fib 1 = 1
fib n = fib (n-1) + fib (n-2)
```

fibの定義の中にfibが出てきていますね。

いろいろな再帰関数

再帰関数に慣れ親しむために、いろいろな再帰関数を作ってみましょう。

length

リストの長さを得る関数に**length**がありましたが、これを自分で定義してみましょう。リストの長さを得るには、どのようにすれば定義できそうかを考えます。リストは、そのデータ構造的に、

- 空の場合
- 先頭と先頭以外のリストに分解できる場合

がパターンマッチで場合分けできました。

まず、リストが空の場合、リストの長さとは何かを考えると、明らかにリストの長さは0です。

次に、リストが先頭と先頭以外のリストに分解できる場合、リストの長さとは何かを考えましょう。先頭に要素が1つあるので、先頭以外のリストの長さがわかれば、その結果に1を加えればリストの長さになりそうです。先頭以外のリストの長さはどのように求められるか考えると、今まさに定義しようとしているものがリストの長さを求めるものだと気付きます。つまり、ここで「再帰」を使えば良いのです。

これを実際に書くと次のようになります。ただし、lengthという関数はもう用意されているので、名前を「length'」にしています。

```
length' :: [a] -> Int
length' [] = 0                -- リストが空の場合
length' (x:xs) = 1 + length' xs -- リストが空でない場合
```

事前に考えた、そのままに定義できていることがわかります。

パターンマッチでリストの構造を分解しながら再帰するlength'の場合のよう

に、データ構造を分解しながら、分解した中身の一部に対して再帰を行うことを、とくに**構造再帰**(*structural recursion*)と呼ぶことがあります。

● take/drop

リストの先頭からn個の要素を取り出す関数として、**take**が用意されています。takeの挙動は以下のようになります。

```
Prelude> take 5 [1..10]
[1,2,3,4,5]
Prelude> take 0 "test"
""
Prelude> take 3 "test"
"tes"
Prelude> take (-1) "test"
""
Prelude> take 100 "test"
"test"
```

これも同様に、自分で定義してみましょう。

まず数値の部分について、0以下であれば空リストになるようなので、**数値が正かそれ以外か**で場合分けが必要そうです。0以下なら空リストにしてしまって、それ以外の場合、つまり数値が正の場合を考えていきましょう。

やはりリストの部分は、そのデータ構造的に、

- **空の場合**
- **先頭と先頭以外のリストに分解できる場合**

がパターンマッチで場合分けできるので、これらで分けるのが良さそうです。

リストが空の場合、リストの先頭からn個の要素を取り出したものは何になるか考えると、これはもう明らかにn個取ろうとしても空リストです。

次に、リストが先頭と先頭以外に分解できる場合、リストの先頭からn個の要素を取り出したものとは何かを考えましょう。すでに先頭に1つあるのは確定しているので、先頭以外のリストの先頭からn-1個の要素を取り出したリストに、先頭の要素をくっつければ良さそうです。先頭以外のリストの先頭からn-1個の要素を取り出したリストはどのように求められるか考えると、今まさに定義しようとしているものが、リストの先頭から決まった個数の要素を取り出すものだと気付きます。つまり、ここで「再帰」を使えば良いのです。

これを実際に書くと、パターンマッチとガードを混ぜて次のように書けます。ただし、takeという関数はもう用意されているので、名前を「take'」にしています。

```
take' :: Int -> [a] -> [a]
take' n _ | n <= 0 = []                -- 数値が0以下の場合
take' _ []         = []                -- リストが空の場合
take' n (x:xs)     = x : take' (n-1) xs -- リストが空でない場合（:でリストの先頭
                                          に要素を1つ追加している。第2章「リスト」項を参照）
```

数値が0以下の場合のガード部分は、ガード条件が1つしかなくotherwiseなガード条件もありません。ガード条件に合わなければ次以降の宣言が確認されます。

takeと同様、**drop**という関数もあります。dropは、takeと逆に、先頭からn個の要素を捨てたリストを作ります。take'同様に「drop'」を自分で定義すると次のようになるでしょう。

```
drop' :: Int -> [a] -> [a]
drop' n xs | n <= 0 = xs              -- nが0以下ならもう捨てなくて良いのでxsはそのまま
drop' _ []          = []              -- 空リストにマッチしたら捨てるものがもうない
                                         ので空リスト
drop' n (_:xs)      = drop' (n-1) xs  -- 空リストでなければ、
                                         nが0を超過していれば先頭要素を1つ捨て、
                                         残りのリストからn-1個を捨てる
```

● 挿入ソート

挿入ソートを行う関数insSortを作ってみましょう。挿入ソートでは、すでにソート済みなリストに対し、新しい要素がどこに入るか先頭から順に確認していき、適切な箇所に入れる挿入操作を行うことで新たなソート済みリストを作ります。空リストはソート済みリストなので、ソートされていないリストであっても、空リストに順次挿入操作してしまえば、全体がソート済みになります。

まずは、挿入操作を行う関数insを作ります。関数insは要素1つと、ソート済みのリストから、ソート済みのリストを作ります。

```
ins :: Ord a => a -> [a] -> [a]
ins e [] = [e]                    -- 空リストへの挿入は無条件でできる
ins e (x:xs)                      -- 空でないリストへの挿入は
  | e < x     = e : x : xs        -- 挿入する要素が先頭より小さければ、さらに先頭に挿入する
  | otherwise = x : ins e xs      -- 挿入する要素が先頭以上ならば、残りの部分に挿入する
```

やはり、ソート済みリストが空かそうでないかでパターンマッチをし、空であればそのまま要素を挿入、そうでなければ挿入したい要素が先頭より小さくなる箇所を再帰的に探して挿入をします。リストはソート済みである前提なので、再帰的に先頭から探していけばxはだんだん大きくなっていきます。挿入

したい要素eがxより小さくなったときに挿入すれば、eを追加してもソート済みリストになります。

次に、関数insを使って、ソートされていないリストの要素を、1つ1つソート済みリストに挿入する関数insSortを作ります。

```
insSort :: Ord a => [a] -> [a]
insSort [] = []                          -- 空リストは空のまま
insSort (x:xs) = ins x (insSort xs) -- リストの先頭を、残りを挿入ソートしたものに挿入する
```

こちらも、ソート済みリストが空かそうでないかでパターンマッチをし、空であれば空リストに、そうでなければ、先頭以外の残りのリストをinsSortして、その結果にxを挿入操作します。insSortが最終的に再帰で辿り付く空リストはソート済みリスト、insSortの結果がソート済みリストであればinsの結果はソート済みリストなので、insSortの結果は必ずソート済みリストになります。

再帰的な考え方のコツ

命令型言語に慣れている方は、ループをおもに使ってきている方が多いと思います。その一方で、再帰を使うことには慣れていないかもしれません。

これまで見てきた再帰関数の定義を見ても、再帰を使うと簡潔に定義できる計算はとても多く、非常に有用なのです。

再帰的な考え方をするには、とりあえず、

❶構造再帰で対象（＝引数）を構造的に分解していく
❷ベースケース（*base case*）を考える
❸結果として守られる性質に着目する

とうまくいくことが多いです。

まず❶について、再帰を使う場合、その対象となるデータもまた、再帰的に定義された構造を持つデータになっていることがほとんどです。Haskellの場合、再帰的にデータ構造が定義できるのは前章で見てきています。そのため、再帰で反復的に行いたい計算は、実は、データ構造的に分解したより小さいデータ構造に対して行う形になることが多いのです。もちろん、そうでない場合もありますので、この点については次の2点よりも弱いアドバイスになります[注10]。

❷については、ベースケースは再帰を扱う上で場合分けしていったときに、

注10 たとえば、マージソートやクイックソートは構造再帰にはなりません。リストの長さや内容物の性質でリストを分割するからです。

それ以上再帰的な定義が必要ない最もシンプルなケースです。シンプルなだけに考えやすく、それでいて、最終的に再帰関数はベースケースのどれかに辿り付きますので、重要です。ベースケースがどうなるかを正しく与えられることは、再帰関数全体の正しさに直結します。

❸の、再帰関数の結果が満たすべき性質とは何かを考えましょう。再帰的定義を行うということは、再帰して得られた結果がある性質を満たしているという材料から、それと同じ性質を満たすより大きな結果をどうやったら作れるかを宣言するということです。

● 再帰の危険性とその対処

再帰関数は、物事を数学的に捉えた定義通りに書けることが多いためわかりやすいのですが、Haskellに慣れてくると直接的に再帰関数を書くのは避けるようになっていきます。それは、再帰関数は便利であるのと同じくらい、危険でもあるからです。停止しない再帰関数をうっかり書いてしまうこともあるでしょう。

とくに構造再帰を直接書くということは、時に必要となるものの、アセンブラを直接書くような低級な行為と認識されます。データの構造に依存し、それを気にしたプログラミングを要求されるからです。理想的にはデータの構造を気にせずに、全体に丸々変換をかけられるような関数だけを組み合わせて望む処理を書きたいのです。

そのために、再帰関数を直接利用せずどうするかと言うと、次節で説明する高階関数をうまく利用するようになっていきます。

リストなど多くの再帰的に定義されたデータ構造に対しては、それを便利に利用するための計算パターンが用意されており、それらの計算パターンは高階関数として与えられています。自分で再帰を書くのではなく、再帰部分は高階関数がやってくれるようになっています。もちろん、それら各計算パターンについても何となしに用意されたものではなく、頭の良い先人たちが理論的なバックグラウンドを積み上げて作り上げてきた、十二分に扱いやすく綺麗なものになっています。

Column

そんなに再帰して大丈夫か(!?)

反復処理には再帰関数を使うと聞いたとき、他の言語に親しんできた方がまず気にすることがあります。それは、「スタックは大丈夫なのか」ということです。関数や手続きは呼び出しごとにコールスタックを消費する言語が多いためです。

たとえば、C言語で再帰的な手続きを書くと、一般に再帰の深度に応じてコールスタックがどんどん消費されてしまいます。例外として、メジャーなCコンパイラでは「末尾再帰」という形式で書かれた再帰であれば、最適化によってコールスタックを消費しない[注a]処理ができあがります。最初の呼び出しの引数によっては、スタック領域を使い果たしてオーバーフローしてしまうでしょう。そのためか、とくに計算機リソースが限られるような開発においては、コーディング規約などで再帰が禁止されていることもあります。

さて、Haskellの場合ですが、一見Haskellの場合はより状況は深刻であるように思われます。再帰関数だけではなく、そもそもあらゆるものが関数であるためです。関数呼び出しにコールスタックを消費するという常識があると、それこそ他の言語よりもコールスタックを大喰いしそうな印象を持ちます。

しかし、割と大丈夫なのです。というより、実はそもそもHaskellにはコールスタックがありません。GHCの場合、スタックを消費するのは次の2ケースになります。

- **計算途中で作られるサンク(*thunk*)と呼ばれるヒープ(*Heap*)に作られていく構造を評価する**
- **case式の変数をパターンマッチで判別するために十分な情報が得られる段階まで評価する**

評価やサンクについては、次章で詳しく取り上げます。

もちろん、スタックを全然使わないというわけではありませんから、書き方によってはスタックオーバーフローを発生させてしまうこともあり得ます。しかし、他の言語でループを書く時にスタックオーバーフローをまったく気にしない程度には、現実的な用途で再帰する場合においてこれを気にする状況は多くはないでしょう。呼び出しの深度では普通に他の言語と比べても深い呼び出しに耐性がありますし、それでも気になる場合は、末尾再帰やサンク生成を抑制する記述を覚えることで、スタック消費のないコードを書くこともできるでしょう。

注a　call命令でなくjmp命令を使うということ。

3.7 高階関数
結果が関数になる関数、引数として関数を要求する関数

本章において、関数の作り方として最後に取り上げるのは「高階関数」です。自分で定義する方法から、Haskellに用意された便利な高階関数、使い方まで順に見ていきましょう。

高階関数とは?

関数型言語の特徴は、関数が第一級の対象であることでした。関数型言語では、数が関数の引数になったり関数の結果になったりすることが可能です。

このような、

- 結果が関数になる関数
- 引数として関数を要求する関数

を、とくに**高階関数**(*higher-order function*)と呼びます。それぞれについて、具体例を見ていきましょう。

結果が関数になる関数

結果が関数になる関数の中で代表的なものは、実はこれまでの説明の中ですでに紹介しています。それは、「カリー化された関数」です。

カリー化された関数に対し、引数を部分適用すると関数になることは、本章で、すでに説明されています。関数になる、つまり結果が関数になるので、これは高階関数です。

たとえば、足し算を行う2項演算子 (+) は整数の1に適用すると、インクリメントする関数になります。関数incとして定義してみましょう。

```
inc :: Int -> Int
inc = (+) 1
```

Haskellでは関数はカリー化されていますから、2引数以上[注11]の関数は実はすべて高階関数です。

それほど高階関数はありふれたものなのです。

注11 説明の都合上こう言っているだけで、もちろん、実際には関数になる1引数関数です。

引数として関数を要求する関数

結果が関数になる関数はありふれ過ぎて気にされることもあまりないので、実際に高階関数と言ったとき、多くの人は引数として関数を要求する関数をイメージするのではないかと思います。

引数として関数を要求する関数とは、つまり次のような型を持つ関数です。

```
関数 :: 型 -> ... -> (型 -> 型) -> ... -> 型
```

型のどこかに、関数の型である「型->型」が入ってきています。

このようなものも、すでに少し紹介しています。たとえば、関数合成の2項演算子(.)の型をもう一度確認してみましょう。

```
Prelude> :t (.)
(.) :: (b -> c) -> (a -> b) -> a -> c
```

b -> cやa -> bという関数を引数として要求しています。なので、関数合成は高階関数です。しかも、これらの引数を与えられたらa -> cという型の関数になりますので、関数合成は、引数として関数を要求する関数であり、なおかつ、結果が関数になる関数でもある、高階関数ということになります。

高階関数を定義する

さて、高階関数を自分で定義してみましょう。

たとえば、タプルの両方にそれぞれ関数を適用する関数を考えてみます。つまり、(+1)と(+2)という関数と(0,0)というタプルの3つを与えたら、(1,2)となるような関数です。この関数eachは、次のようになります。

```
each :: (a -> b) -> (c -> d) -> (a, c) -> (b, d)
each f g (x, y) = (f x, g y)
```

a -> bという型の関数fと、c -> dという型の関数g、および、(a , c)という型の値(x, y)から、(b, d)という型の値(f x, g y)を作っています。値xの型はaですから関数fが引数として要求する型と同じ型です。同様に、値yの型はcですから、関数gが引数として要求する型と同じ型です。また、f xの型はb、g yの型はdなので、最終的な結果の型と同じ型になっています。

では、実際に関数eachを使ってみましょう。

```
*Main> each (+1) (+2) (0, 0)
(1,2)
*Main> each show length (12, "test")
("12",4)
```

それぞれ、タプルの1つめの要素には最初に与えた関数が、タプルの2つめの要素には次に与えた関数が適用され、結果はそれぞれの結果のタプルになっていることが確認できます。

このように、高階関数と言っても、引数として単なる値だけでなく関数が与えられたりすることがあるというだけです。そのことさえわかっていれば、今まで培ってきた関数定義と何も変わることはありません。

いろいろな高階関数

Haskellでは、高階関数もいろいろと便利なものが用意されています。ここでは、リストに対する高階関数で、よく使われる以下の5つを紹介します。

- filter
- map
- zip (zipWith)
- foldl/foldr
- scanl/scanr

5つと言いつつ、1項目に2つあったりして5つではない気もしますが、2つのものは親子や双子のような関係にあり、とても似ているためまとめています。

filter

はじめはfilterです。まずは型を確認してみましょう。はじめて見るものは、まず「型を確認する」のです。

```
Prelude> :t filter
filter :: (a -> Bool) -> [a] -> [a]
```

`a -> Bool`という型の関数と、aのリストを取り、aのリストに変換(?)しています。?としたのは、同じ型(aのリストからaのリストへ)なので、実際に何をしているか、本当に変換しているか、実は何もしていないか、については、型のみからはわからないからです。

関数名がfilterなので想像はつくかもしれませんが、型に合う値を実際に与えてみて動作を確認してみます。

```
Prelude> filter (< 3) [4,2,3,5,1]
[2,1]
```

3未満の値だけが残されています。やはり関数filterは、リストの各要素のうち、a -> Boolの関数の結果が真になるものだけを残す関数のようです。

filterを自分で定義し直すと、たとえば次の関数「filter'」のようになります。

```
filter' :: (a -> Bool) -> [a] -> [a]
filter' p [] = []                    -- 空リストのときは空リストを結果とする
filter' p (x:xs)                     -- 空でないときは、先頭要素が関数pで真になるかを確認
    | p x       = x : filter' p xs --    真となるなら、残りをfilter' pしたものの先
                                                    頭に付加したものを結果とする
    | otherwise = filter' p xs     --    偽となるなら、残りをfilter' pしたものだけを結果とする
{- 空でないケースはガードでなくif式を使って次のようにまとめることもできる
filter' p (x:xs) = if p x then x : filter' p xs else filter' p xs -}
```

● map

続いてはmapです。これも型を確認してみましょう。

```
Prelude> :t map
map :: (a -> b) -> [a] -> [b]
```

a -> bという型の関数と、aのリストを取り、bのリストに変換しています。次に、型に合う値を実際に与えてみて動作を確認してみます。

```
Prelude> map show [1,4,6,9]
["1","4","6","9"]
Prelude> map length ["Hello","World"]
[5,5]
Prelude> map (^2) [1,2,3]
[1,4,9]
```

リストの各要素に、関数が適用されていることがわかります。つまり、この関数mapは、aのリストの中身を、1つ1つa -> bという型の関数で変換し、aのリスト全体をbのリストに変換してしまう関数だということがわかります。

mapを自分で定義し直すと、たとえば次の関数「map'」のようになります。

```
map' :: (a -> b) -> [a] -> [b]
map' _ [] = []                  -- 空リストのときは空リストを結果とする
map' f (x:xs) = f x : map' f xs -- 空でないときは先頭要素にfを適用して、残りをmap' f
                                              したものに付加したものを結果とする
```

● zip(zipWith)

zip、zipWithについて、まず型を確認します。

```
relude> :t zip
zip :: [a] -> [b] -> [(a, b)]
Prelude> :t zipWith
zipWith :: (a -> b -> c) -> [a] -> [b] -> [c]
```

複雑そうなzipWithから見ていきましょう。a -> b -> cという関数と、aのリスト、bのリストを取り、cのリストになるようです。

次に、型に合う値を実際に与えてみて動作を確認してみます。

```
Prelude> zipWith (+) [1,2] [3,4,5]
[4,6]
Prelude> zipWith (+) [1,2,3] [4,5]
[5,7]
```

2つ与えたリストの対応する要素同士を与えた関数で変換し、1つのリストにまとめているようです。長さが違う場合は無視され、短いほうに揃えられています。

つまり、この関数zipWithは、aのリストとbのリストのそれぞれ対応する位置にある要素を、a -> b -> cという型の関数で変換し、cのリストにまとめ上げる関数であることがわかります。

zipWithを自分で定義し直すと、たとえば次の「zipWith'」のようになります。

```
zipWith' :: (a -> b -> c) -> [a] -> [b] -> [c]
zipWith' _ []     _      = []  -- 片方が空なら空リストを結果とする
zipWith' _ _      []     = []  -- もう片方が空でも空リストを結果とする
zipWith' f (a:as) (b:bs) = f a b : zipWith' f as bs -- どちらも空でないなら、それぞ
    れの先頭要素にfを適用し、残りをzipWith' fしたものの先頭に付加したものを結果とする
```

さて、次にzipですが、型はaのリストとbのリストを取って、aとbのタプルのリストになっています。こうなると、zipWithの動作から予想はつくと思います。それぞれのリストの対応する位置にある要素をタプルにしただけのリストにするのでないか…と。実際に、確認してみましょう。

```
Prelude> zip [1,2] [3,4,5]
[(1,3),(2,4)]
Prelude> zip [1,2,3] [4,5]
[(1,4),(2,5)]
```

まさにそのとおりでした。 ちなみに、タプルを作る関数[注12]は(,)です。

```
Prelude> :t (,)
(,) :: a -> b -> (a, b)
```

zipWithと、この(,)を部分適用するとzipを作ることができます。「zip'」を作ってみましょう。zipWithでcだった部分に(a,b)という型が埋まった状態になっていることがわかります。

```
zip' :: [a] -> [b] -> [(a, b)]
zip' = zipWith (,) -- zip'はタプルのコンストラクタにzipWith'を適用したものである
-- zip' as bs = zipWith (,) as bs と同じであることに注意
```

● foldl/foldr

続いて、foldlとfoldrです。これも、まずは型を確認します。

```
Prelude> :t foldr
foldr :: Foldable t => (a -> b -> b) -> b -> t a -> b
Prelude> :t foldl
foldl :: Foldable t => (b -> a -> b) -> b -> t a -> b
```

Foldableは第2章で少し触れた型クラスで、「1つの値に畳み込むやり方が決められている構造」です。何でも良いのですが、今はリストについて考えているので、tはリストの型コンストラクタだと思ってください。つまり、

```
Prelude> :t foldr
foldr :: (a -> b -> b) -> b -> [a] -> b
Prelude> :t foldl
foldl :: (b -> a -> b) -> b -> [a] -> b
```

という状況を考えています。

どちらでも良いのですがfoldrを見ていきましょう[注13]。a -> b -> bという関数と、b型の値、aのリストを取り、b型の値になるようです。これは少し難しそうですね。

次に、型に合う値を実際に与えてみて動作を確認してみます。

```
Prelude> foldr (+) 0 []
0
Prelude> foldr (+) 1 []
1
```

注12　タプルのコンストラクタ。
注13　筆者がfoldrのほうが好きなので。

```
Prelude> foldr (+) 0 [1,2,3]
6
Prelude> foldr (+) 1 [1,2,3]
7
Prelude> :t \a b -> length a + b
\a b -> length a + b :: Foldable t => t a -> Int -> Int
Prelude> foldr (\a b -> length a + b) 0 ["a","bc","def"]
6
Prelude> foldr (\a b -> a + 10 * b) 4 [1,2,3]
4321
```

与えたリストの要素を与えた関数で変換しつつ、与えた値にすべて畳み込んで1つの値に変換するようです。最初のほうの足し算のケースを見ると、2つめの引数が初期値に相当するもののようです。最後のケースを見ると、リストの後ろのほうが10倍される処理を何度も受けています。リストの後ろから、優先的に畳み込まれているようです。また、最初に与えた値4が10倍される処理を最も受けていることから、4はやはり初期値になっているのでしょう。すなわち、

```
foldr (\a b -> a + 10 * b) 4 [1,2,3]
```

とは、以下のことです。

```
1 + 10 * (2 + 10 * (3 + 10 * 4))
```

つまり、この関数foldrは、aのリストの要素の後ろ(右側)から、b型の初期値に対して、与えた関数で畳み込んでいく関数ということになります。右からの畳み込み(*fold*)なのでfoldrなのですね。もう一方のfoldlについては挙動などの確認は省略しますが、「l」なのでfoldrとは逆に左側、つまり、リストの先頭から優先的に畳み込むものです。

foldrを自分で定義し直すと、たとえば次の関数「foldr'」のようになります。

```
foldr' :: (a -> b -> b) -> b -> [a] -> b
foldr' _ e []     = e                        -- 空リストのときはeを結果とする
foldr' f e (x:xs) = f x (foldr' f e xs) -- 空でないときは、先頭要素と残りを
                                           foldr' f eしたものにfを適用したものを結果とする
```

eが初期値であり、ベースケースつまり空リストのときはeがそのまま与えられます。そうでない場合、与えた関数で先頭の要素と再帰の結果を畳み込みます。

foldrは実は、リストの(:)と[]をそれぞれ関数と初期値で置換する関数です。たとえば、先ほど実際に動作を確認した最後のケースを見てみます。

```
1 : 2 : 3 : []
```

というリストの(:)を(\a b -> a + 10 * b)で、[]を4で置換してみます。まず(:)を演算子としてではなく、関数として取り出すと次のようになります。

```
(:) 1 ((:) 2 ((:) 3 []))
```

そして、実際に置換を行います。

```
(\a b -> a + 10 * b) 1 ((\a b -> a + 10 * b) 2 ((\a b -> a + 10 * b) 3 4))
```

ここから、足し算や掛け算はとりあえずせずに、そのままにしておき、手動で記号的にラムダ式を適用してみると、

```
1 + 10 * (2 + 10 * (3 + 10 * 4))
```

のように、確認したケースと同じになりますね。実際にfoldrに(:)と[]を与える、つまり何も置換しない選択をすると、リストに対しそのリストを何も変換しない関数になります。

```
Prelude> foldr (:) [] [1,2,3]
[1,2,3]
```

他にもfoldrからは**map**が作れるなど、汎用的で強力な関数になっています。

```
map'' :: (a -> b) -> [a] -> [b]
map'' f = foldr ((:).f) [] -- map''とは、foldrで(:)を(:).fで、[]を[]で、それぞれ
                                                        置き換えたものである
-- map'' f as = foldr ((:).f) [] as と同じであることに注意
```

● scanl/scanr

最後に**scanr**と**scanl**です。これも「l」と「r」があります。まずは型を確認します。

```
Prelude> :t scanr
scanr :: (a -> b -> b) -> b -> [a] -> [b]
Prelude> :t scanl
scanl :: (b -> a -> b) -> b -> [a] -> [b]
```

foldr/foldlに型は似ていますが、最後結果がbでなく[b]になっています。これも**scanr**のほうを見ていきましょうか。型に合う値を実際に与えてみて、動作を確認してみます。与える引数の型はfoldrと同じなので、foldrの挙動がわかりやすかった最後のケースと同じものを与えてみましょう。

```
Prelude> scanr (\a b -> a + 10 * b) 4 [1,2,3]
[4321,432,43,4]
```

[4321,432,43,4]ということは、つまり以下ということですから、これはもうfoldrのリストの要素1つ1つを畳み込んだ時点の値を並べた結果ですね。

```
4321 = 1 + 10 * (2 + 10 * (3 + 10 * 4)) = foldr (\a b -> a + 10 * b) 4 [1,2,3]
432  =          2 + 10 * (3 + 10 * 4)  = foldr (\a b -> a + 10 * b) 4 [2,3]
43   =                   3 + 10 * 4    = foldr (\a b -> a + 10 * b) 4 [3]
4    =                            4    = foldr (\a b -> a + 10 * b) 4 []
```

つまり、scanrはfoldrの、scanlはfoldlの途中経過を並べたリストになります。scanr f e xsの先頭はfoldr f e xsと同じになります。

scanrを自分で定義し直すと、たとえば次の関数「scanr'」のようになります。

```
scanr' :: (a -> b -> b) -> b -> [a] -> [b]
scanr' _ e []     = [e]                      -- 空リストのときはeだけのリストを結果とする
scanr' f e (x:xs) = f x (head rs) : rs where -- 空でないときは、残りをscanr' f e
                                             　　したものをrsとしたとき
    rs = scanr' f e xs                       -- xとrsの先頭要素にfを適用したものを、
                                             　　rsの先頭に付加したものを結果とする
```

● 実際に使ってみる――部分列の列挙

さて、実際にこれまで覚えた関数を使うと、どうなるかを見てみます。リストに対し、連続部分列をすべて列挙する関数segmentsを書いてみましょう。つまり、"ABC"に対して"A","B","C","AB","BC","ABC"をすべて列挙することができるような関数ですね。map、foldr、scanrや関数合成、ラムダ式を駆使し、次のようになります。

```
segments :: [a] -> [[a]]
segments = foldr (++) [] . scanr (\a b -> [a] : map (a:) b) []
```

もしこの定義の各部位が何をやっているのかわからなければ、部分部分で型を確認したり挙動を確認したりして見てみましょう[注14]。

```
Prelude> scanr (\a b -> [a] : map (a:) b) [] "ABC"
```

注14 参考までに補足をしておくと、foldrは(:)を(++)に置き換えるだけなので、リストのリスト([xs,ys,zs])をリストに結合(xs++ys++zs)しているだけです。実際に連続部分列を作っているのはscanrのほうなので、挙動を確認するのはscanr以降の部分が良いでしょう。scanrでは、"ABC"に対し、scanrのほうで["ABC"のprefixのリスト,"BC"のprefixのリスト, "C"のprefixのリスト,""のprefixのリスト]というリストを作ります。

```
[["A","AB","ABC"],["B","BC"],["C"],[]]
```

実際に関数segmentsの挙動を確認します。

```
*Main> segments "ABC"
["A","AB","ABC","B","BC","C"]
```

正しそうですね。リストに対する再帰のエッセンスが高階関数に詰め込まれた上で隠蔽されているため、とてもシンプルに望む処理を記述することが可能になります。内部的に再帰を行っている決められた計算パターンに、うまい関数を与えてあげることで、リストを分解するような煩雑な再帰を自ら直接記述することはなく済ませることができているのです。

3.8 まとめ

本章では、Haskellにおいて関数を定義する方法を説明してきました。

この時点で、めでたく関数の合成、パターンマッチとガード、再帰的定義が揃ったので、計算機上の実現可能なアルゴリズムは、すでに記述できることになりました。チューリング完全[注15]です。

他の(命令型)言語に親しんでいる人は、関数(や手続き)を定義したり、組み合わせたり、何らかの形で関数(や手続き)を引数にしたり、また、関数(や手続き)を戻り値にしたりすることが、親しんでいる言語と比べ簡潔にできるかどうかにぜひ着目してみてください。関数を作り/使うことにかけては、ここまでの簡潔さを実現できている言語はなかなかないのではないでしょうか。

逆に、ここまで簡潔な関数の扱いを、他の言語である程度なり再現するにはどうすれば良いか、また、実現できないとしたら何がその妨げになっているのか、といったことを考えてみるのも良いでしょう。Haskellからそれらの言語へ立ち戻ったときに、なぜHaskellがそうなっているのかあるいはそうしていないのか、なぜその言語がそうなっているのかあるいはそうしていないのか、理解を深めることになるでしょう。

注15　前述のとおり、万能チューリングマシンと同じ計算能力を持ち、計算機上で実現可能なアルゴリズムは記述できるという特徴を指しています。

第4章

評価戦略

遅延評価と積極評価

4.1 遅延評価を見てみよう ——有効利用した例から、しっかり学ぶ

4.2 評価戦略 ——遅延評価と積極評価のしくみ、メリット/デメリット

4.3 評価を制御する ——パフォーマンスチューニングのために

4.4 まとめ

本章では、式がどのように計算され、値になっていくのかという点について取り上げます。このための計算の順序や規則が「評価戦略」です。

評価戦略を特別に取り上げるのには理由があります。Haskellは「遅延評価」という評価戦略を採用しており、プログラミング言語全体で見て割とめずらしい部類に入るためです。

遅延評価は、結果的に余計だった計算をしないように省いてくれたり、モジュラリティを向上させ記述を簡潔にしてくれたりするメリットを持つ反面、人間には計算順序やその中身がわかりにくいことや、現代の計算機のアーキテクチャとあまり適合していないといったデメリットもあります。

本章では、Haskellの採用している遅延評価とはどのようなものかについて、実際に遅延評価を活かして書いたプログラムから見ていきます。

後に、評価戦略として積極評価と遅延評価を紹介、それらの比較をしつつ、メリット/デメリットを説明していきます。

そして、Haskellは遅延評価ですから、そこから来るデメリットを抑制する方法を、また、他の言語に遅延評価的なメリットを取り込む方法についても少し紹介します。

4.1 遅延評価を見てみよう
有効利用した例から、しっかり学ぶ

遅延評価(*lazy evaluation*)**について詳しい話はとりあえず後の節に回すとして、まずは遅延評価を実際に有効利用したサンプルをいくつか紹介し、遅延評価によって一体どういうことが可能になっているかを確認していきます。**

たらい回し関数(竹内関数)

遅延評価の効能がわかりやすいケースの一つとして、第0章でも少し触れた「たらい回し関数」と呼ばれる関数が有名です。

たらい回し関数の定義

たらい回し関数(竹内関数)は、次のような定義の関数です。他の言語と比較していくため、C++で書いたtarai.cpp(**リスト4.1**)と、Haskellで書いたTarai.hs(**リスト4.2**)の両方を用意しておきましょう。

リスト4.1 tarai.cpp

```
// tarai.cpp
int tarai(int x, int y, int z) {
    return (x <= y)
        ? y
        : tarai(tarai(x - 1, y, z),
                tarai(y - 1, z, x),
                tarai(z - 1, x, y));
}
```

リスト4.2 Tarai.hs

```
-- Tarai.hs
tarai :: Int -> Int -> Int -> Int
tarai x y z
    | x <= y    = y
    | otherwise = tarai
                    (tarai (x - 1) y z)
                    (tarai (y - 1) z x)
                    (tarai (z - 1) x y)
```

どちらも同じように定義しています。x、y、zの3つの引数のうち、yがx以上のときはyに、そうでなければすごい数の再帰が発生するようになっている関数です。複雑な再帰を行っていますが、たらい回し関数に期待される結果は次の関数と同じものです。

```
taraiLessTarai :: Int -> Int -> Int -> Int
taraiLessTarai x y z
    | x <= y    = y
    | y <= z    = z
    | otherwise = x
```

● たらい回し関数の実行——C++版

さて、C++版、Haskell版のたらい回し関数をそれぞれ実行してみましょう。

まずはC++版からです。tarai.cppに以下のようにエントリポイントを追記し、tarai関数を使えるようにしてコンパイルします。

```
// tarai.cpp
// $ g++ -o tarai -O2 tarai.cpp
#include <iostream>
#include <cstdlib>

int tarai(int x, int y, int z) {
    return (x <= y)
        ? y
        : tarai(tarai(x - 1, y, z),
                tarai(y - 1, z, x),
                tarai(z - 1, x, y));
}

int main(int argc, char *argv[]) {
    if (argc < 4) return 1;
    int x = std::atoi(argv[1]);
    int y = std::atoi(argv[2]);
    int z = std::atoi(argv[3]);
    std::cout << tarai(x, y, z) << std::endl;
    return 0;
}
```

とりあえず最初なので、`x = 10, y = 5, z = 0`くらいで実行してみましょう。

```
$ ./tarai 10 5 0
10
```

即座に実行は終了し、正しい結果10が標準出力に印字されます。何も問題はありません。

では、もう少しだけ大きな値ならばどうでしょう。思いきってそれぞれの引数の値を2倍にし、`x = 20, y = 10, z = 0`で実行してみましょう。期待通りであれば、20が標準出力に印字されるでしょう。

```
$ ./tarai 20 10 0
```

今度は、相当待っても終了しません。よほどのモンスターマシンを用意したとしても、この実行はそうそう終わりません。

たらい回し関数の名のとおり、たらい回しな処理、つまり、再帰関数呼び出しを大量に発生させてしまっているのです。

● たらい回し関数の実行——Haskell版

さて、次にHaskell版も実行してみましょう。先ほどのTarai.hsをGHCiでロードしてtarai関数を使ってみます。

```
$ ghci Tarai.hs
```

C++版の時と同様に、まずは`x = 10, y = 5, z = 0`からいってみましょう。

```
*Main> tarai 10 5 0
10
```

Haskell版でもこれは問題ありません。

では、問題の`x = 20, y = 10, z = 0`です。期待通りであれば20になるはずですが、もしC++版と同じだとすれば延々と計算し続け、結果が得られないかもしれません。しかし、実際には以下のように即座に結果が得られます。

```
*Main> tarai 20 10 0
20
```

`x = 100, y = 50, z = 0`でも、`x = 1000, y = 500, z = 0`でも、同様に即座に結果が得られます。

```
*Main> tarai 100 50 0
100
*Main> tarai 1000 500 0
1000
```

これを可能にしている原因の一端が「遅延評価」なのです。

● たらい回しの省略

遅延評価とは、簡単に言うと「実際に使うまで計算しない」という計算順序の規則です。遅延評価でたらい回し関数が速くなるとしたら、たらい回し関数には実際に使われなかった計算がたくさんあるということになります。

もう一度、p.202のリスト4.2のたらい回し関数の定義を見てください。リスト4.2の定義の中の**z**に着目してみましょう。もし、yがx以上で最初のガード条件を満たすのであれば、結果はyに定まるため、zは一切使う必要がありません。つまり、次のようにtaraiを使ったとしても、式1と式2だけ計算した時点で、式3は一切計算せずとも結果が得られるかもしれないのです。

```
tarai (複雑な式1) (複雑な式2) (複雑な式3)
```

もし、式1と式2だけ計算した結果、yがx以上でなかったとしても、そのときになってからはじめて式3を計算すれば良いのです。otherwiseのほうの場合分けを見ると、たらい回し関数の式3として再度たらい回し関数が使われています。この分の計算が丸々省略できるならば、再帰呼び出し回数はずっと少なくなり、計算は断然速く終わるようになります。

一方、遅延評価でないメジャーなほとんどのプログラミング言語では、関数や手続きに引数を渡したその時点で、式はすべて計算され値になっています。必要になるまで計算しないでおくということはしません。そのため、本来なら計算が不要だったかもしれない引数zに相当する式であっても、律儀に計算してからたらい回し関数に渡してしまうのです。

遅延評価では、定義や場合分け次第で実際に使われない部分に対しては、実行時に計算を省略することになり、たらい回し関数のように速くなってくれるかもしれないのです。

図4.1と**図4.2**は、それぞれC++版とHaskell版のたらい回し関数において、再帰呼び出しとその回数がどのように異なってくるかを示しています。図中では、`1.1, 1.2`の再帰呼び出しが完了した時点で、1の呼び出しが`tarai 1 4 ...`という形になるため、この時点yがx以上になっていることが判明し、3つめの引数を計算するまでもなく結果として4を得られるはずです。C++版では、tarai関数を呼び出す際には、その3つの引数すべてが計算完了していなくてはならないため、結果的には不要であるような計算もしてしまっています。一方Haskell版では、tarai関数を呼び出す際にも、その3つの引数すべてが計算完了している必要はないため、3つめの引数が計算されずに放置され、結果的に不要であればそのまま計算せずに完了します。

図4.1 C++版たらい回し関数の様子

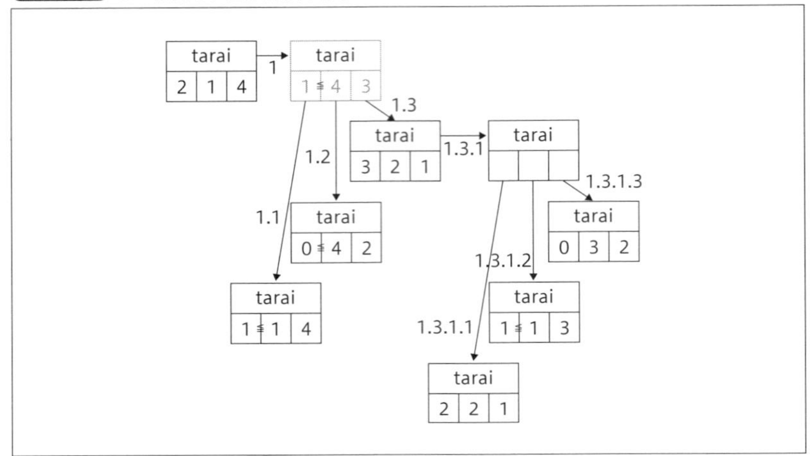

図4.2 Haskell版たらい回し関数の様子

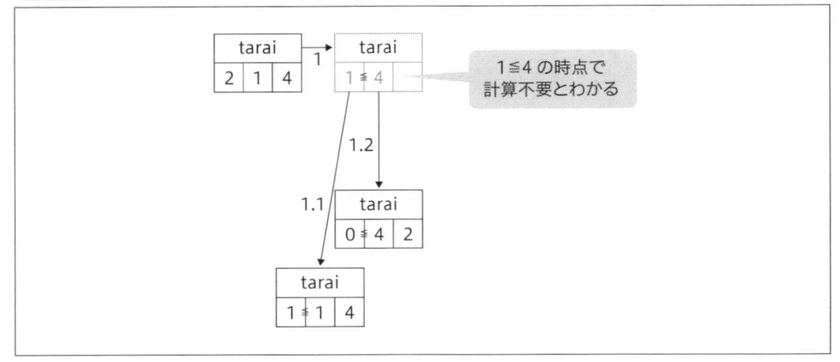

無限のデータ

遅延評価では、無限の構造を内包する値を簡単に定義することができます。無限に続くリストや、無限に広がる木などです[注1]。

通常、無限の構造を内包する値を素直に計算してしまうと、実際に無限に計算も行われてしまって停止しません。しかし、計算を行う上で、実際に無限のデータすべてを使うことはないでしょう。前述したように遅延評価では、使う

注1　稀に、この無限データ構造を作れることだけに着目し、「この言語には遅延評価がある」と言っているのを目に耳にすることがありますが、本来、遅延評価自体はもっと広大なものです。

ところまで計算して使われないところは計算されません。つまり、無限を定義しても、実際には無限に計算を発生させずに済むのです。

● レンジによる無限列

第2章において、リストの**レンジ**による記法を紹介しました。

```
Prelude> [1..10] -- 1から10まで
[1,2,3,4,5,6,7,8,9,10]
Prelude> ['A'..'Z'] -- 'A'から'Z'まで
"ABCDEFGHIJKLMNOPQRSTUVWXYZ"
Prelude> [1,4..10] -- 1から10まで3個間隔で
[1,4,7,10]
```

レンジのときにはあえて紹介しませんでしたが、実は以下のように..(ドット2つ)の右側を省略することができます。

```
Prelude> [0..]
```

これがGHCi上でどのようになるかと言うと、

```
[0,1,2,3,4,5,6,7,8,9,10,11,
```

と延々と表示され続けます。適当なところでCtrl + Cにより停止させます。これが一番簡単に見ることのできる無限列です。このケースでは無限列をそのまま全部使おう(表示しよう)としたため、停止しませんでした。

通常は無限列を定義しても、その中から必要な分だけを使うことになるでしょう。たとえば、無限列の先頭10個を取り出してみます。

```
Prelude> take 10 [0..]
[0,1,2,3,4,5,6,7,8,9]
```

式の中に無限があるにもかかわらず、先頭から10個取り出して計算が終わります。遅延評価により無限になる定義をしても必要なだけしか計算されないため、このようなことができているのです。

● 再帰的定義による無限列

次に、もう少し複雑な無限列を定義してみましょう。ソースファイルLazy.hsを作成し、

```
module Lazy where
```

として、次のようにリストの定義を記述しましょう。

```
nats :: [Integer]
nats = 0 : map (+1) nats
```

このnatsが一体何かと言うと、先ほどのレンジによる無限列で使ったものと同様、0からの始まる無限列になっています。Lazy.hsをGHCiで読み込み、実際に確認してみましょう。

```
*Lazy> nats -- モジュール名をLazyにしたのでプロンプトにLazyが表示される
[0,1,2,3,4,5,6,7,8,9,
```

やはり、延々と続くので適当に Ctrl + C で停止させます。takeなどで使う分だけ取り出すのであれば、遅延評価により期待通り停止するのも同様です。

```
*Lazy> take 10 nats
[0,1,2,3,4,5,6,7,8,9]
```

このnatsを定義されたまま読むと、「natsはIntegerのリストで、先頭が0、それ以降はnatsのそれぞれの要素に1を足したもの」と再帰的に定義されています。この定義を図示したものが**図4.3**です。natsが確かに[0..]と同じものを作っていることがわかるでしょう。

● フィボナッチ数列、再び

第3章で扱ったフィボナッチ数列もまた無限列です。第3章では、フィボナッチ数列のn番めを計算する再帰関数を定義しましたが、フィボナッチ数列そ

図4.3 再帰的定義による自然数列

```
nats = 0:map (+1) nats
  => 0:map (+1) (0:map (+1) nats)
  => 0:1:map (+1) (map (+1) nats)
  => 0:1:map (+1) (map (+1) (0:map (+1) nats))
  => 0:1:map (+1) (1:map (+1) (map (+1) nats))
  => 0:1:2:map (+1) (map (+1) (map (+1) nats))
  …
  => 0:1:2:3:4:5: …
```

のものを無限列として定義することもできます。

フィボナッチ数列は、先頭および2番めの数を1とし、残りは**「フィボナッチ数列」と「『フィボナッチ数列』を1つずらした数列」を足し合わせた**数列として再帰的に定義することもできました。

再び、第3章のp.183の図3.6を見てみましょう。この定義そのままにフィボナッチ数列fibsを定義すると、以下のようになります。

```
fibs :: [Integer]
fibs = 1 : 1 : zipWith (+) fibs (tail fibs)
```

これも当然のように無限列なので、先頭の10個だけ取り出してみましょう。

```
*Lazy> take 10 fibs
[1,1,2,3,5,8,13,21,34,55]
```

たしかにフィボナッチ数列になっています。

このように、「数列のn番め」を考えるよりも、「数列そのもの」を定義してしまったほうが簡単なものは多いです。しかし、そのような数列は同時に無限列であることも多く、遅延評価を備えていない言語では少し工夫しないと停止しなくなってしまうため、あまり定義通りの素直な記述にはなりません。どうしても「数列そのものの性質に関する記述」と、「無限を扱っても、うまく停止するような記述」が混ざった記述をせざるを得ないためです。

● 無限に広がる2分木

無限のリストだけではなく、無限に広がる2分木なども定義することもできます。実は、Haskellは有限のデータ構造と無限のデータ構造が同じ形をしているので、たとえ自分でデータ構造を定義しても、どちらでも何の区別もなく扱えます。

たとえば、第2章で図2.8(p.142)で定義した2分木の定義を使います。

```
data Tree a = Leaf { element :: a } -- 末端
            | Fork { element :: a   -- 枝分かれ
                   , left    :: Tree a
                   , right   :: Tree a
                   } deriving Show
```

ここで、最後の**deriving**という記述を追加しています。このderivingは、定義したデータ構造に対して各クラスのインスタンス定義を自動的に導出するものです。ここでは可能なShowクラスのインスタンスを自動的に導出してもらっており、次のように、定義したデータの値を文字列表示させることができるようになります。

```
*Lazy> Leaf 0
Leaf {element = 0}
*Lazy> Fork 1 (Leaf 2) (Leaf 3)
Fork {element = 1, left = Leaf {element = 2}, right = Leaf {element = 3}}
```

では、**図4.4**のような、各ノードにそのノードの深さが入った無限に広がる2分木dtreeを作ってみます。

```
dtree :: Tree Integer
dtree = dtree' 0 where
    dtree' depth = Fork { element = depth
                        , left = dtree' (depth + 1)
                        , right = dtree' (depth + 1)
                        }
```

実際に、このdtreeを確認してみると、

```
*Lazy> dtree
Fork {element = 0, left = Fork {element = 1, left = Fork {element = 2, left =
```

と、やはり延々と続きます。適当なところでCtrl + Cで停止させます。
左の子や右の子は子なので、値としては深さ1が入っているはずです。

```
*Lazy> (element . left) dtree
1
*Lazy> (element . right) dtree
1
```

同様に、左の子の右の子の値は孫なので、深さ2が入っているはずです。

```
*Lazy> (element . right . left) dtree
2
```

図4.4 ノード自身の深さを持つ無限2分木

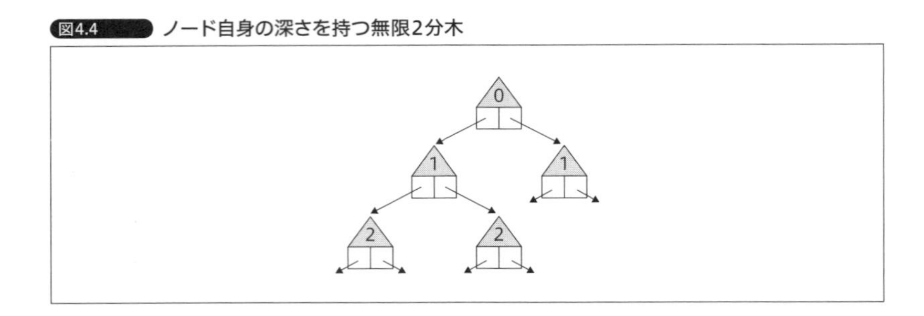

dtreeはあらゆるノードからleftとrightに無限に子孫が広がっているので、何回でもleftやrightで子孫を取り出すことができます。

省略によるエラー耐性

遅延評価では、使われない不要な計算は行われません。これはつまり、結果的に不要な計算だったところに何らかのエラーを生じる式(たとえば0除算など)があったとしても、うまく省略されてエラーが発生せずに、全体としては計算結果が得られるかもしれないということを意味します[注2]。遅延評価には[注3]、高いエラー耐性が期待できます。

実行時のエラー

Haskellには(とくに古くからあるPreludeの関数には)まだ安全でないところもたくさんあります。たとえば、リスト周りであれば、

- **空リストに対し、以下の計算をしようとすると実行時エラーになる**
  - リストの先頭要素を取る`head :: [a] -> a`
  - リストの先頭以外を取る`tail :: [a] -> [a]`
  - リストの末尾要素を取る`last :: [a] -> a`
  - リストの末尾以外を取る`init :: [a] -> [a]`
- **リストに対し、n番めの要素を取る`(!!) :: [a] -> Int -> a`は、nがリストの長さ以上のときに実行時エラーになる**

などであり、これらは本来実行時エラーになるのではなく、結果が`Maybe a`であって欲しいものです。値が正しく取れるなら`Just`で、実行時エラーになる状況であれば`Nothing`になって欲しいのです。基本的な部分なので、軽々には変更できないのでしょう。別途、これらが`Maybe a`になっているようなライブラリも作られるなどしています。

他にも、第3章で説明したとおり、網羅的でないガード条件やパターンマッチなどは実行時エラーを起こしますし、0除算なども他の言語同様あり得ます。

また、Haskellには停止性の判定がありませんから、不用意な再帰的定義が無限ループ(無限再帰)を引き起こしたりします[注4]。

このように、型で守られている性質のある一方で、いまだ型で守れていない

注2　もちろん、エラーを生じる式など元々ないに越したことはありません。

注3　現実的には少しだけですが。

注4　停止性判定のあるAgdaやCoqなら良いのですが。

部分もあり、実行時エラーで落ちたり無限ループに入り込んだりしてしまうことからは、完全には守れているとはとても言えません。

● 最高の実行時エラー対策 ——それは、実行しないこと

実は、実行時エラーを起こさないようにする最高の対策法があります。実行時エラーを起こすかもしれないものを極力実行しなければ良いのです。関数型言語では関数そのものが引数に渡されるかもしれませんから、あらゆる計算は実行時エラーを起こす要因を孕(はら)んでいるかもしれません。極力実行せずにしておき、本当に必要になったものだけ計算するようにしましょう。そのような計算方法がありましたね。そう「遅延評価」です。次の関数たちを見てみましょう。

```
goodSumWithNext :: Num c => [c] -> [c]
goodSumWithNext xs = zipWith (+) xs (tail xs)

badSumWithNext :: [Integer] -> [Integer]
badSumWithNext [] = []
-- badSumWithNext [a] = [] -- この場合を忘れてた！
badSumWithNext (a:b:xs) = a+b : badSumWithNext (b:xs)

appliedHead :: (t -> [a]) -> t -> Maybe a
appliedHead f x = case f x of
                    []    -> Nothing
                    a : _ -> Just a
```

good/badSumWithNextの2つの関数は、与えられたリストについて、ある要素とその次の要素を足したリストを作る関数です。ただし、goodSumWithNextのほうはzipWithで正しく定義されていますが、badSumWithNextのほうは無理に自前の再帰関数で定義しようとした結果、ケースを1つ忘れてしまっている状態です。試しに実行すると、badSumWithNextだけ実行時エラーになります。

```
*Lazy> goodSumWithNext []
[]
*Lazy> goodSumWithNext [1]
[]
*Lazy> goodSumWithNext [0..9]
[1,3,5,7,9,11,13,15,17]
*Lazy> badSumWithNext []
[]
*Lazy> badSumWithNext [1]
*** Exception: Lazy.hs:(26,1)-(28,53): Non-exhaustive patterns in function badSumWithNext

*Lazy> badSumWithNext [0..9]
[1,3,5,7,9,11,13,15,17*** Exception: Lazy.hs:(26,1)-(28,53): Non-exhaustive patter
ns in function badSumWithNext
```

最後のappliedHead関数は、与えられた関数fをもう1つの引数xに適用し、そのf xの結果のリストに先頭があればJustで取り出す関数です。

このappliedHeadとbadSumWithNextを組み合わせてみましょう。

```
*Lazy> appliedHead badSumWithNext []
Nothing
*Lazy> appliedHead badSumWithNext [1]
*** Exception: Lazy.hs:(26,1)-(28,53): Non-exhaustive patterns in function badSumWithNext

*Lazy> appliedHead badSumWithNext [0..9]
Just 1
```

あいかわらず、[1]を与えた場合については実行時エラーになります。しかし、[0..9]を与えた場合については、badSumWithNextがappliedHead内部で適用されているにもかかわらず、実行時エラーを生じなくなりました。

これは、appliedHeadが結果を作る上で必要としたのはbadSumWithNext [0..9]の結果の最初1つのみで、それ以降については完全に不要だからです。badSumWithNextの実行時エラーはリストの最後まで再帰が進んだときに発生します。遅延評価によってappliedHeadによって必要とされなかったため、実際に実行時エラーが発生するところまでのbadSumWithNextの計算は省略されてしまったのです。

このように、遅延評価は、どこかで実行時エラーや無限ループが発生する可能性があっても、正しく結果が得られる可能性が高い計算の実行順番になっているのです。

平均値

遅延評価がどのような表現を可能にするかをもっと実感するために、実務的な計算の1つとして平均値の計算を取り上げます。

通常の平均値の計算

通常、Doubleのリストの要素に対する平均値を求める関数は、次のような関数を定義することになるでしょう。

```
mean :: [Double] -> Double
mean xs = sum xs / fromIntegral (length xs)
```

平均値なので、リストの中身をすべて足し、リストの要素数で割ります。lengthが与える長さはIntなのでfromIntegralという関数でDoubleに変換しています。GHCiで動作を確認しても、期待通りの平均値になります。

```
*Lazy> mean [1.23,4.5,6.7,8.9]
5.3325
```

● ちょっと変わった平均値の計算

さて、この平均値の計算ですが、

- **リストの中身をすべて足し合わせる**(sum)
- **リストの要素数を数える**(length)

で、都合2回リストを走査するようになっています。

では、もし仮にリストの要素数がすでにわかっているならば、定義はどのように変わってくるでしょうか。単純に置き換えるのであれば、

```
-- !注意! この「mean'」は仮のものです。動きません
mean' :: [Double] -> Double
mean' xs = sum xs / xsの要素数
```

と全部足した後に割るのではなく、たとえば以下のように、リストの中身をすべて要素数で割りながら足し合わせることもできますね。

```
-- !注意! この「mean'」は仮のものです。動きません
mean' :: [Double] -> Double
mean' xs = foldl (\m x -> m + x / xsの要素数) 0 xs
```

いずれにせよ、リストの走査を1回行えば済むようになるでしょう。しかしながら、現実にはリストの要素数を求めるとき、結局もう1回リストを走査しなければなりません。となると、この発想は一見、机上の空論にも見えます。

しかし、Haskellなら次のような関数「mean'」を定義することができます。

```
mean' :: [Double] -> Double
mean' xs = let (res, len) = foldl (\(m, n) x -> (m + x / len, n + 1)) (0, 0) xs in res
```

まず**let**でresとlenを定義しています。これらはそれぞれ、=の右辺で定義される平均値とリストの要素数です。inの後を見てわかるように、最終的に結果としては平均値、つまりresを与えます。letの=の右辺では、foldlで平均値とリストの要素数をタプルで同時に計算します。foldl1つでリストxsを走査しているだけなので、リストの走査は1回です。ここで着目して欲しいのは、foldlの結果として得られるはずのリストの要素数lenを、foldlの計算の途中の段階である平均値を求めるときに、つまり「結果が得られる前であるにもかかわら

ず、その結果の一部をすでに得られたものとし、再帰的に使ってしまっている」ようになっているところです。

とりあえず、このような定義であっても関数「mean'」が期待通りに動くことを確認してみましょう。

```
*Lazy> mean' [1.23,4.5,6.7,8.9]
5.3325
```

図4.5は、この関数「mean'」がどのように評価されるかを表したものです。

最終的に必要なのはresですから、まずresを得ようとして、foldlの結果のタプルの1つめだけを得ようとします。タプルの1つめを得るためにはxsを先頭から計算しようとしますが、すぐにlenが必要であることがわかり、今度はfoldlの結果のタプルの2つめだけを得ようとします。foldlの結果のタプルの2つめだけであれば、foldlの計算においてタプルの右側の計算だけを行えば良く、この計算をリストの最後まで行うのに他の要素は必要としません。lenが得られてしまえば、今度はfoldlの計算において、タプルの左側の計算が進められるようになるので、resがリストの最後まで計算できるようになります。

たとえ1つの関数の結果であっても、その結果が複数の部分から成る場合、その部分ごとに実際に必要になるタイミングは異なります。遅延評価では、必要になった部分については評価していき、必要でない部分は、たとえワンセットの結果であっても必要になるまで計算が放置されます。一見、無限再帰に陥るようにも見えるのですが、必要になった値を決めるのにその値自体が必要にならない限り、このような再帰的定義も無限再帰に陥らずに計算が可能です。

●●●●●●●●●●

図4.5　平均値の計算の様子

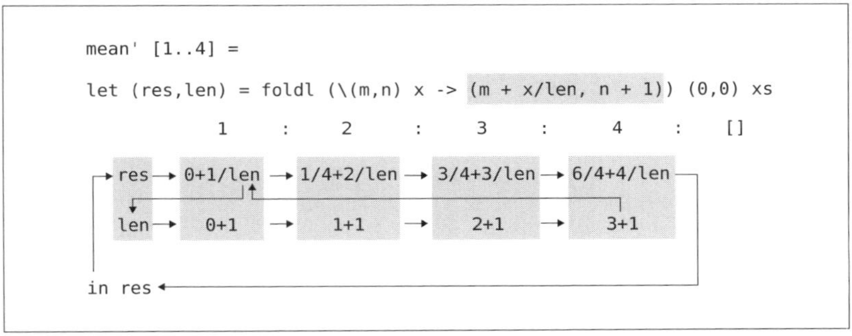

```
mean' [1..4] =
let (res,len) = foldl (\(m,n) x -> (m + x/len, n + 1)) (0,0) xs
                1    :    2    :    3    :    4    :    []
 res → 0+1/len → 1/4+2/len → 3/4+3/len → 6/4+4/len
 len →   0+1   →    1+1    →    2+1    →    3+1
in res
```

わざわざ平均値をこのような定義で与えるメリットは、今のところこれと言ってないでしょう。ですが、遅延評価がこれまで親しんできた比較的メジャーな言語のものと比べ、いかに「違う」かが、この変わった平均値の求め方からは明確に理解できたのではないでしょうか。

4.2 評価戦略
遅延評価と積極評価のしくみ、メリット/デメリット

前節では、サンプルを通して、遅延評価で何が可能になるかについて説明しました。本節では、基本事項を押さえるべく、ポイントを見ていきましょう。

評価戦略と遅延評価

遅延評価は、**評価戦略**(*evaluation strategy*)の一種です。評価戦略とは、与えられた式を計算し結果を得る、つまり、**評価**(*evaluation*)を行うときの計算順の決め方です。

どういう順番で評価を進めていき[注5]、どういう状態になったら評価が停止/終了するのか[注6]によって、評価戦略は決まります。とくに、関数や手続きの引数に対し、評価済み状態にしてから渡すかどうかが着目されます。

簡約

関数型言語の理論的背景は「ラムダ計算」です。ラムダ計算では、**簡約**(*reduction*)という変換操作を行うことで評価を進めます。簡約とは、ラムダ計算における関数適用の規則です。つまり、ラムダ式をHaskell風に書きますが、

```
(\x -> 変数xを含むかもしれない式A) 式B
```

のような式があるとき、これを

```
式A中の変数xをすべて式Bに置き換えた式
```

とするような変換規則です。

注5　後述する簡約。
注6　後述する正規形やWHNF(弱冠頭正規形)など。

● 正規形

式に対して簡約を進めていくと、これ以上、式中のどの部分についても簡約できない式になることがあります。つまり、関数がないか、関数があるけど適用される値がないような形です。ここまで簡約された式を、とくに**正規形**(*normal form*)と呼びます。

● 簡約の順番

式が与えられたとき、その簡約の実行方法は1つではありません。たとえば、

```
   (\x -> x + x) ((\x -> x * x) 1)
```

のような式があるとき、

```
   (\x -> x + x) ((\x -> x * x) 1)
 {((\x -> x * x) 1) を簡約}
=> (\x -> x + x) (1 * 1)
 {1 * 1 => 1}
=> (\x -> x + x) 1
 {(\x -> x + x) 1 を簡約}
=> 1 + 1
 {1 + 1 => 2}
=> 2
```

という順番で実行する簡約もあり得るでしょうし、

```
   (\x -> x + x) ((\x -> x * x) 1)
 {(\x -> x + x) ((\x -> x * x) 1) を簡約}
=> ((\x -> x * x) 1) + ((\x -> x * x) 1)
 {1つめの((\x -> x * x) 1) を簡約}
=> (1 * 1) + ((\x -> x * x) 1)
 {1 * 1  => 1}
=> 1 + ((\x -> x * x) 1)
 {2つめの((\x -> x * x) 1) を簡約}
=> 1 + (1 * 1)
 {1 * 1  => 1}
=> 1 + 1
 {1 + 1  => 2}
=> 2
```

という順番で実行する簡約もまたあり得るでしょう。いくつか簡約できる箇所があるとき、どこから簡約するかによってその順番は何通りにもなるのです。

ラムダ計算が基礎となっている関数型言語において、評価戦略とは「簡約を行う順序の決め方」と言えるでしょう。

● 順番による結果の違い

次の式を見てみましょう。

```
(\x -> x x) (\x -> x x)
```

この式を簡約すると、

```
   (\x -> x x) (\x -> x x)
=> (\x -> x x) (\x -> x x)
=> (\x -> x x) (\x -> x x)
=> ...
```

と永遠に簡約することでき、同じ形の式になり続けます。つまり、無限ループに陥ります[注7]。さてここで、もう1つ次のようなラムダ式を用意します。

```
(\x -> (\y -> x))
```

この式は、xを取ったら何を取ってもxとなるラムダ式になるラムダ式です。

```
   (\x -> (\y -> x)) 1
=> (\y -> 1)
```

では、先ほどの無限ループになるラムダ式と一緒に使ってみましょう。

```
(\x -> (\y -> x)) 1 ((\x -> x x) (\x -> x x))
```

この式を異なる簡約順序の選択方法で簡約してみます。

まずは、引数になるときには簡約してからという順番での簡約です。以下のように無限ループになります。

```
   (\x -> (\y -> x)) 1 ((\x -> x x) (\x -> x x))
 {(\x -> (\y -> x)) 1 を簡約}
=> (\y -> 1) ((\x -> x x) (\x -> x x))
 {(\x -> x x) (\x -> x x) を簡約}
=> (\y -> 1) ((\x -> x x) (\x -> x x))
 {(\x -> x x) (\x -> x x) を簡約}
=> (\y -> 1) ((\x -> x x) (\x -> x x))
 {(\x -> x x) (\x -> x x) を簡約}
=> ...
```

次に、引数になるときもまだ簡約はせず、そのままでという順番での簡約です。以下のように1になります。

注7　ちなみに、Haskellではこの式に型が付きません。

```
   (\x -> (\y -> x)) 1 ((\x -> x x) (\x -> x x))
  {(\x -> (\y -> x)) 1 を簡約}
=> (\y -> 1) ((\x -> x x) (\x -> x x))
  {(\y -> 1) ((\x -> x x) (\x -> x x)) を簡約}
=> 1
```

このように簡約を行う順番、つまり評価戦略としてどのようなものを採用しているかにより、同じ式でも一方では計算が停止し、他方では計算が停止しないことがあるなど、その外延的な性質が異なってくるということはあり得るのです。

積極評価

積極評価(*eager evaluation*)は、評価できる箇所をさっさと評価してしまい、できるだけすでに評価済みで、それ以上評価する必要のない値に落とし込もうとする評価戦略です。**正格評価**(*strict evaluation*)や**先行評価**、**厳密評価**とも呼ばれます。

既存のメジャーな命令型言語はほぼ積極評価になっていますし、関数型言語でも積極評価を採用している言語は多いです。積極評価は、これまで他の言語に触れてきた方であれば直感的にもわかりやすいでしょう。

C言語

たとえば、C言語で次のような手続きの呼び出しがあったときを考えましょう。

```
f(g1(),g2(),g3())
```

手続きfの呼び出しのときには、3つの引数がすでに「値になっている」はずです。しかし、引数の3つの手続きg1とg2とg3が「どの順で実行されるか」は不定です。つまり、以下2点がC言語の評価戦略と言えるでしょう。

- 手続きの呼び出しの際には引数は値になっている
- 各引数が値になる順番は決めない(コンパイラ依存)

この1点めをもって、C言語は積極評価となります。

もし、g1、g2、g3をこの順で実行するようなバイナリを生成するコンパイラと、逆順で実行するようなバイナリを生成するコンパイラがある場合、この引数の評価順序に依存したコードを書いてしまうと、意図しない挙動になりバグに繋がるかもしれませんので、通常の目的ではコーディング時に避けるようになります。誤解を招きそうではありますが、これはコンパイラの実装に自由度を持たせられる仕様になっているだけで、別段悪いということではありません。

遅延評価

遅延評価(*lazy evaluation*)は、これまでも何度か触れていますが、実際に評価が必要とされるまでは評価を行わない評価戦略です。**非正格評価**(*non-strict evaluation*)です。本書でおもに扱っているHaskellは遅延評価ですが、実は遅延評価を採用している言語はそれほど多くはなく、言語全体でも少数派な部類になります。理由は、後の利点と欠点の項にて説明します。

最左最外簡約

簡約の順序として、

- **外側にあるものから**
- **左側にあるものから**

を、優先的に簡約していくという順序の選び方があり、**最左最外簡約**(*leftmost-outermost reduction*)と呼ばれます。前述した、以下のラムダ式のケースで、正しく停止して1になったほうの簡約順序は、実は最左最外簡約によるものでした。

```
(\x -> (\y -> x)) 1 ((\x -> x x) (\x -> x x))
```

最左最外簡約は、評価戦略としては遅延評価になります。

最左最外簡約で停止しないラムダ式であれば、他のどのような簡約順を選んでも停止しないことが知られています。このような簡約順を**正規順序**(*normal order*)と呼びます。

WHNF(弱冠頭正規形)

Haskellの遅延評価では、式を評価するときに、

- **これ以上、適用する値がない関数**
- **式の先頭にコンストラクタが出た状態の値**

というところまで評価を行います。この形は、**弱冠頭正規形**(*weak head normal form*)と呼ばれます。よく「**WHNF**」と略記されます。

WHNFでは、ラムダ式の正規形とは異なり、まだ簡約できる箇所が残されているかもしれません。たとえば、Maybe型の(`Just` 式)という式があるときには、`Just`の中身である式の部分が、たとえまだ評価できる形をしているとしても、その必要がなければ評価せずに残されます。

たとえば、`Just`かどうかを判定する関数isJustがあります。

```
isJust :: Maybe a -> Bool
isJust Nothing = False
isJust (Just _) = True
```

このisJustをJust (1 + 2)に適用しても、(1 + 2)の計算は実行されることなく、Trueが得られます。

WHNFは、データ構造の評価タイミングと、そのデータ構造の中身に入っている値の評価タイミングを見事に分離しています。たとえば、リストの長さを求めるためには、リストのデータ構造は必要です。(:)によりまだデータ構造としてまだ先があるのか、それとも[]によりデータ構造としてここで終わりなのかは重要です。その一方で、リストの中身である1つ1つの要素については長さを求めるだけなら不要です。たとえば、次の実行結果を見てみます。

```
*Lazy> let loop = loop in loop
^CInterrupted.
*Lazy> let loop = loop in length [loop,loop,loop]
3
```

無限ループする要素のリストについて長さを求めていますが、無限ループに陥らずに長さを得ることができています。

構造の大きさを得る関数lengthがリストという構造に対して動作する場合、(:)か[]かどちらのコンストラクタかをパターンマッチで確認し、(:)なら+1して再帰、[]なら0となります。つまり、次のような関数と同様の挙動になります。

```
length [] = 0
length (_:xs) = 1 + length xs
```

パターンマッチの際にリストの値の評価が必要になりますが、パターンマッチはデータの構造についての場合分けになるため、WHNFまでで評価が止まった後、さらにその中身までは必要とされません。パターンマッチで(loop : xs)という形までは評価されて取り出されますが、WHNFまでなので、loopの部分は評価されずに放置されたままになります。その結果、無限ループに陥らずに期待通りの結果を得ることができるようになります。

● サンク

Haskellの遅延評価では、必要とされるまで評価を行いませんが、代わりに「評価が行われないまま放置されている計算予定」オブジェクトが都度作られていきます。このオブジェクトのことを**サンク**(*thunk*)と言います。サンクは、Haskellの遅延評価を実現しているしくみの一つです。サンクに予定された計算の結果が必要とされて計算が発生する、あるいは、計算を発生させて値を得ることを、「サンクを潰す」と言うことがあります。

先出の、たらい回し関数の再帰部分を見てみましょう。

```
tarai (tarai (x - 1) y z) (tarai (y - 1) z x) (tarai (z - 1) x y)
```

taraiの結果にtaraiを適用しますが、評価しても即座には計算されずに、ただサンクが作られます。

- `tarai (x - 1) y z`の計算が予定されたサンク
- `tarai (y - 1) z x`の計算が予定されたサンク
- `tarai (z - 1) x y`の計算が予定されたサンク

の3つが作成され、最も外側のtaraiの計算が始まります。たらい回し関数ではすぐに1番めと2番めの引数比較が必要になり、3番め以外のサンクの評価が必要になります。1番め2番めのサンクは評価され、評価結果の値を残したら御役御免となり、GC（*Garbage Collection*）対象になります。3番めのサンクは、比較の結果によっては最後まで必要とされません。必要であれば評価され、値を残し、1番め2番めのサンク同様にGC対象になります。必要がなかったら、そのままGC対象となり消えていきます。

● グラフ簡約

積極評価では、通常即座に計算が行われるため、その計算結果が収められた変数を何度利用しても、最初の1回だけが計算されれば良いことになります。

一方、Haskellではサンクを作り、必要になったときにサンクを潰しますが、何度も必要とされたらその都度サンクを潰すのでしょうか。

たとえば、以下のようなfooとbarを用意します。

```
foo :: Double
foo = mean [0..9]

bar :: Double
bar = foo + foo
```

barを評価すると、関数`(+)`にfooとfooを渡しますが、まずは、fooは未評価のまま`mean [0..9]`を予定したサンクが作られます。関数`(+)`の計算でfooの評価済みの値はすぐに必要になりますから、このサンクが評価されて`mean [0..9]`が評価され、fooは`4.5`という値になります。barにおいて、関数`(+)`は2回fooを必要としますが、片方で評価されたときにfooは`4.5`になっており、もう片方では再度mean [0..9]の計算を行うことなく4.5が得られるようになります。

このように、Haskellでは同じ式が複数回利用されることが明らかな場合、その評価が最初の1回についてだけ行われ、次回以降に必要になったときはキャッシュされた結果が使われます。これは、Haskellが純粋である[注8]という性質と共に、必要としている/されている式同士の関係のグラフからキャッシュを利用するかを判断する**グラフ簡約**(*graph reduction*)というしくみを持っているためです。

積極評価と遅延評価の、利点と欠点

積極評価と遅延評価には、それぞれに利点と欠点があります。だからこそ、言語によってどれを選択しているかが異なりますし、真にどちらが良いか決着が付くということもしばらくはないでしょう。

積極評価の利点、遅延評価の欠点

積極評価の利点は、何と言っても現在の計算機アーキテクチャとの相性の良さでしょう。現在の計算機アーキテクチャでは、レジスタやメモリに値を載せて次に渡す積極評価がベースに考えられており、最適化や投機的実行のしくみについてもその前提は変わりません。レジスタにも載せやすくキャッシュヒットも上げやすいでしょう。結果的に、積極評価な言語はあまり複雑なことをせずとも高速にしやすいのです。

積極評価では、できるだけ計算を後に回すことなしに、その都度計算して値に落としていくため、サンクのようなものを作ったりなど遅延評価のための複雑なしくみを用意する必要がありません。結果的に、ランタイムはシンプルになります。

また、現在の計算機の低レベルな部分と実行モデルも近く、人間が直感的に思い浮かべる実行順序と近いため、パフォーマンスに問題がある場合に、どこを改良するとパフォーマンスが改良されるかわかりやすいことが多いです。

これは裏返すと、遅延評価の欠点にもなっています。遅延評価は現在の計算機アーキテクチャとはお世事にも相性が良くはありません。

サンクのような遅延評価のためのしくみには、やはり相応のコストがかかります。遅延評価に伴う、

- 使われないかもしれない計算予定を作るコスト
- 実際にそれが使われないことから得られるベネフィット
- 作った計算予定を(GCなどで)破棄するコスト

注8　いつ評価しても同じ式は同じ値にならなければキャッシュは使えないので、純粋性は必要です。

が、積極評価での、

- 使われないかもしれないけど実際に計算してしまうコスト

を下回らない限り、遅延評価の実行速度が積極評価の実行速度を上回ることはなく、計算一般において実際にメリットを享受できるかは微妙なラインでしょう。サンクがメモリを圧迫することもあります。

想定ほどのパフォーマンスが出なかった場合に、どこを改良すればパフォーマンスが改良されるのかについても、直感的にはわからないことが多いです。各部の評価が発生する順番を人間が追い切るのは大変でしょう。

他にも、サンクの始末のためにGCが必須になってくるため、組み込みに求められるようなシビアなリアルタイム性の保証が難しいという面もあります[注9]。

● 遅延評価の利点、積極評価の欠点

遅延評価の1つの利点は、必要のない計算は本当に行わないことで計算量を低減できることです。しかしながら、先ほども述べたように、現代の計算機アーキテクチャ性能をフルに引き出しがちな、たとえばC言語やOCamlのような積極評価の言語と比べると、一般の計算において強く利点として主張できるかは少々微妙かもしれません。

必要のない計算は本当に行わないことが本当に活きるとすれば、エラーや無限ループになる処理があったときに、それが必要なければ実行が完全に無視されることで、正しい結果が得られる可能性が高まるというところでしょう。それにしても、そもそもそのような処理が設計上混ざるべきではないので、あまり強く言えるようなところでもないでしょう。

明確に遅延評価を採用する利点と言えるところは、計算の定義とその実行を区別できることです。この定義と実行が分離しているという性質により、再帰的定義を用いるべき箇所では気軽に用いることができるようになります。結果として、積極評価を凌駕(りょうが)するモジュラリティの実現が容易になるでしょう。

たとえば、積極評価では、

- ある性質の無限列を生成するもの
- 列から指定個を取り出すもの

を、それぞれ個別に定義し、部品として使うことは難しいのです。

注9　積極評価な言語でも、最近ではGCが標準装備ということもあるので、遅延評価な言語だけの問題ではないとは思います。

- ある性質の無限列のうち指定個までを生成するもの

までしか、部品としては分割できないことが多いでしょう。積極評価では無限を定義した上で、それを使ってしまったら、実際に無限個のデータを作り始めてしまうためです。具体的には、

- フィボナッチ数列のn番めまでを作る
- 素数列のn番めまでを作る

という粒度の2つの処理を用意することは簡単ですが、

- （無限の）フィボナッチ数列を作る
- （無限の）素数列を作る
- 数列のn番めまでを取り出す

まで分割した粒度の3つの処理を用意し、これらを組み合わせることによって、

- 「（無限の）フィボナッチ数列を作る」から「数列のn番めまで取り出す」
- 「（無限の）素数列を作る」から「数列のn番めまで取り出す」

として元々の2つの処理と同じ処理を実現することは難しいのです。後者のほうが、「数列のn番めまでを取り出す」を共通部品として利用できているため、モジュラリティが高いのは明らかです。

命令型言語の言葉で説明するならば、ループはループとして無限に回るものを部品として用意し、ループの中から任意の必要な部分だけを実際に実行する部品と組み合わせる、といったところでしょうか。通常、このような処理は、必要な部分の選定はループに強く結合した形で記述されることになるでしょう。

本章で見てきた無限のフィボナッチ数列fibsの定義のように、フィボナッチ数列や素数列は無限リストになるように再帰的定義するのが自然でしょう。そのような人間にとって自然な再帰的定義を行うためには、遅延評価により、定義は定義でしかなく、実行とはまた別であることを利用する必要があります。遅延評価では、無限に生成するような再帰的定義を行ったところで、実行も無限に行われてしまうわけではありません。もし実行されれば定義に沿った値を提供しますが、実際には必要とされたところまでしか実行されません。人間の感覚では無限に再帰をさせるような定義が自然な定義であるような部品に対しても、言語の都合に合わせて定義の仕方を歪める必要がありません。遅延評価の言語では、定義と実行が区別されているからこそ、無限のデータ構造を定義して使ってしまっても問題ないのです。

4.3 評価を制御する
パフォーマンスチューニングのために

すでに説明したように、遅延評価あるいは積極評価には利点/欠点があります。遅延評価を採用した言語を利用していたとしても、積極評価にしたほうが速いこともありますし、その逆もまたあり得るでしょう。

そのようなとき、部分的にでも「評価の順番」をコントロールできると、パフォーマンスチューニングに効果があります。

評価の進む様子を観察する

GHCi上にて:sprintを使うと、評価状況を確認することができます。Lazyモジュールを読み込み、自然数列natsに対して評価状況を確認してみましょう。

当たり前ですが、読み込み直後はまったく評価が進んでいません。

```
*Lazy> :sprint nats
nats = _
```

_(アンダースコア)は評価されていない部分、つまり「サンク」となります。では、ここから先頭5つを取り出して長さを確認します。結果は当然「5」になります。

```
*Lazy> length (take 5 nats)
5
```

そして、再度:sprintにて評価状況を確認すると次のようになります。

```
*Lazy> :sprint nats
nats = 0 : _ : _ : _ : _ : _
```

「先頭5要素と、それ以降の残りの要素」という形まで評価が進んでいます。最初の0についてはnatsの定義で与えられているため値が出ています。それ以外の4要素については、計算しないとわからないこと、そして、長さを調べるだけであれば中身を計算する必要がないことから、未評価のままとなっています。

では、改めて5要素の中身まで見て、その上で評価状況を確認してみます。

```
*Lazy> take 5 nats
[0,1,2,3,4]
*Lazy> :sprint nats
nats = 0 : 1 : 2 : 3 : 4 : _
```

要素の中身を表示するために計算が必要となったため、先ほどまでは未評価であった4要素までも評価済みの状態となりました。

不要な計算を実行しない、「遅延評価」の様子が確認できたと思います。

サンクを潰す

Haskellは遅延評価であり、パターンマッチが必要とされ、評価が必要になるまで計算が発生することはありませんが、部分的に評価を強要することで、未評価のサンクを潰しておくこともできます。遅延評価が不要と明確に判断できるような箇所に対しては、その場その場で評価を強要していくことで、遅延評価のデメリットを低減し、積極評価のメリットを享受することができるのです。

そのために、**seq**という関数が用意されています。まずは、この関数の型を確認してみましょう。

```
Prelude> :t seq
seq :: a -> b -> b
```

何をする関数かよくわかりませんね。挙動を見てみます。

```
Prelude> 1 `seq` 2
2
Prelude> "" `seq` Just 1
Just 1
```

どうも2つめの値になる関数のようです。さて、1つめの値は何のためにあるのでしょう。実は、関数seqは、1つめの値を「WHNFまで評価してから」2つめの値になる関数なのです。たとえば、次の挙動を見てみましょう。

```
Prelude> let loop = loop
Prelude> length [loop,loop,loop]
3
Prelude> loop `seq` length [loop,loop,loop]
```

最初のlengthは3という結果が得られますが、次のlengthは結果が得られません[注10]。これは関数seqにより、「loopを評価してから」lengthを評価しようとするためです。loopは無限ループする定義なので、評価しようとすると計算が止まらなくなります。

もう少し具体的な話をしましょう。たとえば、次の2つの式を見ていきます。

注10 適当なところでCtrl + Cで止めておきましょう。

```
Prelude> let xs = map (+1) [0,1,2] in xs ++ xs
[1,2,3,1,2,3]
Prelude> let xs = map (+1) [0,1,2] in xs `seq` xs ++ xs
[1,2,3,1,2,3]
```

どちらも同じ結果になりますが、前者の式では、xs ++ xsの印字がGHCiによって必要とされた段階になってはじめて、xsの評価にかかります。順序は以下のようになります。

❶GHCiが与えられた式の印字のため、評価を必要とする
❷xs ++ xsの評価をしようとする
❸(++)の評価に必要とされ、xsを評価しようとする
❹xsがWHNFまで簡約され、(:)でコンストラクトされていることがわかる
❺...

後者の式では、xs ++ xsの印字がGHCiによって必要とされる段階には、すでにxsがWHNFにまで評価されています。つまり、xsがリストのコンストラクタの一つ(:)で作られているというところまで判明した状態で、xs ++ xsの評価にかかるのです。順序は以下のようになります。

❶GHCiが与えられた式の印字のため、評価を必要とする
❷xs `seq` xs ++ xsの評価をしようとする
❸xsがWHNFまで簡約され、(:)でコンストラクトされていることがわかる
❹(++)の評価に必要とされ、xsを評価しようとする
❺...

評価の順番が入れ替わっていることがわかるでしょうか。この式に対しては、順序の入れ替わりについて大した違いがないため、結果は同じです。

seqにはWHNFまで評価を強制させてサンクを潰す効果がありますが、他にも評価を強制させる方法がいくつかあります。

● コンストラクト時に潰す

データ型を定義する際、以下のようにフィールドに!(*bang*、バン)を付けることがあります。

```
data X a = X !a
```

!が付いたフィールドについては、この型の値のコンストラクト時に評価を行うようになります。たとえば、

```
data X = X1  Int
       | X2 !Int
       deriving Show

x1 = X1 (1 + 1)
x2 = X2 (1 + 1)
```

というコードを用意し、次のようにすると確認できます。

```
*Lazy> :sprint x1
x1 = _
*Lazy> :sprint x2
x2 = _
*Lazy> x1 `seq` ()
()
*Lazy> x2 `seq` ()
()
*Lazy> :sprint x1
x1 = X1 _
*Lazy> :sprint x2
x2 = X2 2
```

最初はx1とx2共に未評価ですが、それぞれseqによりWHNFまで評価だけ行います。x1についてはX1でコンストラクトされた値で、そのフィールドは未評価のままです。一方、x2についてはX2でコンストラクトされた値で、フィールドも評価されています。

dataで定義したデータ型のフィールドはデフォルトで遅延評価です。一方で、newtypeで定義したデータ型のフィールドはデフォルトでWHNFまで評価されます。たとえば、次のようなnewtype定義のデータ型Yに対し、

```
newtype Y = Y Int deriving Show
```

x1、x2同様に評価してみると、

```
*Lazy> :sprint y
y = _
*Lazy> y `seq` ()
()
*Lazy> y
Y 2
```

x2のほうと同様の結果になります。これは、dataとnewtypeの大きな違いの一つです。

● 束縛時に潰す──BangPatterns

GHCのコンパイラ拡張ですが、BangPatternsというものもあります。BangPatternsは、関数定義の引数変数[注11]やletやwhereでの変数束縛に！を付けることで、束縛時に評価を行うようにできるという拡張です。次の関数ignore1からignore4は、引数を無視して()を結果とする関数です。

```
ignore1  x = ()
ignore2 !x = ()
ignore3  x = let !a = x in ()
ignore4  x = () where !a = x
```

次のようにしてGHCi上で動作を確認すると、

```
$ stack exec ghci -- -XBangPatterns Lazy
<中略>
*Lazy> :sprint x1
x1 = _
*Lazy> ignore1 x1
()
*Lazy> :sprint x1
x1 = _
*Lazy> ignore2 x1
()
*Lazy> :sprint x1
x1 = X1 _
```

ignore1ではx1の評価は何も進みませんでしたが、ignore2ではx1の評価がWHNFまで進んでいることがわかります。ignore3や、

```
*Lazy> :sprint x1
x1 = _
*Lazy> ignore3 x1
()
*Lazy> :sprint x1
x1 = X1 _
```

ignore4でも、

```
*Lazy> :sprint x1
x1 = _
*Lazy> ignore4 x1
()
*Lazy> :sprint x1
x1 = X1 _
```

注11　関数定義内には変数がいろいろと出てきますが、その中でも定義しようとしている関数の引数となっている変数のこと。仮引数。

同様の評価状況となります。

● モジュール単位で潰す ——積極評価のHaskell

しかし、積極評価にしたい箇所に一々!を付けるのは面倒です。あるファイルの中で定義した関数引数や束縛した変数、あるいは定義したデータ型については!を付けなくとも積極評価にしたいということがあります。そのためGHCのバージョン8以降では、**Strict**および**StrictData**という拡張によって、ファイル単位で「積極評価のHaskell」が利用可能になりました。

Strict拡張は、StrictData拡張に加え、変数束縛等に対しデフォルトで!付きの状態と見做(みな)すようにする拡張です。StrictData拡張は、データ型のフィールドに対しデフォルトで!付きの状態と見做す拡張です。まず、StrictData拡張から見てみましょう。以下のようにして読み込むと、

```
$ stack exec ghci -- -XStrictData Lazy
```

以下のとおり、!付きの定義ではないx1でコンストラクトした値でも、フィールドが評価されていることがわかります。

```
*Lazy> :sprint x1
x1 = _
*Lazy> x1 `seq` ()
()
*Lazy> :sprint x1
x1 = X1 2
```

続いて、Strict拡張です。Strict拡張は、StrictData拡張に加えて変数束縛等も!付きの状態と見做す拡張と説明しました。以下のように読み込むと、

```
$ stack exec ghci -- -XStrict Lazy
```

今度は、以下のようにStrict拡張を付ける前は評価が進まなかったignore1の適用に対しても、評価が進むようになりました。また、StrictData拡張も一緒に有効になるため、フィールドも評価されている状態であることが確認できます。

```
*Lazy> :sprint x1
x1 = _
*Lazy> ignore1 x1
()
*Lazy> :sprint x1
x1 = X1 2
```

このように、Haskellでは遅延評価がデフォルトではありますが、GHCのコンパイラ拡張を利用するなら積極評価も簡単に利用できるようになってきてい

ます。遅延評価が明確に不要である場合は、積極評価に切り替えることで性能に寄与するかもしれません。ただ、逆にパフォーマンスや頑健性が落ちてしまうこともあるので、要不要を的確に判断して[注12]使いましょう。もし判断できないようならば、徒らに積極評価にはしないことをお勧めしておきます。

● サンクを潰したいケース――スペースリークの恐怖

Haskellを普通に使う分には明示的にメモリの確保/解放を行うことはあまりなく、通常は必要なだけ確保され不要になればGCされます。そのため、メモリリークによるリソース逼迫(ひっぱく)は通常ありません。

ですが、遅延評価の負の側面として、「スペースリーク」(*space leak*)と呼ばれるリソース逼迫が存在します。スペースリークは評価されず、かといって不要とも判断することもできないまま、どんどんと肥大化してしまうサンクが存在することで起こります。メモリ上で肥大化し続けるサンクが、まるでメモリリークを起こしているプログラムのように見えます。

スペースリークを持つ処理として、次のような関数**total**を見てみましょう。

```
total :: Num a => [a] -> a
total xs = total' 0 xs where
  total' acc [] = acc
  total' acc (x:xs) = total' (acc + x) xs
```

この関数totalは、リストの長さに応じてメモリをひたすら消費してしまいます。計算としては何も難しい所はなく明らかに正しい関数ですが、たったこれだけの定義にスペースリークは存在してしまっています。GHCiで次のように実行してみてください。

```
*Lazy> total [1..10^8]
```

topコマンド等でこのプロセスを観察していると、メモリ使用量がどんどん増加していってしまう様子が観察できます。環境にも依存しますが恐らくそのうちスワップが発生し始めるため、適当な所で打ち切ってください。

この関数totalの定義では、次のようにaccの部分が再帰1回ごとに一回り大きなサンクとして成長していきます。

```
   total' 0 [1,2,3,4,..]
=> total' (0 + 1) [2,3,4,...]
=> total' ((0 + 1) + 2) [3,4,...]
```

注12 プロファイルを取ってみるのが良いでしょう。合わせてp.238のコラムを参照してください。

リストの最後まで辿り付けば、accは関数totalの結果となります。それまではaccが示すサンクが潰されることはありません。結果として、リストが長ければ長いだけサンクが肥大化しメモリを使い切ってしまうのです。

理想的には以下のように、

```
   total' 0 [1,2,3,4,..]
=> total' 1 [2,3,4,...]
=> total' 3 [3,4,...]
```

accの部分が再帰ごとに逐一評価されて値になっていれば、一定のメモリ使用量で再帰が可能となります。スペースリークへの対処は、先に紹介した明示的にサンクを潰す方法を適用したいケースの一つです。

ともかくaccのサンクが評価されれば良いので、たとえばBangPatternsによって、

```
total :: Num a => [a] -> a
total xs = total' 0 xs where
  total' !acc [] = acc
  total' !acc (x:xs) = total' (acc + x) xs
```

とすることで、スペースリークは起きなくなります。GHCiから変更前同様に、

```
*Lazy> total [1..10^8]
```

としてプロセスを観察しても、異常な速さでメモリ使用量が増加してしまうことはなくなります。

遅延評価な言語にとって、スペースリークはメモリリークに似た恐ろしい問題です。しかも、メモリリーク以上に気付くことが難しいという点が厄介です。サンクの生成等は処理系が勝手に行うものであるため、メモリリークを気にする場合とは異なり、「どこかでメモリを確保している（そして解放し忘れている）」といったことがコード上に明示されているわけではありません。

これに対し、GHCの持つ最適化には「**正格性解析**」（*strictness analysis*）と呼ばれるものがあります。対象のコード片を解析した結果、正格に計算しても全体の結果に影響がない箇所とわかることがあります。そのような部分は、サンクを作り計算を遅延させる意味があまりない箇所ということでもあります。たとえば、関数**const**は第2引数を無視して第1引数になる次のような関数です。

```
const x _ = x
```

関数constの正格性解析結果は、第1引数に対しては「正格」、第2引数に対しては「非正格」という結果になります。ここで正格と判定された引数部分につい

ては、関数constを適用する前に先に評価を済ませてしまっても全体の結果は変わりません。逆に、非正格な部分を先に評価してしまうと結果が変わってしまうことがあります。第2引数を評価した結果がエラーだとしても、関数constはそれを無視するため、全体としての評価結果はエラーにはなりません。

正格性解析では、正格に計算しても問題がない箇所であるという解析結果を利用し、無駄なサンク肥大化を招くような遅延の発生を避けるようにする等、実行効率の改善に寄与すると思われる最適化を適用します。実際、今回スペースリークのサンプルとして挙げた関数total程度であれば、BangPatterns等の改善を施さずとも、正格性解析が適用されるだけでスペースリークはなくなります。

ただし、解析器による正格性解析の結果とプログラマの意図は、必ずしも一致するわけではありません。プログラマは「正格に計算して大丈夫(＝正格性解析による最適化が効く)だろう」と思っていたとしても、解析器はプログラマにとって想定外な「正格に計算してしまうと駄目なケース」を検出して最適化を行わないかもしれません。また、高階関数については、実際に与えられる関数の正格性が判明するまで高階関数自体の正格性が判定できないこともあります。結果として、そのような箇所は最終的にスペースリークを持つ可能性を持っています。そう頻繁に発生するようなものでもありませんが、妙にメモリを消費することがあると思ったらスペースリークを疑ってみることになるでしょう。筆者の経験的には、結果や状態に相当する変数を関数間で持ち回るような場合、それらの変更に相当する計算のサンクが肥大化し、スペースリークになりやすい箇所となります。

Haskell版たらい回し関数を遅くする

では、評価順序の入れ変わりがクリティカルな場合も見てみましょう。再度、たらい回し関数を取り上げます。p.202のリスト4.2で、たらい回し関数の定義を確認してください。リスト4.2を元に、関数seqを使って次のようにzに相当する値の評価を強要してみましょう。

```
tarai' :: Int -> Int -> Int -> Int
tarai' x y z
    | x <= y    = y
    | otherwise = let z' = tarai' (z - 1) x y
                  in z' `seq` tarai'
                                (tarai' (x - 1) y z)
                                (tarai' (y - 1) z x)
                                z'
```

tarai同様に、「tarai'」を実行してみます。

```
*Tarai> tarai' 10 5 0
10
*Tarai> tarai' 20 10 0
```

x = 10, y = 5, z = 0くらいなら結果が得られますが、x = 20, y = 10, z = 0では相当待っても終了しなくなりました。taraiでは即座に終わっていた計算が、「tarai'」では即座には終わらなくなったのです。

これにより、たらい回し関数で遅延評価が実際に効果を生んでいたことと、評価順を一部積極評価にすることで遅延評価によって得られていた計算省略ができなくなり、実行時間が目に見えて変化することがわかります。

たらい回し関数は遅延評価が効果を示す関数であるため、一部を積極評価することで遅くなりましたが、現実的には積極評価に変えることで速くなったりメモリ消費が抑えられたりすることも多々あります。

実務上は、必要に応じてパフォーマンスを計測し必要が認められ、積極評価を導入しても問題ないと認められる箇所にのみ、seqなどの評価順制御によりチューニングを施すことになるでしょう。このあたりのノウハウは、他の言語でパフォーマンスチューニングを行う場合とほぼ変わりません。つまり、その必要に応じて、

- **パフォーマンスを計測する**
- **問題箇所を潰す**
  - ボトルネックになっている箇所
  - 理論値に達していない箇所

となります。やや発展的になりますので、本書ではパフォーマンスチューニングに関してはとくに扱いません。

C++版たらい回し関数を速くする

Haskell版たらい回し関数で、遅延評価を部分的に積極評価にするケースを取り上げましたので、逆に、C++版たらい回し関数で、積極評価を部分的に遅延評価相当にする工夫を入れることで速度改善を行ってみます。

リスト4.3のように、前出のリスト4.1のtarai.cppにlazy_tarai関数を追加し、mainで使う関数もtarai関数からlazy_tarai関数に変更します。

リスト4.3 tarai.cpp

```
// tarai.cpp
// $ g++ -o tarai -O2 -std=c++0x tarai.cpp
#include <iostream>
#include <cstdlib>
#include <functional>

int tarai(int x, int y, int z) {
    return (x <= y)
        ? y
        : tarai(tarai(x - 1, y, z),
                tarai(y - 1, z, x),
                tarai(z - 1, x, y));
}

int lazy_tarai(int x, int y, int z) {
    std::function< int (const std::function< int() >&,
                        const std::function< int() >&,
                        const std::function< int() >&) > lt =
        [&lt] (const std::function< int() >& thunk_x,
               const std::function< int() >& thunk_y,
               const std::function< int() >& thunk_z) -> int {
        const int x = thunk_x(); // xを評価（xのサンクのようなものを潰す）
        const int y = thunk_y(); // yを評価（yのサンクのようなものを潰す）
        if (x <= y) {
            return y;
        } else {
            const int z = thunk_z(); // zを評価（zのサンクを潰す）
            auto const_x = [&x] { return x; };
            auto const_y = [&y] { return y; };
            auto const_z = [&z] { return z; };
            return lt([&] { return lt([&x] { return x - 1; }, const_y, const_z); },
                      [&] { return lt([&y] { return y - 1; }, const_z, const_x); },
                      [&] { return lt([&z] { return z - 1; }, const_x, const_y); });
        }
    };
    return lt([=] { return x; }, [=] { return y; }, [=] { return z; });
}

int main(int argc, char *argv[]) {
    if (argc < 4) return 1;
    int x = std::atoi(argv[1]);
    int y = std::atoi(argv[2]);
    int z = std::atoi(argv[3]);
    std::cout << lazy_tarai(x, y, z) << std::endl;
    return 0;
}
```

注意深く、tarai関数とlazy_tarai関数を見比べてみましょう。lazy_tarai関数の中では、すべての値をC++のラムダ式で包んだ状態にして扱っています。この関数で包んだ状態が、Haskellの遅延評価で述べたサンクのつもりの状態です。つまり、「ただのintの値」なら「そのintの値を返す定数関数」として扱います。thunk_x,thunk_y,thunk_zをそれぞれ評価して値を取り出している行で確認できるように、これらの個々のサンクのようなものは、関数呼び出しを行うことで評価に相当する挙動を行うよう実装してあります。逆に言えば、関数呼び出しが行われなければ、C++のラムダ式は作られるだけで、その中に定義してある計算は行われません。

実際にコンパイルして実行してみましょう。

```
$ ./tarai 10 5 0
10
$ ./tarai 20 10 0
20
```

元々問題のなかったx = 10, y = 5, z = 0はもちろん、いくら待っても終了しなかったx = 20, y = 10, z = 0についても終了し、結果が得られていることがわかります。

4.4 まとめ

極端に直感的な話、最終的には同じCPU上で動くので、遅延評価を採用した言語であっても積極評価を実現することはできますし、積極評価を採用した言語であっても遅延評価を実現することはできるでしょう。遅延評価と積極評価はどちらが良いということも一概には言えるようなものではありません。遅延評価な言語であるHaskell使いの中であっても、「Haskellが積極評価なら良かったのに」という意見も結構耳にするくらいです。

ただ、通常どちらかと言えば、積極評価で遅延評価を実現するほうが大変な事情が多いのではないかと思います。今回のように、たらい回し関数だけを目的とした実装を取り上げても、その実現のために肥大化するプログラムの量は大きく異なってくることが観察できます。もっと一般化した枠組みを用意する必要があるのであればなおさらでしょう。

遅延評価では、評価されるときは実際にそれが必要とされたときになるので、式が評価されたタイミングによって結果が変わってしまうようなものは許容し難(がた)いのです。また、同じ式が何回も評価されるかもしれず、そのたびに結果が異なるというのも好ましくないでしょう。こういった理由から、遅延評価には

Haskellのように「純粋性」が要請されている部分があり、他の言語ではあまり採用されていない要因になっています。

評価戦略がどちらかという話に留まらず、関数で包んだ計算オブジェクトを作ることで、

- **計算を作成するタイミング**
- **計算を実行するタイミング**

を分離しておくという手法は、今までも多くの言語で使われてきました。最近

Column

パフォーマンスチューニングの第一歩 ——プロファイルを取る

どの言語についても同様ですが、パフォーマンスに問題がある場合、まずプロファイルを取ってみる必要があります。全体の中でボトルネックがどこであるのかを調べなければ、効果的なチューニング箇所が明らかになりません。

チューニング対象は大まかに次の2点となるでしょう。

- **時間計算量**
- **空間計算量**

前者は「無駄な処理や不適切なアルゴリズムによりCPUを使い過ぎて処理が遅い」ケース、後者も同様の原因でこちらは「メモリを使い過ぎている」ケースです。それぞれ時間に関するプロファイル、メモリに関するプロファイルを取ることで、どの関数がどれだけ浪費しているのか状況が明らかになります。また、最近のマルチスレッドプログラムにおいては、加えて並行並列実行プロファイルなども取ることがあります。

いずれの場合に対しても、GHCで必要なプロファイルを取る方法はあまり変わりません。プログラムをプロファイル用にコンパイルし、実行時に欲しいプロファイルを取るオプションを付けて実行します。

本章で扱ったスペースリークする関数totalについて、ヒーププロファイルを取ってみましょう。次のようなソースコードにして、

```
-- SpaceLeak.hs
module Main where

total :: Num a => [a] -> a
total xs = total' 0 xs where
  total' acc [] = acc
```

では、Java 8やC++11以降など、命令型言語にもラムダ式が取り込まれてきていますので、この手段を一層手軽に取れるようになってきています。

しかし、これが部分的に遅延評価を導入するようなものだと考えると、「純粋性を保証した式を渡しておかないと望まざる動作を起こす可能性があるAPI(*Application Programming Interface*)になっているのではないか」ということが、提供された新しいAPI仕様を一読せずとも警戒できるようになるでしょう。そういう面で、たとえ積極評価な言語にしか関わることがない人でも、評価戦略、遅延評価に対する知見を得ておくことには意味があります。

```
  total' acc (x:xs) = total' (acc + x) xs

main :: IO ()
main = print $ total [1..10^7]
```

プロファイルオプションを有効にし、スペースリークが発生するよう正格性解析等の最適化を無効にしてコンパイル、

```
$ stack exec ghc -- -O0 --make -prof -fprof-auto -rtsopts SpaceLeak.hs
```

そして、ヒーププロファイル取得を有効にするランタイムオプションを有効にして実行します。

```
$ ./SpaceLeak +RTS -h
```

これで、「hp」という拡張子にヒーププロファイルが吐き出されます。このままだと人間にはよくわからないため、PostScriptに可視化するツールもあります。

```
$ hp2ps SpaceLeak.hp
```

ps(*PostScript*)ファイルが出力されるので、そのまま見るかさらにPDF等に変換して見ることができます。

通常、コンパイルの段階でさまざまな最適化が適用されます。場合によっては、ある関数単体での性能を最適化しようとすると、他の関数と合成したときに元々適用できていた最適化が適用できなくなってしまうことがあるかもしれません。とくに必要のない段階でパフォーマンスチューニングを開始するのは、あまり効率が良い開発とは言えないので注意してください。

将来的にはコンパイラが十分賢くなり、人力によるチューニングの必要がなくなってくれるのが理想です。

第5章

モナド

文脈を持つ計算を扱うための仕掛け

モナド

5.1 型クラスをもう一度 ――自分で作るという視点で
5.2 モナドの使い方 ――文脈をうまく扱うための型クラスインタフェース
5.3 いろいろなモナド ――Identity、Maybe、リスト、Reader、Writer、State、IO …
5.4 他の言語におけるモナド ――モナドや、それに類する機能のサポート状況
5.5 Haskellプログラムのコンパイル ――コンパイルして、Hello, World!
5.6 まとめ

本章では、「モナド」について説明をしていきます。モナドという単語は、命令型言語では、ほぼ出てくることのない語でしょう。何となく、関数型言語界隈の人たちが言っているのを聞いたことがあるかもしれません。それが実のところどのようなもので、何をするためのもので、どう役に立つものかという部分については、実際にモナドに触れてみないとわからないでしょう。

純粋でなければ、どこでも入出力などの副作用を起こせますが、いくら純粋だからと言っても入出力などの副作用が扱えない言語であれば、とても実用とは言えず単なる玩具に過ぎません。私たちは実用的な言語の話をしているのですから、Haskellもまた純粋性と矛盾しない形で副作用を扱うしくみを持っており、それはモナドの一種として与えられます。

本章で説明するモナドは、端的には「文脈を伴う計算」同士を組み合わせ可能にするしくみです。計算と計算の間に依存する文脈が何もなければ、それらの組み合わせは関数合成に過ぎないため、とても簡単であることはこれまでの章で見てきました。しかし、何かしら依存する文脈が存在している場合、それらの組み合わせ方は単純ではなくなります。たとえば、「失敗する可能性のある計算」同士を組み合わせるのであれば、先の計算が失敗したとしても後の計算はそのことを気にせずに済むような組み合わせ方が必要になるでしょう。

Haskellのモナドは、型クラスの一種として、ただの計算に文脈を付与する方法と文脈を伴う計算同士の組み合わせ方法を一緒に与えておくことで、どの文脈を持った計算であっても統一された文法で扱える強力なしくみです。言語内にHaskellの機能を丸々継承したDSL（ドメイン記述言語）を組めるようなものです。

なお、モナドの背景にはもっと聞き慣れないようなややこしい数学の話がありますが、本書ではそれらについてはとくに触れません。実際のところ、知らずとも使う分にはとくに問題ないでしょう。

5.1 型クラスをもう一度
自分で作るという視点で

第2章において、「型クラス」について説明しましたが、型の情報として型クラスが現れている際の読み取り方が中心でした。「型クラス自体を定義する方法」や「ある型をある型クラスのインスタンスにする方法」については、あえて説明しませんでした。本章でこれからモナドを説明していく上で、型クラスを定義する部分に関する知識は必須になってきます。また、第3章にて「関数」の説明を行ったため、型クラスやそのインスタンスの定義を行う方法について、第2章時点では不足していた説明のための材料も揃いました。

今度は自分で作るという視点から、改めて型クラスを取り上げていきます。

型クラスを定義する

第2章でも説明したように、**型クラス**とは「ある型が何らかの性質を持つことを示すインタフェース」です。型クラスを定義するということは、型が満たす性質に共通するインタフェースを定義するということになります。

型におおらかなプログラミング言語では、

- 整数ならば、0は偽値、それ以外は真値
- 何らかのオブジェクトならばnull(やundefinedのような値)は偽値、それ以外は真値

のような扱いをする言語があります。この「真偽値ではないけど真偽値のように扱える性質を持っていること」を、BoolLikeという型クラスにしてみましょう。

BoolLikeが持っている性質は「真偽値のように扱える」という点のみなので、そのインタフェースとしては「真偽値への変換を持っている」とするのが自然でしょう。この真偽値への変換をfromBoolLikeという名前の関数としましょう。ファイルBoolLike.hsに、型クラスBoolLikeを次のように定義します。

```
class BoolLike a where
    fromBoolLike :: a -> Bool -- 真偽値のようなものから実際の真偽値への変換
```

型クラスの定義はclassというキーワードで始まり、型クラス名であるBoolLikeが続きます。

BoolLikeは型変数aを持っており、このaには将来的にBoolLikeのインスタンスになる具体的な型が入ります。つまり、整数型などですね。

次に、whereの後にはこの型クラスBoolLikeが満たすべき性質、すなわちインタフェースの一覧が型情報付きで列挙されます。このインタフェースは複数列挙しておくこともできます。今回fromBoolLikeは型変数aからBoolへの関数であり、(IntやMaybeなどである)型変数aから真偽値への変換になります。インタフェースの型には、そのどこかに型変数aが現れなければなりません。

このように定義したfromBoolLikeの型を見ておきましょう。BoolLike.hsをGHCiでロードしておき、確認すると、以下のように、

```
*BoolLike> :t fromBoolLike
fromBoolLike :: BoolLike a => a -> Bool
```

型クラスBoolLikeのインスタンスである型aからBoolへの関数となっています。定義したBoolLikeが型クラス制約に現れてきていることがわかります。

型クラスのインスタンスを作る

実際に、定義したBoolLike型クラスのインスタンスを作ってみましょう。

BoolLikeの性質を持つ型はいろいろ考えられると思いますが当初の予定通り、整数値型としてInt、NULLになるオブジェクトはないので無効値を扱うと見るならMaybe a、おまけに、Boolも当然Boolのようなものでしょうから、これら3つをBoolLikeのインスタンスにしてみましょう。

```
instance BoolLike Int where
    fromBoolLike = (0 /=)

instance BoolLike (Maybe a) where
    fromBoolLike Nothing  = False
    fromBoolLike (Just _) = True

instance BoolLike Bool where
    fromBoolLike x = x
```

型クラスのインスタンス定義はinstanceキーワードで始まり、型クラス名であるBoolLikeが続きます。

続いて、型クラスの定義において、型変数だった箇所にインスタンスにしたい型を入れます。今回はそれぞれInt、Maybe a、Boolが入っています。

そして、whereの後に、インスタンスが実装すべき型クラスのインタフェースに対し、各々実装を与えていきます。BoolLikeのインタフェースはfromBoolLikeですから、インスタンスにしたいそれぞれの型に対し、関数fromBoolLikeを適切に実装してあげることになります。Intをインスタンスに

する場合、0なら偽値になれば良いので0でないかを判定すれば良いでしょう。Maybe aをインスタンスにする場合、Nothingなら偽値になれば良いのでNothingとJustの判別をすれば良いでしょう。Boolをインスタンスにする場合、そのままの値で良いはずなので何もせずそのままの値になれば良いでしょう。

実際に動作を確認してみましょう。

```
*BoolLike> fromBoolLike (0 :: Int)
False
*BoolLike> fromBoolLike (1 :: Int)
True
*BoolLike> fromBoolLike Nothing
False
*BoolLike> fromBoolLike (Just Nothing)
True
*BoolLike> fromBoolLike (Just "")
True
*BoolLike> fromBoolLike (Just False)
True
*BoolLike> fromBoolLike True
True
*BoolLike> fromBoolLike False
False
```

整数値や真偽値はともかく、Maybe aに対するfromBoolLikeの結果の真偽値には、型aが何かにはかかわらず、JustかNothingかのみが関わることに注意が必要です。

型クラスインタフェースのデフォルト実装

型クラスのインタフェースには、デフォルト実装を与えておくこともできます。以下は、型クラスEqの定義です。

```
class Eq a where
    (==) :: a -> a -> Bool
    x == y = not (x /= y)
    (/=) :: a -> a -> Bool
    x /= y = not (x == y)
```

型クラスEqは「等値性が定義されている」という性質を満たす型の性質なので、等号(==)と不等号(/=)をインタフェースに持っています。これらのインタフェースは、それぞれ他方の否定としてデフォルト実装が与えられています。

このようなデフォルト実装を与えておくと、いざEq型クラスのインスタンスを定義する段になって、(==)か(/=)のどちらか片方だけ実装すれば良くなります。

[比較]他の言語の「あの機能」と「型クラス」

Javaを知っている人であれば、型クラスって「インタフェース」に似ているなと思うでしょう。C++使いであれば「抽象クラス」のようだと思うかもしれません[注1]。その他の言語使いでもやはり、それらの言語における同様に似た機能にマッピングして捉える傾向にあるでしょう。

それらの機能と型クラスを比較する場合、次の点に着目してみましょう。

- **後付けでインタフェースを与えられるかどうか**
  - 自分で手を加えることができない既存のものに対して
  - 自分で手を加えることができない誰かが定義したものに対して
  - 自分が定義したインタフェースを与える
- **2ヵ所以上に現れる同じインタフェースを持つ型が「同じ型」であることを強制できるかどうか**
  - 静的型の場合に限る
  - 動的型や型なしでは、この点にそもそも議論の意味がない

インタフェースの後付け

インタフェースの後付けについては、とても直感的で把握しやすいでしょう。Javaのインタフェースであればimplementsによって、クラスの定義時に与えてあげなければなりません。C++の抽象クラスでも同様ですし、他のクラスベースな言語でも同様の事情を抱えていることが多いでしょう。

つまり、クラスの本質的な性質を定義する箇所と、付随する性質を付加する箇所が、そのままの言語機能では強く結合しているため、あえて引き剥(ひ)(はが)して違う箇所で与えようとすると、それなりの労力を要することになります。たとえば、GoFのデザインパターンなどには、これを目的としたパターンも含まれていますが、完全にそれまでの型に付加できるわけではないでしょう。

むしろ、オープンクラスであるRubyなどの言語のほうが、既存のクラスにインタフェースを埋め込める分、このような後付けは自然にできるとも言えます。ただし、動的型なので、実行時にしかその情報は使えないデメリットと引き換えにはなります。

Haskellの型クラスは、今回Bool型やInt型やMaybe a型を型クラスBoolLikeのインスタンスにしたように、既存の型や誰かが定義した型に対してインタフェースを後付けすることも複雑な記述を要せずに可能となっています。

注1　あるいは、C++に入りそうでなかなか入らない「Concept」が最も似ているかもしれません。

同じ型であることの保証

リスト5.1のC++のプログラムを見てみましょう。

リスト5.1 toint.cpp

```
#include <iostream>

class I {
public:
    virtual ~I() {}
    virtual int toInt() const = 0;
};

class A : public I {
public:
    virtual ~A() {}
    virtual int toInt() const { return 1; };
};

class B : public I {
public:
    virtual ~B() {}
    virtual int toInt() const { return 2; };
};

int add(const I& x, const I& y) {
    return x.toInt() + y.toInt();
}

int main () {
    A a;
    B b;
    std::cout << add(a, a) << std::endl; // ❶OK
    std::cout << add(b, b) << std::endl; // ❷OK
    std::cout << add(a, b) << std::endl; // ❸コンパイルエラーにしたい
    return 0;
}
```

クラスAとクラスBはインタフェースIを持っています。関数addはtoIntを持つクラスの値同士を足し算する関数ですが、本音ではリスト5.1❶〜❸のmain内のコメントにもあるように、同じクラスのインスタンス同士のみを許したいことがあります。C++で2ヵ所以上の型が同じということを使うにはテンプレートを利用する必要がありますが、そうすると今度はテンプレート引数のクラスがインタフェースIを持っていることを示す必要も出てきて、これに相応の労力を割くことになります。たったこれだけの制約を持つ関数1つを定義するために、複雑なテンプレートの魔法を持ち込むのはペイしません。

この制約を実現するには、Haskellでは**リスト5.2**のコードくらいで済みます。

リスト5.2 ToInt.hs

```
data A = A

data B = B

class ToInt a where
    toInt :: a -> Int

instance ToInt A where
    toInt _ = 1

instance ToInt B where
    toInt _ = 2

add :: ToInt x => x -> x -> Int
add x y = toInt x + toInt y
```

型変数には同じ型しか入らないため、関数**add**の2つの引数の型変数xはどちらも同じ型なのは確定です。そして、その型がToIntの型クラスになっておりtoIntのインタフェースを持っていることは、同じ型であることの制約とは直交した制約として記述できます。

実行してみると、確かにaddの2つの引数が同じ型のときのみ型検査に成功します。

```
*ToInt> add A A
2
*ToInt> add B B
4
*ToInt> add A B

<interactive>:3:7: error:
    • Couldn't match expected type ‘A’ with actual type ‘B’
    • In the second argument of ‘add’, namely ‘B’
      In the expression: add A B
      In an equation for ‘it’: it = add A B
```

ちなみに、addの2つの引数がToIntのインスタンスであれば別の型でも良い、とするのであれば、次の「add'」のようになります。

```
add' :: (ToInt x, ToInt y) => x -> y -> Int
add' x y = toInt x + toInt y
```

動作を確認すれば、最初に示したC++のコードと同様の結果になるでしょう。

```
*ToInt> add' A A
2
*ToInt> add' B B
4
*ToInt> add' A B
3
```

Haskellでは、型クラスにより、型とその型に付く制約が型そのものの定義とは分離しているため、addと「add'」のような細かい型の上での制約の差異も、簡潔に表現し分けることができます。

5.2 モナドの使い方 文脈をうまく扱うための型クラスインタフェース

本章のテーマである「モナド」は、Haskellにおいて「文脈を持つ計算を扱う」ための仕掛けです。通常、計算と計算の間に文脈が存在する場合、文脈が存在しない場合と比べて計算が組み合わせにくくなります。モナドは、「組み合わせ方があらかじめ設定された計算」として捉えることができます。

モナドは、「型クラスの1つ」として定義されています。つまり、「モナド型クラス」の持つインタフェースとは、文脈をうまく扱うためのインタフェースです。そのインタフェースに対して与えた実装に応じ、実にさまざまな文脈を扱う計算を、すべて同じ枠組みの上で表現することが可能になります。

文脈を持つ計算 ――モナドを使うモチベーション

さて、モナドは「文脈を持つ計算を扱う」と言いましたが、「文脈」と言われても漠然とし過ぎていて何だかわからないと思います。

まずは、よく現れる文脈を持つ計算の具体例を見ていくことで、

- 文脈とは何か
- 文脈を持つ計算同士の組み合わせがうまくいかないこと
- 文脈を持つ計算をうまく扱いたいのはなぜか

という点について、言い換えるならば、モナドを使うモチベーションについて確認しておきます。以下、3つの具体例を示します。

● どこかで失敗するかもしれない計算 ——Maybeモナド

1.2節「文脈をプログラミングする」でも取り上げましたが、どこかで失敗するかもしれない計算というものがあります。失敗するかもしれない計算同士を組み合わせて1つの大きな計算を作るには、以下のような単調な記述が要求されるでしょう。

- **計算1の実施について記述する**
- **計算1が失敗した場合**
  - 計算全体が失敗したことにする(など)
- **計算1が成功した場合**
  - 計算2の実施について記述する
  - 計算2が失敗した場合
    - 計算全体が失敗したことにする(など)
  - 計算2が成功した場合
    - 計算3の＜以下略＞

次の関数を見てみましょう。

```
square :: Integer -> Maybe Integer
square n
    | 0 <= n    = Just (n * n)
    | otherwise = Nothing

squareRoot :: Integer -> Maybe Integer
squareRoot n
    | 0 <= n    = squareRoot' 1
    | otherwise = Nothing
    where
      squareRoot' x
          | n > x * x = squareRoot' (x + 1)
          | n < x * x = Nothing
          | otherwise = Just x
```

squareは非負整数を2乗する関数で、入力が負数の場合は失敗します。squareRootは逆に整数の1/2乗を取る関数で、入力が負数の場合、および結果も整数にならない場合は失敗します。

これらの関数squareと関数squareRootをこの順に適用すれば、非負整数でさえなければ失敗せずに元の数に戻ったものが`Just`で得られるはずです。しかし、関数squareも関数squareRootも、入力によっては失敗する可能性があるため、その結果の型はIntegerではなく`Maybe Integer`となっており、単純に関数合成(.)では組み合わせることができません。すると、たとえば次のように組み合わせることになります。

```
squareAndSquareRoot1 :: Integer -> Maybe Integer
squareAndSquareRoot1 n = case square n of
                           Nothing -> Nothing
                           Just nn -> squareRoot nn
```

つまり、関数squareを適用してみて、それが失敗する場合はそのまま失敗として定義し、成功して値が得られる場合なら続いて関数squareRootを適用するという定義になります。

まだ関数2つだけなので良いですが、もっと多くの失敗する可能性のある計算を組み合わせる場合もあるでしょう。たとえば、2つの整数について関数squareの結果を掛け算したものについても、関数squareRootは失敗せずにJustで値が得られるはずです。

```
squareAndSquareRoot2 :: Integer -> Integer -> Maybe Integer
squareAndSquareRoot2 m n = case square m of
                             Nothing -> Nothing
                             Just mm -> case square n of
                                          Nothing -> Nothing
                                          Just nn -> squareRoot (mm * nn)
```

より一層、失敗時のための場合分けが冗長に感じるのではないでしょうか。

1.2節「文脈をプログラミングする」では、文字列で与えられたごく単純な四則演算の計算を構文解析し、解析に成功したらその計算結果を与える処理を書いています。このような処理もまた、構文解析中の各所で失敗が起こる可能性のあるものと言えるでしょう。

ここで現れてきている失敗時の場合分けの冗長さは、各計算が持つ「失敗するかもしれない」という性質を、うまく組み合わせることができていないことから生じています。各計算の間で「失敗時はこうで、成功時はこう」といった場合分けが必要であるということ、これが**「どこかで失敗する可能性のある」文脈を持つ**ということなのです。

後で詳しく説明しますが、**Maybe**モナドは、この文脈を適切に扱うモナドとなります。Maybeモナドにより、このケースでは以下のような簡潔な記述で済むことがわかります。

```
squareAndSquareRoot1 :: Integer -> Maybe Integer
squareAndSquareRoot1 n = do
  nn <- square n
  squareRoot nn

squareAndSquareRoot2 :: Integer -> Integer -> Maybe Integer
```

```
squareAndSquareRoot2 m n = do
  mm <- square m
  nn <- square n
  squareRoot (mm * nn)
```

● 複数の結果を持つ計算 ——リストモナド

計算の中には、複数の結果(出力)を持つものがあります。複数の結果を持つ計算同士を組み合わせ、1つの大きな計算を作るには、

- **計算1の実施について記述する**
- **計算1が出力した結果のそれぞれに対し**
  - 計算2の実施について記述する
  - 計算2が出力した結果のそれぞれに対し
    - 計算3の<以下略>
- **最終的にすべての結果を結合する**

と、**図5.1**のように、今度は反復処理の繰り返しのような記述が要求されるでしょう。次の関数を見てみます。

```
lessThan :: Integer -> [Integer]
lessThan n = [0 .. n-1]

plusMinus :: Integer -> Integer -> [Integer]
plusMinus a b = [a + b, a - b]
```

lessThanはn未満の非負整数を列挙する関数です。列挙するということは、条件を満たす複数の結果を持つということですね。たとえば、5未満の非負整数であれば、0も結果に含まれますし、1も結果に含まれます。plusMinusは整数

図5.1 複数の結果を持つ計算同士の組み合わせ

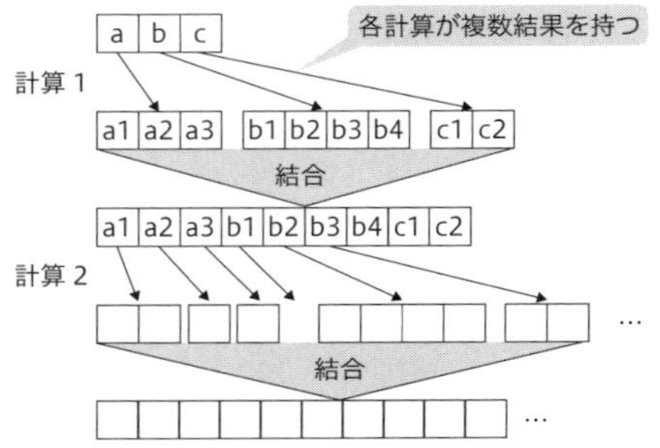

同士の足し算か引き算の結果を持つ関数です。

これらの関数lessThanと関数plusMinus 0をこの順に適用すると、0からある非負整数までの数のプラス値とマイナス値の数を列挙する関数になります。しかし、関数lessThanも関数plusMinus 0も、複数の結果を持つ可能性があるため、単純に関数合成(.)では組み合わることができません。すると、たとえば次のように組み合わせることになります。

```
allPM0s :: Integer -> [Integer]
allPM0s n = concat (map (plusMinus 0) (lessThan n))
```

lessThanで得られる各結果のそれぞれに対し、plusMinus 0を**map**します。すると、[[Integer]]、つまり「Integerのリストのリスト」になるので、それらの結果をリストのリストを結合してリストにする関数**concat**で潰します。

```
Prelude> :t concat
concat :: Foldable t => t [a] -> [a]
Prelude> concat [[1,2],[3,4],[],[9,8,7,6,5]]
[1,2,3,4,9,8,7,6,5]
Prelude> concat ["Hello",", ","World","!"]
"Hello, World!"
```

さらに、たとえばlessThan2つの結果をそれぞれplusMinusに適用し、その計算が産み出す可能性を列挙するとなると、もう大変です。

```
allPMs :: Integer -> Integer -> [Integer]
allPMs m n = concat (map (\x -> concat (map (plusMinus x) (lessThan n))) (lessThan m))
```

いかにも冗長ですね。ここで現れてきているmapとconcatの繰り返しの冗長さは、各計算が持つ「複数の結果を持つ」という性質を、うまく組み合わせることができていないことから生じています。各計算の間で「複数の結果のそれぞれについて次の計算する」「次の計算の結果もそれぞれに複数なので結合する」ことが必要であること、これが「複数の結果を持つ」計算の文脈となります。

詳しくは後で説明しますが、**リストモナド**は、この文脈を適切に扱うモナドとなります。リストモナドにより、このケースでは以下のような簡潔な記述で済むことがわかります。

```
allPM0s :: Integer -> [Integer]
allPM0s n = do
  x <- lessThan n
  plusMinus 0 x

allPMs :: Integer -> Integer -> [Integer]
```

```
allPMs m n = do
  x <- lessThan m
  y <- lessThan n
  plusMinus x y
```

ここで、失敗するかもしれない計算におけるsquareAndSquareRoot1、squareAndSquareRoot2と、今回のallPM0s、allPMsを見比べると、1点気付くことがあります。それは、扱っている文脈は異なるにもかかわらず、ほぼ同じ記述になっているという点です。モナドはさまざまな文脈に応じていろいろなものがありますが、モナドが変わっても同様の記法で扱えるようになっているのです。

● 同じ環境を参照する計算――((->) r)というモナド

円周率など本当に変わらないものは定数として定義しておいて、いろいろな箇所で使っても純粋性にはまったく影響はありません。しかし、たとえばconfigファイルの内容は、

- アプリケーションが起動中は変わらない
- 起動時などで読み込まれるタイミングがある

のような特徴があることが多く、あらかじめ定義しておくことはできません。たとえば、ほかに、HTTPリクエストも、

- 1リクエストの処理中は変わらない
- 各リクエストごとに異なる

ため、これもあらかじめ定義しておくことはできません。当然ですね。しかしながら、読み込んだconfigファイルの内容や、受け取ったHTTPリクエストは、それを使った処理中にはあらゆる箇所から参照され得る環境であり、なおかつ、その環境自体を処理の中で変更することはないでしょう。

参照されるだけで変更されることがないにもかかわらず、あらかじめ定義しておくことができないということは、その環境が必要とされる計算に対しては、環境を引数として与え取り回していかねばならない、ということを意味します。純粋であるHaskellには、値を変えられるグローバルな変数などないのです。関係する一連の計算の中では、複数の関数がどれも本質的には同じ値つまり環境を要求し、ある関数から別の関数を使うときにも常にその値を渡すことになります。

どれも同じ引数を取る計算同士を組み合わせ、1つの大きな計算を作るには、

- **ある引数aを計算1に渡して、計算1の実施について記述する**
- **ある引数aを計算2に渡して、計算2の実施について記述する**
- **ある引数aを計算3に渡して、計算3の実施について記述する**

と、あらゆる箇所に同じ引数を渡す記述が入り込んでしまいます。次の関数を見てみましょう。

```
countOdd :: [Int] -> Int
countOdd = length . filter odd

countEven :: [Int] -> Int
countEven = length . filter even
```

関数**odd**や関数**even**は、整数値が奇数や偶数だったら真となる関数です。関数countOddと関数countEvenは、与えられた整数値のリストから、奇数の数あるいは偶数の数をカウントします。

さて、これらを組み合わせて奇数の数と偶数の数を足し合わせる関数countAllを作ってみます。当たり前ですが、ただのlengthと結果は同じになるはずです。

```
countAll :: [Int] -> Int
countAll xs = countOdd xs + countEven xs
```

問題を簡略化しているため、これだけで十分シンプルと言えます。そのため、これまでに説明してきたMaybeモナドやリストモナドが対象としてきた組み合わせ時の冗長性に比べて、今回は何を問題視しているのかわかりにくいでしょう。

たとえば、奇数、偶数だけでなくもっと細かく細分化したらどうでしょう。その、それぞれにxsを与えていく必要が出てきますね。組み合わせる関数のすべてに対し、同じように同じ引数を与えなければなりません[注2]。

ここで現れてきているxsを各関数それぞれに与えるという冗長さは、各計算が持つ「同じ環境を参照する」という性質を、うまく組み合わせることができていないことから生じています。「同じ環境を参照する」ことは、各計算で「どれも同じように引数を持つ」という計算の文脈となります。

これまでに説明した2ケースでは、結果の型が`Maybe a`になるものをMaybeモナドで、結果の型が`[a]`になるものをリストモナドで、それぞれうまく組み合わせられるらしいことを見てきました。実は、どのモナドになっているか、つまり、文脈を持っているかは、結果の型に`Maybe`や`[]`のような構造が付いて

注2　それでも十分シンプルなのですが。

いるかで決まっています。

一方、今回は、そのような構造が結果の型に付いていないように見えます。しかし、実は付いているのです。それは入力の型である[Int] ->です。countOddやcountEven、countAllの型を次のように書き換えてみましょう。

```
countOdd :: ((->) [Int]) Int
countOdd = length . filter odd

countEven :: ((->) [Int]) Int
countEven = length . filter even

countAll :: ((->) [Int]) Int
countAll xs = countOdd xs + countEven xs
```

それぞれの関数の型に現れる((->) [Int])は、関数の型を表すアロー演算子(->)自体をセクションとして、アローの左側(矢印の根元側)に[Int]を適用したものです。Maybe aや[a]のように、今回は((->) [Int]) aという構造を持っているのです。Maybeが「結果がないかもしれない」こと、[]が「結果が複数あるかもしれない」ことをそれぞれ表していたように、((->) r)は「r型の値を適用して始めて、結果が取り出せるような結果である」ことを表しています。

そして、Haskellではこの((->) r)もモナドになっています。これまでのMaybeモナドやリストモナド同様に、countAllも冗長な引数の引き回しを必要としない形で書き直せます(**リスト5.3**)。

リスト5.3 countAll

```
countAll :: [Int] -> Int
countAll = do
  odds  <- countOdd
  evens <- countEven
  return (odds + evens)
```

今回も、扱っている文脈はMaybeモナドやリストモナドのものとは異なるにもかかわらず、ほぼ同じ記述になっていることが確認できるでしょう。

●●●●●●●●●●

ここまで説明してきた3つのケースによって、同じ文脈を伴う計算同士を組み合わせる時には、一定の冗長性が現れることがわかったと思います。そして、その冗長性を隠蔽し、なおかつ、それをどのような文脈に対しても同様の記法で可能にすることが、モナドを利用するおもなモチベーションになっています。

型クラスとしてのモナド ——アクション、return(注意！)、bind演算子

Haskellにおいて、モナドは以下のような「型クラス」で定義されています。

```
class Monad m where
    return :: a -> m a
    (>>=)  :: m a -> (a -> m b) -> m b
```

このMonadのインスタンスにおいて、型変数mが、Maybeや[]や((->) r)といった、文脈を表現するものになると思っておくと良いでしょう。

モナドmの文脈を持つ型を結果に持つ関数のことを、とくに**モナドmのアクション**(*action*)と呼びます。つまり、これまで「文脈を持つ計算」と呼んでいたものが「アクション」です。

上記、関数**return**は、ただのa型の値にモナドmという文脈を持たせるためのものです。命令型言語でよく見るreturnとは全然違うので以降、注意が必要です[注3]。

(>>=)は**bind**と呼ばれる演算子で、アクション同士の組み合わせ方です。モナドmの文脈を持つa型と、a型の値からモナドmの文脈を持つb型の計算を組み合わせて、モナドmの文脈を持つb型の計算を作ります。

モナド則 ——インスタンスが満たすべき、3つの性質

モナドは上記の型クラスで定義されていますが、単にモナド型クラスのインスタンスを作っただけでは使いものにならないものができあがります。**モナド則**(*monad laws*)と呼ばれる性質を満たすようにインスタンスを作らなければなりません。

モナド則は、次の3つです。

```
❶ return x >>= f = f x  -- 「returnがbindの左単位元になっている」性質
❷ m >>= return = m  -- 「returnがbindの右単位元にもなっている」性質
❸ (m >>= f) >>= g = m >>= (\x -> f x >>= g)  -- 「bindの結合則」
```

❶は、「returnがbindの左単位元になっている」という性質です。値xをreturnしただけのものをbindでfに組み合わせたら、それは、xに直接fを適用したものと同じにならなければなりません。

❷は、「returnがbindの右単位元にもなっている」という性質です。アクショ

注3　この誤解を招くという意味でも、returnはHaskellにおいて最もダメな名前の関数でしょう。

ンmから取り出されたものをbindでreturnに組み合わせたら、それは、元のアクションmと同じものにならなければなりません。

❸は、「bindの結合則」です。つまり、3つ以上の文脈を伴う計算をbindで組み合わせるならば、最初の2つを先に結合させても、最後の2つを先に結合させても、その結果は同じにならなければなりません。

繰り返しになりますが、これらのモナド則を満たしていないインスタンスを作っても、それはモナドになっているとは言えません。もし、モナド則を満たしていないインスタンスを作ると、直感と反した動作をするものになるでしょう。

●「モナド則を満たしていないモナド型クラスのインスタンス」の例、とHaskellでの注意点

たとえば、❶を満たさないとしましょう。そして、簡単のためにfがreturnの場合を考えます。

```
return x >>= return
```

という式は、「xをある文脈に放り込んで、一度取り出してから再度同じ文脈に放り込む」ようなものです。間に何もせずにただ出し入れしているだけなので、人間の直感では、何度出し入れしても1回入れただけのものと同じになって欲しいものです。しかし、❶を満たさないとするとこの性質は保証されなくなります。もっと具体的に、モナドでもあるリストで考えてみましょう。「数値1をリストに放り込み([1])、一度取り出してからもう一度放り込んだら[12345]になっていた」としたらどうでしょう。とても気持ち悪いし、そんなことが起きるものは使いたくはないでしょう。

逆に言うと、とても残念なことに、Haskellの持つ型システムでは「モナド則を満たしていないモナド型クラスのインスタンス」を作れてしまいます。このような邪悪を禁止することができません。本当なら、モナド則を満たしていないモナド[注4]のようなものは、そもそも作れないようになっていることが理想です。しかし、Haskellでは、モナド則はモナドを作る人が保証せねばならなくなっています[注5]。

● do記法

文脈を伴う計算はある意味、手続きのようなものです。たとえばMaybeのよう

注4　モナドとは呼べませんが。

注5　もし、モナド則を満たすことの証明まで正しく強要したい場合、AgdaやCoqが持つような強力な型システムが必要になります。

に、ある途中の計算で失敗してNothingになったら、それ以降はすべてNothingになったものとして扱うといった場合、組み合わせる計算の後先が明確になっているほうがわかりやすいのです。Haskellは宣言的な記述を行う言語ですが、文脈を伴う計算を行う部分については手続き的/命令的な記述ができたほうが便利です。

そのような文脈を伴う計算、つまり、モナドを使った計算を手続き的/命令的に記述するために、Haskellにはdo記法というものが用意されています。

do記法は、とても簡単な構文糖衣になっており、❶モナドの(>>=)を使った式が❷のように書けるというものです。

```
❶ モナドの>>=を使った式
m >>= f >>= g

❷ do記法を使った場合
do x <- m   -- <-により、アクションmの結果をxに束縛
   y <- f x   -- xにアクションfを適用した結果をyに束縛
   g y  -- yにアクションgを適用
```

❷のコメントにあるように、上から順に、まず<-により、アクションmの結果をxに束縛しています。次に、xにアクションfを適用した結果をyに束縛します。最後に、yにアクションgを適用しています。do記法の中では、上の行に書かれたアクションから下の行に書かれたアクションへと、1つ1つ命令が実行されていくかのような記述で、関数を組み合わせることができます。

ここで、p.255のリスト5.3のcountAll関数をもう一度見てみましょう。リスト5.3はすでにdo記法を利用した記述になっていますが、do記法を使わずに、つまり構文糖衣を解いて(>>=)で書くと、countAllは次のようになります。

```
countAll :: [Int] -> Int
countAll = countOdd >>= (\odds -> countEven >>= (\evens -> return (odds + evens)))
```

do記法の中では、letによって新たな変数に値を束縛することもできます。以下の❶のような式は、❷の式と同じです。

```
❶ do x <- m
      y <- f x
      let z = x + y
      g z

❷ m >>= (\x -> f x >>= (\y -> let z = x + y in g z))
```

(>>=)を使うほうがわかりやすいという人も稀にいるのですが、大抵の人はdo記法を使うほうが読み書きしやすいと感じるでしょう。

● do記法とモナド則

モナド則は、do記法で書く我々の直感と、実際に行われる計算の間に、差異が生じないようにしてくれています。次のような関数tripleを考えます。

```
triple :: Int -> Int
triple = do
    n <- id     -- アクション1
    d <- (n+)   -- アクション2
    (d+)        -- アクション3
```

この関数tripleは、入力を3回足す、つまり、3倍するだけの関数です。通常であれば、このような単純な処理に対する書き方ではありませんが、説明のためあえて((->) Int)モナドで書いています。

関数tripleは、do記法を使わずに次のようにも書き換えられます。

```
triple = id >>= (\n -> (n+) >>= (\d -> (d+)))
```

さて、do記法の中身が大きくなると、適切な大きさに中身を分割したいと思うでしょう。気分としては、大きくなってきた手続きを小さな手続きとその呼び出しに分割するようなものです。tripleをtripleAとtripleBに分割します。

```
triple :: Int -> Int
triple = do
    d <- tripleA -- アクション1と2
    tripleB d    -- アクション3

tripleA :: Int -> Int
tripleA = do
    n <- id -- アクション1
    (n+)    -- アクション2

tripleB :: Int -> Int -> Int
tripleB d = do
    (d+)    -- アクション3
```

このとき、triple、tripleA、tripleBをそれぞれdo記法を使わずに書くと、次のようになります。

```
triple = tripleA >>= (\d -> tripleB d)
tripleA = id >>= (\n -> (n+))
tripleB d = (d+)
```

ここで、tripleAとtripleBの定義を、tripleに展開してみましょう。

```
triple = (id >>= (\n -> (n+))) >>= (\d -> (d+))
```

先ほど、分割する前にtripleをdo記法を使わずに書いたものと比べてみます。

```
triple =  id >>= (\n -> (n+)   >>= (\d -> (d+))) -- 分割前
triple = (id >>= (\n -> (n+))) >>= (\d -> (d+))  -- 分割後
```

我々がdo記法で書き、その中身をより小さな単位に分割したときには、元々のアクションの並びを変えることなしに書き換えたつもりです。しかし、分割前と分割後では、>>=の結合順が異なっています。分割前は2つめの>>=が先に結合していますが、分割後では1つめの>>=が先に結合しています。

ここで、モナド則の❸「bindの結合則」を思い出してみましょう。

```
❸ (m >>= f) >>= g = m >>= (\x -> f x >>= g)
```

分割前と分割後で結合順が異なりますが、モナド則❸であるbindの結合性の条件により、結果が変わらないということが保証されています。

do記法では、命令型言語で命令を順番に並べるように、「モナドアクション」を並べて記述します。do記法は構文糖衣なので、結合性について我々プログラマは気にすることはありませんが、分割が入ったりすると、その位置によって結合性が変化します。結合性が変化しても我々の直感とは反する結果が生じないということが、モナド則により保証されているのです。

逆に言うと、モナド型クラスのインスタンスであるにもかかわらず、モナド則を満たさないモナドのような何者かを定義して使ってしまうと、とくにdo記法で使った場合に、予期しない結果を生じることがあるため危険なのです注6。

5.3 いろいろなモナド
Identity、Maybe、リスト、Reader、Writer、State、IO …

モナドについて基本的な知識はこれまでで十分なので、ここからはいろいろなモナドについて紹介していきます。

注6　F#のモナドに似た機能であるコンピュテーション式で、こういう危険な事例を耳にすることがあります。

Identity ——文脈を持たない

Identityモナドは、最も単純で明らかなモナドです。Identityモナドが意味する文脈はありません。つまり、**Identity**モナドは「文脈を持たない」ことを意味するモナドなのです。文脈を持たないということは、モナドを使わない普通の関数ととくに差はないということです。

Identityモナドは、次のようなインスタンスになっています。

```
newtype Identity a = Identity { runIdentity :: a }

instance Monad Identity where
    return = Identity
    Identity x >>= f = f x
```

Identityのデータ構造は、与えられた値をそのまま保持するだけです。returnは与えられた値をそのままIdentityで包み込むだけです。(>>=)はIdentityから中身を取り出し次のアクションに渡すだけで、事実上これは単なる関数適用です。

Identityモナド自体は文脈を持ちませんが、それはIdentityモナドには意味がないということではありません。本書では詳しく説明しませんが、「モナド変換子」(*monad transformer*)というものを使うと、あるモナドに対し別のモナドの能力を付与した新たなモナドを作り出すことが可能です。これは文脈を合成することができるということでもあります。その際、あるモナド変換子をIdentityモナドに適用すると、Identityモナドには何の機能もないために変換子側が持つ文脈だけを持ったモナドが作られます。つまり、我々プログラマは、ある文脈を意味する計算を作りたいときに、モナドとモナド変換子の両方を作っておく必要がないということになります。モナド変換子だけ作ってあげれば、Identityモナドとの合成によってモナドのほうはタダで手に入るようになっているためです。

Maybe ——失敗の可能性を持っている

2.4節(データ型)で説明した「Maybe」もモナドになっています。**Maybe**モナドが持つ文脈とは「失敗の可能性」です。Maybeモナドのアクションは失敗になる可能性を持っていると見ることができます。Maybeモナドのアクション同士を組み合わせると、途中で失敗したら以降は失敗のまま計算されないような組み合わせ方となります。

Maybeモナドは、次のようなインスタンスになっています。

```
instance Monad Maybe where
    return = Just
    Just x >>= f = f x
    Nothing >>= _ = Nothing
```

returnは与えられた値をそのままJustで包み込むだけです。(>>=)は前のアクションがJustである、つまりアクションが成功していれば、成功して得られた値を元に以降のアクションを行います。逆に、前のアクションがNothingである、つまりアクションが失敗していれば、以降のアクションは無視してNothingのままとなります。これにより、途中で計算が失敗したら以降はずっと失敗のままということになります。

1.2節「文脈をプログラミングする」で取り上げた単純な四則演算プログラムは、まさにMaybeモナドを活用したものになっています。

再び、p.75のリスト1.7を見てください。文字列から数値や演算に変換する関数toNumとtoBinOpは、Maybeの型を結果に持つ関数、つまり、Maybeモナドアクションです。do記法の中だけを見ると、成功したケースだけを記述しており、失敗したケースについてはまったく気にしておらず、全体としては見通しが良くなっています。加えて、Maybeモナドの失敗を扱う力により、どこかで失敗した場合は全体を失敗にしてくれます。

参考までに、関数evalをdo記法を使わずに書くと次のようになります。

```
eval :: String -> Maybe Int
eval expr = let [ sa, sop, sb ] = words expr
            in toNum sa >>= \a ->
               toBinOp sop >>= \op ->
               toNum sb >>= \b ->
               a `op` b
```

● 現実世界と理想的な型の世界の接続と失敗

「失敗を扱う」という点は、どのような言語を使う場合であっても現実のプログラムを扱う上で頻出の要素です。「失敗」をうまく、簡潔に、美しく扱えるということは、現実のプログラムをうまく記述できるという利点に直結します。

とくにHaskell程度に強力な「型システム」を持った言語の場合、求められた性質/制約を表現する理想的な型を付けられた値だけで、処理を記述していきたいという欲求が必ず出てきます。理想的な「型」の世界はとても安全だからです。

一方、現実世界のデータには、残念ながら都合の良い型など付いていません。たとえば、ファイルにせよ、ネットワークにせよ、読み書きするならほぼバイト列となるでしょう。

強い制限を持つ「型」の付いた値を現実世界に出力しようとする場合、「型変換」に相当する処理で失敗することはありません。**図5.2**のように、固定長整数から多倍長整数への変換や、何らかの強く制限された型からバイト列程度の弱い制限の型への変換のような、強い型から弱い型への変換は失敗しません。弱い型が求める性質を強い型が満たしているためです。

しかし逆に、現実世界のデータを言語の中に取り込む場合、十分に有用と言えるような型はまったく付いていない「データ」が開始点となります。外部から読み込んだデータを安全に扱うには、バイト列程度の弱い性質を持った型のデータから、目的の計算に相応しい強い構造/性質を持った型のデータへ変換をして、やっと強い型の恩恵を受けたプログラミングを行うことができるのです。

型が付いていない外界のデータから、より強い性質/制約を持った型の値、さらに強い性質/制約を持った型の値へと変換をする各段階では、それぞれに変換できない場合というものが存在します。文字列型を数値型に変換しようとしても失敗はするでしょうし、数値型を偶数型に変換しようとしても失敗するでしょう。特定フォーマットを扱う処理であれば、元々そのフォーマットに従っていないデータを処理しようとしたときには、特定フォーマットを意味する型へは変換できないのが自然です。**図5.3**のように、弱い型から強い型へと変換する場合には必ず「失敗の可能性」があります。

つまり、ある程度強い型を持ったプログラミング言語として、

- **目的の計算に沿った強い型を使いたい**
- **現実世界の問題を扱うために使いたい**

図5.2　強い型から弱い型への変換

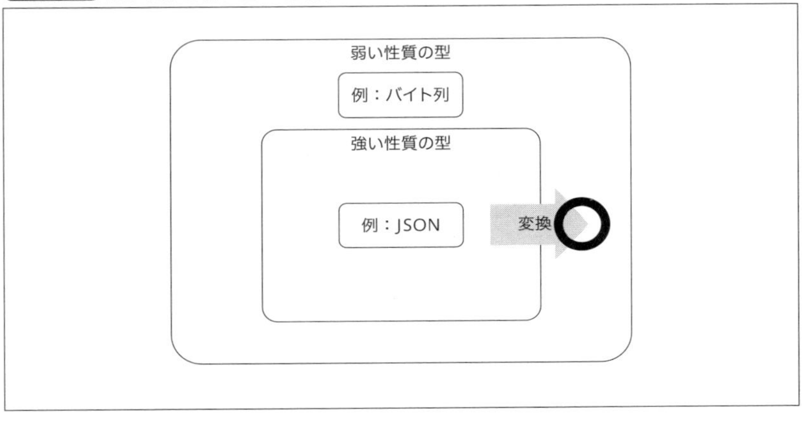

という2点を満たそうとすると、必ず「失敗の可能性のある計算」が混入します。理想的に型の付いていて安全な計算のできる世界と、型情報の欠落した現実世界を接続するためには、「Maybeモナド」のように失敗をうまく扱える機構は必須なのです。

リスト ——複数の可能性を持っている

Maybe同様、2.4節(データ型)で説明した「リスト」もモナドになっています。

リストモナドが持つ文脈とは「複数の可能性」です。リストモナドのアクションは、複数の結果を取り得ると見ることができます。リストモナドのアクション同士を組み合わせると、取り得る可能性のある値すべてに対し、計算が行われるような組み合わせ方となります。

リストモナドは、次のようなインスタンスになっています。

```
instance Monad [] where
    return = (:[])
    (>>=) = concatMap
```

`return`は、与えられた値1つだけのリストを作るだけです。これは「与えられた値1つしか取り得ないアクション」と考えられます。(>>=)はconcatMapという関数と同じです。**concatMap**は、リストを作る関数をmapしてから、リストのリストになった結果をすべて結合してリストにする関数です。mapしてからconcatしたものと同様です。

図5.3 弱い型から強い型への変換

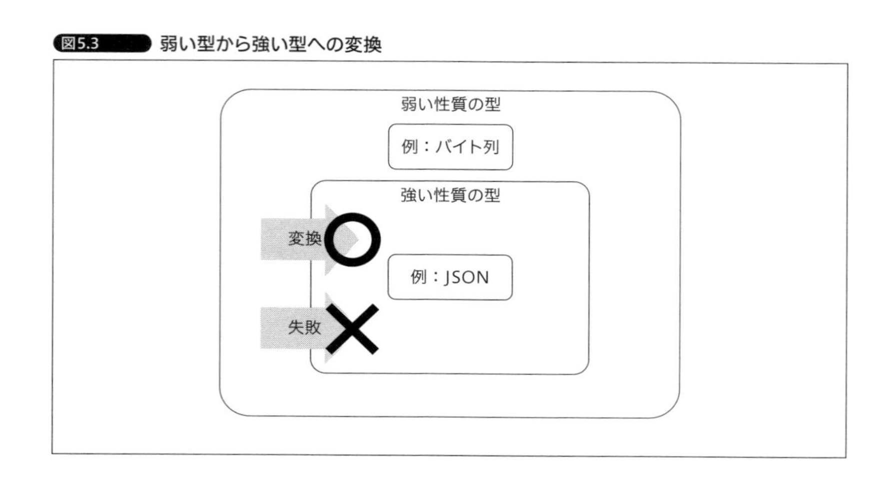

```
Prelude> map (\n -> [1..n]) [1..5]
[[1],[1,2],[1,2,3],[1,2,3,4],[1,2,3,4,5]]
Prelude> concatMap (\n -> [1..n]) [1..5]
[1,1,2,1,2,3,1,2,3,4,1,2,3,4,5]
Prelude> concat (map (\n -> [1..n]) [1..5])
[1,1,2,1,2,3,1,2,3,4,1,2,3,4,5]
Prelude> [1..5] >>= \n -> [1..n]
[1,1,2,1,2,3,1,2,3,4,1,2,3,4,5]
Prelude> map show [1..5]
["1","2","3","4","5"]
Prelude> concat (map show [1..5])
"12345"
Prelude> concatMap show [1..5]
"12345"
Prelude> [1..5] >>= show
"12345"
```

● リスト内包表記

リストモナドはdo記法のほか、**リスト内包表記**（*list comprehension*）という構文糖衣を備えています。次の素数列primesの定義を見てみましょう。

```
primes :: [Integer]
primes = f [2..] where
  f (p : ns) = p : f (filter ((/= 0) . (`mod` p)) ns)
```

fに与えられる整数値のリストは、その先頭pが必ず素数になっています。fの再帰の際に、リストnsから素数pで割り切れるものを除外しています。**図5.4**に示すように、nsからは小さい素数から順に割り切れるものが除外されていくことになります。

このprimesは、次のように記述することもできます。

```
primes :: [Integer]
primes = f [2..] where
  f (p : ns) = p : f [ n | n <- ns, n `mod` p /= 0 ]
```

ここで、書き換えに利用した記法がリスト内包表記です。リスト内包表記は数学的な集合の記述形式を元にしています。

```
[ 式 | リストの要素値 <- リスト, 条件 ]
```

のように記述します。すると、以下のような式と同様になります。

```
リスト >>= \リストの要素値 -> if 条件 then [式] else []
```

したがって、たとえば、素数列の定義で使ったリスト内包表記の式では、以

図5.4 素数列が作られていく様子

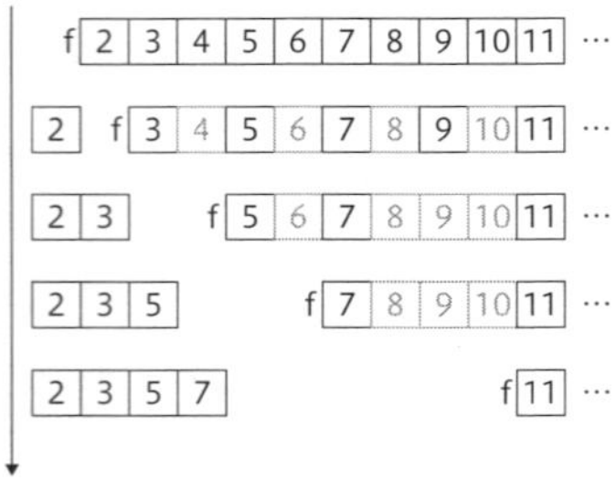

下の❶であれば、❷であり、また❸でもあります。

```
❶ [ n | n <- ns, n `mod` p /= 0 ]
❷ ns >>= \n -> if n `mod` p /= 0 then [n] else []
❸ do n <- ns
        if n `mod` p /= 0 then [n] else []
```

また、リスト内包表記内では、いくつものリストや条件を使ったり、let式を使ったりすることもできます。以下では、0から9までの奇数xと、0からxまでの偶数yについて、x + yをzとし、zが5を超過するケースに限り、(x,y,z)のリストを作っています。

```
Prelude> [ (x,y,z) | x <- [0..9], odd x, y <- [0..x], even y, let z = x + y, z > 5 ]
[(5,2,7),(5,4,9),(7,0,7),(7,2,9),(7,4,11),(7,6,13),(9,0,9),(9,2,11),(9,4,13),(9,6
,15),(9,8,17)]
```

● 文脈の多相性

モナドを使う利点として「モナド自体が型クラスになっている」という点があります。つまり、具体的に、どのモナドを使うかは抽象化した状態で「アクション」を定義しておき、使う段にどのモナドを使うかを決めたときに、その性質を確定させることができます。モナドとは「文脈」ですから、これは「文脈を多相的に扱うことができる」ということでもあります。

たとえば、次の関数filterPrimeMを見てみましょう。

```
filterPrimeM :: MonadPlus m => Integer -> m Integer
filterPrimeM n
    | n < 2                               = mzero
    | and [ n `mod` x /= 0 | x <- [2..n-1] ] = return n
    | otherwise                           = mzero
```

ここで、MonadPlusという型クラスが出てきていますが、このMonadPlusは、Monadである[注7]ことに加え、モナドで修飾された値に対し、足し算(mplus)とその零元(mzero)[注8]相当のインタフェースが定義されているものです。

```
Prelude> import Control.Monad
Prelude Control.Monad> :t mzero
mzero :: MonadPlus m => m a
Prelude Control.Monad> :t mplus
mplus :: MonadPlus m => m a -> m a -> m a
```

リストやMaybeもMonadPlusのインスタンスであり、mplusやmzeroは以下のようになっています。

```
Prelude Control.Monad> mzero :: [a]
[]
Prelude Control.Monad> mplus [] []
[]
Prelude Control.Monad> mplus [] [1]
[1]
Prelude Control.Monad> mplus [1] [2]
[1,2]
Prelude Control.Monad> mplus [1] []
[1]
Prelude Control.Monad> mzero :: Maybe a
Nothing
Prelude Control.Monad> mplus Nothing Nothing
Nothing
Prelude Control.Monad> mplus Nothing (Just 1)
Just 1
Prelude Control.Monad> mplus (Just 1) (Just 2)
Just 1
Prelude Control.Monad> mplus (Just 1) Nothing
Just 1
```

filterPrimeMは、与えられた値が素数かどうかを検査し、素数である場合はその値をreturn、素数でない場合はmzeroとしています。

このfilterPrimeMでは、具体的なモナドは指定していません。MonadPlusであれば何でも良いということになっています。したがって、リストに対してもMaybeに対してもfilterPrimeMを適用することができます。たとえば、filterPrimeMを使い、次のようなsearchPrimeという関数を作ってみます。

注7　MonadPlusは、`class Monad m => MonadPlus m where`のように定義されており、MonadPlusのインスタンスになる型mは、まず前提としてMonadのインスタンスでもある必要があります。

注8　mplusしても何も変わらない要素のこと。たとえば、足し算に対する`0`、掛け算に対する`1`、文字列の結合に対する空文字列、などです。

```
searchPrime :: MonadPlus m => [Integer] -> m Integer
searchPrime = foldr (mplus . filterPrimeM) mzero
```

このsearchPrimeは、次のような挙動になります。

```
Prelude> searchPrime [1..99] :: [Integer]
[2,3,5,7,11,13,17,19,23,29,31,37,41,43,47,53,59,61,67,71,73,79,83,89,97]
Prelude> searchPrime [1..99] :: Maybe Integer
Just 2
```

searchPrime関数は、リストの文脈で利用したときには、「整数値のリスト中におけるすべての素数を取り出す」となります。一方、Maybeの文脈で利用したときには、「整数値のリスト中における最初に現れた素数を取り出す」となります。異なる挙動が実装の変更を要せず、モナドの切り替えだけで実現できることがわかります。

filterPrimeMやsearchPrimeはとても単純なサンプルですが、同様にリストとMaybeの文脈を差し替えるパターンでもっと実用的なものも、もちろんあります。たとえば、ある条件での探索などを行うときに、「条件を満たすもので最初に見つけたもの」だけが欲しいときと、「条件を満たすものすべて」が欲しいときがあるような場合があるでしょう。より具体的なもので言うならば、数独(第6章を参照)の問題をイメージすると良いでしょう。与えられた問題を解くだけであれば、最初に見つけた解があれば十分です。しかし、自分で問題を作るのであれば、複数の解があり得るのは数独の問題としてよろしくないため、実際にすべての解を列挙させてみて1つしかないことを確認しなければなりません。そして、これはまさに「リストモナドとMaybeモナドの差し替え」だけで実現できます。解の探索を「抽象的なモナドのアクション」として記述しておき、解として1つが欲しいかすべてが欲しいかは、それをMaybeモナドとして動かすか、もしくはリストモナドとして動かすかだけで決まるように実装することができます。あるいは、他の文脈を持つモナドに差し替えても、その文脈上で問題なく動作します。

モナドは、文脈もまたそれ以外の要素とは直交する部品として切り出し、多相的に扱うことのできる対象としてくれるのです。

Reader ——参照できる環境を共有する

同じ値を引き回したいときのモナドのサンプルとして、これまでに`((->) r)`がモナドになるという話を軽く取り上げました。ただ、`((->) r)`では、`a -> b`

-> r -> xやc -> r -> yといった形で、最後の引数がある決まった型の値になっている必要があるということでもあります。実際にはa -> r -> b -> xやr -> c -> yのように、どこかでその値が引き回されれば良いだけのはずです。ここでの「どこかで引き回す」を文脈にしたものが、「Readerモナド」と呼ばれるものになります。

Readerモナドが持つ文脈とは「参照できる環境の共有」です。Readerモナドのアクションは、暗黙のうちに同じ環境値を受け渡ししており、必要なときにはその環境値を取り出して使うことができます。Readerモナドのアクション同士の組み合わせは簡単で、まさにその受け渡しをうまく行うような組み合わせ方になっています。

Readerモナドは、次のようなインスタンスになっています。

```
newtype Reader env a = Reader { runReader :: env -> a }

instance Monad (Reader env) where
    return a = Reader (\e -> a)
    Reader f >>= g = Reader (\e -> runReader (g (f e)) e)
```

envは、Readerモナドによって参照したい環境の型です。Maybeモナドやリストモナドと異なり、Readerのみでなく「(Reader env)」まででモナドになることに注意が必要です[注9]。

runReaderはReaderのレコードのフィールドですが、Readerモナドのアクションを「走らせる」ために必要な「モナドの実行器」でもあります。Readerモナドはreturnや(>>=)でアクションを組み合わせていくと、Readerというデータ構造の中に関数を適用/合成しながら溜め込んでいきます。ここで溜め込まれていったReaderの中身の関数からは、環境の型の値を与えられなければ値を取り出すことができません。つまり、実際に環境値を与えてReaderモナドアクションから値を取り出すのが、runReaderの役割になります。

returnは、与えられた値の定数関数を持ったReader env a型の値を作ります。つまり、これは環境値には依存せずaになるアクションです。(>>=)は与えられた環境値で前のアクションの値を取り出してから、それを次のアクションに与えつつ、そちらにも同じ環境値を引き回していきます。

他のモナドと異なり、Readerモナドは環境値を持っているので、その環境値を参照するためのモナドアクションaskも用意されています。

注9　それでも「Readerモナド」と呼びますが。

```
ask :: Reader env env
ask = Reader id
```

askはその型からもわかるように、与えられている環境値を取り出します。

● configを参照する処理

先ほど、((->) r)モナドを軽く紹介した際にも挙げましたが、あるconfigファイルの中身を読み出しておき、その結果によって挙動が変わるような処理は実用上多いと思います。しかし、グローバル変数やシングルトンを使うのはテストしにくくなりますし、かと言って、必要な手続きの呼び出し時にconfigを受け渡すのも面倒です。このような処理を簡略化したようなものをReaderモナドで書いてみます(**リスト5.4**)。

リスト5.4 Reader.hs

```
-- Reader.hs
import Control.Monad.Reader  -- モジュールControl.Monad.Readerのインポート

data Config = Config { verbose :: Int  -- 何かの詳細度（1から10）
                     , debug :: Bool   -- デバッグモード
                     }

configToLevel :: Config -> Int
configToLevel config
    | debug config = 10
    | otherwise    = verbose config

outputLevel :: Reader Config [Int]
outputLevel = do
  config <- ask
  return [ 1 .. configToLevel config ]

output :: Int -> String -> Reader Config (Maybe String)
output level str = do
  ls <- outputLevel
  return (if level `elem` ls then Just str else Nothing) -- 関数elemはリストに要
                                                            素が含まれているかどうか
```

Readerモナドは、**Control.Monad.Reader**というモジュールに含まれているので、最初のimportでそのモジュールを使えるようにしています。

Configデータ型によって、configファイルの設定項目として、1から10の詳細度と、デバッグモードを表現してみます。configToLevel関数は、Configデータ型から詳細度レベルを得る関数で、デバッグモードがONのとき強制的に詳

細度レベルを10にします。

このときoutputモナドアクションは、詳細度レベルと文字列を与えられ、runReaderと実際に環境値として与えられるConfigによって、次のような動作になります。

```
*Reader> runReader (output 1 "test") (Config 1 False)
Just "test"
*Reader> runReader (output 2 "test") (Config 1 False)
Nothing
*Reader> runReader (output 2 "test") (Config 2 False)
Just "test"
*Reader> runReader (output 2 "test") (Config 1 True)
Just "test"
```

outputは、与えられた詳細度レベルが、環境値から得られる詳細度レベル以下であるときのみ、与えられた文字列をJustで返し、それ以外の条件ではNothingにしてしまいます。

実際に環境値であるConfig型の値をaskで引き出して使っているのはoutputLevelですが、そこまで陽に引数でConfig型を引き回していかずとも、Readerモナドによって参照可能な形で環境値が引き回されていきます。したがって、無闇に引数が増えてしまって面倒ということもありません。それでいて、組み立てたアクションをrunReaderで走らせるときに、環境値をいろいろと差し替えてみることも簡単なので、アクション自体のテストも相応の簡単さを保っていられます。グローバル変数[注10]にしてしまったときのように、テストが大変[注11]になるということもありません。

Writer ——主要な計算の横で、別の値も一直線に合成する

計算に伴って蓄積される値が欲しくなる、ことがあると思います。たとえば、以下のようなケースに遭遇することはよくあるでしょう。

- **計算のパスがどうなっているかを調べたい**
- **途中でログを取っておきたい**
- **Webフレームワークを作っていて、パスとアクションの対応(ルーティング)を組み立てたい**
- **条件によって組み合わせ方の変わる変換器を作りたい**

注10 Haskellには変更可能なグローバル変数はありませんが。

注11 よくあるケースでは、テストの並列実行が不可能になるなど。

このようなときに活躍するのが、「Writerモナド」です。**Writer**モナドが持つ文脈とは「主要な計算の横で、別の値も一直線に合成する」というものです。Writerモナドのアクションは、主要な計算結果の他に、暗黙のうちにもう1つ余分に結果を持ちます。もう1つの結果には、アクション内で必要となった箇所において、適宜に追加の値を合成することができます。Writerモナドのアクション同士を組み合わせるときは、他のモナドアクション同様にアクション間で主要な計算結果の受け渡しをしながら、あるアクションが持っている余分な結果と、次のアクションが持っている余分な結果の合成も行います。

Writerモナドは、次のようなインスタンスになっています。

```
newtype Writer extra a = Writer { runWriter :: (a, extra) }

instance Monoid extra => Monad (Writer extra) where
    return a = Writer (a, mempty)
    Writer (a, e) >>= f = let (b, e') = runWriter (f a) in Writer (b, e `mappend` e')
```

extraは、Writerモナドによって暗黙に作られる余分な結果の型です。Writerモナドも Readerモナドと同様に、Writerのみでなく「(Writer extra)」まででモナドになることに注意が必要です。そして、extra型にはMonoid型クラスのインスタンスであるという型クラス制約が付いています。**モノイド**(*monoid*)とは0と足し算に相当するような値が定義されている何かのことで、Monoid型クラスは次のように定義されています。

```
class Monoid a where
    mempty :: a               -- 0に相当する何か
    mappend :: a -> a -> a  -- 足し算に相当する何か
    -- ただし、次の3点を満たすようなもの
    -- mempty `mappend` x = x -- memptyはmappendの左単位元
    -- x `mappend` mempty = x -- memptyはmappendの右単位元
    -- (x `mappend` y) `mappend` z = x `mappend` (y `mappend` z) -- 結合則
```

たとえば、以下の❶のような「Int」はモノイドですし、❷のような「何かのリスト」もモノイドです。

```
❶instance Monoid Int where
      mempty = 0
      mappend = (+)

❷instance Monoid [a] where
      mempty = []
      mappend = (++)
```

直感的でなさそうなものとしては、ある型から同じ型への関数もモノイドです。

```
-- ある型から同じ型への関数
newtype Endo a = Endo (appEndo :: a -> a)

instance Monoid (Endo a) where
    mempty = Endo id
    Endo a `mappend` Endo b = Endo (a . b)
```

ReaderモナドのrunReader同様に、**runWriter**はWriterのレコードのフィールドであり、Writerモナドアクションを「走らせる」実行器でもあります。

returnは与えられた値とmemptyとのタプルを持ったWriter extra a型の値を作ります。つまり、これは余分な結果なしにaになるアクションです。(>>=)は、前のアクションの結果aと余分な結果eを取り出してから、後のアクションの結果bと余分な結果e'を計算します。(>>=)による合成結果は、後のアクションの結果bと、前後のアクションの余分な結果の合成e `mappend` e'のタプルとしています。

Readerモナドのaskのように、Writerモナドにも余分な結果として値を吐き出すアクション**tell**を持っています。

```
tell :: extra -> Writer extra ()
tell e = Writer ((), e)
```

tellは、その型からもわかるように、余分な値を吐き出すだけしか行いません。ここで現れた()はユニット型と呼ばれるものです。ユニット型は()という値しか持ちません。アクションとしてはとくに意味のある結果を持たないといったときに使われます。tellは、アクションとしてはWriterモナド内の暗黙の余分な結果の中に値をしまい込むだけなので、表に出てくる計算としては意味のある結果は持たないのです。

では、実際にWriterモナドを使ってみましょう(**リスト5.5**)。まずは、ログを残しながらの計算を行ってみます。

リスト5.5 LogWriter.hs

```
-- LogWriter.hs
import Control.Monad.Writer  -- モジュールControl.Monad.Writerをインポート

-- sをログとして記録する
logging :: String -> Writer [String] ()
logging s = tell [s]

-- n番めのフィボナッチ数を呼び出しログ付きで計算する
fibWithLog :: Int -> Writer [String] Int
```

```
fibWithLog n = do
  logging ("fibWithLog " ++ show n)
  case n of
    0 -> return 1
    1 -> return 1
    n -> do
      a <- fibWithLog (n-2)
      b <- fibWithLog (n-1)
      return (a+b)
```

WriterモナドはControl.Monad.Writerというモジュールに含まれているので、最初のimportでそのモジュールを使えるようにしています。

n番めのフィボナッチ数を愚直な再帰で計算する遅いプログラムについて、遅い理由である無駄な呼び出しの回数が増えている様子を確認するため、Writerモナドで呼び出しのログを取って見ています。今回は、Writerモナドで暗黙に蓄積させる余分な値は文字列のリストにしました。loggingアクションが実際に文字列を蓄積させるための関数になっています。フィボナッチ数自体の計算はfibWithLogアクションが行っており、最初にfibWithLogがどのような引数nに対して呼ばれたかをログに残しています。

リスト5.5の実行結果は、以下のようになります。

```
*LogWriter> runWriter (fibWithLog 0)
(1,["fibWithLog 0"])
*LogWriter> runWriter (fibWithLog 1)
(1,["fibWithLog 1"])
*LogWriter> runWriter (fibWithLog 2)
(2,["fibWithLog 2","fibWithLog 0","fibWithLog 1"])
*LogWriter> runWriter (fibWithLog 3)
(3,["fibWithLog 3","fibWithLog 1","fibWithLog 2","fibWithLog 0","fibWithLog 1"])
*LogWriter> runWriter (fibWithLog 4)
(5,["fibWithLog 4","fibWithLog 2","fibWithLog 0","fibWithLog 1","fibWithLog 3","f
ibWithLog 1","fibWithLog 2","fibWithLog 0","fibWithLog 1"])
```

タプルの1つめとして主眼であるフィボナッチ数の計算結果が、2つめとしてfibWithLogの呼び出しログが得られます。数が大きくなり再帰が深くなるにつれ、無駄な再計算が増えていく様子が観察できます。

Writerモナドの別の使い方も見てみましょう(**リスト5.6**)。今度は、本当に興味があるのは余分な計算結果のほうであるようなサンプルです。整数値のリストが与えられたときに、偶数分だけ足し、奇数分は引くような関数が欲しいとします。もちろんこれ自体が何かの役に立つというわけではなく、ある特定の状況を簡略化した想定になっています。

リスト5.6　ConverterWriter.hs

```
-- ConverterWriter.hs
import Control.Monad.Writer

enable :: (a -> a) -> Writer (Endo a) ()
enable = tell . Endo

plusEvenMinusOdd :: [Int] -> Writer (Endo Int) ()
plusEvenMinusOdd [] = return ()
plusEvenMinusOdd (n:ns) = do
  enable (\x -> if even n then x + n else x - n)
  plusEvenMinusOdd ns
```

今回はWriterモナドで暗黙に蓄積させる余分な値としては、先ほど紹介したある型aから同じ型への変換であるEndo aにしてあります。とくに整数値の変換なので、最終成果物としてはEndo Int型の値です。enableが変換を蓄積させるアクション、plusEvenMinusOddが実際にリスト内の整数を1つずつ見て、足し算すべきものか引き算すべきものかを判断し、必要なほうをenableで吐き出すアクションになっています。

リスト5.6の実行結果は、以下のようになります。

```
*ConverterWriter> execWriter (plusEvenMinusOdd []) `appEndo` 0
0
*ConverterWriter> execWriter (plusEvenMinusOdd [1]) `appEndo` 0
-1
*ConverterWriter> execWriter (plusEvenMinusOdd [2]) `appEndo` 0
2
*ConverterWriter> execWriter (plusEvenMinusOdd [1..4]) `appEndo` 0
2
*ConverterWriter> execWriter (plusEvenMinusOdd [1..5]) `appEndo` 0
-3
*ConverterWriter> execWriter (plusEvenMinusOdd [1..6]) `appEndo` 0
3
*ConverterWriter> execWriter (plusEvenMinusOdd [1,1,2,3,5,8]) `appEndo` 0
0
```

ここで使っている**execWriter**は、runWriterのようなWriterモナドアクションの実行器ですが、本題の計算結果[注12]のほうには興味ないので捨ててしまい、余分な計算結果[注13]だけを得る関数です。Writerモナド同様、**Control.Monad.Writer**モジュールに定義されています。

Endo Int型である余分な計算結果の値をappEndoで0に適用してみることに

注12　runWriterで得られるタプルの1つめ。
注13　runWriterで得られるタプルの2つめ。

よって、確かに、偶数分を足し、奇数分を引くような関数が合成できていることが確認できます。

これだけではだから何だと思う方が多いかもしれませんが、これは、Writerモナドにより変換器の合成を記述するための**DSL**が得られるということを簡略化したサンプルになっています。たとえば、抽象構文木の型をASTとしたとき、Writerモナドで実際に合成されるものが、`Endo AST`だったらと考えてみましょう。`AST -> AST`という型は、すなわちプログラムの変換器の型です。実際に抽象構文木レベルでの最適化規則はこの型を持つことになるでしょう。それらの最適化規則のそれぞれについて、

- 適用するかしないか
- どのような順番で適用するか
- 何回適用するか

といったことを、容易に組み立てるためのしくみが提供でき、最終的に望む通りに合成された1つの最適化器を得ることができます。

Writerモナドの強力さは、暗黙のうちに合成されゆくモノイドが強力な性質を持ったものであるほど、輝きを増してゆくのです。

State——状態の引き継ぎ

Haskellは純粋なので、破壊的代入がありません。変数はすべて定数となるので、状態のようなものを定義してもそれを(破壊的に)変更するような記述にはなりません。とは言え、状態を扱うかのように書けたほうがわかりやすいこともあります。

状態を変えながら結果を出すような関数は、通常次のような型を取ります。

```
引数 -> ... -> 状態の型 -> (結果, 状態の型)
```

たとえば、スタックを状態に持つ計算を考えます。このとき、スタックへのpushとpopは次にようになるでしょう。

```
push :: a -> [a] -> ((), [a])
push value stack = ((), value : stack)

-- スタックが空だとまずいが簡単のため
pop :: [a] -> (a, [a])
pop (value : stack) = (value, stack)
```

このpushとpopを組み合わせ、スタック先頭の値に何らかの変換を適用する

関数applyTopを作ると、

```
applyTop :: (a -> a) -> [a] -> ((), [a])
applyTop f stack = let (a, stack1) = pop stack
                       (_, stack2) = push (f a) stack1
                   in ((), stack2)
```

となります。関数applyTopはまずpopでstackを先頭aと残りのスタックstack1に分離し、stack1にf aをpushした結果のスタックstack2を結果とします。

状態の値であるstackが、stack1、stack2と計算が進むにつれて変更されていきますが、それを次々に受け渡すことで表現することになってしまっています。applyTop程度の大きさの関数ならともかくとして、もっと複雑な関数を組み立てることになったら、さらにstack3、stack4と一々生成して律儀に受け渡しをするのが想像できて、これはもう駄目だということが感じられるでしょう。

この問題を解決するのが「Stateモナド」です。**Stateモナド**が持つ文脈とは「状態の引き継ぎ」です。Stateモナドのアクションは、何らかの状態を持っており、状態値を取り出して参照したり、状態値を変更しているかのような動作をさせることができます。Stateモナドのアクション同士を組み合わせるときは、pop後に出てきたstate1を次はpushに渡したように、前のアクションが持っている状態を、そのまま次のアクションに引き渡します。

Stateモナドは、次のようなインスタンスになっています。

```
newtype State state a = State { runState :: state -> (a, state) }

instance Monad (State state) where
    return a = State (\s -> (a, s))
    State x >>= f = State (\s -> let (a, s') = x s in runState (f a) s')
```

stateはStateモナドが持つ状態の型です。StateモナドもReaderモナドやWriterモナドと同様に、Stateのみでなく「(State state)」まででモナドになることに注意が必要です。

runStateはStateのレコードのフィールドであり、Stateモナドアクションを「走らせる」実行器でもあります。前述した状態を変えながら結果を出すような関数の型、

```
引数 -> ... -> 状態の型 -> (結果, 状態の型)
```

との型の対応を見てみましょう。最後の部分を取り出したものになっており、ここが状態を扱う型の本質的な部分になっています。

returnは与えられた値と状態をタプルにする関数を持ったState state a型

の値を作ります。つまり、これは状態値には依存せずaになるアクションです。(>>=)は与えられた状態値で前のアクションの値とそのアクションによって変更された状態を取り出してから、それらを次のアクションに渡していきます。

Stateモナドには、その状態値を**参照**/**変更**するためのモナドアクション**get**/**put**が用意されています。

```
get :: State state state
get = State (\s -> (s, s))

put :: state -> State state ()
put s = State (\_ -> ((), s))
```

getは、状態値を変更せずにアクションから得られる結果も状態値にします。putは、それまでの状態値を無視して、与えた状態を差し込んでいます。また、状態そのものに変換をかける**modify**というアクションや、状態に変換をかけながら取り出す**gets**というアクションもあります。

```
modify :: (state -> state) -> State state ()
modify f = get >>= put . f

gets :: (state -> a) -> State state a
gets f = get >>= return . f
```

では、Stateモナドによって、本項冒頭で取り上げたスタック操作を書き直してみます(**リスト5.7**)。

リスト5.7 StackState.hs

```
-- StackState.hs
import Control.Monad.State  -- モジュールControl.Monad.Stateをインポート

push :: a -> State [a] ()
push = modify . (:)

pop :: State [a] a
pop = do
  value <- gets head
  modify tail
  return value

applyTop :: (a -> a) -> State [a] ()
applyTop f = do
  a <- pop
  push (f a)
```

Stateモナドは**Control.Monad.State**モジュールに定義されているので、まずはこれをimportしています。

そして、pushとpopをStateモナドアクションに書き直し、それらを使ってapplyTopも書き直しています。stateをstate1やstate2などと受け渡していくような記述は、モナドの文脈にうまく溶けてしまっており、コード上にはまったく現れなくなりました。大きなアクションを組み立てても煩わしくありません。実際に動作を確認してみましょう。

```
*StackState> runState (applyTop (+10)) [0..9]
((),[10,1,2,3,4,5,6,7,8,9])
```

初期状態として整数値の[0..9]というスタックを与え、先頭に(+10)を足すアクションを行ったので、結果として、先頭の要素だけが10になったスタックが得られました。

Stateモナドは特定の状態付きで計算を行うモナドですが、状態付きの計算結果を期待するだけではなく、Writerモナドで余分な値のほうの結果を期待したときのように、状態値の編集を期待した設計を行うこともよくあります。

たとえば、「State HTTPレスポンス」というモナドにしておき、初期状態として「200 OK」で空のコンテンツを返すレスポンスを与えるようにし、HTTPヘッダやコンテンツ等部分的に組み立てていけるモナドアクションを用意しておくと、最終的にはそれによって組み上げられたHTTPレスポンスが得られます。

IO ――副作用を伴う

さて、Haskellが実用的なプログラミング言語である以上、副作用を扱うことを避けては通れません。副作用の中でもとくにI/O、つまり我々が暮らす、この現実とのインタラクションが必須であることは誰にとっても明らかです。標準入出力や、ファイル入出力、ソケット通信などが代表的なものです。I/Oをはじめとした副作用を扱うことができなければ、とても実用的とは言えません。そもそも、ほとんどの言語の入門で最初に説明されるのは"Hello, World!"を標準出力に印字するプログラムでしょう。

しかし、Haskellは純粋な言語です。副作用を何も考えなしに混ぜ込むことは、その純粋性を破壊してしまいます。たとえば、現在時刻を得る関数が、

```
getCurrentTime :: Time
```

のような型を持っていたとしましょう。このgetCurrentTimeは評価されるたびに異なるTime型の値になるでしょう。つまり、評価されたまさにそのときの

時刻になってしまいます。同じ式から同じ値が得られてはいませんから、このような挙動は純粋ではありません。

そこで、Haskellにおいて言語の純粋性を守ったまま、副作用を扱うために用意されているものが「IOモナド」です。

IOモナドが持つ文脈とはまさに「副作用を伴う」です。IOモナドのアクションは、副作用を発生させている可能性があります。IOモナドのアクション同士を組み合わせると、副作用があればそれが束縛された順番に実行されていきます。

IOモナドのインスタンスは少々特殊な形になりますので、本書では詳しく取り上げません。理由は後述します。イメージだけ掴むのであれば、Stateモナドの状態を表す型の部分が、「現実世界」を表す型になっているようなものをイメージしてみましょう。つまり、現実世界の一部を読み出したり、現実世界の一部を書き換えたりできるようなものです。

実際に、IOモナドを使ってみましょう。副作用があるとは言えモナドなので、これまで見てきた他のモナドと同様に、returnや(>>=)、do記法を使ったりすることができます。

たとえば、標準入力から文字列を1行読み出すIOモナドアクション**getLine**と、標準出力に文字列を1行書き出すIOモナドアクション**putStrLn**があります。

```
Prelude> :t getLine
getLine :: IO String
Prelude> :t putStrLn
putStrLn :: String -> IO ()
```

これらを使い、次のように標準入力をそのまま標準出力に出し続けるechoを書くことができます。

```
echo :: IO ()
echo = do
  line <- getLine
  putStrLn line
  echo
```

実際に実行してみると、以下のように、`line 1`と1行入力すると`line 1`と出力され、以下`line 2`、`line 3`でも同様です。

```
Prelude> echo
line 1
line 1
line 2
line 2
line 3
line 3
```

● 副作用を扱えるのに純粋と言える理由

IOモナドによって標準入出力という副作用が実際に生じているにもかかわらず、Haskellがなぜ言語としては純粋と言えるのか、疑問に思う方が多いのではないでしょうか。

ここまで他のモナドをいろいろ見てきましたが、do記法などによって組み立てられるモナドmのアクションm aは、あるモナドmの文脈のもとで、型aの値を作り出すための方法でした。つまり、ある一定条件のもとで、型aの値を作り出すためのレシピのようなものを組み上げているのです。そのレシピに対し、実際に「ある一定条件」を与えた上で実行するのは、Readerモナドならrunreader、WriterモナドならrunWriter、StateモナドならrunStateだったのです[注14]。

```
Monad m => x -> m a
```

という型は、「x」から「aを(mという条件下で)作るレシピ」への関数です。このレシピが実際に実行されるかどうかに関係なく、型xの値が同じであれば、常に同じm aという構成のレシピが得られます。型xの値が同じなのに、異なる複数の構成のレシピが得られることはありません。これがモナドによって担保される純粋性です。

IOモナドも同様で、IO aというIOモナドアクションは、外界、つまり我々の暮らす現実がある一定条件にあるときに、型aの値を作るためのレシピになっています。もちろん、このレシピもまた他のモナド同様に純粋に組み立てられます。つまり、

```
x -> IO a
```

という関数の型であれば、型xの値が同じであれば、常に同じIO aという同じレシピが得られます。型xの値が同じにもかかわらず、異なるレシピを得ることはHaskellには不可能です。レシピの内容は外界の状況に関係なく、常に同じものが組み立てられます。

そして、IOモナドの実行器はHaskellという言語のランタイムです。IOモナドのアクションを実際に実行する段階になってはじめて、「ある一定条件」としてこの現実世界の状況をランタイムがレシピに伝えるのです。IOモナドのインスタンスについて詳しく説明をしなかったのは、ランタイムと関連する部分が多く、本書の範囲を逸脱するからでした。

注14 中にはリストモナドやMaybeモナドなど、一定条件が不要で特別な実行器が要らないものもあります。

副作用を扱えるということは、事実上何でも許される、つまり何も禁止できないということでもあります。たとえば、副作用を含む部品は、通常テストが難しい扱いに困る部品となることが多いです。にもかかわらず、多くの言語では、いろいろな箇所で副作用を発生させることができてしまい、それを抑止することができません。

図5.5のように、プログラムは、現実世界という地面の上に建て増しされていく構造物であるべきです。現実世界と接する面は1階の床部分だけというように限定しておき、2階以上の部分は現実とは切り離して扱えるようになっている必要があります。こうしておいてこそ、ある階だけを増築したり起き換えたりするようなモジュラリティが確保でき、変更しやすくなったりテストしやすくなったりという良い特性を得ることができます。一方で、あらゆる箇所で副作用を起こせるという状況は、現実世界という地面に対し、地下構造物を作っていくことに対応しています。構造物の壁に穴を開ければ容易に外界の情報を取り込めますが、穴の開け方を間違えると、そこから現実世界の複雑さが流れ込んできてしまい、だんだんと設計が押し潰されてしまうでしょう。

IOモナドが示しているものは、「副作用を扱うには、IOモナドの中でなければいけない」ということですが、「IOモナドの中でなければ、副作用が発生することはない」ということでもあります。Haskellでは、IOモナドにより副作用の発生し得る箇所を明確にすることができます。できる限り副作用の発生し得ると明示された箇所のコード量を小さくし、副作用が発生しないと明示されたコード量を大きくしておくことが、テスト可能でメンテナンス性の高い設計のためのヒントになります。

図5.5 プログラムという構造物と現実世界との接続

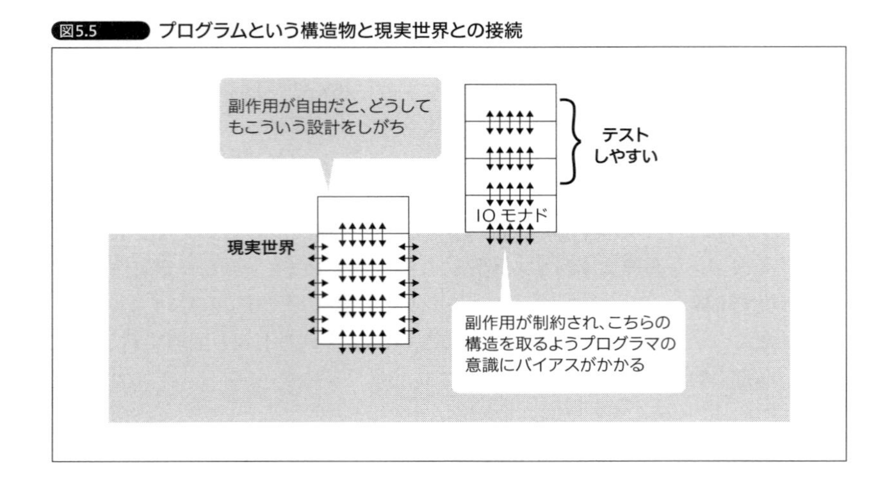

5.4 他の言語におけるモナド
モナドや、それに類する機能のサポート状況

いくつかの**関数型言語**では、あるいは**命令型言語**でも**最近**のバージョンアップにより、モナドやそれに類する**機能**が取り入れられています。

他の関数型言語とモナド

まず、いくつかの関数型言語では、モナドを実装することができます。言語によってはモナドアクション記述用の構文糖衣も用意されています。

強力な型システムを持つAgda、Coq、Idrisあたりの言語では、ライブラリにモナドがあります。しかも、これらの言語では、モナド則を満たさない何かをモナドと偽ることを防ぐことができます。この点は、Haskellでは実装者の良心に任せるしかない部分でした。

Scalaは、**for式**というdo記法に相当する構文糖衣を備えており、普通にモナドを実装し、利用することができるでしょう。

F#は、**コンピュテーション式**というカスタマイズ可能な構文糖衣を持っています。コンピュテーション式のカスタマイザである「ビルダー」に、モナドとしての文脈を作り込むことで、モナドにも利用できるようになっています。ただ、ビルダーが提供されコンピュテーション式で使えるからと言って、モナドになっているとは限らないことには注意が必要です。

命令型言語とモナド ――Javaのモナドとの比較

命令型言語でモナドを積極的に取り込もうとしたものとして、とくにJavaを取り上げてみます。Java 8から関数型的な機能が取り込まれてきており、モナドもまたその対象となっています。

いくつかのクラスがモナドとなっており、インスタンスメソッドとしてモナドのインタフェースが実装される形になっています。Haskellのモナドとの対比では、`return`は**of**メソッドとして、(>>=)は**flatMap**メソッドとして、それぞれ用意されており、アクションの組み合わせはメソッドチェインで行います。

Optionalクラス

Java 8の**Optional**は、HaskellのMaybe(データ型としてのMaybe)のように、無効値と有効値を扱えるものであり、有効値が入っている状態が**present**、無

効値の状態が**empty**です。

そして、Maybeモナドのように、このOptionalもモナドとして扱おうと試みられ、`of`メソッドと`flatMap`メソッドが実装されています。これにより、flatMapなしでは、以下のように逐一有効無効のチェックが必要なところは、

```
Optional< Person > person = persons.find("Alice");
if (person.isPresent()) { // Aliceがいて
    Optional< Wallet > wallet = person.get().getWallet();
    if (wallet.isPresent()) { // 財布を持っていて
        Optional< Money > money = wallet.get().getMoney(10000);
        if (money.isPresent()) { // 10000円入っている
            pay(money.get());
        }
    }
}
```

次のように、flatMapと、これもJava 8から使えるようになったラムダ式により、組み合わせられるようになっています。

```
persons
    .find("Alice")
    .flatMap(person -> person.getWallet())
    .flatMap(wallet -> wallet.getMoney(10000))
    .ifPresent(money -> pay(money))
```

Maybeモナドの(>>=)同様、flatMapメソッドがチェックをメソッドチェインの裏に隠蔽します。

● Streamクラス

Java 8の**Stream**もまたモナドとして扱おうと試みられています。こちらはHaskellのリストモナド相当になります。

Javaの**Collection**インタフェースは、Streamへの変換メソッド**stream**を持っています。必要に応じてStreamへ変換し、Streamモナド上で処理を行うほうが、記述が簡潔になるかもしれません。

● メソッドチェインの弊害 ――do記法のありがたみ

Javaでは、Haskellの「型クラス」のような機能がないため、文脈の保持に「クラス」を、アクションの結合に「メソッドチェイン」を、それぞれ使っています。メソッドチェインは一直線にインスタンスとメソッドが並びゆくことが前提になるため、元々一直線にインスタンスが並ばないフローのプログラムに対しては、少々面倒な記述が要請されることになります。

たとえば、次のようなフローになっていたとすると、

```
Optional< Person > person = persons.find("Alice");
if (person.isPresent()) { // Aliceがいて
    Optional< Pocket > pocket = person.get().getPocket();  // ❶personからpocketを
                                                           // 取り出そうとしている箇所
    if (pocket.isPresent()) { // ポケットがあって
        Optional< Ticket > ticket = pocket.get().getTicket();
        if (ticket.isPresent() ) { // 引き換え券を持っている
            Optional< Wallet > wallet = person.get().getWallet(); // ❷personから
                                                    // walletを取り出そうとしている箇所
            if (wallet.isPresent()) { // 財布を持っていて
                Optional< Money > money = wallet.get().getMoney(10000);
                if (money.isPresent()) { // 10000円入っている
                    pay(ticket.get(), money.get());
                }
            }
        }
    }
}
```

の、personからpocketとwalletのインスタンスを取り出そうとしている箇所(上記❶❷)で、メソッドチェインの分岐が発生し、最後のpayで分岐したチェインが合流します。これをflatMapを使って表現したとしても次のようになります。

```
persons
    .find("Alice")
    .isPresent(person -> person.getPocket()
        .flatMap(pocket -> pocket.getTicket()
            .ifPresent(ticket -> person.getWallet()
                .flatMap(wallet -> wallet.getMoney(10000))
                    .ifPresent(money -> pay(ticket, money)))))
```

結構、複雑になってしまいました。これをわかりやすいと言える人はあまりいないでしょうし、このようなコードを量産していると、(おとにきこえし)「ラムダ式禁止令」が忍び寄ってくるかもしれません。

実は、Haskellで似たような内容の疑似コードを書いたとしても、do記法を使わなければ同じ程度の複雑さになります。ただ、チェインの分岐という概念はないので多少良くはなります。

```
find "Alice" persons >>= \person ->
getPocket person >>= \pocket ->
getTicket pocket >>= \ticket ->
getWallet person >>= \wallet ->
getMoney 10000 wallet >>= \money ->
pay ticket money
```

Haskellで、モナドの力を人間が読みやすいと言えるレベルの表現に変換してくれているのは、**do記法**です。

```
do person <- find "Alice" persons
   pocket <- getPocket person
   ticket <- getTicket pocket
   wallet <- getWallet person
   money <- getMoney 10000 wallet
   pay ticket money
```

実は、モナドがあるだけでは、人間にとって十分な表現力が提供できている言語ということにはならないのです。言語機能としての構文糖衣などにより、記述サポートが必要です。

公式APIのクラスでモナド実装しているJava 8に限らず、「○○言語で○○モナドを実装してみた」という記事や話を、稀に目に耳にすることがあります。もし、そのような記事が、クラスベースオブジェクト指向言語を使いインスタンスとメソッドチェインによる実装によって実現していたとしたら、大抵そこには、メソッドチェイン分岐に対し表現が複雑になっていってしまう問題が無視され放置されています。

● 副作用による汚染は防げない

現在のJavaの機能では、厳密に文脈を制限することはできません。とくに、「この中で副作用が発生しないこと」を制限することはまず不可能です。

たとえば、flatMapに渡す式の中で副作用を発生させることもできます。これだけで、Haskellで言うところのMaybeモナドやリストモナドの文脈の付与機能だけには収まっておらず、IOモナドにそれらのモナドを合成した文脈の付与にならざるを得ません。

単にある文脈だけを与えるには、厳密にそれ以外の文脈を排除できる機能もまた必要です。Haskellやその他の静的型付け関数型言語の場合、それは型と型検査によって実現されているでしょう。

Javaやその他多くの言語の場合、元々そういった制約が緩く、言わば何でも許されてしまっているという文脈を持った環境に対し、より厳しく制約された文脈を持つ部分を規定することになるため難しいのです。何でもありの部分が、どうしても漏れ出てきてしまいます。

対して、Haskellでは「強力な型検査がかかる」という厳しい制約が全体にかかっているため、ピンポイントで何かだけができるようになる文脈を入れても、それ以外の余計なことができるようにはなってしまうことがありません。

5.5 Haskellプログラムのコンパイル
コンパイルして、Hello, World!

これまではGHCi上で動作を確認していましたが、Haskellはコンパイルして実行バイナリを作ることもできます。と言うより、プログラミング中の動作確認でもない限り、コンパイルするのが普通です。

「普通」の実行方法について ——コンパイルして実行する

コンパイルして実行する方法を、簡単に見ていきましょう。実行バイナリはランタイムを持ち、ランタイムはデフォルトでmain関数を実行します。IOモナドで説明したとおり、HaskellのランタイムはIOモナドのアクションに対し、現実世界の状況を与えながら実行します。つまり、mainの型は次のような型になっています。

```
main :: IO ()
```

では、他の言語では入門として一番最初に書いてみるであろう、有名なプログラム"Hello, World!"を書き、コンパイルして実行してみましょう。

まず、以下のようなHelloWorld.hsを書きます。

```
-- HelloWorld.hs
main :: IO ()
main = putStrLn "Hello, World!"
```

次に、コンパイルします。

```
$ stack ghc HelloWorld
[1 of 1] Compiling Main ( HelloWorld.hs, HelloWorld.o )
Linking HelloWorld ...
$
```

すると、HelloWorldという実行バイナリが生成されます。これを実行します。

```
$ ./HelloWorld
Hello, World!
$
```

めでたく標準出力に"Hello, World!"が印字されました。

5.6 まとめ

Haskellの「モナド」とその「do記法」が我々に提供してくれるのは、ある意味で言語内に自由にDSLを設計できると言えるくらい、とても強力な表現力です。しかも、表現力が強力だからと言って、何でもできて危険と言えるほどの表現を許してしまう野放図(のほうず)さはなく、その所々に必要とする機能だけを許可するような精妙さを兼ね備えています。

本章で取り上げた以外にも、有名なところであれば、Eitherモナド、STモナド、STMモナド、継続モナドなど、一般的にプログラムが取り扱うような多くの性質/文脈をモナドとして表現することが可能です。

本書では説明しませんでしたが、あるモナドに別のモナドの性質を組み合わせ新たなモナドにしたりすることもできますし、特定の副作用だけを許すようにIOモナドを制限したモナドを作り出すこともできます。

前述のとおり、モナドやその類似品は他の言語でも言語機能として取り入れられてきていますし、あるいはモナドのようなものを実装してみたという記事を目にすることもあります。そうしたものに慣れ親しみ、そして実はHaskellのものと比べて何が違うのか、違いが生じてしまうとしたら、なぜそうなっているのかを理解することは、きっとみなさんのプログラミング力を格段に向上させるでしょう。

Column

関数型言語で飯を喰う

エンジニアたるもの、問題に応じて適切な道具を選択/駆使して解決を図れるのが理想です。その一方で、言語に対し何かしら拘り(こだわり)を持って学んできているプログラマの場合、「○○言語での仕事がしたい！」という気持ちを持つのもまた否定できません。

とりわけ関数型言語の仕事となると、増えてきているとは言え、まだ他の言語程には多くの求人情報は得られないでしょう。国内では、普通の求人サイトではかろうじてScalaの求人がぽつぽつと見受けられる程度です。

現時点で、好きな関数型言語で仕事をするための近道となると、まず、明らかに最短なのは自ら起業する、あるいは(権限があるなら)事業を起こすことです。自社開発ならば道具の選択は自分次第ですし、請負であっても成果物言語指定がなければ問題ないでしょう。ただ、当然ながらハイリスク/ハイリターンです。

もう少しマイルドな選択肢として求人を探す方向となると、とりあえずは、Functional Jobs[注a]というサイトでしょうか。世界中の企業から関数型言語関連開発者の求人情報が寄せられています。また、StackOverflow Careers[注b]等、他サイトに寄せられた求人情報も載ります。リモート可なものもあるので、英語力に問題なければトライしてみましょう。他にも、各言語コミュニティにおけるメーリングリストやreddit[注c]などに情報が寄せられることがあります。関係各所にも目を光らせておくのが良いでしょう。

一方、日本でとなると、なかなか情報は得られません。最も手っ取り早いのは、勉強会系の関連イベントへ参加し顔(とスキル)を繋いでおくことだと思います。身も蓋もない言い方をするならばコネ作りをするということです。こういったイベントには、すでにその言語で仕事をしている人が来ていることも多いです。彼らが求人情報を持ってイベントに乗り込んできていることもあります。彼らから情報を積極的に引き出しましょう。実際に応募した段になって、意中の企業の中の人に「勉強会とかでよく会う熱心なあの人か！」とわかってもらえることは、採用判断にもプラスに働くでしょう。

どのようなケースであれ、スキルが測れる材料を(GitHub等に)公開しておくのも忘れないようにしましょう。

注a URL http://functionaljobs.com/
注b URL http://careers.stackoverflow.com/
注c URL http://www.reddit.com/

第6章

オススメの開発/設計テクニック

「関数型/Haskellっぽい」プログラムの設計/実装、考え方

6.1 **動作を決める** ——テストを書こう

6.2 **トップダウンに考える** ——問題を大枠で捉え、小さい問題に分割していく

6.3 **制約を設ける** ——型に制約を持たせる

6.4 **適切な処理を選ばせる** ——型と型クラスを適切に利用し、型に制約を記憶させる

6.5 **より複雑な制約を与える** ——とても強力なロジックパズルの例

6.6 **まとめ**

本章まで進んだ方は、Haskellの基本的な部分については、すでに読めるようになっているはずです。

しかし、いざ書く段となると、とくに最初の頃は「あまり関数型/Haskellっぽくないな...」と感じるプログラムになってしまっていることがあると思います。もしくは、そもそも「どう考えて書いていけば良いの」と、どう手をつけたら良いのかわからないということもあるかもしれません。

いざ言語に触れるとなると、やはりその言語なりのスタイル/書き方があり、それらのスタイルは少なからずプログラマの思考方法に影響を与えています。先の章で触れたとおり、「ハンマーを持った者にとっては、すべてのものが釘に見える」という話もありますが、まずは、道具をHaskellに持ち替えたことを認識し、問題に対するアプローチの方法を変えていきましょう。

本章では「オススメの開発/設計テクニック」と称し、どのように思考してプログラムを設計していくか、どのように考えると「関数型/Haskellっぽい」プログラムができあがるか、という点に焦点を当てて例題を紹介します。

例題を通し、自然に高階関数を導入したり型を定義したりしていくことで、できるだけ「抽象度が高く」「簡潔で」「安全性の高い」Haskellプログラムの書き方/考え方に親しんでいきましょう。

もし、みなさんが今後Haskellやその他関数型言語を使う機会を得られずとも、他の言語でプログラミングする際、本章で紹介するテクニックをそれらの言語で適用しようとするとどうなるか、考えてみるのも良いでしょう。きっと役立つ知見が得られるはずです。

6.1 動作を決める
テストを書こう

本節では、Haskellにおけるテストの基本テクニックを見ていきましょう。

テスト、その前に

どの言語であっても同じですが、プログラム/関数を書くには、まずそのプログラムが、

- どのような動作をするのか
- どのような性質を持つのか

といったことを決める必要があります。

そして、動作/性質を満たすプログラムが実装できたということを、何らかの方法で確認する必要があります。確認の方法は、

- 形式手法を用いる
  - 性質を命題として記述し、証明を行うなど
- テストを行う
  - 入力とその入力に対する出力を定め、照合する

といった方法があるでしょう。

前者はCoqやAgdaなど定理証明系を持っている言語などで用いることができ、通常、テストよりも強力[注1]に性質を保証できます。反面、難しいことも多く、相応の修練やコストを要します。Haskellでも頑張れば部分的にでもできなくはないのですが、とても頑張ることになるので本節では扱いません。

後者は関数型言語に限った話ではないので、あまり説明の必要はないかと思います。本節でもテストをどうするかについて説明します。

テストのためのライブラリ

Haskellの場合、テストのためのライブラリで現状主要なものは次の5つがあります。

注1　漏れなどがないという意味で。

- HUnit URL https://hackage.haskell.org/package/HUnit
    - Unitという名前から想像できるように、単体テスト用のライブラリ
- QuickCheck URL https://hackage.haskell.org/package/QuickCheck
    - データ駆動テスト用ライブラリ
    - 型情報からテストケースをテスト実行ごとにランダムに生成する
    - コーナーケースを生成してくれて気付くことがある
- test-framework URL https://hackage.haskell.org/package/test-framework
    - デファクトスタンダードなテストフレームワーク
    - HUnitやQuickCheckのテストなどを統合実行する
    - JUnit形式のメトリクス生成や並列実行などが可能
- Hspec URL https://hackage.haskell.org/package/hspec
    - RubyのRSpecのようなBDD（*Behavior Driven Development*、振る舞い駆動開発）用ライブラリ
- doctest URL https://hackage.haskell.org/package/doctest
    - Pythonのdoctest[注2]同様に動作例コメントをそのままテスト実行するプログラム
    - QuickCheckを利用することもできる

doctest/QuickCheckによるテスト

本章では、おもにdoctestを使って説明を行っていきます。まずは、doctestの利用法について簡単に解説しておきます。また、doctestは記法によってQuickCheckを利用できるので、QuickCheckについても解説します。

doctestの導入

Stackを使っているならば[注3]、doctestもStackからインストールすることができます。

```
$ stack install doctest  -- doctestをインストール
<略>
```

Linuxならホームディレクトリに「`$HOME/.local/bin`」が、Windowsなら「`C:¥Documents And Settings¥user¥Application Data¥local¥bin`」が作られ、`doctest`コマンドがインストールされます。環境変数で、これらのディレクトリにパスを通しておきましょう。

注2 URL https://docs.python.org/3/library/doctest.html

注3 もし、Debian GNU/LinuxやGentoo Linuxを使っているならば、それぞれAPT（*Advanced Packaging Tool*）やPortageにHaskellのパッケージもあるかもしれません。ディストリビューション固有のパッケージシステムからインストールできるならば、Stack以外にもそれらに頼るという方法もあります。

● doctestを使う

doctestを使うには、次のように関数に対するコメント(--)に、動作例をいくつか一緒に記述しておきます。--コメント中、>>>で始まる行が評価する式で、その直後の行が期待する評価結果になっています注4。

```
-- DoctestSample.hs
module DoctestSample where

-- | 文字列中のスペースの個数
--
-- >>> countSpace ""
-- 0
-- >>> countSpace "abracadabra"
-- 0
-- >>> countSpace "Hello, World!"
-- 1
-- >>> countSpace "    "
-- 4
--
countSpace :: String -> Int
countSpace = length . filter (' ' ==)
```

そして、このソースDoctestSample.hsを以下のようにdoctestにかけると、

```
$ doctest DoctestSample.hs
Examples: 4  Tried: 4  Errors: 0  Failures: 0
```

>>>で書かれた行が実際に評価/実行され、直後の行の期待する評価結果と文字列比較されます。この比較の結果が同じであれば、コメントに記載された動作例と同様に動作したことになるので、正しくテストに通ったことになるというわけです。

● QuickCheckを併用する

doctestからQuickCheckを使うことで、さらにリッチなテストにすることもあります。QuickCheckを使うには、以下のようにprop>から始まる性質記述コメントを追加します。

```
-- DoctestSample.hs
module DoctestSample where
```

注4　|はhaddockというjavadocやperldocのようなHaskellのドキュメンテーションツール用の書き方です。

```
-- | 文字列中のスペースの個数
--
-- >>> countSpace ""
-- 0
-- >>> countSpace "abracadabra"
-- 0
-- >>> countSpace "Hello, World!"
-- 1
-- >>> countSpace "    "
-- 4
--
-- prop> countSpace s == sum [ 1 | c <- s, c == ' ' ]
--
countSpace :: String -> Int
countSpace = length . filter (' ' ==)
```

コメントとして新しく追加された関数countSpaceの性質は、「文字列sの中でスペースのものだけを1に変換したその和と結果が同じになる」というものです。そして、これをdoctest実行すると、文字列sはQuickCheckによってランダムにたくさんのケースが生成され、それぞれのケースに対してテストが行われます。

実際に再度doctestにかけてみると、以下のとおり成功します。

```
$ doctest DoctestSample.hs
Examples: 5  Tried: 5  Errors: 0  Failures: 0
```

試しにテストを失敗させてみましょう。countSpaceの実装を以下のように変更し、スペースだけでなく、うっかりタブ文字もカウントしてしまったとします。

```
countSpace :: String -> Int
countSpace = length . filter (\x -> ' ' == x || '\t' == x)
```

この状態でdoctestにかけると、

```
$ doctest DoctestSample.hs
### Failure in DoctestSample.hs:15: expression 'countSpace s == sum [ 1 | c <- s, c == ' ' ]'
Falsifiable (after 7 tests and 3 shrinks):
"\t"
Examples: 5  Tried: 5  Errors: 0  Failures: 1
```

QuickCheckを使っていない4つのテストケースはタブ文字を含んでいないので通過してしまいますが、QuickCheckのテストでランダムに生成された文字列の中にタブ文字が含まれているものがあり、期待通りに失敗してくれました。

QuickCheckはある型の値をランダムに生成すると言っても、生成する型の値の中で小さい構成のものから試すようになっています。たとえば、Intなら最初に試されるものは0で、何かのリストであれば最初に試されるものは空リストです。このような挙動のほうが効率的に失敗ケースを洗い出しやすいためです。

6.2 トップダウンに考える
問題を大枠で捉え、小さい問題に分割していく

関数型言語に限らず、実はどの言語を使っていてもそうなのですが、とくにHaskellの場合はトップダウンに考えていったほうがプログラムが簡素になります。「トップダウンに考える」ということは、問題を大枠で捉えてから、小さい問題に分割して考えていくということですが、これが可能になるためには1つ大前提があります。それは、それぞれの小さい問題に分割して考え切った/実装したそれらの結果を、再度組み合わせられなければならないということです。第0章や第1章でも述べましたが、部品を組み合わせる力に長けた言語であるほど、「トップダウン(=部品に分割してから再度組み合わせる)思考」とは相性が良いのです。

ランレングス圧縮(RLE)

トップダウンな考え方のための例題として、まずは「ランレングス圧縮」(Run Length Encoding、以下**RLE**)を扱います。RLEは、(文字などの)シンボルの列に対し、シンボルと連長の列へと変換することで、シンボルの連続した出現を多く含むシンボル列を効率良く圧縮する可逆圧縮です。連長とは、シンボルが連続して出現したその長さのことです。たとえば、**図6.1**のようにシンボル{'A','B','C'}からなる列"AAABBCCCCAAA"であれば、Aが3回、Bが2回、Cが4回そして、Aが3回連続して出現しているので連長はそれぞれ3,2,4,3です。なので、この列"AAABBCCCCAAA"をRLEすると"A3B2C4A3"といった形になります。

RLEは、連続したシンボルをたくさん含む列のデータに対して適用しなければデータが増えてしまいますが、隣接要素が同じ色であることの多いベタ塗りの画像データに対して適用したり、「連続したシンボルをたくさん持つ列」への変換であるBWT[注5]と組み合わせて利用するなど、さまざまなところで実用されているところを目にすることができます。

本来は、RLEは普通バイナリデータの変換として処理を扱いますが、本節で

注5　Burrows–Wheeler Transform。bzip2に用いられることでよく知られた変換。

は簡単のため、文字列から文字列への変換として考えていきましょう。つまり、これから実装したい関数rleは連長も変換後の文字列に含みます。たとえば、rle "AAABBCCCCAAA"が"A3B2C4A3"になります。また、同様に簡単のため、変換前の文字列には10以上の連長が含まれないとします。

● 関数の型を決める

まず、関数rleの型を決めます。と言っても、先ほど文字列から文字列への変換として考えると述べたとおり、関数rleはStringからStringへの変換です。

```
module RLE where

-- | ランレングス圧縮
rle :: String -> String
rle = undefined
```

実装はまだ行ってないのでundefinedにしておきます。undefinedは任意の型の値になれますが、評価されると実行時エラーになるという性質のものです。今回のようなテストファーストにおいて、未実装の場所を残したまま、とりあえず型検査を通すために使います。

● テストを書く

先に説明したdoctestで、関数rleに期待される挙動をテストにしておきましょう。たとえば、以下のようになります。

```
module RLE where

-- | ランレングス圧縮
--
-- >>> rle ""
-- ""
-- >>> rle "A"
-- "A1"
```

図6.1 RLE

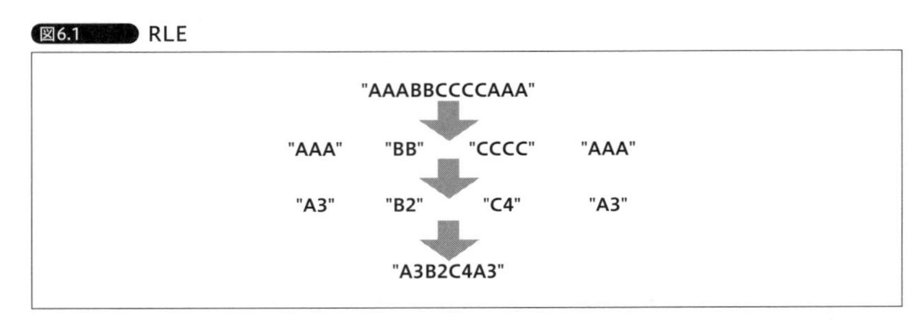

```
-- >>> rle "AAABBCCCCAAA"
-- "A3B2C4A3"
--
rle :: String -> String
rle = undefined
```

まだ、この時点ではrleがundefinedなので、doctestにかけても「undefinedですよ」と言われて失敗します。

```
$ doctest RLE.hs
### Failure in RLE.hs:5: expression ‘rle ""’
expected: ""
 but got: "*** Exception: Prelude.undefined
Examples: 3  Tried: 1  Errors: 0  Failures: 1
```

●「らしからぬ」コード

ここで、まずはどのようなコードを書いてしまいがちかを示します。たとえば、以下のようなコードでしょうか。

```
module RLE where

-- | ランレングス圧縮
--
-- >>> rle ""
-- ""
-- >>> rle "A"
-- "A1"
-- >>> rle "AAABBCCCCAAA"
-- "A3B2C4A3"
--
rle :: String -> String
rle "" = ""
rle (h:t) = aux 1 h t where -- 最初の1文字を覚える、1文字出てるので連長は1
    aux :: Int -> Char -> String -> String
    aux runLength prevChar "" = prevChar : show runLength  -- 残りがなくなったら終わり
    aux runLength prevChar (c:s)                           -- 残りがある場合
        | c == prevChar = aux (runLength + 1) prevChar s   -- 同じ文字なら連長を
                                                              カウントアップ
        | otherwise     = prevChar : shows runLength (aux 1 c s) -- 違う文字なら
                                                            新たに1からカウント
```

このコードでは、文字列を頭から1つずつ見ていって、前回見た文字を覚えておき、同じ文字が出たら連長をカウントアップし、違う文字が出たら連長を1にリセットして、それまでの文字と連長を文字列にしています。

以下のようにdoctestにかけると通ります。

```
$ doctest RLE.hs
Examples: 3  Tried: 3  Errors: 0  Failures: 0
```

このコードは、命令型言語であればループで行っていたものを、そのまま再帰で行うように書き直しただけと言えるものです。テストを通っているため目的こそ達成していそうですが、考え方が命令型言語のままなので、記述量も多いですし、Haskellの力を十分に発揮できているとは言えません。

●「らしい」コード

では、Haskellらしいコードとはどのようなものになるかを見てもらいましょう。たとえば、以下のようになります。

```
module RLE where

import Data.List ( group )

-- | ランレングス圧縮
--
-- >>> rle ""
-- ""
-- >>> rle "A"
-- "A1"
-- >>> rle "AAABBCCCCAAA"
-- "A3B2C4A3"
--
rle :: String -> String
rle = concatMap (\s -> head s : show (length s)) . group
```

こちらのコードを設計/実装する方法/考え方についてと、このコードが何をしているのかは後に説明します。やはり、こちらのコードもテストを通ります。

```
$ doctest RLE.hs
Examples: 3  Tried: 3  Errors: 0  Failures: 0
```

先出の「らしからぬ」コード例と比べ、格段にシンプルになっていることがわかります。先頭から見ていって連長を1ずつカウントアップするといった、命令的で低レベルな処理の記述がまったく現れていません。

●トップダウンに設計/実装する

Haskellらしいコードを書くのであれば、やはり「トップダウン」に考えていくのが適しています。前述のとおり、以下から始めていきます。

```
rle :: String -> String
rle = undefined
```

関数rleの型である「文字列から文字列への変換」の型を満たすような関数はい

ろいろあります。たとえば、入力をそのまま出力とする関数idをundefinedの代わりに置いても型は合いますが、RLEどころか何もしないので当然テストは通りません。

そこで、とりあえず「途中にあるべき状況」を考えて、その中間構造の型を考えましょう。つまり、「文字列(入力)から文字列(出力)への変換」の型を、「文字列(入力)から「途中にあるべき状況」の型への変換」と、「『途中にあるべき状況』の型から文字列(出力)への変換」に分割することを考えましょう。

やりたいことはRLEなので、恐らく多くの人が「『文字とその連長』の組のリスト」が中間構造として必要そうだなと感じられると思います。なので、関数rleを、「文字列(入力)から『文字とその連長』の組のリストへの変換」である関数toCharAndRunLengthと、「『文字とその連長』の組のリストから文字列(出力)への変換」である関数fromCharAndRunLengthに分割しましょう。

```
rle :: String -> String
rle = fromCharAndRunLength . toCharAndRunLength

-- | 文字とその連長の組のリストを出力文字列へ変換する
fromCharAndRunLength :: [(Char, Int)] -> String
fromCharAndRunLength = undefined

-- | 入力文字列を文字とその連長の組のリストへ変換する
toCharAndRunLength :: String -> [(Char, Int)]
toCharAndRunLength = undefined
```

具体的には、toCharAndRunLengthは"AAABBBB"のようなものを[('A',3),('B',4)]にする関数、fromCharAndRunLengthは[('A',3),('B',4)]のようなものを"A3B4"にする関数ということです。

fromCharAndRunLengthは、さらに中間構造として「文字列(=文字と連長のペアを文字列に変換したもの)のリスト」が欲しくなるでしょう。rleを分割したときと同様に、「文字とその連長の組のリストを文字列(=文字と連長のペアを文字列に変換したもの)のリスト」に変換する関数rls2strsと、「文字列(=文字と連長のペアを文字列に変換したもの)のリストを文字列(出力)」に変換する関数catにさらに分割します。

```
rle :: String -> String
rle = fromCharAndRunLength . toCharAndRunLength

-- | 文字とその連長の組のリストを出力文字列へ変換する
fromCharAndRunLength :: [(Char, Int)] -> String
fromCharAndRunLength = cat . rls2strs

rls2strs:: [(Char, Int)] -> [String]
```

```
rls2strs = undefined

cat :: [String] -> String
cat = undefined

-- | 入力文字列を文字とその連長の組のリストへ変換する
toCharAndRunLength :: String -> [(Char, Int)]
toCharAndRunLength = undefined
```

具体的には、rls2strsは[('A',3),('B',4)]のようなものを["A3","B4"]にする関数、catは["A3","B4"]のようなものを"A3B4"にする関数ということです。

さて、ここまで分割してきて現れたcatですが、これは「ただ文字列を結合するだけ」なので、もう十分シンプルな機能になっていそうです。つまり、この処理を行う関数がすでに標準ライブラリに存在していそうだなと思えます。次は、この処理を行う関数を探してみましょう。

● 型から関数を検索する——型情報で検索できる「hoogle」

hoogleは、標準ライブラリから関数などを探すことのできる検索エンジンです。「識別子名」からはもちろん、「型」からも関数を検索できます。コマンドライン版もWeb版[注6]もあります。誰かが書いたHaskellプログラムで何かわからない関数や演算子が使われていたら、まずはhoogleで検索してみましょう。

hoogleの特徴は何と言っても「型情報で検索できる」という点です。Haskell(や型システムが強力な言語)では、「型を決める」ことは「設計」に相当します。

これまでrleを細かく分割してきましたが、その分割の方法は常に「中間にあるべき型」を考え、「その型への変換」と、「その型からの変換」に分割してきました。型を決めることが設計に当たり、型情報から検索ができるということは、「設計から実装が検索できる」ということに他ならないためです。

● 設計/実装を進める

では、さっそくcatの型「[String] -> String」で検索をしてみます[注7]。するといくつか検索結果が出てきますが、上から関数名と説明を見ていくと何番めかにconcatという関数があるのが確認でき、このconcatがcatの求める文字列の結合をしてくれるものであることがわかります。検索結果ではconcat :: [[a]] -> [a]と表示され、concatの型は[[a]] -> [a]と多相的になっていますが、Stringは[Char]なので型は合っています。GHCiで確認してみましょう。

注6 URL https://www.haskell.org/hoogle/
注7 hoogleコマンドであれば、hoogle "検索クエリ"で検索できます。

```
Prelude> concat ["A3","B4"]
"A3B4"
```

まさに望むものですね。以上により、catの実装としてはconcatを与えれば良いことがわかりました。catはもういらないので、concatに置き換えるとコードは次のようになります。

```
rle :: String -> String
rle = fromCharAndRunLength . toCharAndRunLength

-- | 文字とその連長の組のリストを出力文字列へ変換する
fromCharAndRunLength :: [(Char, Int)] -> String
fromCharAndRunLength = concat . rls2strs

rls2strs:: [(Char, Int)] -> [String]
rls2strs = undefined

-- | 入力文字列を文字とその連長の組のリストへ変換する
toCharAndRunLength :: String -> [(Char, Int)]
toCharAndRunLength = undefined
```

次に、catの相方であったrls2strsですが、これはリスト内の各要素をそれぞれ変換しています。そこで、「リストの各要素に何かをやる」関数**foreach**と、その何かである関数**rl2str**にさらに分解しましょう。foreachはrl2strを取る高階関数です。

```
rle :: String -> String
rle = fromCharAndRunLength . toCharAndRunLength

-- | 文字とその連長の組のリストを出力文字列へ変換する
fromCharAndRunLength :: [(Char, Int)] -> String
fromCharAndRunLength = concat . rls2strs

rls2strs:: [(Char, Int)] -> [String]
rls2strs = foreach rl2str

foreach :: (a -> b) -> [a] -> [b]
foreach = undefined

rl2str :: (Char, Int) -> String
rl2str = undefined

-- | 入力文字列を文字とその連長の組のリストへ変換する
toCharAndRunLength :: String -> [(Char, Int)]
toCharAndRunLength = undefined
```

具体的には、foreachはa型からb型への関数で、a型のリストをb型のリストに変換します。rl2strは('A',3)を"A3"へ変換する処理です。

cat同様に、foreachの型「(a -> b) -> [a] -> [b]」をhoogleにかけましょう。

すると先頭に関数**map**が出てきて、説明を読むとまさにこれが望むものであるとわかります。foreachをmapに置き換え、rls2strsもmap rl2strで置き換えます。

```
rle :: String -> String
rle = fromCharAndRunLength . toCharAndRunLength

-- | 文字とその連長の組のリストを出力文字列へ変換する
fromCharAndRunLength :: [(Char, Int)] -> String
fromCharAndRunLength = concat . map rl2str

rl2str :: (Char, Int) -> String
rl2str = undefined

-- | 入力文字列を文字とその連長の組のリストへ変換する
toCharAndRunLength :: String -> [(Char, Int)]
toCharAndRunLength = undefined
```

次に、rl2strも十分シンプルになっているので、この型「(Char, Int) -> String」もhoogleにかけてみましょう。はい、適切なものは見つからないということがわかったはずです。つまり、rl2strは、RLEという問題特有の事情を多分に含んだ処理であり、自分で実装する必要があるということを意味します。

繰り返しになりますが、具体的には、rl2strは('A',3)を"A3"へ変換する処理でした。なので、入力である(Char,Int)という組のうち、Intのほうを文字列に変換して、Charのほうを先頭にくっつければ良さそうです。これは以下のように十分に簡単な実装でしょう。

```
rle :: String -> String
rle = fromCharAndRunLength . toCharAndRunLength

-- | 文字とその連長の組のリストを出力文字列へ変換する
fromCharAndRunLength :: [(Char, Int)] -> String
fromCharAndRunLength = concat . map rl2str

rl2str :: (Char, Int) -> String
rl2str (c,n) = c : show n -- nを文字列にして文字cを先頭に付ける

-- | 入力文字列を文字とその連長の組のリストへ変換する
toCharAndRunLength :: String -> [(Char, Int)]
toCharAndRunLength = undefined
```

これで、fromCharAndRunLength側についてはundefinedな部分はなくなりました。toCharAndRunLengthのほうも同様に仕上げていきましょう。

toCharAndRunLengthについても、いきなり変換するのはまだ難しそう、つまり、まだ十分簡単なものに分割できておらず、hoogleで調べても適した関数が見つからさそうなので、中間構造として「『連続した同じ文字による文字列』の

リスト」が欲しいと感じます。「文字列(入力)から『連続した同じ文字による文字列』のリストへの変換」である関数**toRLs**と、「『連続した同じ文字による文字列』のリストから『文字とその連長』の組のリストへの変換」である関数**toPairs**に分割しましょう。

```
rle :: String -> String
rle = fromCharAndRunLength . toCharAndRunLength

-- | 文字とその連長の組のリストを出力文字列へ変換する
fromCharAndRunLength :: [(Char, Int)] -> String
fromCharAndRunLength = concat . map rl2str

rl2str :: (Char, Int) -> String
rl2str (c,n) = c : show n -- nを文字列にして文字cを先頭に付ける

-- | 入力文字列を文字とその連長の組のリストへ変換する
toCharAndRunLength :: String -> [(Char, Int)]
toCharAndRunLength = toPairs . toRLs

toRLs :: String -> [String]
toRLs = undefined

toPairs :: [String] -> [(Char, Int)]
toPairs = undefined
```

具体的には、toRLsは`"AAABBBB"`のようなものを`["AAA","BBBB"]`にする関数、toPairsは`["AAA","BBBB"]`のようなものを`[('A',3),('B',4)]`にする関数ということです。toRLsは十分シンプルに思えます。しかし、toRLsの型でhoogle検索してもそれらしいものは見つかりません。あきらめる前に、toRLsのような「処理の本質」を考えてみましょう。

toRLsは今回の問題の都合上文字列を扱っていますが、本質的には「同じものが連続していたらまとめる」処理なので、「もの」が文字である必要はありません。同じかどうかが判断できるものなら何でも良いのです。一般に、より**多相的な関数**であるほうが汎用性が高く、「汎用性が高いもののほうが**標準ライブラリ**の中に用意されていそうだ」と思えます。この点を踏まえると、toRLsの型は`String -> [String]`ですが、より多相的な型「`Eq a => [a] -> [[a]]`」で検索してみようということになります。`Eq a`は等値関係が定義された型クラスです[注8]。`a`が`Char`なら`String -> [String]`になります。

「`Eq a => [a] -> [[a]]`」でhoogle検索すると、**Data.List**モジュールに**group**という関数が見つかります。toRLsとは、まさにこのgroupであることがわかり

注8　2.6節、5.1節で取り上げました。

ます。toRLsをgroupで置き換えます。hoogleからはgroupはData.Listモジュールにあることもわかるので、groupを利用するためにData.Listをimportします。

```
module RLE where

import Data.List ( group ) -- 追加

<中略>

rle :: String -> String
rle = fromCharAndRunLength . toCharAndRunLength

-- | 文字とその連長の組のリストを出力文字列へ変換する
fromCharAndRunLength :: [(Char, Int)] -> String
fromCharAndRunLength = concat . map rl2str

rl2str :: (Char, Int) -> String
rl2str (c,n) = c : show n -- nを文字列にして文字cを先頭に付ける

-- | 入力文字列を文字とその連長の組のリストへ変換する
toCharAndRunLength :: String -> [(Char, Int)]
toCharAndRunLength = toPairs . group

toPairs :: [String] -> [(Char, Int)]
toPairs = undefined
```

toPairsについても、「連続した同じ文字による文字列」を「文字とその連長の組」に変換する関数をリストの各要素に適用すれば良さそうです。リストの各要素に適用する関数は先ほど検索し、それは**map**でした。「連続した同じ文字による文字列」を「文字とその連長の組」に変換する関数toPairを作り、toPairsを`map toPair`で置き換えます。

```
rle :: String -> String
rle = fromCharAndRunLength . toCharAndRunLength

-- | 文字とその連長の組のリストを出力文字列へ変換する
fromCharAndRunLength :: [(Char, Int)] -> String
fromCharAndRunLength = concat . map rl2str

rl2str :: (Char, Int) -> String
rl2str (c,n) = c : show n -- nを文字列にして文字cを先頭に付ける

-- | 入力文字列を文字とその連長の組のリストへ変換する
toCharAndRunLength :: String -> [(Char, Int)]
toCharAndRunLength = map toPair . group

toPair :: String -> (Char, Int)
toPair = undefined
```

具体的には、toPairは"AAA"のようなものを('A',3)にする関数ということです。

このtoPairも分解しましょう。まずは文字のほうについてですが、toPairの入力となる文字列は、「連続した同じ文字による文字列」なので、どれを取っても良いということになります。文字列は文字のリストなので、リストの中からどれかを取る関数を**anyElem**としましょう。次に数値のほうですが、これは文字列の長さです。文字列は文字のリストなので、リストの長さを得る関数を**len**としましょう。次のように分解します。

```
rle :: String -> String
rle = fromCharAndRunLength . toCharAndRunLength

-- | 文字とその連長の組のリストを出力文字列へ変換する
fromCharAndRunLength :: [(Char, Int)] -> String
fromCharAndRunLength = concat . map rl2str

rl2str :: (Char, Int) -> String
rl2str (c,n) = c : show n -- nを文字列にして文字cを先頭に付ける

-- | 入力文字列を文字とその連長の組のリストへ変換する
toCharAndRunLength :: String -> [(Char, Int)]
toCharAndRunLength = map toPair . group

toPair :: String -> (Char, Int)
toPair str = (anyElem str, len str)

anyElem :: [a] -> a
anyElem = undefined

len :: [a] -> Int
len = undefined
```

具体的には、anyElemは"AAA"のような文字列を'A'という文字に変換する関数、lenは"AAA"のような文字列を3という数値に変換する関数ということです。

anyElemの型「[a] -> a」をhoogle検索すると、anyElemとして使える関数が2つ見つかります。headとlastです。**head**はリストの先頭の、**last**はリストの最後の要素をそれぞれ選びます。リストは先頭を取るほうが楽なので、今回anyElemとしてはheadを使いましょう。anyElemをheadで置き換えます。

```
rle :: String -> String
rle = fromCharAndRunLength . toCharAndRunLength

-- | 文字とその連長の組のリストを出力文字列へ変換する
fromCharAndRunLength :: [(Char, Int)] -> String
fromCharAndRunLength = concat . map rl2str

rl2str :: (Char, Int) -> String
```

```
rl2str (c,n) = c : show n -- nを文字列にして文字cを先頭に付ける

-- | 入力文字列を文字とその連長の組のリストへ変換する
toCharAndRunLength :: String -> [(Char, Int)]
toCharAndRunLength = map toPair . group

toPair :: String -> (Char, Int)
toPair str = (head str, len str)

len :: [a] -> Int
len = undefined
```

続いて、lenの型「`[a] -> Int`」をhoogle検索すると、lenはまさに**length**というそのままの関数であることがわかります。lenを`length`で置き換えます。

```
rle :: String -> String
rle = fromCharAndRunLength . toCharAndRunLength

-- | 文字とその連長の組のリストを出力文字列へ変換する
fromCharAndRunLength :: [(Char, Int)] -> String
fromCharAndRunLength = concat . map rl2str

rl2str :: (Char, Int) -> String
rl2str (c,n) = c : show n -- nを文字列にして文字cを先頭に付ける

-- | 入力文字列を文字とその連長の組のリストへ変換する
toCharAndRunLength :: String -> [(Char, Int)]
toCharAndRunLength = map toPair . group

toPair :: String -> (Char, Int)
toPair str = (head str, length str)
```

この時点でundefinedがなくなりました。つまり、関数rleは動作するはずです。テストについては本項冒頭で紹介しましたね。では、テストをしてみましょう。`doctest`を走らせます。

```
$ doctest RLE.hs
Examples: 3  Tried: 3  Errors: 0  Failures: 0  -- 成功！
```

成功しました。

ここからは仕上げに入っていきます。今まで考えるために分割してきた2つの関数fromCharAndRunLengthとtoCharAndRunLengthもう不要なので消しましょう。fromCharAndRunLengthを`concat . map rl2str`で、toCharAndRunLengthを`map toPair . group`で、それぞれ置き換えます。

```
rle :: String -> String
rle = concat . map rl2str . map toPair . group

rl2str :: (Char, Int) -> String
rl2str (c,n) = c : show n -- nを文字列にして文字cを先頭に付ける

toPair :: String -> (Char, Int)
toPair str = (head str, length str)
```

変更したので再度doctestを走らせます。すると、以下のとおり成功します。

```
$ doctest RLE.hs
Examples: 3  Tried: 3  Errors: 0  Failures: 0  -- 成功！
```

● hlintで仕上げる——よりHaskellらしいコードにするために

現時点で、ファイルRLE.hsの中身は次のようになっているでしょう。

```
module RLE where

import Data.List ( group )

-- | ランレングス圧縮
--
-- >>> rle ""
-- ""
-- >>> rle "A"
-- "A1"
-- >>> rle "AAABBCCCCAAA"
-- "A3B2C4A3"
--
rle :: String -> String
rle = concat . map rl2str . map toPair . group

rl2str :: (Char, Int) -> String
rl2str (c,n) = c : show n -- nを文字列にして文字cを先頭に付ける

toPair :: String -> (Char, Int)
toPair str = (head str, length str)
```

ここまででも関数rleとしては問題ないのですが、よりHaskellらしいコードにするためにHLintを使います。**HLint**はLintの名のとおり、Haskellらしくない記述になっている部分をチェックし、よりHaskellらしくなるためのアドバイスを与えてくれるツールです。hlintコマンドで使えます。現時点のコードにhlintを適用してみます。

```
$ hlint RLE.hs
hlint RLE.hs
RLE.hs:15:7: Error: Use concatMap  -- 指摘❶
Found:
  concat . map rl2str . map toPair . group
Why not:
  concatMap rl2str . map toPair . group

RLE.hs:15:16: Warning: Use map once  -- 指摘❷
Found:
  map rl2str . map toPair . group
Why not:
  map (rl2str . toPair) . group

2 suggestions
```

2点、指摘が出ました。指摘❷から修正してみましょう。指摘❷は、`map f . map g`を`map (f . g)`にすべき、つまり「連続するmapの関数合成は、1つのmapにまとめられる」という指摘です。今回のケースでは、リストの「『各要素にtoPairを適用』してから『各要素にrl2strを適用』する」のではなく、リストの「各要素に『toPairを適用してからrl2strを適用』する」にすべきと言われています。命令型言語のループ的なイメージで言うならば、それぞれ別のループで2種類の処理を行っていた部分を、1回のループで2種類両方の処理をするようにすべきということです。指摘通りに修正します。

```
rle :: String -> String
rle = concat . map (rl2str . toPair) . group

rl2str :: (Char, Int) -> String
rl2str (c,n) = c : show n -- nを文字列にして文字cを先頭に付ける

toPair :: String -> (Char, Int)
toPair str = (head str, length str)
```

再度`hlint`を適用してみます。

```
$ hlint RLE.hs
hlint RLE.hs
RLE.hs:15:7: Error: Use concatMap -- 指摘❶
Found:
  concat . map (rl2str . toPair) . group
Why not:
  concatMap (rl2str . toPair) . group

1 suggestion
```

指摘が1件になりました。指摘❶では、concatとmapが並んでいたら**concatMap**を使え、と指摘されているようです。concatMapとは何か、今度は関数名でhoogle検索してみましょう。すると、名前からも明らかではあるのですが、リストの各要素にmapしてからconcatするのを一度に行う関数のようです。指摘通りに修正します。

```
rle :: String -> String
rle = concatMap (rl2str . toPair) . group

rl2str :: (Char, Int) -> String
rl2str (c,n) = c : show n -- nを文字列にして文字cを先頭に付ける

toPair :: String -> (Char, Int)
toPair str = (head str, length str)
```

再度hlintを適用してみます。以下のとおり、指摘がなくなりました。

```
$ hlint RLE.hs
No suggestions
```

● さらなる仕上げ——もっとシンプルに

さらに、プログラムの意味を変えずに、等価な変換を続けてシンプルにしていきます。rl2str . toPairをもっとシンプルにしていきましょう。rl2str . toPairはラムダ式を使い、\s -> rl2str (toPair s)と同じです。そのように置き換えます。

```
rle :: String -> String
rle = concatMap (\s -> rl2str (toPair s)) . group

rl2str :: (Char, Int) -> String
rl2str (c,n) = c : show n -- nを文字列にして文字cを先頭に付ける

toPair :: String -> (Char, Int)
toPair str = (head str, length str)
```

toPairの定義でtoPair xをインライン展開して置き換えてしまいます。

```
rle :: String -> String
rle = concatMap (\s -> rl2str (head s, length s)) . group

rl2str :: (Char, Int) -> String
rl2str (c,n) = c : show n -- nを文字列にして文字cを先頭に付ける
```

toPairが消せました。さらに、rl2strの定義でrl2str (head x, length x)をインライン展開して置き換えます。

```
rle :: String -> String
rle = concatMap (\s -> head s : show (length s)) . group
```

今度はrl2strが消せました。念のため、doctestをしておきましょう。

```
$ doctest RLE.hs
Examples: 3  Tried: 3  Errors: 0  Failures: 0
```

テストも問題ありません。念のため、hlintもしてみましょう。

```
$ hlint RLE.hs
No suggestions
```

指摘もありません。以上で、前述した「Haskellらしいコード」が記述できました。

● 今回の例から学ぶ、設計/実装、考え方の勘所

トップダウンに問題を分割していき、分割した中間にある型を適切に定めることで、ほとんど検索と機械的な式変形だけで「らしい」コードまで持っていくことができています。言語がHaskellなので、中間にある型を考えて分割していくといろいろ旨味がありますが、他の関数型言語でも(あるいは、命令型言語であっても)同様の考え方が適用できるでしょう。

ただ、とても遠回りをしているように思われる方もいるかもしれません。その感覚は正解です。あくまでもトップダウンの考え方と、型による設計の基礎、式の変形方法などを説明するために、わかりやすい例を用いて順を追っているために、今回のような遠回りのコーディングになっています。

実際には、毎回このような設計/実装の仕方をしているわけではありません。毎度このようなステップを踏まなければいけないということもありませんし、そもそも今回hoogleで検索したような基本的な関数は普通は記憶してしまっています。実際、使っているいくつかの関数は、すでにこれまでの章で目にしてきたものでしょう。関数rleくらいであれば、いきなり最後の「Haskellらしいコード」が書けるようになります。

ただ、ボトムアップな思考のまま設計し、低レベルな手続きを逐一記述するようなコーディングをしていると、標準ライブラリの関数であっても(とくに高階関数については)あまり使う機会が訪れてくれません。

標準ライブラリには、便利で強力な高階関数がたくさんあります。「高階関数はトップダウンな思考と相性が良い」のです。ボトムアップに組み立てていくと、最終的に高階関数を利用するためには「ココとココ、実は同じ関数使ってるから、この高階関数が使える」という類の察知と書き換えが必要になります。これは算数で言うところの「因数分解」にも似た作業ですが、素因数分解しかり、行列の分解しかり、一般に、合成されたものから基本的な構成要素へと分解する作業は、合成する作業に比べて難しいことが多いのです。プログラムに対しても、それは変わりません。

数独

もう少し複雑な例として、「数独のソルバ」を作ってみましょう。一般的な数独のルールは、**図6.2**のように9×9の正方形に並べられた81マスに対し、1から9の数字を入れるパズルです。ただし、

- **横1列の9マス(図6.3)**
- **縦1列の9マス(図6.4)**
- **3x3の区画内の9マス(図6.5)**

で、同じ数が重複しないように配置しなければなりません。出題は、いくつかのマスに数値が入った状態で行われます。

なお、今回はランレングス圧縮での説明と異なり、実装時に逐一hoogleで検索したりはしません。

ソルバの型を考える

さて、数独のソルバとはどのようなものでしょうか。数独の問題は、いくつかのマスにすでに数値が入れられた盤面状況として表現されます。そして、数独の解は、すべてのマスにすでに数値が入れられた盤面状況として表現されます。問題も解も盤面状況なので、ソルバは盤面状況から盤面状況への関数かもしれません。ですが、出題が失敗していれば解がないでしょうし、題意を満たす解が一意に定まらず複数の解が存在するかもしれません。そのようなものも考慮するとソルバは、盤面状況を表す型Boardがあるとすると、

```
solve :: Board -> [Board]
```

と、盤面状況から盤面状況のリストへの関数として、表現しておいたほうが良

さそうです。もし解がなければ空リストにできるでしょうし、解が複数あれば、それらが含まれたリストにできるでしょう。

● 盤面状況を扱うデータ構造を決める

では、盤面状況をどのように扱うかを考えましょう。数値の2次元配列などで扱う方法もありますが、本書においては**図6.6**のように盤面上のマスの座標とそこに入っている数値の組のリストで良いでしょう。つまり、

```
-- | マス（の座標）
type Cell = (Int, Int)

-- | 盤面
type Board = [(Cell, Int)]
```

という形で、たとえば、座標(2, 1)のマスに数値3が入っている盤面状況では、((2, 1), 3)がこのリストに含まれているということにしましょう。この盤面

図6.2 数独の盤面

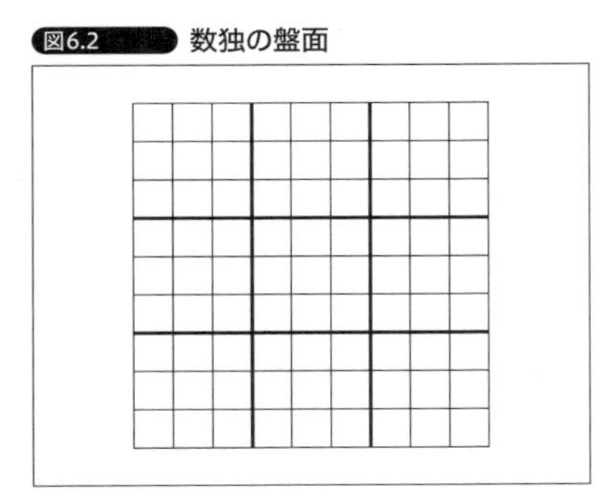

図6.3 横1列の9マス

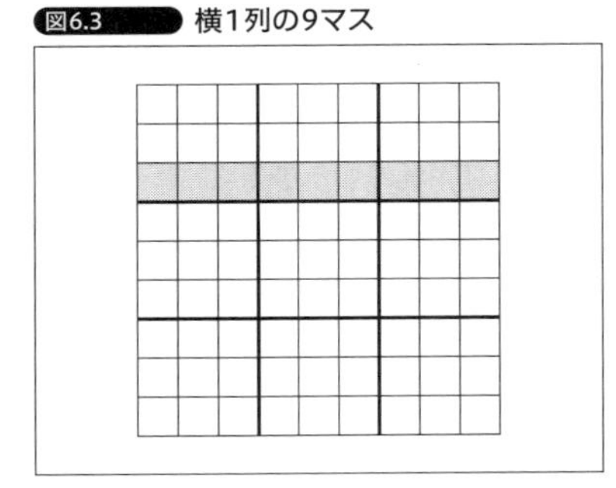

図6.4 縦1列の9マス

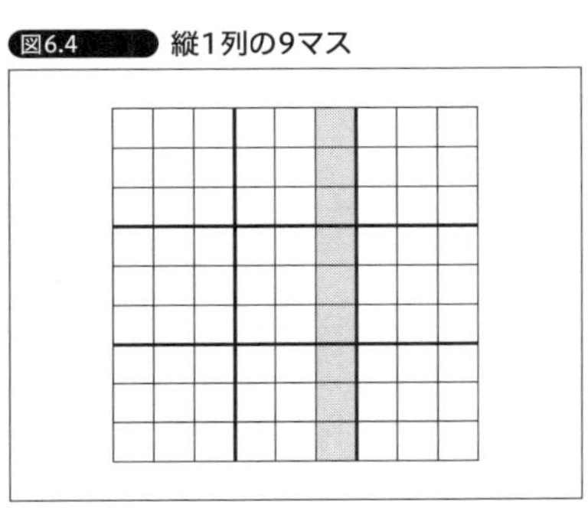

図6.5 3x3の区画内の9マス

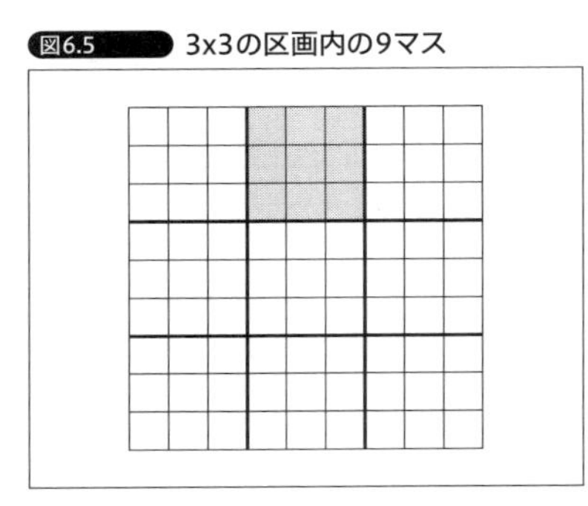

表現を用いると、たとえば図6.7の問題は次のような表現になります[注9]。

```
problem :: Board
problem = [ ((3, 0), 8)
          , ((5, 0), 1)
          , ((6, 1), 4)
          , ((7, 1), 3)
          , ((0, 2), 5)
          , ((4, 3), 7)
          , ((6, 3), 8)
          , ((6, 4), 1)
          , ((1, 5), 2)
          , ((4, 5), 3)
          , ((0, 6), 6)
          , ((7, 6), 7)
          , ((8, 6), 5)
          , ((2, 7), 3)
          , ((3, 7), 4)
          , ((3, 8), 2)
          , ((6, 8), 6)
          ]
```

● 何をすると数独が解けるか

数独を解くソルバは、どのようなものであるべきかを考えていきましょう。数独を解くには、

- 81マス埋め切るまで
- まだ数値が埋まっていないマスに

注9　この例題は、以下のものです。
URL http://www.nature.com/news/mathematician-claims-breakthrough-in-sudoku-puzzle-1.9751

図6.6 数独の盤面

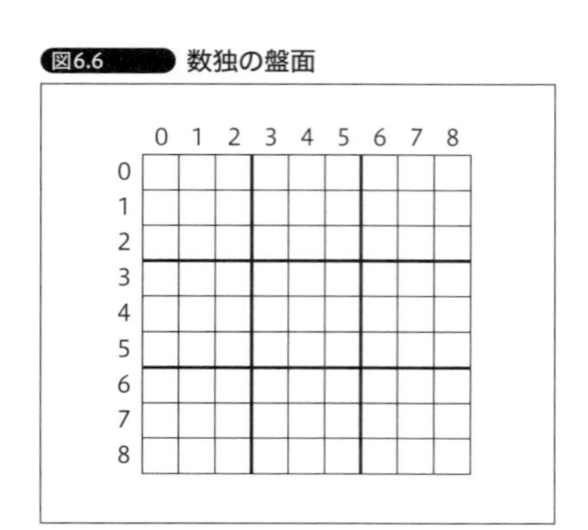

図6.7 数独の例題

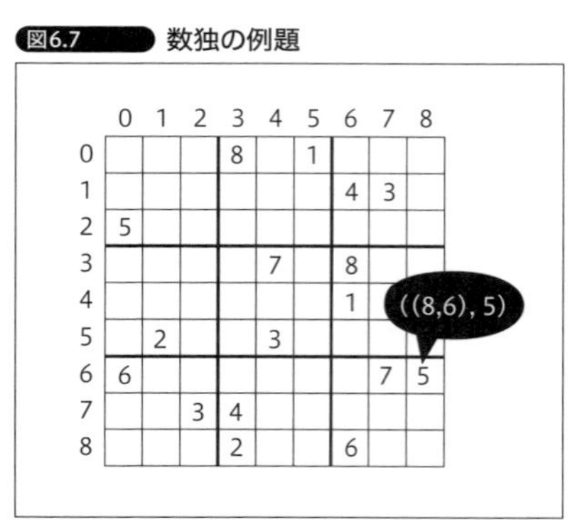

- 入れることのできる数値を

埋めていけば良いですね。ただし、数値が埋まっていないマスは普通たくさんありますし、入れることのできる数値も複数あるかもしれません。したがって、これらの可能性を全部作った上で、深さ優先や幅優先などの探索が必要でしょう。第5章にて説明しましたが、可能性、つまり、複数の結果を取り得る計算を扱うには「リストモナド」が適していそうです。

ここまでの考えを、仮にHaskellのコードっぽく書いてみると、

```
solve :: Board -> [Board]
solve board | length board == 81 = [board] -- 81マス埋め切れればそれは解の1つ
solve board = [ (マス, 数値) : board         -- 盤面状況に1マス分新たに追加
              | let マス = まだ数値が埋まっていないマスの候補 から1つ選ぶ
              , 数値 <- マスに入れることのできる数値の候補
              ] >>= solve
```

となります。関数solveは、まず81マス埋め切られていたら、それは解なので、解として扱います。そうでなければ、1マス分追加したリストを生成し最後に`>>= solve`しています。これだけで深さ優先探索になっています。

さて、まだ数値が埋まっていないマスの候補から1つ選ぶ、その選び方はどうするべきでしょう。人間が数独を楽しむ場合もそうですが、「埋めやすいマス」から埋めたほうが良さそうです。「埋めやすいマス」とはどのようなマスかと言うと、「マスに入れることのできる数値の候補」が少ないマスです。たとえば、**図6.8**よりも**図6.9**のほうが、簡単に正解が決められそうだということになります。

極端な話、候補が1つであれば、そのマスに何を入れるべきかは確定でその数値です。これを反映させると、

図6.8 埋めにくいマス

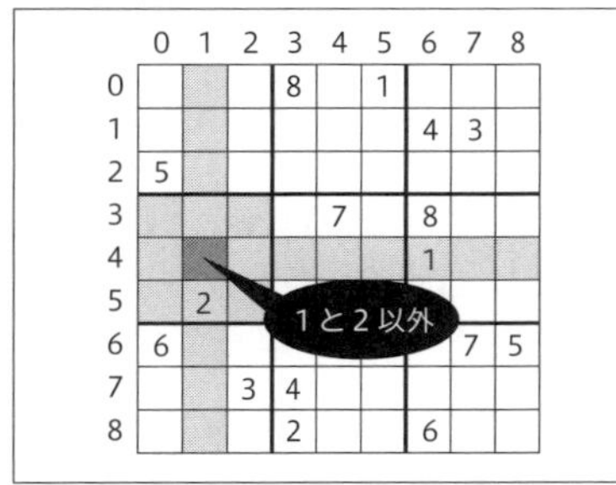

図6.9 埋めやすいマス

```
solve :: Board -> [Board]
solve board | length board == 81 = [board] -- 81マス埋め切ればそれは解の1つ
solve board = [ (マス, 数値) : board        -- 盤面状況に1マス分新たに追加
              | let remains = まだ数値が埋まっていないマスの候補
              , let マス = remainsの中でマスに入れることのできる数値の候補が最
                                                                  も少ないもの
              , 数値 <- マスに入れることのできる数値の候補
              ] >>= solve
```

ということになります。つまり、この後は、

- **まだ数値が埋まっていないマスの候補を選ぶ関数**
- **マスに入れることのできる数値の候補を選ぶ関数**

を、与えていき、さらにこれらを利用して、

- **マスに入れることのできる数値の候補が最も少ないものを選ぶ関数**

だけ作れば、このソルバは早くも完成ですね。

●――まだ数値が埋まっていないマスの候補を選ぶ

まだ数値が埋まっていないマスの候補を選ぶ関数とは何か、を考えると、盤面状況からマスの一覧を得る関数です。したがって、この関数の「型」は、

```
まだ数値が埋まっていないマスの候補を選ぶ :: Board -> [Cell]
```

です。これはどう考えても、全体81マスの中から、すでに盤面で埋まっているマスを除いたものです。リストから同じ型のリストにある要素を除外する関数としては、前出のData.Listモジュールに(\\)という演算子(関数)があります。

```
まだ数値が埋まっていないマスの候補を選ぶ board = 全体81マス \\ boardの埋まっているマス
```

全体81マスは、9×9の組をすべて作れば良いので、以下のように与えられます。

```
cells :: [Cell]
cells = [ (x, y) | x <- [0..8], y <- [0..8] ]
```

また、boardの型Boardは[(Cell,Int)]でした。つまり、boardからすでに埋まっているマスを取り出すにはCellだけ取り出せば良く、各要素のタプルから最初だけ取り出せば良い、つまりmap fstで良さそうです。以上から、

```
まだ数値が埋まっていないマスの候補を選ぶ :: Board -> [Cell]
まだ数値が埋まっていないマスの候補を選ぶ board = cells \\ map fst board
```

となります。関数solveの中にこれを展開すると、次のようになります。

```
solve :: Board -> [Board]
solve board | length board == 81 = [board]
solve board = [ (cell, n) : board
              | let remains = cells \\ map fst board
              , let cell = remainsの中でマスに入れることのできる数値の候補が最
                                                            も少ないもの
              , n <- マスに入れることのできる数値の候補
              ] >>= solve
```

●――マスに入れることのできる数値の候補を選ぶ

マスに入れることのできる数値の候補を選ぶ関数とはつまり何かを考えると、今着目している1マスと盤面状況から数値の一覧を得る関数です。したがって、この関数の「型」は、以下のようになります。

```
マスに入れることのできる数値の候補を選ぶ :: Board -> Cell -> [Int]
```

マスに入れることのできる数値は1から9なので、先ほどのまだ数値が埋まっていないマスの候補を選ぶのと同様に、関数(\\)で、周囲のマスにすでに入っている数値を除いてあげれば良さそうです。

```
マスに入れることのできる数値の候補を選ぶ board cell = [1..9] \\ boardにおいて
                                          cellの周囲のマスにすでに入っている数値
```

あるマスの周囲のマスにすでに入っている数値を取り出す関数**used**を考えましょう。これも選ぶものを反転しただけで、今着目している1マスと盤面状況から数値の一覧を得る関数なので、以下の型になるでしょう。

```
used :: Board -> Cell -> [Int]
```

usedはあるマスに対する周囲の数値を取り出せば良いので、

```
used board cell = [ n
                  | (cell', n) <- board
                  , cell'がcellの周囲に相当する
                  ]
```

となっていれば良いはずです。では、あるマスに対して着目すべき周囲とは一体何なのかですが、これは数独の問題から明らかで、

- 行が同じ
- 列が同じ

- 3x3の区画が同じ

のどれかを満たす他のマスのことです。「どれかの条件を満たす」関数anyを使うと、あるマスの周囲のマスにすでに配置された数値の一覧を取り出すusedは、

```
used board cell = [ n
                  | (cell', n) <- board
                  , any (\f -> f cell == f cell') [ col, row, area ]
                  ]
```

となります。ここで、関数col、row、areaは、マスをそれぞれの表現に変換する関数です。行と列はそのまま行番号、列番号で、区画にも図6.10のように番号を振っています。たとえば、マス(1, 2)に対する行(col)は2、列(row)は1、区画(area)は0です。ここで、関数colとrowは、元々マスの表現が座標、すなわち列と行の組なので簡単に与えられます。つまり、組からそれぞれを取り出せば良いので、colはsnd、rowはfstです。areaが少々面倒ですが、少し考えればareaは以下のような関数になることが確認できます。

```
area :: Cell -> Int
area (x, y) = y `div` 3 * 3 + x `div` 3
```

最後に、ある周囲と別の周囲では同じ数値が含まれることがあり得ます。たとえば、行が同じ他のマスに1が入っており、列が同じ他のマスにも1が入っているようなケースです。重複していると面倒なので1つだけにしておきましょう。リストの中身の同一要素重複を消す関数はData.Listモジュールのnubです。

```
used board cell = nub [ n
                      | (cell', n) <- board
                      , any (\f -> f cell == f cell') [ col, row, area ]
                      ]
```

図6.10 区画の番号付け

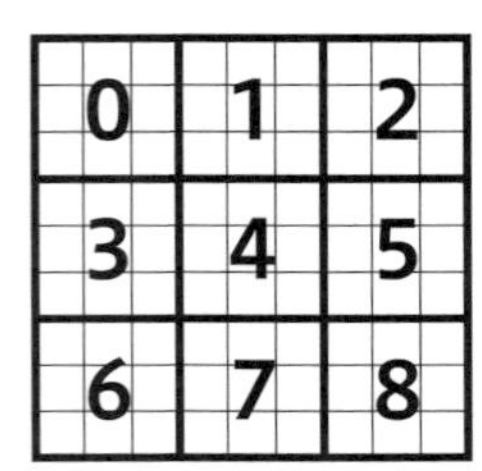

ここまでのものを利用し、関数solveをさらに埋めると次のようになります。

```
type Cell = (Int, Int)

type Board = [(Cell, Int)]

solve :: Board -> [Board]
solve board | length board == 81 = [board]
solve board = [ (cell, n) : board
              | let remains = cells \\ map fst board
              , let cell = remainsの中でマスに入れることのできる数値の候補が最も少ないもの
              , n <- [1..9] \\ used board cell
              ] >>= solve

cells :: [Cell]
cells = [ (x, y) | x <- [0..8], y <- [0..8] ]

used board cell = nub [ n
                      | (cell', n) <- board
                      , any (\f -> f cell == f cell') [ col, row, area ]
                      ]

area :: Cell -> Int
area (x, y) = y `div` 3 * 3 + x `div` 3
```

●――入れることのできる数値の候補が最も少ないマスを選ぶ

最後に、**マスに入れることのできる数値の候補が最も少ないマス**を選ぶ必要があります。これは逆に考えると、あるマスの周囲のマスにすでに入っている数値の種類が最も多いマスでも良さそうです。たとえば、1から9までの数値のうち、周囲ですでに3つの種類の数値を使っていれば、マスに入れることのできる数値の候補は9－3で6つです。4つの種類の数値を使っていれば、マスに入れることのできる数値の候補は9－4で5つです。このように考えておけば、先ほど作った関数usedが流用できます。

リストから何かを基準にした最大要素を選び出す関数は、Data.Listモジュールの**maximumBy**です。比較するのは、あるマスの周囲のマスにすでに入っている数値の個数なので、次のようになります。

```
solve :: Board -> [Board]
solve board | length board == 81 = [board]
solve board = [ (cell, n) : board
              | let remains = cells \\ map fst board
              , let cell = maximumBy (compare `on` length . used board) remains
              , n <- [1..9] \\ used board cell
              ] >>= solve
```

関数compareは比較関数です。Data.Functionモジュールの関数onは、

```
on :: (b -> b -> c) -> (a -> b) -> a -> a -> c
```

という型が示すように、2つの同じ型(a)に何か共通の変換(a -> b)をした上で、変換後の(b)らに対して(b -> b -> c)という関数を適用します。今回は(length . used board)を適用してからcompareしています。(length . used board)は、周囲のマスで使われている数値の個数への変換ですから、「周囲のマスで使われている数値の個数で比較」して最大の要素を選んでいることになります。

●●●●●●●●●●

以上をまとめると、数独のソルバ(と、実際に例題を問いて解を表示してみる)プログラムは次のようになります。解をプロンプトに印字したり、そのためにフォーマットしたりする部分について説明は省略します。コメントを付けたので、参考にしてください。

```
-- | sudoku.hs
-- $ ghc --make sudoku
-- $ ./sudoku
-- [3,6,7,8,4,1,9,5,2]
-- [2,1,8,7,9,5,4,3,6]
-- [5,9,4,3,2,6,7,8,1]
-- [4,3,1,5,7,2,8,6,9]
-- [9,7,5,6,8,4,1,2,3]
-- [8,2,6,1,3,9,5,4,7]
-- [6,4,2,9,1,8,3,7,5]
-- [1,5,3,4,6,7,2,9,8]
-- [7,8,9,2,5,3,6,1,4]

import Data.List
import Data.Function

-- | マス
type Cell = (Int, Int)

-- | 盤面状況
type Board = [(Cell, Int)]

-- | 数独のソルバ
solve :: Board -> [Board]
solve board | length board == 81 = [board]
solve board = [ (cell, n) : board
              | let remains = cells \\ map fst board
              , let cell = maximumBy (compare `on` length . used board) remains
              , n <- [1..9] \\ used board cell
```

```
              ] >>= solve

-- | 81マス全体
cells :: [Cell]
cells = [ (x, y) | x <- [0..8], y <- [0..8] ]

-- | マスの所属する区間
area :: Cell -> Int
area (x, y) = y `div` 3 * 3 + x `div` 3

-- | ある盤面状況で、あるマスの周囲に使われてる数値を列挙する
used :: Board -> Cell -> [Int]
used board cell = nub [ n
                      | (cell', n) <- board
                      , any (\f -> f cell == f cell') [ snd, fst, area ]
                      ]

main :: IO ()
main = case solve problem of
         answer : _ -> mapM_ print $ format answer
         []         -> putStrLn "invalid problem"

-- | 解を軽くフォーマットする
format :: Board -> [[Int]]
format = map (map snd) . transpose . groupBy ((==) `on` (fst . fst)) . sort

-- | 例題
problem :: Board
problem = [ ((3, 0), 8)
          , ((5, 0), 1)
          , ((6, 1), 4)
          , ((7, 1), 3)
          , ((0, 2), 5)
          , ((4, 3), 7)
          , ((6, 3), 8)
          , ((6, 4), 1)
          , ((1, 5), 2)
          , ((4, 5), 3)
          , ((0, 6), 6)
          , ((7, 6), 7)
          , ((8, 6), 5)
          , ((2, 7), 3)
          , ((3, 7), 4)
          , ((3, 8), 2)
          , ((6, 8), 6)
          ]
```

例題に対する解として**図6.11**が求められています。

別段短くするような工夫をしているわけではありませんが、説明したソルバ

図6.11 例題の解

3	6	7	8	4	1	9	5	2
2	1	8	7	9	5	4	3	6
5	9	4	3	2	6	7	8	1
4	3	1	5	7	2	8	6	9
9	7	5	6	8	4	1	2	3
8	2	6	1	3	9	5	4	7
6	4	2	9	1	8	3	7	5
1	5	3	4	6	7	2	9	8
7	8	9	2	5	3	6	1	4

部分のみで40行弱程度、このサンプル全体でも70行弱と、とてもコンパクトに仕上がっていることがわかるでしょう。実際に実行してみるとわかりますが、速度もそう悪いものではありません。

●●●●●●●●●●

以上、本節では、RLEと数独の2つの例をもって、トップダウンに問題を分割していき、十分簡潔になった部分問題を正しく実装していくと、「らしい」プログラムになりやすいという感覚を掴んだのではないでしょうか。

6.3 制約を設ける
型に制約を持たせる

ある型の値の中で、特定の制約条件を満たす値だけを使いたい、という状況はかなり多いです。制約条件を満たす値だけを取り出して、新たな型にしてしまうことで、安全なプログラミングが可能になります。

制約をどのように表現するか

これまでのプログラミング経験の中で、何かのライブラリが提供するインタフェースのドキュメントに、

- この引数には、こういう条件を満たしたものを与えねばならない
- この戻り値は、こういう条件を満たしているものである

に類する「制約」が書かれているものを、目にしたことがあるのではないでしょうか。大抵の場合、この制約を破って、そのインタフェースを利用してしまうと、まともなものだとエラーを投げたり、不親切なものだとよくわからない挙動になったりと、あまり扱いやすい状況にはならないでしょう。

一方、型システムが強力な言語では、適切に「型」で「制約」を表現することで、間違った使い方ができないインタフェースを設計することができます。間違って使うと必ず型検査に失敗するようなインタフェースを与えれば良いのです。

2の冪乗を要求するインタフェース

インタフェースとしては、自然数や整数を引数に取るということになっていても、ドキュメントには「2の冪乗でなければならない」と書かれているものはよくあります。

- posix_memalign[注10]
- 高速フーリエ変換の要素数
- グラフィックカードの制約によるテクスチャの幅/高さ

といったものが代表的なものでしょう。

これらの例をそのまま考えていくのは大事なので、簡単のため今回は以下のような単純化した状況を考えていきましょう。2の冪乗に関する処理を扱うモジュールを定義します。とりあえず**リスト6.1**のような関数exponentPowerOf2を持つモジュールPowerOf2を作ったとします。

リスト6.1 PowerOf2.hs 1

```
-- PowerOf2.hs
module PowerOf2 where -- モジュールを定義するにはソースの最初にこう定義する

-- | 2の冪乗に対し、それが2の何乗されたものかを得る。
--   ただし、それ以外のときはエラーになるので2の冪乗以外与えるべきではない
--
-- >>> exponentPowerOf2 1
-- 0
-- >>> exponentPowerOf2 2
-- 1
-- >>> exponentPowerOf2 3
-- *** Exception: 3 must be a power of 2.
-- >>> exponentPowerOf2 4
-- 2
```

注10 アライメント付きでのメモリ確保です。man posix_memalignを参照してください。

```
-- >>> exponentPowerOf2 1024
-- 10
-- >>> exponentPowerOf2 (-1)
-- *** Exception: -1 must be a power of 2.

exponentPowerOf2 :: Integer -> Integer
exponentPowerOf2 = exponentPowerOf2' 0 where
    exponentPowerOf2' :: Integer -> Integer -> Integer
    exponentPowerOf2' r n
        | n == 1          = r
        | n < 1 || odd n = error (shows n " must be a power of 2.")
        | otherwise       = exponentPowerOf2' (r + 1) (n `div` 2)
```

ただし、これはまだ妥協して実装されたもので、本当に用意したいのはより気軽に使えるexponentPowerOf2だとします。具体的には、エラーになる可能性をあらかじめ排除したexponentPowerOf2です。そのようなインタフェースになっていたほうが、このモジュールの利用者がうっかりでも2の冪乗以外にexponentPowerOf2を適用してしまい、エラーでプログラムを落としてしまうようなことがなくなるでしょう。

2の冪乗という制約を持った数の型

まず、モジュールを提供する側から見て、そもそも何が悪いのかという着眼点ですが、それはexponentPowerOf2は2の冪乗しか扱わない(＝エラーにならない)にもかかわらず、2の冪乗以外も与えることができてしまう型を持っているという点だと考えます。利用者が(間違ってでも)エラーになるような値を入力として与えてしまうのは、エラーになるような値が入力の型に含まれているからです[注11]。

そのために、「2の冪乗のみを意味する型」を導入し、現状整数になっている入力の型を、新たに導入した「2の冪乗型」に変更します(**リスト6.2**)。

リスト6.2 PowerOf2.hs 2

```
-- PowerOf2.hs
```

注11 逆に、モジュールを利用する側の視点では、ドキュメントが正しく書かれメンテナンスされ続け、利用者であるプログラマがそのドキュメントを隅々まで読んでくれていることを前提にするなら、実際に2の冪乗の自然数以外を与えてしまったプログラマが悪いということになります。しかし、そのような前提が成立している開発は理想的でありこそすれ、現実にはあまり目にしたことはありません。信じられるものが今動いているソースだけという状況が大半になりがちであることに、多くの開発者が気付いているのであれば、ソースにより細やかな制約を表せる言語のほうが、現実的な言語なのではないかと思います。

```
module PowerOf2 where

-- | 2の冪乗型（を新たに導入）
newtype PowerOf2 = PowerOf2 Integer deriving (Eq, Show)

-- | 2の冪乗に対し、それが2の何乗されたものかを得る
--
-- >>> exponentPowerOf2 (PowerOf2 1)
-- 0
-- >>> exponentPowerOf2 (PowerOf2 2)
-- 1
-- >>> exponentPowerOf2 (PowerOf2 4)
-- 2
-- >>> exponentPowerOf2 (PowerOf2 1024)
-- 10

exponentPowerOf2 :: PowerOf2 -> Integer -- 入力の型をIntegerからPowerOf2へ変更
exponentPowerOf2 (PowerOf2 n) = exponentPowerOf2' 0 n where
    exponentPowerOf2' :: Integer -> Integer -> Integer
    exponentPowerOf2' r n
        | n == 1          = r
        | n < 1 || odd n = error (shows n " must be a power of 2.")
        | otherwise       = exponentPowerOf2' (r + 1) (n `div` 2)
```

IntegerをラップしたPowerOf2という型を新たに定義し、exponentPowerOf2の入力を消しました。PowerOf2の中のIntegerの値は2の冪乗であることが期待されています。この期待が満たされていれば、エラーケースも消して問題ないはずです。

しかし、これだけではまだ不十分です。PowerOf2モジュールからPowerOf2型のコンストラクタPowerOf2が見えているため、PowerOf2モジュールの利用者は、コンストラクタPowerOf2に不正な値[注12]を与え、PowerOf2型の値を作れてしまいます。たとえば、以下のような誤った利用がまだできてしまいます。

```
-- Sample.hs
module Sample where

import PowerOf2

-- | 3は2の冪乗ではないが（コンストラクタが見えているので）2の冪乗の型の値として作れてしまう
-- しかし、不正な値なのでexampleは"*** Exception: 3 must be a power of 2."になる
example :: IO ()
example = print (exponentPowerOf2 (PowerOf2 3))
```

これでは、面倒になっただけで何も変わっていません。

注12 この場合、2の冪乗でない数。

可視性を制御して性質を保護する

どうすれば良いかと言うと、コンストラクタPowerOf2をPowerOf2モジュールの中だけに隠してしまって自由に作れないようにし、別途PowerOf2型の値の生成関数を用意します(**リスト6.3**)。リスト6.2から大きく変わります。

リスト6.3 PowerOf2.hs 3

```
-- PowerOf2.hs
module PowerOf2
    ( PowerOf2          -- ❶型だけを露出させる（コンストラクタ隠蔽する）
    -- PowerOf2(..)     -- こちらだとコンストラクタまで見えてしまう
    , makePowerOf2       -- ❶'生成関数も露出させる
    , exponentPowerOf2 -- ❶''exponentPowerOf2関数も露出させる
    ) where

-- | 2の冪乗型
newtype PowerOf2 = PowerOf2 Integer deriving (Eq, Show)

-- | 整数値が2の冪乗かどうか判定
isPowerOf2 :: Integer -> Bool
isPowerOf2 n
    | n == 1 = True
    | n < 1 || odd n = False
    | otherwise = isPowerOf2 (n `div` 2)

-- | 整数値から2の冪乗型への変換
--
-- >>> makePowerOf2 1
-- Just (PowerOf2 1)
-- >>> makePowerOf2 2
-- Just (PowerOf2 2)
-- >>> makePowerOf2 3
-- Nothing
-- >>> makePowerOf2 1024
-- Just (PowerOf2 1024)

makePowerOf2 :: Integer -> Maybe PowerOf2  -- ❷
makePowerOf2 n
    | isPowerOf2 n = Just (PowerOf2 n) -- 2の冪乗だったらPowerOf2型の値を生成する
    | otherwise    = Nothing           -- そうでなければ何も得られない

-- | 2の冪乗に対し、それが2の何乗されたものかを得る
--
-- >>> exponentPowerOf2 (PowerOf2 1)
-- 0
-- >>> exponentPowerOf2 (PowerOf2 2)
-- 1
-- >>> exponentPowerOf2 (PowerOf2 4)
```

```
-- 2
-- >>> exponentPowerOf2 (PowerOf2 1024)
-- 10

exponentPowerOf2 :: PowerOf2 -> Integer -- 入力の型をIntegerからPowerOf2へ変更
exponentPowerOf2 (PowerOf2 n) = exponentPowerOf2' 0 n where
    exponentPowerOf2' :: Integer -> Integer -> Integer
    exponentPowerOf2' r n
        | n == 1         = r
        -- もう絶対エラーケースにはならないのでエラーケースを消す
        | otherwise      = exponentPowerOf2' (r + 1) (n `div` 2)
```

PowerOf2モジュールの外からの可視性をコントロールするには、冒頭のモジュールの宣言の後に識別子を並べます(リスト6.3❶〜❶")。ちなみに、今までは何も書いていなかったのでいろいろなものが丸見えでした。今回PowerOf2型のみを見せるようにし、isPowerOf2関数やPowerOf2コンストラクタは外からは見えないようにしています。

加えて、リスト6.3❷部分で、新たに整数値から2の冪乗型への変換を定義し、それも外から使えるようにしました。makePowerOf2関数は2の冪乗の整数値を与えたときのみ、2の冪乗型の値が取り出せます。

ここまで来て、ようやくエラーケースを消しても安全になりました。

PowerOf2モジュールの利用側は、次のようになります。

```
-- Sample.hs
module Sample where

import PowerOf2

-- | 3は2の冪乗ではないため、正攻法でexponentPowerOf2に渡す方法がない（ので安全）
example :: IO ()
example = case makePowerOf2 3 of
            Just n  -> print (exponentPowerOf2 n)
            Nothing -> putStrLn "3 is invalid"
```

今度は、2の冪乗の型の値は、makePowerOf2関数を通し2の冪乗の整数値からのみ作れるため、間違ってもexponentPowerOf2に2の冪乗でない値を適用してしまうことはなくなりました。

● 命令型言語で型に制約を持たせる ——C++の例

ここまで説明してきましたが、型に制約を持たせるという考え方は、他の静的型付き言語でインタフェースを設計する場合にも適用できます。

たとえば、オブジェクト指向言語ではクラスなりを別途定義して、適切に可視性を制御し、性質を保証してあげれば、安全になるはずなのです。C++で同じようなことをしているサンプルコードを挙げておきます(**リスト6.4**、**リスト6.5**、**リスト6.6**)。

リスト6.4 PowerOf2.hpp

```
// PowerOf2.hpp
#ifndef POWEROF2_HPP
#define POWEROF2_HPP

#include <cstdint>
#include <boost/optional.hpp>

// 2の冪乗のクラス
class PowerOf2 {
public:
    PowerOf2(const PowerOf2& n);
    virtual ~PowerOf2();
private:
    PowerOf2(uint64_t n); // makePowerOf2からのみ作るため、コンストラクタはprivate
    uint64_t n;
    friend boost::optional< PowerOf2 > makePowerOf2(uint64_t n);
    friend uint32_t exponentPowerOf2(const PowerOf2& n);
};

// 整数値から2の冪乗型への変換
boost::optional< PowerOf2 > makePowerOf2(uint64_t n);

// 2の冪乗に対し、それが2の何乗されたものかを得る
uint32_t exponentPowerOf2(const PowerOf2& n);

#endif
```

リスト6.5 PowerOf2.cpp

```
// PowerOf2.cpp
#include "PowerOf2.hpp"

PowerOf2::PowerOf2(const PowerOf2& src) : n(src.n) {}

PowerOf2::~PowerOf2() {}

PowerOf2::PowerOf2(uint64_t n) : n(n) {}

boost::optional< PowerOf2 > makePowerOf2(uint64_t n) {
    uint64_t x = n;
    if (x == 0) return boost::optional< PowerOf2 >();
    while (x % 2 == 0) x /= 2;
    if (x > 1)  return boost::optional< PowerOf2 >();
    else        return boost::optional< PowerOf2 >(PowerOf2(n));
}
```

```
uint32_t exponentPowerOf2(const PowerOf2& n) {
    uint32_t x = n.n;
    uint32_t result = 0;
    while (x % 2 == 0) { x /= 2; ++result; }
    return result;
}
```

リスト6.6 sample.cpp

```
// sample.cpp
// $ g++ -std=c++0x powerof2.cpp sample.cpp -o sample
// $ ./sample
// 3 is invalid
//
#include <iostream>
#include "PowerOf2.hpp"

int main() {
    boost::optional< PowerOf2 > x = makePowerOf2(3);
    if (x) std::cout << exponentPowerOf2(*x) << std::endl;
    else   std::cout << "3 is invalid" << std::endl;
    return 0;
}
```

ただ、「ドキュメントに制約が書いてあるのを見る」と前述したように、このような設計になっているのを目にすることはあまりないような気がします。

恐らくになりますが、以下のような理由が考えられます。

- **実行効率を気にしている**
  - インスタンス化時(makePowerOf2)の2の冪乗数の確認処理
  - インスタンスのメモリ上の大きさ
- **新しいクラス(型)を作るのが面倒である**

後者には、第1章でも述べたとおり、新しい型を用意するために、本質的でないいろいろなことを記述しなければならないという理由があるでしょう[注13]。

前者は、実際に問題になることは十分考えられます。実体としては、ただの数値であっても、クラスで包んだけでインスタンスを持ち運ばねばならなくなります。制約を満たしていることが人間から見て自明であるほど、生成時に一々制約を確認するコストも無駄なものであるということは確かなのです。これはどの言語でも恐らく変わりませんし、Haskellも例外ではありません。

一応、この点に対してになりますが、Haskellでは**newtype**で作られた新た

注13 正直、筆者もたとえばC++を書いてるときにこの程度の小さいクラスを作りたいとは思いません。仕方なく作ります。

な型は、ラップされた元の型と、実行時のオーバヘッドなく扱われることになっています。

6.4 適切な処理を選ばせる
型と型クラスを適切に利用し、型に制約を記憶させる

前節では、「型に制約を持たせる」ことで、ドキュメントに書くより安全になる設計例を紹介しました。次は、「型に制約を記憶させる」ことで、便利になる設計例を紹介してみます。「型」と「型クラス」を適切に利用すると、行うべき処理を推論させることができる例です。

複数のエスケープ

第2章でも例題として少し触れたので、文字列のエスケープを扱ってみます。第2章では、文字列がどのようにエスケープされているかを安全に扱うために、エスケープ後の型を元の文字列の型とは別になるようにしました。

ただし、本節で扱うのは、数種類のエスケープが入り混じるようなケースです。たとえば、

- HTMLエスケープ
  - 第2章でも扱った「HTML文字列」への変換
- 文字列エスケープ
  - 「文字列の文字列」への変換

が、混在し、しかも多重に適用されてしまうかもしれないような状況を考え、これらのエスケープ/アンエスケープを正しく取り扱えるようにしましょう。

簡単のためエスケープを扱いますが、変換前後がほぼ同質のデータ[注14]に対して、何種類かの変換/逆変換[注15]を正しい順序で適用しなければならないケースは、よくある問題設定でしょう[注16]。

注14　今回は文字列。
注15　今回はエスケープ/アンエスケープ。
注16　複数の座標系の間を変換して回るなど。

● 変換履歴を持った文字列の型

このようなエスケープ/アンエスケープ処理を適切に扱うためには、第2章のように文字列の型をエスケープ済みの文字列でラップするだけではうまくいきません。「どの変換がどう適用されて」現在の状態になっているかを記憶しなければならないからです。

そのため、まずは以下のような型を作ることが考えられます。

```
newtype EscapedString x = EscapedString { unEscapedString :: String } deriving Eq
```

このエスケープ済み文字列の型は、第2章のものと同様に文字列をラップしているだけですが、コンストラクタ側では使っていない型情報xが定義されています[注17]。今回のケースで、この型xを導入しているのは「どの変換がどう適用したか」という履歴を保持させる予定だからです。たとえば、まだ変換を表す型を決めていないのでイメージですが、

- EscapedString String
  - 通常の文字列から何も変換していない(つまり、「恒等変換」をした)文字列の型
- EscapedString (HTMLエスケープ String)
  - HTMLエスケープを一度かけた文字列の型
- EscapedString (HTMLエスケープ (HTMLエスケープ String))
  - HTMLエスケープを二度かけた文字列の型
- EscapedString (HTMLエスケープ (文字列エスケープ String))
  - 文字列エスケープをかけた後HTMLエスケープをかけた文字列の型

といった用途で、型xの部分を利用できるでしょう。

ついでに、通常の文字列と**EscapedString**との間の変換を定義しておきます。

```
fromString :: String -> EscapedString String
fromString = EscapedString

toString :: EscapedString String -> String
toString = unEscapedString
```

fromStringは通常の文字列から、**toString**は通常の文字列への、それぞれ恒等変換になります。

注17　このようなものを幽霊型(*phantom type*)と言います。

● 変換されているかもしれない文字列のクラス

さて、EscapedStringのxの部分に出てこられる型は、前述したとおりStringや(HTMLエスケープ(文字列エスケープString))などになりそうですが、これらの型を「EscapedStringのxの部分になれる」という性質を持った型としてまとめておきましょう。ある性質を持った型をまとめる、つまり「型クラス」を定義します。

```
class EscapedStringLike s
```

「EscapedStringのxの部分になれる」のはエスケープされてる文字列のようなものなので、**EscapedStringLike**にしました。この型クラスEscapedStringLikeは、型クラス定義にインタフェースの定義を1つも持っていません。そのためwhereも省略されています。

とりあえず、普通の文字列はEscapedStringのxの部分に出てこられるので、EscapedStringLikeのインスタンスにしておきます。EscapedStringLikeはインタフェースを何も持っていなかったので、インスタンス定義のほうもwhereに続いてインタフェースの実装を与えることはありません。

```
instance EscapedStringLike String
```

ただし、Stringは[Char]の別名なので、これをインスタンスにするには**FlexibleInstances**というGHC拡張が必要になります。

● エスケープ方法の持つべき性質

次にこれらを使い、「エスケープ方法」とはどのようなものかを考えます。エスケープ方法は次の2つの性質を持つ何かであるはずです。

- **エスケープできる**
- **エスケープされたものをアンエスケープできる**

これを「型クラス」で表現しておきましょう。次のようになります。

```
class EscapeMethod m where
    escape :: EscapedStringLike s => EscapedString s -> EscapedString (m s)
    unescape :: EscapedStringLike s => EscapedString (m s) -> EscapedString s
```

エスケープ方法EscapeMethodのmは2つの性質を持ちます。1つめが、エスケープ文字列からさらにmでエスケープされた文字列を作り出せる**escape**で、もう1つが、mでエスケープされた文字列を1段階アンエスケープした文字列に戻せるunescapeです。ほぼ、日本語で記述した性質そのままです。

● 各エスケープを定義する

最後に、HTMLエスケープと文字列エスケープを定義します。まずはHTMLエスケープからです。「何かをHTMLエスケープしたもの」としてHTMLエスケープの型を作りましょう。

```
data HTMLEscape s
```

EscapedStringLikeという性質を持つ何かをさらにHTMLEscapeしたものは、EscapedStringのxの部分になれるようにしたいので、これもEscapedStringLikeのインスタンスにしておきます。

```
instance EscapedStringLike s => EscapedStringLike (HTMLEscape s)
```

さらに、HTMLEscapeはエスケープ方法なので、EscapeMethodのインスタンスとしてエスケープ/アンエスケープを実装します。

```
instance EscapeMethod HTMLEscape where
    escape = EscapedString . escape' . unEscapedString where
        escape' :: String -> String
        escape' str = str >>= escapeAmp >>= escapeOther where
            escapeAmp   '&' = "&amp;"
            escapeAmp    c  = [c]
            escapeOther '<' = "&lt;"
            escapeOther '>' = "&gt;"
            escapeOther '"' = "&quot;"
            escapeOther  c  = [c]
    unescape = EscapedString . unescape' . unEscapedString where
        unescape' :: String -> String
        unescape' = foldr (\c s -> unescapePrefix (c:s)) "" where
            unescapePrefix str
                | "&quot;" `isPrefixOf` str = '"':drop 6 str
                | "&gt;"   `isPrefixOf` str = '>':drop 4 str
                | "&lt;"   `isPrefixOf` str = '<':drop 4 str
                | "&amp;"  `isPrefixOf` str = '&':drop 5 str
                | otherwise                 = str
```

この変換は第2章で説明しましたので実装に関する説明は割愛します。同様にして、文字列エスケープも実装します。

```
data StringEscape s

instance EscapedStringLike s => EscapedStringLike (StringEscape s)
```

```
instance EscapeMethod StringEscape where
    escape = EscapedString . show . unEscapedString
    unescape = EscapedString . read . unEscapedString
```

文字列エスケープについては、文字列をさらにshowすることがエスケープで、アンエスケープはshowの逆変換であるreadになります。

● モジュールを利用してみる

ここまでをまとめて**リスト6.7**のようなEscapedStringモジュールを作ります。

リスト6.7 EscapedString.hs

```
-- EscapedString.hs
{-# LANGUAGE FlexibleInstances #-}
module EscapedString
    ( EscapedString
    , fromString, toString
    ) where

import Data.List ( isPrefixOf )

-- | エスケープされている文字列
newtype EscapedString x = EscapedString { unEscapedString :: String } deriving Eq

-- | エスケープされている文字列のShowインスタンス化
instance Show (EscapedString x) where
    show = show . unEscapedString

-- | 普通の文字列をエスケープされている文字列にする
fromString :: String -> EscapedString String
fromString = EscapedString

-- | エスケープされている文字列を普通の文字列にする
toString :: EscapedString String -> String
toString = unEscapedString

-- | エスケープされてる文字列のようなもの
class EscapedStringLike s

-- | 生の文字列はエスケープされていないが
-- エスケープされてる文字列っぽいもの
-- (エスケープのための変換として恒等変換がかかっていると考える)
instance EscapedStringLike String

-- | エスケープ方法
class EscapeMethod m where
    -- | 変換
```

```
    escape :: EscapedStringLike s => EscapedString s -> EscapedString (m s)
    -- | 逆変換
    unescape :: EscapedStringLike s => EscapedString (m s) -> EscapedString s


-- | HTMLエスケープ
data HTMLEscape s

-- | エスケープされてる文字列のようなものを、
-- さらにHTMLエスケープしたものもまたエスケープされてる文字列のようなもの
instance EscapedStringLike s => EscapedStringLike (HTMLEscape s)

-- | エスケープ方法（HTMLエスケープ）
instance EscapeMethod HTMLEscape where
    escape = EscapedString . escape' . unEscapedString where
        escape' :: String -> String
        escape' str = str >>= escapeAmp >>= escapeOther where
            escapeAmp   '&' = "&amp;"
            escapeAmp    c  = [c]
            escapeOther '<' = "&lt;"
            escapeOther '>' = "&gt;"
            escapeOther '"' = "&quot;"
            escapeOther  c  = [c]
    unescape = EscapedString . unescape' . unEscapedString where
        unescape' :: String -> String
        unescape' = foldr (\c s -> unescapePrefix (c:s)) "" where
            unescapePrefix str
                | "&quot;" `isPrefixOf` str = '"':drop 6 str
                | "&gt;"   `isPrefixOf` str = '>':drop 4 str
                | "&lt;"   `isPrefixOf` str = '<':drop 4 str
                | "&amp;"  `isPrefixOf` str = '&':drop 5 str
                | otherwise                 = str


-- | 文字列エスケープ
data StringEscape s

-- | エスケープされてる文字列のようなものを、
-- さらに文字列エスケープしたものもまたエスケープされてる文字列のようなもの
instance EscapedStringLike s => EscapedStringLike (StringEscape s)

-- | エスケープ方法（文字列エスケープ）
instance EscapeMethod StringEscape where
    escape = EscapedString . show . unEscapedString
    unescape = EscapedString . read . unEscapedString
```

リスト6.7のモジュールをGHCiでロードして利用してみましょう。

```
$ stack exec ghci EscapedString
```

まず、通常の文字列をEscapedStringにしてみます。

```
*EscapedString> let str1 = fromString "<>&\""
*EscapedString> :t str1
str1 :: EscapedString String
*EscapedString> str1
"<>&\""  -- 元の文字列と何も変わらない
```

fromStringは、StringからEscapedString Stringへの恒等変換なので、元の文字列と何も変わりません。

次に、文字列エスケープをしてみましょう。**escape**はHTMLエスケープのものと文字列エスケープのものの2種類があるので、どちらを適用したいか型を指定することで確定させてあげます。

```
*EscapedString> let str2 = escape str1 :: EscapedString (StringEscape String)
*EscapedString> :t str2
str2 :: EscapedString (StringEscape String)
*EscapedString> str2
"\"<>&\\\"\""  -- 文字列エスケープされた
```

文字列エスケープされています。さらに、追加でHTMLエスケープもしてみましょう。

```
*EscapedString> let str3 = escape str2 :: EscapedString (HTMLEscape (StringEscape String))
*EscapedString> :t str3
str3 :: EscapedString (HTMLEscape (StringEscape String))
*EscapedString> str3
"&quot;&lt;&gt;&amp;\\&quot;&quot;"  -- HTMLエスケープされた
```

さて、ここからstr3を適切にアンエスケープしていきます。順番にunescapeを呼び出す回数を増やしながら試してみましょう。

```
*EscapedString> unescape str3  -- ❶
"\"<>&\\\"\""
*EscapedString> unescape (unescape str3)  -- ❷
"<>&\""
*EscapedString> unescape (unescape (unescape str3))  -- ❸

<interactive>:12:1: error:
    • No instance for (EscapeMethod [])
        arising from a use of 'unescape'
    • In the expression: unescape (unescape (unescape str3))
      In an equation for 'it': it = unescape (unescape (unescape str3))
```

まず、上記❶の、1度めのunescapeに着目しましょう。unescapeもescape同様にHTMLエスケープのものと文字列エスケープのものの2種類があるはずですが、どちらを使うかプログラマが与えずとも良くなっています。str3の型に残っている変換の履歴から、どちらのunescapeをすべきかが推論され、適切なほう（HTMLアンエスケープ）を利用してくれます。同様に、❷の、2度めのunescapeを2回適用しているほうについても、同じunescapeですが、適切にHTMLアンエスケープをしてから文字列アンエスケープをしてくれます。さらに、❸については、これ以上アンエスケープする必要がないはずであることも型でわかるため、正しく型検査に失敗してくれています。

上記の例からわかることは、型クラスを利用することで、型推論された結果を行うべき処理にまで伝搬させ、適切な処理を選択させることができるということです。「型」に十分に情報を載せた上で、適切に「型クラス」を利用することで、プログラマが複数ある候補からどの処理を行うべきかの選択を迫られるときでも、その場その場で適切なものを型から推論し選択してくれるような設計を与えることができます。しかも、適切なものが存在しなければ正しく型検査に失敗させることもできます。

「型検査」や「型推論」は、安全のためだけのものでは、ましてや「推論されるから必要ない型宣言を書かずに省略できる」といっただけのためのものではありません。型検査や型推論があるという事実を積極的に設計に取り入れていくことで、プログラマに幾度となく訪れる選択の機会をミスなく減らし、それ以外の本質的な思考に力を割くことができるようになるはずです。

6.5 より複雑な制約を与える とても強力なロジックパズルの例

6.3節では、2の冪乗を例に、型に制約を持たせることで、期待された入力しか許さず、またその期待された入力が何なのかについて、ドキュメントの記述などに頼らないインタフェースが設計できることを示しました。しかし、その一方で他の（型システムの弱い）静的型付き言語でもある程度可能な部分があることも示しました。

では、（型システムの弱い）静的型付き言語では、ほぼ扱えないであろうとても強力な例を見ていきましょう。

ロジックパズル ――3人の昼食

以下は、Wikipediaのロジックパズルのページ注18にある問題です。

> 人のそれぞれの発言から、それぞれの今日の昼食を当ててください。

> ただし、カレーライス、ラーメン、そばのうちから3人とも別々のものを食べました。

>> トンキチ：…。

>> チンペイ：あいつみたいにそばだったら僕は足りないな。

>> カンタ：僕はカレーライスもそばも嫌いなんだ。

答えは、以下のとおりです(**図6.12**)。

>> トンキチ：そば

>> チンペイ：カレーライス

>> カンタ：ラーメン

このロジックパズルを型で表現し、「正解以外を作ろうとすると型検査に失敗する」ようにしてみます。

注18 2016年7月1日12時(日本時間)時点。URL http://ja.wikipedia.org/wiki/ロジックパズル

図6.12 ロジックパズル

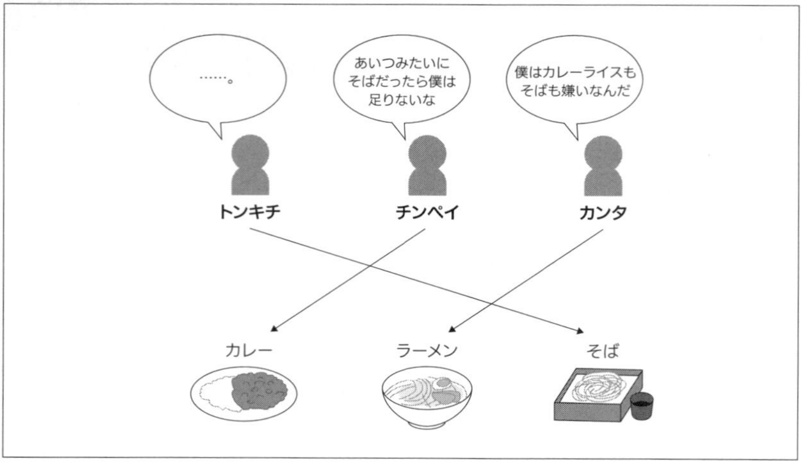

● 人間の推論

この問題を人間が解く場合、以下のような推論規則を利用するでしょう。

- **図6.13：ある人物について、食べもの1と食べもの2を食べていなければ、食べもの3を食べたはずである**
  - たとえば、「トンキチはそばもカレーも食べていなければ、トンキチが食べたのはラーメン」
- **図6.14：ある食べものについて、人物1と人物2が食べていなければ、人物3が食べたはずである**
  - たとえば、「トンキチもチンペイもそばを食べていなければ、そばを食べたのはカンタ」
- **図6.15：ある食べものについて、ある人物が食べていれば、他の人物は食べていない**
  - たとえば、「トンキチはそばを食べたのなら、チンペイはそばを食べていない」
- **図6.16：ある人物について、食べもの1を食べていれば、他の食べものは食べていない**
  - たとえば、「トンキチはそばを食べたのなら、トンキチはカレーを食べていない」

そして、ヒントとして、この問題から与えられた事実は次の3つです。

- **チンペイの証言より：**
  - チンペイはそばを食べていない
- **カンタの証言より：**
  - カンタはカレーを食べていない
  - カンタはそばを食べていない

図6.13 推論規則1

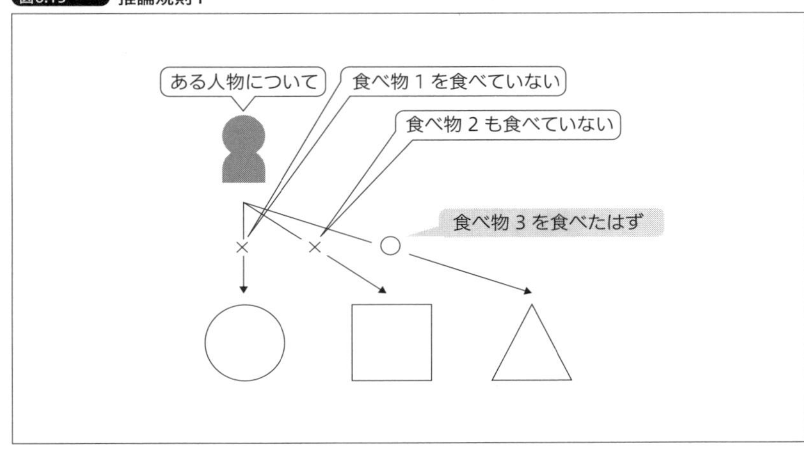

使える情報は、以上です。

図6.14 推論規則2

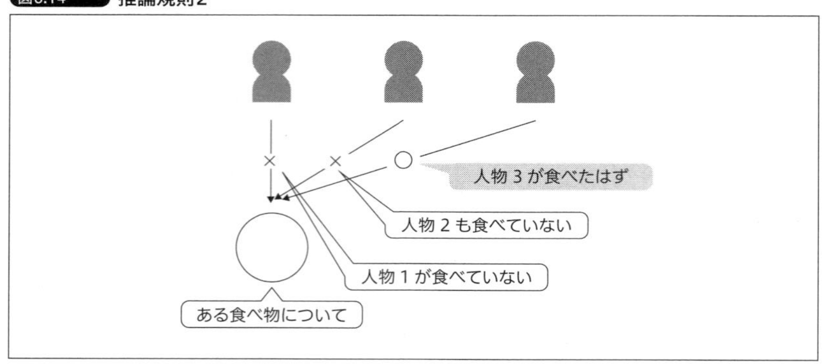

図6.15 推論規則3

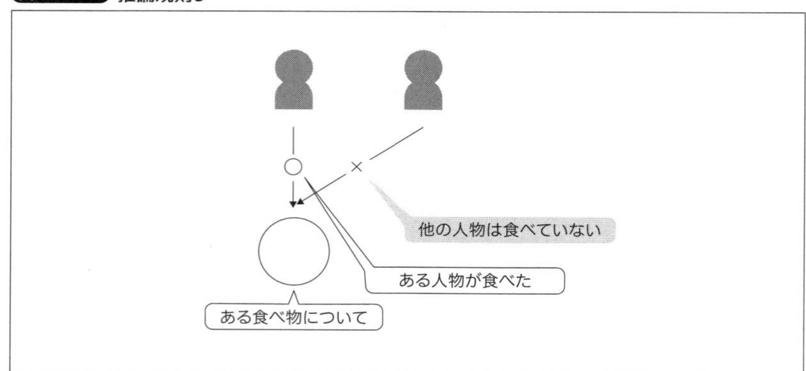

図6.16 推論規則4

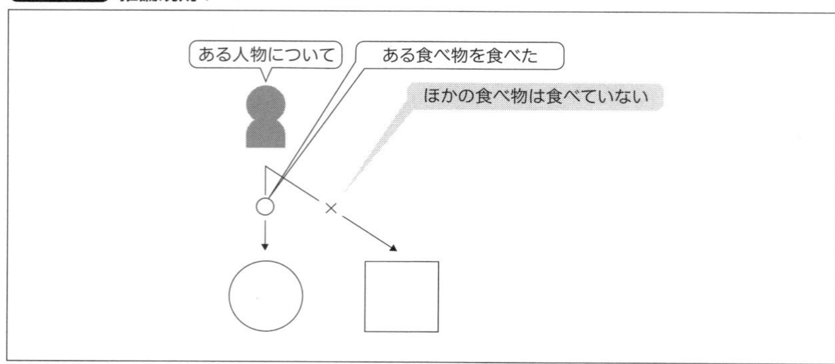

● 推論規則を型で表す

前述の推論規則をHaskellで型に表現したモジュールは、**リスト6.8**のようなものになります。ただし、本モジュールではGHC拡張をいくつか利用しており、それらに関する細かい部分については、本書の内容に対してやや高度なものにあたるため、本書では詳しく説明しません。適宜コメントを付けましたので、参考にしてください。

リスト6.8 InferenceRule.hs

```
{-# LANGUAGE GADTs #-} -- 一般化代数データ型を有効にする拡張
{-# LANGUAGE TypeOperators #-} -- 型レベル演算子を有効にする拡張
{-# LANGUAGE DataKinds #-} -- データ型を種（型の型）へ昇格する拡張
{-# LANGUAGE PolyKinds #-} -- 種多相を有効にする拡張
{-# LANGUAGE MultiParamTypeClasses #-} -- 複数型変数を持つ型クラス定義を有効にする拡張
{-# LANGUAGE EmptyCase #-} -- 1つも場合がない場合分けを有効にする拡張

-- 推論規則
module InferenceRule
    ( People(..)
    , Food(..)
    , Eat(..)
    , NotEat(..)
    ) where

data (:==:) :: k -> k -> * where -- 型の等価性
   Refl :: a :==: a -- 反射律

data Bottom -- 矛盾

type Not p = p -> Bottom -- 否定

type a :/=: b = Not (a :==: b) -- 型が等価でない

class (a :: k) `Neq` (b :: k) where
    neq :: a :/=: b
    neq x = case x of {}

-- 人物
data People = Tonkichi -- トンキチ
            | Chinpei  -- チンペイ
            | Kanta    -- カンタ
              deriving (Eq, Show)

instance Tonkichi `Neq` Chinpei
instance Tonkichi `Neq` Kanta
instance Chinpei `Neq` Kanta
instance Chinpei `Neq` Tonkichi
```

```
instance Kanta `Neq` Tonkichi
instance Kanta `Neq` Chinpei

-- 食べもの
data Food = Curry -- カレー
          | Soba  -- そば
          | Ramen -- ラーメン
            deriving (Eq, Show)

instance Curry `Neq` Soba
instance Curry `Neq` Ramen
instance Soba `Neq` Ramen
instance Soba `Neq` Curry
instance Ramen `Neq` Curry
instance Ramen `Neq` Soba

-- 「誰かが何かを食べた」という型
data Eat :: People -> Food -> * where
    -- 推論規則1：ある人物について、食べもの1と食べもの2を食べていなければ、
                                                    食べもの3を食べたはずである
    EatRemainFood   :: ( f1 `Neq` f2 -- f1とf2は別の食べもの
                       , f2 `Neq` f3 -- f2とf3は別の食べもの
                       , f3 `Neq` f1 -- f3とf1は別の食べもの
                       ) =>
                       p `NotEat` f1 -- pはf1を食べていない
                    -> p `NotEat` f2 -- pはf2を食べていない
                    -> p `Eat` f3    -- ならば、pはf3を食べたはずだ
    -- 推論規則2：ある食べものについて、人物1と人物2が食べていなければ、
                                                       人物3が食べたはずである
    RemainPeopleEat :: ( p1 `Neq` p2 -- p1とp2は別の人
                       , p2 `Neq` p3 -- p2とp3は別の人
                       , p3 `Neq` p1 -- p3とp1は別の人
                       ) =>
                       p1 `NotEat` f -- p1はfを食べていない
                    -> p2 `NotEat` f -- p2はfを食べていない
                    -> p3 `Eat` f    -- ならば、p3はfを食べたはずだ

-- 「誰かが何かを食べていない」という型
data NotEat :: People -> Food -> * where
    -- 推論規則4：ある人物について、食べもの1を食べていれば、他の食べものは食べていない
    NotEatAnotherFood    :: ( f1 `Neq` f2 -- f1とf2は別の食べもの
                            ) =>
                            p `Eat` f1    -- pはf1を食べた
                         -> p `NotEat` f2 -- ならば、pはf2を食べていないはずだ
    -- 推論規則3：ある食べものについて、ある人物が食べていれば、他の人物は食べていない
    AnotherPeopleNotEat  :: ( p1 `Neq` p2 -- p1とp2は別の人
                            ) =>
                            p1 `Eat` f    -- p1はfを食べた
                         -> p2 `NotEat` f -- ならば、p2はfを食べていないはずだ
```

リスト6.8の**InferenceRule**モジュールからは、人物としてトンキチ(Tonkichi)、チンペイ(Chinpei)、カンタ(Kanta)、食べものとしてカレー(Curry)、そば(Soba)、ラーメン(Ramen)を表す型が露出しています。また、人物と食べものの間の関係を記述するために、ある人物がある食べものを食べた(Eat)、もしくは食べなかった(NotEat)が、それぞれ使えるように露出しています。EatとNotEatのコンストラクタが、前述した、人間が使う推論規則に対応しています。

たとえば、「ある人物について、食べもの1と食べもの2を食べていなければ、食べもの3を食べたはずである」という推論規則に相当するコンストラクタ**EatRemainFood**の型を調べてみましょう。

```
*InferenceRule> :t EatRemainFood
EatRemainFood
  :: (Neq f1 f2, Neq f2 f3, Neq f3 f1) =>
     NotEat p f1 -> NotEat p f2 -> Eat p f3
```

EatRemainFoodは「食べもの3つ(f1、f2、f3)が全部違う物である」という条件と「人物pが2つの食べものf1とf2を食べていない」という根拠たちから、「人物pが残りの1つの食べものf3を食べた」という根拠を作り出すコンストラクタです。

もし「カンタがカレーを(嫌っていて)食べなかった」という事実と「カンタがそばを(嫌っていて)食べなかった」という事実さえあれば、この推論規則EatRemainFoodを使って「カンタがラーメンを食べた」という型の値を次のように作れます。

```
EatRemainFood kantaHateCurry kantaHateSoba
```

ここで、**kantaHateCurry**は、

```
Kanta `NotEat` Curry
```

という型を持つ値で、「カンタがカレーを(嫌っていて)食べなかった」という事実を表します。同様に、**kantaHateSoba**は、

```
Kanta `NotEat` Soba
```

という型を持つ値で、「カンタがそばを(嫌っていて)食べなかった」という事実を表します。これらの値と、推論規則EatRemainFoodコンストラクタによって、新たに以下のように「カンタはラーメンを食べた」という事実を表す値を作っているのです。

```
Kanta `Eat` Ramen
```

● 推論規則を使って答えを実装する

InferenceRuleモジュールを使って、ロジックパズルの答えを実装してみたものは、**リスト6.9**のようになります。

リスト6.9 Logic.hs

```
{-# LANGUAGE TypeOperators #-}
{-# LANGUAGE DataKinds #-}
module Logic where

import InferenceRule

-- | 正しい答え
--
-- 前提を意味する型から正しい答えを意味する型の結果を得る関数は実装できる
--
correctAnswer :: ( Chinpei `NotEat` Soba -- チンペイの証言：「そばだったら足りな
                                            い」より、チンペイはそばを食べていない
                 , Kanta `NotEat` Curry  -- カンタの証言：「カレーライス嫌い」
                                            より、カンタはカレーを食べていない
                 , Kanta `NotEat` Soba   -- カンタの証言：「そばも嫌い」より、
                                            カンタはそばを食べていない
                 )                       --  という上記3つの「前提」から結論は以下になる
              -> ( Tonkichi `Eat` Soba   -- トンキチがそばを食べた
                 , Chinpei `Eat` Curry   -- チンペイがカレーを食べた
                 , Kanta `Eat` Ramen     -- カンタがラーメンを食べた
                 )
correctAnswer (chinpeiUnsatisfySoba, kantaHateCurry, kantaHateSoba) =
    (tonkichiEatSoba, chinpeiEatCurry, kantaEatRamen) where
    -- カンタはカレーとそばが嫌いなので、ラーメンを食べた
    kantaEatRamen = EatRemainFood kantaHateCurry kantaHateSoba
    -- ラーメンはカンタが食べたので、チンペイはラーメンを食べていない
    chinpeiNotEatRamen = AnotherPeopleNotEat kantaEatRamen
    -- チンペイはそばでは満足できず、ラーメンも食べてないので、カレーを食べた
    chinpeiEatCurry = EatRemainFood chinpeiUnsatisfySoba chinpeiNotEatRamen
    -- カレーはチンペイが食べたので、トンキチはカレーを食べていない
    tonkichiNotEatCurry = AnotherPeopleNotEat chinpeiEatCurry
    -- ラーメンはカンタが食べたので、トンキチはラーメンを食べていない
    tonkichiNotEatRamen = AnotherPeopleNotEat kantaEatRamen
    -- トンキチはカレーもラーメンも食べていないので、そばを食べた
    tonkichiEatSoba = EatRemainFood tonkichiNotEatCurry tonkichiNotEatRamen
```

関数**correctAnswer**は、3つの証言からすでに判明している事実を意味する型を引数に取ります。そして、関数correctAnswerの結果の型がこのロジックパズルに対する答えを表し、それぞれの型の値が答えの根拠を表しています。correctAnswerの結果の型は、ロジックパズルの正解と同じものを表現するように、「トンキチがそばを食べた」かつ「チンペイがカレーを食べた」かつ「カンタ

がラーメンを食べた」となるようにしています。

ここでおもしろいのは、InferenceRuleモジュールで与えられた推論規則とヒントからは、このLogicモジュールで定義したcorrectAnswerの型に対してしか、型検査を通過する実装を与えることができないということです。

間違った答えを表す型を考えてみましょう。間違った答えにするには人物と食べものの組み合わせを変えれば良いので、たとえば次のようなものです。

```
wrongAnswer :: ( Chinpei `NotEat` Soba -- チンペイの証言：「そばだったら足りない」
                                          より、チンペイはそばを食べていない
               , Kanta `NotEat` Curry  -- カンタの証言：「カレーライス嫌い」より、
                                          カンタはカレーを食べていない
               , Kanta `NotEat` Soba   -- カンタの証言：「そばも嫌い」より、
                                          カンタはそばを食べていない
               )  -- 上記3つの「前提」があるので結論は以下になる（間違っているのでならない）
            -> ( Tonkichi `Eat` Curry  -- トンキチがカレーを食べた
               , Chinpei `Eat` Ramen   -- チンペイがラーメンを食べた
               , Kanta `Eat` Soba      -- カンタがそばを食べた
               )
wrongAnswer = ?
```

この型を持つwrongAnswerや、その他間違った組み合わせを結果に持つ関数は、型検査を通過するものを絶対に実装することができません[注19]。繰り返しになりますが、型が答えを表し、その型の値が答えの根拠を表しているので、直感的には、間違った答えに対しては適切に根拠を与えることができないようになっています。

InferenceRuleモジュールの中身は理解できなくとも、GHCiでロードして公開されているインタフェースの「型」を確認すれば、それらを組み合わせて型を合わせようとするだけで良いので、興味がある人はパズル感覚でwrongAnswerの「？」の部分を適切に実装するチャレンジをしてみましょう[注20]。

● 強力な型がインタフェース設計に与えた力

InferenceRuleモジュールを使って、このロジックパズルを解こうとする限りは、

- **間違った答えを意味する結果の型に対して実装しようとして、永遠に型を合わせることができない**
- **正しい答えを意味する結果の型に対して実装し、正しく実装できる**

のいずれかになり、

注19 undefinedや無限再帰に陥るような、計算として意味のないものを使えば別ですが、それで実装できたとは言わないでしょう。

注20 無理ですが…。

- **間違った答えを意味する結果の型に対して実装しようとして、なぜか実装できてしまう**

ことは起こりません。間違えた実装は「型検査により不可能」になるように定義を与えているのです。

このロジックパズルで示したとおり、みなさんがこれまで型[注21]に対して思い描いてきたもの以上に、強力な性質/制約を「型」で表現することが可能です。他の言語ではドキュメントに値の制約として書かざるを得ないようなものも、Haskellやその他強力な型に関する機能を備えた言語であれば、型で表現した上で型検査によってチェックすることができるかもしれません。

パズルに留まらず、実際にインタフェース設計に応用し、間違った使い方ができないように型の上での制約を正しく表現することができれば、より安全でなおかつ利便性の高いインタフェース設計が可能となるでしょう。基本は、正しい使い方をしたときにしか型検査を通らないようにすれば良いのです。

Haskellにおいては、インタフェースを提供するプログラマの意思を「型」で表現することができます。型に込められたプログラマの意思は、ドキュメントに記載するよりも遥かに強く利用者に働きかけます。より安全で、より便利な型を持つインタフェースを設計するように思考を割くようにすると、Haskellらしいプログラムに到達しやすくなるでしょう。

6.6 まとめ

本章で説明した設計法に共通する重要なことは、「まず型付けする」ことです。このことは、言語が強力な型システムを持つ/持たないに関係ありません。

型付けするということは、直面している問題がどのような性質のものであるかを決めるということでもあります。そのためには当たり前ですが、問題の性質を正しく理解していなければできません。正しい設計を与える上で問題の性質を正しく理解しておくことが、最低限必要となっている前提条件であることについては、どんな言語のプログラマであっても異論はないでしょう。よくわからないものについて正しい設計はできませんし、そもそも正しさが何によって確認されるのかすらよくわからないことも多いでしょう。

注21　とくに、メジャーな静的型付き命令型言語の型。

多くの言語では、解決すべき問題の性質を「テスト」という形にエンコードします。Haskellでは、もちろんテストにエンコードしておくこともできますし、型に問題の性質をエンコードしておくことも選択できます。型にすべてを表すことは簡単ではないこともありますので、詳細に型付けしておいて型検査で確認させるのが理想的で安全ではありますが、あえて緩く型付けしておいてテストで確認することもできます。選択できるということに価値があります。

慣れたHaskellプログラマは実現したいこととそのための型を見ただけで、適切で使いやすい設計になっているかどうかを判断できるようになります。ここでの使いやすさとはモジュラリティが高いことは当然として、型検査により危険な使い方が不可能となるように作られているということです。

たとえ強力な型システムを持たない言語であっても、型を意識して設計を行える人とそうでない人とでは、その設計の仕方も大きく変わってくるでしょう。もちろん言語によってできることできないことはありますので、記述力の限界が低く、記述量的に膨大になってしまったりなど、不都合は想定されますので適宜その言語に合わせる必要はあります。その作業は、言語と言語の間にある機能差を明確に理解することでもあります。

もしHaskellをすぐには使わない/あるいは使えない環境にいる場合でも、Haskellでの思考法を学び、それを各言語に適宜フィードバックしていくことは、あなたの力を大幅に向上させることになるでしょう。

第7章

Haskellによるプロダクト開発への道

パッケージとの付き合い方

プロダクト開発

7.1 パッケージの利用 ——パッケージシステムCabal

7.2 パッケージの作成 ——とりあえずパッケージングしておこう

7.3 組織内開発パッケージの扱い ——工夫、あれこれ

7.4 利用するパッケージの選定 ——依存関係地獄、選定の指針

7.5 依存パッケージのバージョンコントロール ——パッケージごとにどのバージョンを選択するか

7.6 バージョン間差の吸収 ——バージョン間の差分の検出から

7.7 まとめ

実際に何かプロダクトを作っていくにあたり、開発言語がHaskellになったからと言って、特別注意しなければならないことというのは、実はあまりありません。他の言語での開発するときに使う知識とほぼ同じであり、それらをHaskellの場合もツールに置き換えて考えれば良いのです。CI（*Continuous Integration*、継続的インテグレーション）/CD（*Continuous Delivery*、継続的デリバリー）の導入やバージョン/ブランチ管理フローなども、他の言語で開発する場合とまったく同じものが適用できるでしょう。

ただ1点、「依存させるライブラリの扱い」に対しては、とくに業務における開発の場合、かなり慎重になる必要があります。

Haskellではよく、「実用されていると言えるが、互換性の破壊に問題ない（被害者が多くない）程度」という微妙な普及ラインが目指されます。非実用的な言語ではない本格の言語を目指しつつ、それでいて最新理論の実験場としての性格も残さねばならないためです。これにより、実際非常にエレガントなライブラリが現れて開発が楽になるケースは多いのですが、同時に互換性の破壊への対応が開発を滞らせる可能性を孕みます。

本章では、プロダクト開発のために必要な事項を紹介していきます。その中でもとくに、前述したような理由から、ライブラリとその互換性との付き合い方を大きく取り上げていきます。

7.1 パッケージの利用
パッケージシステムCabal

Haskellに限った話ではありませんが、我々が何か大きなプログラムを作る際、自分たちですべてゼロから作るのではなく、よほどの理由がない限り[注1]、必要な機能と品質を持ったライブラリやソフトウェアのパッケージが見つかれば、普通はそれらを利用することになるでしょう。本節ではパッケージ、パッケージシステムについて取り上げます。

Haskellのパッケージシステム

PerlにCPAN、RubyにRubyGems、Pythonにpipなど、各言語にパッケージシステムがあるように、Haskellにも**Cabal**(Haskell Cabal)という固有のパッケージシステムがあります。

公開されているパッケージを探す ——Hackage

HackageのWebサイト[注2]では、Haskellerたちが作成した各種パッケージが公開されており、日々更新されていきます[注3]。このサイトでは、パッケージ検索も行えます。たとえば、JSONに関連したパッケージを探す[注4]と、いろいろと適合しそうなものが列挙されてきます。

検索結果として出てきた各種パッケージへのリンクを辿ると、今度はそのパッケージのドキュメントが表示されます。たとえば、「aeson」[注5]を見てみましょう。`https://hackage.haskell.org/package/aeson`にアクセスすると、パッケージ名と概要の後に**図7.1**のような部分があります。ここでは、そのパッケージのさまざまな情報を見ることができます。

さらに先を辿ると、そのモジュールで使えるデータ型や関数などのドキュメントが表示されます。データ型や関数の型を見て次の点などを判断します。

- 自分の目的に対して十分な機能を提供しているものであるかどうか？
- 適切な設計が為されていそうかどうか？

注1　業務だと案外この「よほどの理由」があったりもしますが。
注2　URL https://hackage.haskell.org/packages/hackage.html
注3　更新状況はTwitterアカウントにも流れてきます。URL https://twitter.com/hackage
注4　URL https://hackage.haskell.org/packages/search?terms=JSON
注5　HaskellでJSONを扱う場合の、現在最もメジャーなライブラリです。

公開されているパッケージを利用する ——cabal編

パッケージを利用するにはcabalというコマンドを利用します。Cabalは Haskellにおいて**パッケージシステム**のみではなく**ビルドシステム**も兼ねており、パッケージを利用するだけではなく、開発にも使います。

パッケージのインストール

例として、先ほどのaesonをインストールしてみます。まずは、手元のパッケージ情報(データベース)をHackageに登録されている情報と同期させます。

図7.1 aesonのパッケージ情報

Properties

❶ **Versions** 0.1.0.0, 0.2.0.0, 0.3.0.0, 0.3.1.0, 0.3.1.1, 0.3.2.0, 0.3.2.1, 0.3.2.2, 0.3.2.3, 0.3.2.4, 0.3.2.5, 0.3.2.6, 0.3.2.
0.3.2.10, 0.3.2.11, 0.3.2.12, 0.3.2.13, 0.3.2.14, 0.4.0.0, 0.4.0.1, 0.5.0.0, 0.6.0.0, 0.6.0.1, 0.6.0.2, 0.6.1.0,
0.7.0.0, 0.7.0.1, 0.7.0.2, 0.7.0.3, 0.7.0.4, 0.7.0.5, 0.7.0.6, 0.8.0.0, 0.8.0.1, 0.8.0.2, 0.8.1.0, 0.8.1.1, 0.9.0.
0.11.0.0, 0.11.1.0, 0.11.1.1, 0.11.1.2, 0.11.1.3, 0.11.1.4, **0.11.2.0** (info)

❷ **Change log** changelog.md

❸ **Dependencies** attoparsec (>=0.13.0.1), base (>=4.5 && <5), bytestring (>=0.10.4.0), containers, deepseq, dlist (>=
ghc-prim (>=0.2), hashable (>=1.1.2.0), mtl, nats (>=1 && <1.2), old-locale, scientific (>=0.3.1 && <
(>=0.16.1 && <0.19), syb, tagged (>=0.8.3 && <0.9), template-haskell (>=2.7), text (>=1.1.1.0), time
unordered-containers (>=0.2.5.0), vector (>=0.8) [details]

❹ **License** BSD3

❺ **Copyright** (c) 2011-2016 Bryan O'Sullivan (c) 2011 MailRank, Inc.

❻ **Author** Bryan O'Sullivan <bos@serpentine.com>

❼ **Maintainer** Bryan O'Sullivan <bos@serpentine.com>

❽ **Stability** experimental

❾ **Category** Text, Web, JSON

❿ **Home page** https://github.com/bos/aeson

⓫ **Bug tracker** https://github.com/bos/aeson/issues

⓬ **Source** head: git clone git://github.com/bos/aeson.git

⓭ **repository** head: hg clone https://bitbucket.org/bos/aeson

⓮ **Uploaded** Fri Apr 29 18:02:01 UTC 2016 by AdamBergmark

⓯ **Updated** Thu Jun 2 13:00:36 UTC 2016 by AdamBergmark t

⓰ **Distributions** Arch:0.11.2.0, Debian:0.10.0.0, Fedora:0.8.0.2, FreeB ... 2.0,

⓱ **Downloads** 230179 total (207 in the last 30 days)

⓲ **Votes** 9 [Vote for this package]

⓳ **Status** Docs uploaded by user
Build status unknown [no reports yet]

Modules

Data
Data.Aeson
Data.Aeson.Encode
Data.Aeson.Internal
Data.Aeson.Internal.Time
Data.Aeson.Parser
Data.Aeson.TH
Data.Aeson.Types

[Index]

※各情報の内容：
❶バージョン変遷
❷変更履歴
❸他パッケージへの依存関係
❹ライセンス
❺著作権表示
❻作者
❼メンテナ
❽安定状況
❾カテゴリ
❿ホームページ
⓫バグトラッカー
⓬ソースの公開場所
⓭開発リポジトリ
⓮更新日時
⓯更新者
⓰各OSのディストリビューションにおけるバージョン
⓱ダウンロード数
⓲いいね！
⓳ビルドステータス

```
$ cabal update
```

そして、目的のパッケージ(今回はaeson)をインストールしてみます。

```
$ cabal install aeson
```

これで、aeson(と、必要ならばその依存パッケージ)がインストールされ、使えるようになります。インストールされて使えるようになっているパッケージ一覧を確認するには、次のghc-pkg listコマンドを利用します。

```
$ ghc-pkg list
```

たとえば、次のように表示されます。

```
/usr/lib64/ghc-8.0.1/package.conf.d  -- ❶
   Agda-2.5.1.1
   Cabal-1.24.0.0
<中略>
   zlib-conduit-0.6.1.1
/home/user/.ghc/x86_64-linux-8.0.1/package.conf.d  -- ❷
   aeson-0.11.2.0
<中略>
```

ghc-pkg listのコマンドに表示されるパッケージ一覧は2つのセクションに分かれています。まず上記❶のシステム側のパッケージデータベースに入っているもの、次に❷のユーザごとなどローカルのパッケージデータベースに入っているものです。

今回は、ユーザ権限でcabal installをしているので、ローカルのパッケージデータベースにaesonがインストールされていることが確認できます。

● パッケージのアンインストール

パッケージをアンインストールする場合は、

```
$ ghc-pkg unregister アンインストールしたいパッケージ名
```

を行うことでパッケージデータベースから消すことができます。

● パッケージを利用する

インストールしたパッケージによって公開されているモジュールは、普通にimportして利用することができます。たとえば、aesonはData.Aesonというモ

ジュールを公開していることがHackageのサイトからすでにわかっています[注6]ので、GHCiで、

```
Prelude> :m Data.Aeson
```

としたり、ソースコード中で、

```
import Data.Aeson
```

とするとData.Aesonが提供するデータ型や関数等が使えるようになります。

公開されているパッケージを利用する ――Cabal sandbox編

cabalでは、システムあるいはローカルのパッケージデータベースに対し、パッケージをインストールしていきます。あるユーザのローカルパッケージデータベースは、通常そのユーザのホームディレクトリ以下に作られます。しかし、たとえば、あるユーザが2つ(あるいはそれ以上の数)の何かを、ディレクトリA以下とディレクトリB以下で開発しているとしましょう。

このような状況であっても、`cabal install`によって、ディレクトリA以下で開発しているものにとって必要なパッケージと、ディレクトリB以下で開発しているものにとって必要なパッケージが、同じローカルのパッケージデータベースに入っていきます。

しかし、これがあまり嬉しくはないこともあります。Aが求めているパッケージのバージョンと、Bが求めているパッケージのバージョンが異なることはあり得ますし、そうなると後述する依存関係地獄に陥りやすくなります。これはPerlでのcpanmのローカルインストールや、RubyでのBundlerのローカルインストールが必要な理由と同じですね。

sandbox環境を使う

開発対象ごとにパッケージデータベースを明確に分離するため、**Cabal sandbox**でsandbox環境を作成することができるようになっています。ディレクトリAをsandbox環境にするには、以下のようにディレクトリAで`cabal sandbox init`コマンドを実行します。

```
$ cd A
$ cabal sandbox init
```

注6 URL https://hackage.haskell.org/package/aeson-0.11.2.0/docs/Data-Aeson.html

すると、ディレクトリAにおいてCabalを利用するときの、ローカルパッケージデータベースなどの在り処が、ユーザのホームディレクトリ以下ではなく、ディレクトリA固有のものとなり、他の開発とは分離されます。

sandbox環境にインストールされているパッケージ一覧を確認するには、ghc-pkgコマンドではなく、cabal sandbox hc-pkg listのようにします。

```
$ cabal sandbox hc-pkg list
<中略>
/home/user/A/.cabal-sandbox/x86_64-linux-ghc-8.0.1-packages.conf.d
<中略>
```

ローカルのパッケージデータベースが、A以下の固有のものになっていることが確認できます。この状態で、すでに紹介したようにパッケージのインストールなどを行うと、インストール先がこちらになります。

7.2 パッケージの作成 とりあえずパッケージングしておこう

公式のHackageに公開するにせよ、組織内のみで利用するにせよ、何か開発する際には、とりあえずパッケージングしておくのが望ましいです。

cabalize ——パッケージング作業

すでに述べたとおり、Cabalは**パッケージシステム**と**ビルドシステム**を兼ねているため、Cabalによって依存パッケージを管理できるようにし、またビルドもできるように設定ファイルである**cabalファイル**を記述することで、パッケージングもできるようになります。

Cabalで扱える状態にするパッケージング作業のことをcabalizeと言ったりします。cabalizeしておくと、以下のような点で開発やリリースが楽になります。

- **cabalは、ghcに対して適切にオプションを渡してくれる**
  - ghcに対し、長々とオプションを渡す必要がない
- **コーディングの補助を行うツールがcabalファイル込みで解析して補助してくれる**
  - cabalizeされたパッケージは、OS固有のパッケージを作成しやすい
  - cabalizeされていることを前提に、haskellパッケージを作成するツールがある
    - Gentoo Linuxのebuildスクリプトを作るためのhackport
    - Debian系のdebパッケージを作るためのcabal-debian

ちなみに、筆者は何かを書き始めるときには、ワンライナーレベルの本当に小さいプログラム以外は、最初から、つまり何も書いてないときから、cabalizeした状態で作業を開始するようにしています。

サンプルパッケージの作成 ——FizzBuzzライブラリ

実際にサンプルパッケージを作成してみましょう。モジュールGame.FizzBuzzに、FizzBuzz[注7]のための関数fizzbuzzを持つパッケージを作ります。

cabalizeする

fizzbuzz用のディレクトリを作成し、そのディレクトリに移動します。

```
$ mkdir fizzbuzz
$ cd fizzbuzz
```

何らかのバージョン管理システムを利用することが多いでしょう。Gitを使うものとします。`git init`で初期化しておきましょう。

```
$ git init
```

まずは何もないうちから、いきなりcabalizeしてしまうのが良いです。cabalizeするためには`cabal init`コマンドを利用します。いろいろとインタラクティブに聞かれますので、適切に解答します。

```
$ cabal init
Package name? [default: fizzbuzz]    -- パッケージ名
Package version? [default: 0.1.0.0] -- バージョン
Please choose a license:
 * 1) (none)
<中略>
   7) BSD3
<中略>
  12) Other (specify)
Your choice? [default: (none)] 7     -- ライセンス(この例ではBSD3)
Author name? [default: notogawa]     -- 作者名
Maintainer email? [default: n.ohkawa@gmail.com] -- メンテナのメールアドレス
Project homepage URL?                -- あればURL
Project synopsis? Say FizzBuzz       -- パッケージの概要
Project category:
 * 1) (none)
<中略>
```

注7 URL http://ja.wikipedia.org/wiki/Fizz_Buzz

```
   9) Game
<中略>
  19) Other (specify)
Your choice? [default: (none)] 9     -- カテゴリ（今回はゲーム）
What does the package build:
   1) Library
   2) Executable
Your choice? 1                       -- 種別（今回はライブラリ）
What base language is the package written in:
 * 1) Haskell2010
   2) Haskell98
   3) Other (specify)
Your choice? [default: Haskell2010]
Include documentation on what each field means (y/n)? [default: n]

Guessing dependencies...

Generating LICENSE...
Generating Setup.hs...
Generating fizzbuzz.cabal...

Warning: no synopsis given. You should edit the .cabal file and add one.
You may want to edit the .cabal file and add a Description field.
```

ファイルが3つ生成されました。それぞれ、

- LICENSE：ライセンスファイル（のひな形）
  - 特定の選択肢を選ぶと生成されないので、そのときは自分で用意する
- Setup.hs：デフォルトのセットアッププログラム
- fizzbuzz.cabal：fizzbuzzパッケージ用のcabalファイル（Makefileに相当）

になります。特殊な目的がない限り、Setup.hsを編集する必要はありません。今後、おもに編集するのは3つめのMakefileに相当する**cabalファイル**です。

とりあえずバージョン管理しておきましょう。

```
$ git add LICENSE Setup.hs Setup.hs fizzbuzz.cabal
$ git commit -a -m 'cabalize'
```

また、これはどちらでも良いのですが、一応sandbox環境で作業するようにしておきましょう。

```
$ cabal sandbox init
```

● オススメのディレクトリ構成

基本的に、オススメのディレクトリ構成は次のようなものです。

```
.
├── LICENSE
├── README.md
├── fizzbuzz.cabal
├── src
│   └── Game
│       └── Fizzbuzz.hs
├── bin
└── test
```

src以下には実際に開発対象となるライブラリのモジュールが入ります。今回はGame.FizzBuzzを作るつもりなので、そのように配置されます。

LibraryとExecutableの両方を提供するパッケージの場合、binにはfizzbuzzライブラリを使った何らかの実行可能バイナリのためのソースを入れますが、今回は使いません。test以下にはライブラリに対するテストが入りますが、今回は使いません。ただ、ライブラリと、それらを利用したバイナリやテストは、このサンプルのようにディレクトリを分けた構成にしたほうが良いです。

実際に次のようなディレクトリ構成にして、バージョン管理します。

```
$ mkdir -p src/Game bin test
$ touch src/Game/FizzBuzz.hs
$ touch bin/.gitkeep
$ touch test/.gitkeep
$ git add src bin test
$ git commit -a -m 'Add Game.FizzBuzz'
```

● モジュールの作成と公開

肝心のGame.FizzBuzzモジュールを作成するため、src/Game/FizzBuzz.hsを編集します。

```
module Game.FizzBuzz ( fizzbuzz ) where

fizzbuzz :: Int -> String
fizzbuzz n = case n `gcd` 15 of
                15 -> "FizzBuzz"
                5  -> "Buzz"
                3  -> "Fizz"
                _  -> show n
```

さて、このGame.FizzBuzzモジュールは、「fizzbuzzライブラリがライブラリ利用者へ公開しているものである」と明示する必要があります。でないと、fizzbuzzをインストールしたとしてもGame.FizzBuzzモジュールは使えません。fizzbuzz.cabalファイルに「exposed-modules」という項目があるので、そこにGame.FizzBuzzモジュールを追加します。

```
exposed-modules:     Game.FizzBuzz
```

もし、モジュールとしては存在しているけど公開しないというものの場合、「other-modules」という項のほうに追加すれば良いです。

また、前節のとおりsrc以下にモジュールを作っていますので、その旨も設定します。「hs-source-dirs」という項目にsrcディレクトリを指定します。

```
hs-source-dirs:      src
```

● ビルド

Cabalの設定に従って**ビルド**を行ってみます。まずは、依存パッケージがある場合、それらをインストールします。

```
$ cabal install --only-dependencies
Warning: The package list for 'hackage.haskell.org' is 41 days old.
Run 'cabal update' to get the latest list of available packages.
Resolving dependencies...
All the requested packages are already installed:
Use --reinstall if you want to reinstall anyway.
```

今回のfizzbuzzでは、とくに依存パッケージがないので何も入りません。もし、cabalファイルの「build-depends」の項目に依存パッケージを追加している場合、この操作で依存パッケージがインストールされます。

また、今回のケースでは、手元のパッケージ情報(データベース)が古いため警告が出ています。`cabal update`は適切な頻度で行い、Hackageとパッケージ情報を同期しておきましょう。次に、`configure`を行います。

```
$ cabal configure
Resolving dependencies...
Configuring fizzbuzz-0.1.0.0...
```

もし、ビルド時のパッケージ依存関係が充足されていない場合などには失敗します。最後に、`build`を行います。

```
$ cabal build
Building fizzbuzz-0.1.0.0...
Preprocessing library fizzbuzz-0.1.0.0...
```

```
[1 of 1] Compiling Game.FizzBuzz    ( src/Game/FizzBuzz.hs, dist/build/Game/FizzBuzz.o )
In-place registering fizzbuzz-0.1.0.0...
```

とくにコンパイルエラーなど起こらず、成功しました。

● パッケージング

コーディングが終わったら、**パッケージング**を行います。

●——バージョニング

バージョンは、4つの番号で`a.b.c.d`のように表現されます。バージョンを比較する際は、`a`、`b`、`c`、`d`の順で比較し、大きい方が新しいものとなります。もし、たとえば、(通常このようなバージョンが両方存在するようにはバージョニングしませんが)`1.2`と`1.2.0`の比較のような場合、`1.2 < 1.2.0`となります。

Haskellではパッケージのバージョニングポリシーが定められており、変更のあった際にはバージョニングポリシーに従ってバージョンを決定する必要があります[注8]。たとえば、

- **公開しているインタフェースの型が変更された**
- **公開しているモジュールやインタフェースが消えた**

ような場合、バージョン番号の1番めか2番め(`a`か`b`)を上げなければなりません。対して、

- **公開するインタフェースが増えた**

ような場合、バージョン番号の3番め(`c`)を上げます。

要は、そのパッケージに依存している他のパッケージがビルドできなくなる可能性がある変更の場合、1番めか2番め(`a`か`b`)を、それ以外の変更の場合は、3番め(`c`)を上げることになっています。

また、以下のような場合はどれにも当てはまらないので、筆者は4番め(`d`)を上げます。

- **公開していたインタフェースのバグを修正した**

バージョンはcabalファイルのversionの項目を変更すれば良いですが、今回のfizzbuzzではこれが初版なので`0.1.0.0`のまま変更しません。

注8 URL http://www.haskell.org/haskellwiki/Package_versioning_policy

●——パッケージの作成方法

バージョニングが済んだら、いよいよパッケージを作成してみましょう。まずはcabalの記述がパッケージとして足りているかを`cabal check`で検査します。

```
$ cabal check
These warnings may cause trouble when distributing the package:  -- ❶
・When distributing packages it is encouraged to specify source control
information in the .cabal file using one or more 'source-repository' sections.
See the Cabal user guide for details.

The following errors will cause portability problems on other environments:  -- ❷
・No 'description' field.

Hackage would reject this package.
```

チェックに失敗すると何が足りないか教えてくれます。今回のケースでは警告が1件(上記❶)、エラーが1件(❷)出ています。

上記❶では、「source-repository」の設定がないという警告が出ていますが、これは、このパッケージを公開したときにどこの公開リポジトリで管理されているかを示すものです。通常、次のようにcabalファイルで設定をします。

```
source-repository head
  type:                git
  location:            https://github.com/notogawa/genjitsu.git
```

しかし、今回はとくに外部にリポジトリを用意していないので、警告されていますが無視させてもらいます。

次に、❷は「description」がないというエラーです。descriptionは、このパッケージに関する詳細な説明です。cabalファイルのdescriptionに、説明を追加します。

```
description:         Common FizzBuzz implementation.
```

再度、`cabal check`を実行してエラーがなくなることを確認します。問題なくなったら、以下のように`cabal sdist`でtar.gzのパッケージが作成されます。

```
$ cabal sdist
Source tarball created: dist/fizzbuzz-0.1.0.0.tar.gz
```

●●●●●●●●●●

以上で、非常に一本道で最低限のサンプルではありますが、fizzbuzzパッケージができあがりました。

Cabalには、ここで紹介した以外にも多くの設定項目があり、複雑な条件でビルドしたり、テストやベンチマークのための設定もあります。必要になったらCabalの利用者ガイド[注9]を読むのが良いでしょう。また、Hackageに公開されているパッケージのcabalファイルを眺めてみるのも良いでしょう。

● パッケージのアップロード、バージョンアップ

パッケージをアップロードするには、ソースパッケージを作成し、

```
$ cabal sdist
Source tarball created: dist/パッケージ名-バージョン.tar.gz
```

それをuploadコマンドでHackageに投稿します。

```
$ cabal upload dist/パッケージ名-バージョン.tar.gz
```

この際、Hackageのログイン名、パスワードが要求されます。とくに問題がなければこれでアップロードは完了です。

初回アップロードに成功すれば、Hackageのサイトにページが作成されます。その後、少し時間が経つと**haddock**というHaskellのドキュメント生成ツールにより、パッケージ内の各公開モジュールについてドキュメントが生成され、それぞれリンクが追加されます。ここまで来ると、すでに公開されているパッケージのページとほとんど同じような見た目になります。

アップロードしたパッケージを利用するのも、もはや他のパッケージと同じ手順で可能になっています。まず、アップロードされた後のものにパッケージ情報を更新します。

```
$ cabal update
```

その後にcabal installでパッケージをインストールするだけです。

```
$ cabal install パッケージ名
```

バージョンアップをする場合もcabal uploadを使って、新しいバージョンのソースパッケージをアップロードしていけば良いです。同じバージョンはアップロードできませんので、どんな小さな変更であっても何か変更があったものをアップロードしたいのなら、バージョニングポリシーに従ってバージョンを上げる必要があります。

これでみなさんも、すぐにHaskellのパッケージメンテナになれます。

注9 「Cabal User Guide」URL http://www.haskell.org/cabal/users-guide/

Column

Hackageへ公開しよう

何か便利なパッケージを作成したら、積極的にオープンソースとしてHackageに公開するのが良いでしょう。やはりHackageに上がっていると、Cabalからはとても扱いやすいです。

もちろん、業務の都合上、秘さなくてはならないものもあるとは思いますが、業務に関係ないものや差し支えないもので、かつ利便性の高いものであるのならば、公開することによって、より多くの人に使ってもらうことのメリットはやはり大きいです。いくらバグを出しにくい言語とは言ってもバグが出ないわけでもありませんし、インタフェースの設計や実行効率など人の目に晒(さら)されて改善され得る項目はたくさんあるでしょう。

作成したパッケージをHackageにアップロードするには、Hackageにアカウントが必要になります。アカウント登録フォーム[注a]から、名前、ログイン名、メールアドレスを登録しましょう。パスワードは変更しておくのを忘れないようにしましょう。

アカウントが登録できたら、作成したアカウントに対し、パッケージを新規にアップロードし、そのパッケージに対するメンテナになれる権限を付けてもらう必要があります。そのためにadmin@hackage.haskell.org宛に権限を要求するメールを出します。恐らく英語でメールを書くことになるでしょう[注b]。この申請が通るとアップロードができるようになります。

ちなみに、Hackageのアカウント登録が現在の形になったのは割と最近のことで、少し前までは最初からメールでやり取りしてアカウントを作ってもらう形でした。なので、このあたりの話を以前からHackageにアカウントを持っているHaskellerに聞いても、「最近はこうなったのか」みたいな反応になるかもしれません。

アップロードするパッケージは、以下の検査に対し、指摘が発生しない状態である必要があります。ソースリポジトリも要求されますので、GitHubなどにリポジトリを作って公開しておき、cabalファイルでそのリポジトリを設定するのが良いでしょう。

```
$ cabal check
```

注a URL https://hackage.haskell.org/users/register-request
注b 「Hi, I'm ○○. Would you please assign an upload privilege to my hackage account 'YourAccount'.」のような内容になるでしょう。

7.3 組織内開発パッケージの扱い
工夫、あれこれ

業務における開発では、組織外には公開しないライブラリなど、Hackageに公開しないパッケージというものができてくるでしょう。そのようなパッケージに依存させて利用して、さらに別のパッケージを作ることもあるでしょう。しかし、Hackageに公開しない分、その扱いには少し工夫が必要となります。

このような組織内開発パッケージを扱う方法を紹介します。

Cabalを通した利用 ——一番単純な方法

これは一番単純な方法で、cabal installによって組織内開発パッケージを開発環境のパッケージデータベースにインストールしてしまう方法です。

たとえば、前述したオススメのディレクトリ構成に「package」のようなディレクトリを加え、ここに依存パッケージ「foo」「bar」が置かれるような形にしておきます。

```
.
├── LICENSE
├── README.md
├── hoge.cabal
├── package
│   ├── foo
│   └── bar
├── src
├── bin
└── test
```

たとえばgit submoduleで他リポジトリを見ているなど、「package」以下の配置する形式としてはいろいろあるとは思います。

「foo」や「bar」も適切にcabalizeしているでしょうから、これらに対してcabal installすることで、開発環境のパッケージデータベースにインストールすることができます。

```
$ cd package/foo
$ cabal install
$ cd ../bar
$ cabal install
$ cd ../..
```

この場合ユーザ権限でinstallしていますので、ローカルのパッケージデータベースにインストールされます。

「foo」や「bar」に依存した「hoge」もビルドすることができるでしょう。

```
$ cabal install --only-dependencies
$ cabal configure
$ cabal build
```

現在では、この方法をあえて使うメリットは実はあまりありません。1つの環境でいろいろなパッケージの開発を行いたいこともありますが、パッケージデータベースはそれらの間で共有利用されてしまうことが原因です。たとえば、パッケージ「hoge」では「foo」のバージョン1が、別のパッケージ「huga」では「foo」のバージョン2がそれぞれ必要だとすると、それぞれ上げたり下げたりとても面倒なことになります。また、後の節で紹介する依存関係地獄にも陥りやすくなります。

まだsandbox機能を持っていない古いバージョンのCabalを使っている場合など、どうしてもこの方法を取る場合は、他のパッケージの開発環境となるべく兼用にならないようにしたほうが良いでしょう。

Cabal sandboxを通した利用 ――パッケージデータベースを共有しない方法

各開発作業間で、パッケージデータベースを共有しない方法もあります。それはすでに紹介した**Cabal sandbox**です。こちらもCabalをそのまま使う場合と同じディレクトリ構成で良いですが、Cabal sandboxでは、Hackageに加えてパッケージの探索ディレクトリを指定することができます。まず、以下のようにsandbox環境にします。

```
$ cabal sandbox init
```

続いて`add-source`を使うと、パッケージをインストールしようとしたとき、Hackageからだけではなく`add-source`したディレクトリも探す候補になります。

```
$ cabal sandbox add-source package/foo
$ cabal sandbox add-source package/bar
```

この状態で、依存パッケージをインストールします。

```
$ cabal install --only-dependencies
```

すると、sandbox内のパッケージデータベースに「foo」や「bar」がインストールされ、作業ディレクトリの外の環境を汚すことはありません。ビルドもsandbox内のパッケージデータベースを参照して問題なく行われます。

```
$ cabal configure
$ cabal build
```

この方法のメリットはおもに次の2点です。

- 作業ディレクトリの外の環境を汚さない
- add-sourceしたものも依存性解決の対象になる

1つめの利点についてはすでに述べました。

2つめの利点は、次のようなことです。たとえば、「hoge」の依存パッケージである「foo」も「bar」に依存しているようなとき、「hoge」に対して依存パッケージのインストールをしようとすると、依存パッケージの解析で「foo」と「bar」が入ろうとします。「foo」も「bar」に依存しているので、「foo」を入れようとすると「bar」を先に入れなければなりません。このような場合、sandboxを使わないのであれば「bar」を先に`install`してから「foo」を`install`しなければなりませんが、sandboxで`add-source`したのであれば自動でやってくれるようになります。

現在では、sandboxを通した方法を取っておくのが無難でしょう。

組織内Hackageサーバの利用

PerlのOrePANや、MavenのIn-House Repositoryのように、組織内でHackageサーバを立ち上げてしまう方法もあります。Hackageサーバ自体もHackageで公開されています。

組織内Hackageサーバを使うメリットは、

- 依存パッケージ用だった「package」ディレクトリのようなものが不要
- 完全に通常のHackage同様に使うことができる
- Hackageのミラーが作れる

という点です。一方で、組織内Hackageサーバ自体を管理しなければならないというデメリットも発生します。

よほどたくさんの組織内開発パッケージを持っている場合は、組織内Hackageサーバを立ち上げるほうが楽になることもあるでしょう。しかし、今のところ、そのような組織は非常に稀だと思います。

ミラーが作れるという点は、以前は十分考慮に値する点でした。と言うのも、以前の公式Hackageサーバはよく負荷で落ちてしまっていたためです。最近はすっかり安定してしまった注10ので、そこまで強いメリットでもないのですが、「管理コストを払ってでも、Hackageが止まっていても作業を止めたくない」のであれば、ミラーとして役割を持たせるため組織内Hackageサーバを立ち上げるのは意味があります。

パッケージを分けない

今までと多少毛色が異なる番外的な解決となりますが、聞くところによると、パッケージに分けないこともあるようです注11。全プロジェクト全ファイル1レポジトリで開発を行い、意図的にパッケージへの分割を行わないことで、依存関係解決に起因する問題などを発生させる余地を与えないようです。

7.4 利用するパッケージの選定
依存関係地獄、選定の指針

ここまで、パッケージの利用方法を解説してきたのは、それが効率的な開発に欠かせないことだからです。公開されたパッケージを利用しないという選択は、言語で言えばRubyでgemを、Perlでcpanを、Pythonでpipを、OSで言えばGentooでebuildを、Debian/Ubuntuでdebを、Red Hat Enterprise Linux(RHEL)系でrpmを、それぞれ使わずに開発をするようなもので、もはやそれはハンデ戦と呼んでも差し支えないでしょう。

ただし、便利そうな、あるいは、求めている機能を持ったパッケージを発見次第、即利用が一概に良い行為というわけでもありません。利用するということは「依存させる」ということでもあり、依存先のパッケージに関するリスクも少なからず背負うということでもあります。

本節では、「依存させる」ということがどういうことか、それを踏まえ、どのようなパッケージを選んで利用するのが良いか、および、どうしてもリスクのあるパッケージに依存する場合はどうするのが良いかを説明します。

注10 もちろん良いことです。
注11 http://notogawa.hatenablog.com/entry/20121215/1355537075#comment-12921228815713616369

依存関係地獄

一般に、**依存関係地獄**(*dependency hell*、*dep hell*)とは、特定のパッケージに依存しているようなパッケージが、依存パッケージのバージョンアップなどによる変更を受け動作しなくなること、および、その解決のための作業の面倒さを嘆く言葉です。

これは、大抵の依存関係を持つソフトウェア群を持つパッケージシステムが直面する問題で、Haskellもまた例外ではありません。

Haskellにおける依存関係地獄

Haskellの場合、特定のパッケージが提供するライブラリのインタフェースは基本的に「型」が決まっています。そして、型検査があるため、バージョンアップによってインタフェースの型が変更されると、まず「ビルドできない」という形で地獄が顕現することになります。つまり「どうあがいてもビルドできない」ライブラリの組み合わせがあります。

通常、最初からビルドできない組み合わせで開発することはありませんので、少なくとも1つはビルドできる組み合わせが存在するとは思いますが、この部分に余裕を持たせておかなければ、バージョンアップしていくライブラリに追従することが難しくなってしまいます。

すでにパッケージングの節で説明したとおり、バージョニングポリシーでは、インタフェースが変更されたときには先頭2つの数字のいずれかを上げることになっています。つまり、あるパッケージAのバージョン`a.b.c.d`に依存しているとき、Aのバージョンが`a.(b+1)`以上のものと組み合わせるとビルドできない可能性があります。

これを受け、別のパッケージへの依存をcabalファイルに記載する際、「あるバージョン以上」というバージョン下限だけではなく、「あるバージョン未満」といったバージョン上限の制約を付ける人が多いです。たとえば、次のような記載の方法になります。

```
build-depends:       base >=4.6 && <4.7
```

これは「baseパッケージの4.6以上、4.7未満に依存している」ということになります。未来のことは普通は誰にもわかりません。先頭2つの数字が上がったとしても、実は利用していない部分のインタフェースのみが変更されただけで、自分のパッケージは依然としてビルド可能な状態かもしれません。しかし、バージョニングポリシー上でのビルド可能性が保証できないのであれば、依存関係としては充足としない方向に判断を倒しているのです。

バージョン上限が設定されていることには利点もありますが、依存性解決においては概ね厳しい結果を招きます。

たとえば、**図7.2**のように、自分が作成しているパッケージPにおいて、依存パッケージAのバージョンを上げようとすると、依存パッケージBが入らなくなる、ということがあります。パッケージCのように同時にAとBの依存関係を満たすセットが存在しなくなるためです。これは事実上、「AとBについて下限と上限の間のレンジ(範囲、領域)なら大丈夫」というインタフェース上の制約よりも、とても狭いレンジでしかビルドできないものになっているということになります。誤解しやすいのですが、これはパッケージBにパッケージCに対する上限があることが問題ではありません。パッケージAがバージョンアップでパッケージCの古いバージョンへの依存を切り捨てたことから発生しています。

通常、さまざまなライブラリを一気にバージョンアップするのはリスクが高まるので、少しずつ「ローリングアップデート」(*rolling update*)したいというのが人情だと思います。しかし、狭い依存関係レンジ内でしかビルドできないものを作ってしまっていると、それもできなくなってしまっているかもしれません。

パッケージ選定上、有望な性質

さて、では実際にプロダクトにおいてパッケージを利用するとなったとき、

図7.2 依存パッケージバージョンアップ

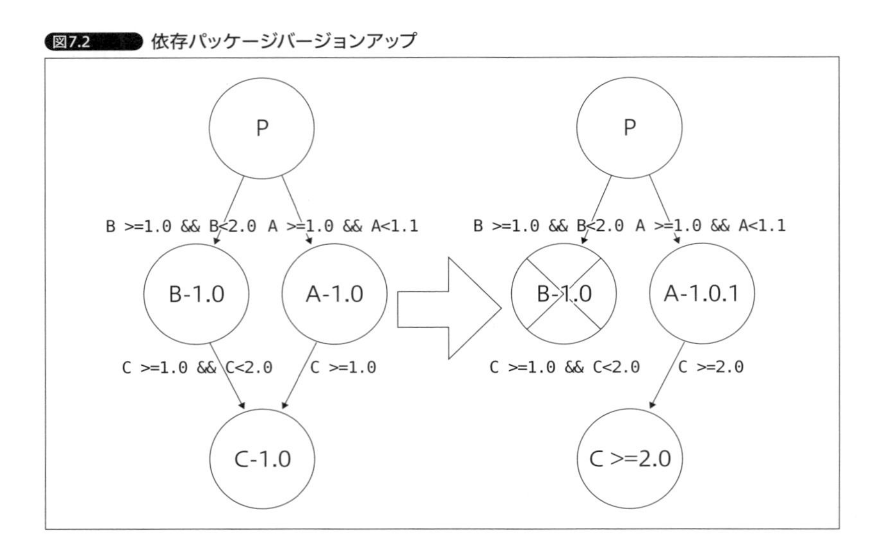

どのようなパッケージの性質を重視するべきかですが、おもに次の6点の性質が重要でしょう。

- コアに近いパッケージ
- 枯れたパッケージ
- シンプルなパッケージ
- 依存関係が少ないパッケージ
- 依存関係が広いパッケージ
- インタフェースが安定しているパッケージ

もちろん全部満たさなければならないというわけではなく、これらは判断基準です。以下、順に見ていきます。

● コアに近いパッケージ

コアに近いというのは、GHCのコアや、もう少し広い範囲であればHaskell Platformに、さらに広い範囲であればStackに含まれているパッケージということです。これらに含まれるパッケージは、一般にバージョンが固定されており、依存関係地獄も起こしにくいです。Haskellを使う場合、多くの環境で普通に入っている可能性が非常に高いものでもあるので、これらに依存させてあったとしても恐らく文句が出るようなことはないでしょう。

● 枯れたパッケージ

「枯れた」というのは、古くから存在していて十分に改善が済んでおり、利用に関して注意点などの情報の蓄積が為された定番ということです。「枯れて」いるパッケージに依存させる場合は、バージョン上限を設定しないことさえあります。

もうほとんど変わることがなく、またそれでもかまわないような機能を提供するようなパッケージということになりますが、Haskellではパッケージレベルではあまりないかもしれません。

パッケージの中でも特定のモジュールは「枯れて」いるということもあるので、そのモジュールで提供されているインタフェースだけ使うといった選択もあります。

● シンプルなパッケージ

これは単に、提供する機能が単純で十分に小さいパッケージです。場合によっては、自分で書いても良いようなものです。実際には自分で書いても良いようなものであれば、あえて利用するような意味はそれほどないのですが、別の依存パッケージがそのシンプルなパッケージに依存しているような場合がよくあり、自分のパッケージでも使う必要があるなら、わざわざ書く意味は薄いでしょう。

● 依存関係が少ないパッケージ

依存関係の多寡（たか）（多いか少ないか）は、実はあまり簡単には判断できません。たとえば、パッケージAがパッケージBだけに依存しているとき、このパッケージAに着目すると依存関係が少ないですが、実際には、パッケージBの依存関係も気にしておかねばなりません。Bが異常に多くのパッケージに依存している場合、それも考慮する必要があります。

また、リッチなライブラリであれば、多少依存関係が多くなるのも仕方のないとも言えるので、機能/性能に比しての多寡という点でも受け入れられるか

Column

「バージョン上限」を設ける利点

依存性解決においては、面倒事しか起こさないように見えるため、人によっては「バージョン上限」は付けなければ良いという意見もあります。しかし、筆者は以下の3点で「バージョン上限」は付けてあったほうが良いと思っています。

- **リソースの無駄**
- **パッケージの開発/メンテナンス状況の指標**
- **開発時期が大きく異なる組み合わせの回避**

まず、1つめの理由として、「バージョン上限」がない場合、依存関係としてバージョンアップされたものがインストールされてきたときに、バージョンアップされたものとの組み合わせではビルドできなくなっていることがあるためです。バージョニングポリシーがそのようになっていますから当然あり得ることです。これは単に時間や計算機資源（*computer resource*）などのリソースが無駄だと感じます。ただ、上記3点の中ではそれほど大きな理由ではありません。

次に、2つめとして、依存パッケージの開発状況を測る指標の一つにできるためです。自分のパッケージがパッケージAに依存していて、パッケージAはさらにパッケージBに依存しているような状況において、Bのバージョンが上がってAが設定しているBの上限を超えたとしましょう。このときわかることは3つあります。

- **パッケージAが継続的にメンテナンスされているか**
- **パッケージAがIssueに対しどれだけ速く対応するか**
- **パッケージAが互換性をどれだけ守ろうとするか**

否かを判断する必要があります。

依存関係が少ないパッケージは当然依存関係地獄を起こしにくいです。加えて、意図して少ない依存関係に抑えようとしていることが、GitHubなどのソースリポジトリから判断できるパッケージであれば、今後も徒らには依存関係を増やさないであろうことが期待できます。

● 依存関係が広いパッケージ

広いバージョンレンジに依存できるよう設定されているパッケージは、以下2点への意識が高いことが期待できます。

- **依存しているパッケージのバージョンアップによるインタフェース変更を吸収する**
- **依存しているパッケージのインタフェースのうち安定しているものだけを利用する**

Aが期待通り継続的にメンテナンスされていれば、Bのバージョンアップに追従した開発がなされ、Aのバージョンが上がるはずです。このバージョンアップが適切に行われなければ、「Aはもうメンテナンスされていない可能性がある」ため、自分のパッケージをAに依存させ続けることへのリスクが上昇します。もし、引き続きAが必要とされるのであれば、Aのメンテナからメンテナンスを引き継ぐという判断もあり得るでしょう。

AがBのバージョンアップに応じた対応を迅速に行った場合、それ以外のIssue、たとえばバグ報告やPull Requestなどに対しても、同様に迅速に対応してくれる可能性が高いと思えます。

もし、Bのバージョンアップに追従するために、Aがやり方によっては不必要だと思えるようなインタフェースの変更を伴う追従を行った場合、Aが互換性をあまり気にしないような変更を行うリスクが上昇します。もちろん、それが仕方のない変更であればこの限りではありません。

最後に、3つめとして、開発時期の大きく異なるパッケージバージョンの組み合わせを避けられる可能性があるためです。上限が設定されていない状態でもインタフェースの互換性にも問題がなく、正しくビルドできているような状況も当然あり得ます。ただ、そのような状況においても、開発時期の大きく異なるパッケージバージョンが組み合わせられているような依存関係になっていると、各パッケージの開発中にもあまり試されていない可能性が高いです。実際にHaskellではそのようなことはあまり生じないのですが、それでも思いがけないバグ/挙動に遭遇したときに、開発時期の大きく異なるバージョンの組み合わせに対しては情報が得難く、解決が困難なことがあります。

これらを行わなければバージョンレンジを広く取ることができないためです。そのパッケージの開発者もまた、依存パッケージの選定に気を遣って開発していることの証左となり得ます。

Column

Cabal sandboxの光と影

——「パッケージレベルでの組み合わせやすさ」は、いかに？

すでに説明したとおり、「Cabal sandbox」を使うと、通常は開発ディレクトリ以下にパッケージデータベースを作成し、開発ディレクトリ以下だけに依存パッケージをインストールするようになります。これは、開発ディレクトリ以下のみ依存関係の解決をすれば良くなるということなので、ビルドする際の依存地獄には陥りにくくなります。

これは利点でもありますが、同時に欠点ともなり得ます。なまじ依存地獄に陥りにくくなるがために、知らず知らずのうちに狭い依存関係を書いてしまいがちなのです。たとえば、次のようなストーリーです。

パッケージAをsandboxで開発し、同様にパッケージBもsandboxで開発していたとしましょう。パッケージA開発中、Aが狭過ぎる依存関係を持っていたとしても、sandboxの中ではBにはまったく関係がないため問題なく開発ができます。同様に、パッケージB開発中、Bが狭過ぎる依存関係を持っていたとしても、sandboxの中ではAにはまったく関係がないため問題なく開発ができます。そうした後、パッケージAとBに依存する新たなパッケージCを作ろうとしたとき、AとBへの依存を同時に満たす依存関係が存在しないことに直面し、あなたはsandboxに甘えていたことに気付くのです。

Haskell(や、その他関数型言語)では、プログラムコードとしての「部品同士の組み合わせ」に関しては、関数合成などの良い性質によって、とても強力な組み合わせやすさを提供してくれます。しかし、「パッケージレベルでの組み合わせやすさ」に関しては他の言語と大差はありません。組み合わせやすいパッケージにするのは各開発者の意識に任されている部分が大きいのです。

Cabal sandboxは「自分が開発するとき、自分の環境で組み合わせやすく」するための環境を提供しますが、その中で開発したものを「誰かにとって他のライブラリと組み合わせやすい」パッケージにするためには、ほとんど何も寄与しないのです。

Cabal sandboxによって依存関係地獄が解決されたという言もあります。しかし、Cabal sandboxは自分がパッケージを使うときの問題を一部解決しただけであり、依存関係地獄は依然として、そこに存在しています。そして、sandboxに甘えて狭い依存関係を設けている開発者が増えたときに、また改めて我々に牙(きば)を向くでしょう。

インタフェースが安定しているパッケージ

互換性が長いこと壊されていないかどうかは、Hackageのページでバージョンの変遷とリリース日時を見れば確認できます。

十分にインタフェースが安定しているのであれば、今後バージョンが上がってもやはりインタフェースまでは変わらないことが期待できるため、一切コード変更の必要なくとも追従することができそうだということになります。

また、インタフェースを変更せずに安定させたままにするのは、実際には難しいことが多いため、逆にそれが実現できているというのであれば、相当に考えられたスマートなパッケージである可能性も高いです[注12]。

7.5 依存パッケージのバージョンコントロール
パッケージごとにどのバージョンを選択するか

パッケージを利用する際に、パッケージそのものの選定も重要ですが、パッケージごとにどのバージョンを選択するかもまた重要です。本節で、ポイントを押さえましょう。

バージョンの選定および固定について

パッケージのバージョンの選択について、見ていきます。何も考えずただ`cabal install`を実行すると、そのとき可能な最新バージョンを用意しようとしますが、プロダクト開発においてはバージョンもコントロールする必要があるでしょう。

基本的には、書いてあるテストをパスし挙動に問題がないバージョンであれば、ほぼ実害はないでしょう。しかし、それでも思わぬバグ(バグは普通「思わぬ」ものですが)があったときに、そのバグに関して情報を得やすいかどうかについては、バージョンやその組み合わせによって若干の差があるのです。

バージョンの選定および固定については、大別すると3つの方法があります。

1. 各OSのパッケージシステムに用意されているものを使う
2. Cabalでローリングアップデートポリシーを定めて逐次更新していく
3. Stackageに用意されているものを使う

注12　とは言え、メリット/デメリットを秤(はかり)にかけ、インタフェースが安定しないパッケージを利用するという選択をする場面もあります。その場合の対応方法は後の節にて解説します。

それぞれに利点欠点があり、開発するプロダクトの性質によって向き不向きもあります。たとえば、同一のWebアプリケーションの構成要素であっても、バックエンド寄りでは❶、フロントエンド寄りでは❷か❸の開発スタイルが、それぞれ向いているのではないでしょうか。以下、それぞれの方法について説明します。

❶各OSのパッケージシステムに用意されているものを使う

Hackageにある Haskellのパッケージを、自身のパッケージシステムに取り込んでいるOSは、Debian(apt)やFreeBSD(pkgng)などがあります。依存パッケージとしてはこれらに用意されているものとそのバージョンを利用する形になります。

利点としては、これらのOSにおいては、取り込まれているパッケージであれば、Cabalからではなく OS固有のパッケージシステムからインストールすることができます。大抵の場合、OSのあるリリースにおいて各パッケージのバージョンは固定され動作確認されているため、そのバージョン内での安定性については他のバージョンの組み合わせよりも期待できますし、もし、バグを発見したときにも同じ条件での利用者がいますから、既知のバグであるなど情報が得やすいということも期待できます。

特定のパッケージについては、Cabal以外のものへの依存を持っていることがあります。たとえば、hopenssl[注13]は、OpenSSLライブラリのHaskellバインディングなので、当然、OpenSSLそのものに依存しており、OpenSSL自体はhopensslとは別にインストールされていなければいけません。Cabalのみではcabalizeされた Haskellのパッケージだけしか扱えないので、Haskellのパッケージ以外への依存は完全には解決できないのです。しかし、OS固有のパッケージシステムに取り込まれていれば、このような依存関係も扱うことができます。

システム固有のパッケージシステムを利用するので、ChefやAnsibleといったオーケストレーションツール(*orchestration tool*、構成管理ツール)によるサポートが受けやすく、それらによる環境構築にも有利なことが多いです。開発プロダクト自身もcabalizeするのみならず、OS固有のパッケージにしてしまえばデプロイも簡単です。

ただし、この方法を取る場合、ある程度対象OSのコミュニティやポリシーなどに対する理解/コミットが必要になってきます。たとえば、利用しているパッ

注13 URL https://hackage.haskell.org/package/hopenssl

ケージのバグが見つかった場合、以下のような流れを取ることになるでしょう。

❶upstream（Haskellのパッケージ）へバグ報告
❷OSのほうのコミュニティへもバグ報告
❸修正パッチ作成
❹upstreamへパッチ適用を求める（Pull Request等）
❺Fix済みのupstreamをHackageにリリースしてもらう
❻OSのほうのパッケージもリリースされたものから作成
❼OSのほうのコミュニティにアップデートしてもらうよう働きかける

もし報告の段階で重要性が低いとコミュニティに判断されれば、即座にはアップデートされない[注14]可能性もあります。コミュニティ内での発言力といったものも多少なり影響してくるでしょう。

また、取り込まれているパッケージの扱いが楽な一方で、取り込まれていないパッケージや、取り込まれているパッケージの別バージョンを利用するのが難しくなるのも事実です。これらを扱う場合、自前パッケージリポジトリを作成し自前パッケージ作成することになります[注15]。実際、取り込まれていないパッケージを使いたいというケースや、取り込まれているパッケージのバージョンにはバグがある、または機能/性能が足りないなどの理由で、Hackageに公開されているより新しいバージョンを利用したいというケースはよくあります。

しかし、取り込まれているパッケージは、他の依存パッケージについても取り込まれているバージョンのものを前提に作られるため、もし新しいパッケージやバージョンによって依存パッケージのバージョンも上げなければならないような状況になると、自前でパッケージングしなければならないものが爆発的に増加する傾向があります。これは前述のパッケージ選定基準で「依存関係の少ないもの」そして「依存関係の広いもの」を挙げていた理由の一つでもあります。自前でパッケージングしなければならないものが増え過ぎるようであれば、OS固有のパッケージシステムを使う利点はほとんどないと言っても良いでしょう。

そのため、この方法は、新規なものに急いでは追従する必要がないもので、比較的クリティカルな分野の開発に向いているでしょう。

注14　stableには降りてこないなど。
注15　もちろん、ここでも取り込んでもらうようコミュニティへの働きかけは必要です。

❷Cabalでローリングアップデートポリシーを定めて逐次更新していく

こちらの方法では、OS固有のパッケージシステムには頼らず、Cabalだけで管理します。この場合、OS固有のパッケージシステムからインストールするものは、基礎的な環境のみ[注16]最小限にするのが良いでしょう。一切OS固有のパッケージシステムには頼らず、GHC公式配布のバイナリパッケージを直接使うだけの開発スタイルもあるようです[注17]。

利点としては、パッケージバージョンを自分たちだけで完全に制御できることです。OS固有のパッケージシステムで取り込まれていない、あるいは、バージョンが古いといった事情に左右されることがありません。

そのため、比較的変化の速い分野[注18]に対し、そういった分野のための更新が速いパッケージ[注19]の利用に向いています。

Cabalに対する理解のみで開発を進めることになるので、利用OSに対する知識の多寡に影響されることが少なく、システム側のパッケージデータベースをほぼ使わないためCabal sandboxとの相性も良いです。

バグが見つかった場合などへの対応も、

❶upstream（Haskellのパッケージ）へバグ報告
❷修正パッチ作成
❸upstreamへパッチ適用を求める（Pull Request等）
❹Fix済みのupstreamをHackageにリリースしてもらう

と、OS側のコミュニティに対する対応がない分、修正済みのものが利用できるようになるまでが速いことが期待できます。

欠点としては、あまり実績のないパッケージやバージョンの組み合わせをいつの間にか使ってしまっていることがあるということです。Haskellでは、よほどの場合は型が合わず使えないことも多いので比較的安全ではありますが、それでも怪しい（誰も使ってなさそうな）組み合わせになることはあり、また、そうであるという情報やバグに関する情報も比較的得難い（使われていないため）です。

また、前述したhopensslのように、Cabalで扱える範囲を超えた分の依存関係については何らかの方法で扱う必要があります。もし、依存パッケージが

注16 「Stackのみ」や「GHCのみ」。
注17 URL http://maoe.hatenadiary.jp/entry/2013/08/16/224031
注18 Webなど。
注19 Webフレームワークなど。

Cabalで扱える範囲を超えた分の依存関係として、OS固有のパッケージシステムで持っているものよりも新しいバージョンを要求した場合、それについては、野良インストールするか、もしくは自前でパッケージングしておく必要が出てきてしまいます。

加えて、これはそれほど大きな問題というわけではありませんが、どうやってリリース&デプロイするか迷うことがあります。結局、運用環境用にOS固有のパッケージシステムに任せられるようパッケージは作るにしても、正攻法を取ると前述したそちらの方法の問題点を丸々引き連れてきてしまいます。プロダクトの性質を鑑みてDev(*development*)とOps(*operations*)で適切な方法を探ることになるでしょう。

●●●●●●●●●●

いずれの方法を取るにせよ、アップデートへの備えは十分に行っておく必要があります。

- **依存パッケージのアップデートポリシーを定めておく**
- **更新予定先のバージョンに対するCI環境を用意しておく**
  - JenkinsやTravis CIのマトリクス構成実行など

といったものです。とくに前者を採用したケースでは、OSのリリースとパッケージの更新が結び付いていますので、プロダクトがアップデートに対応できなくなるということは、EOL(*End of Life*、開発/サポート終了)の来たOSもアップデートできなくなるということです。後者のケースでも、GHCやStackの更新に追従できなくなる可能性は十分あり得ます。

3 Stackageに用意されているものを使う

Haskellによる依存関係地獄を解決するため、問題がない(同時にビルドできる)ことを保証したバージョン一覧をメンテナンスしていくStackage[注20]というプロジェクトがあります。Stackageでは、メンテナンス対象としたパッケージ全体に対して、すべてがインストール可能であるような個々のバージョン一覧を定めており、安定版は週1回程度の頻度で更新されます。

Stackageを利用している場合、普通の使い方に対して各開発者の手元で依存関係地獄は起きなくなります。少々変わった使い方をすれば依存関係地獄を起

注20 0.10節も合わせて参照してください。

こすことは依然としてありますが、現実的にはあまり気にするようなレベルではないでしょう。

Stackageに定義されたパッケージとそのバージョンを利用していれば、ローリングアップデート時に稀にある依存関係地獄は防げますし、更新もまたOSのパッケージシステムに取り込まれたものより高頻度に行われます。そのため、この方法の持つ性質は、すでに説明した2つ方法❶と❷の中間で、しかも、やや後者の❷寄りといったところと言えるでしょう。

Stackageを利用する場合でも、最終的にパッケージを管理しているのはCabalであるため、Haskell以外のパッケージに依存しているHaskellパッケージを使うためには、何か別の方法でそれを扱わねばならない点は❷の方法と変わりません。

バグへの対応にしても、OSのコミュニティに対して働きかける分が、Stackageのコミュニティに働きかけるようになるくらいでしょうか。ただ、リリース頻度が高いので、❶の方法に比して反映は速いと思われます。

その一方、Stackageの登場を受け、各OSのコミュニティでメンテナンスされている各Haskellパッケージも、どこかの時点でのStackageのバージョンに合わせてしまおうという動きが見られます。逆に、ここが合っていない場合というのが、前述したStackageを利用した場合でも依存関係地獄に陥る、数少ないケースの一つとなります。そのため、今後どういった方法を取るにせよ、最終的には、Stackageで定義された(もしくはそれと同等の)バージョンを使うという点は変わらず、それをOSに任せるか、あるいはCabalや後述するStack等のコマンドを通して自分で使うかという流れにあるものと見られます。

7.6 バージョン間差の吸収
バージョン間の差分の検出から

GHCやStackage LTS、依存パッケージに対し、自分のプロダクトがそれらのバージョン間差を吸収あるいは乗り越えていくためには、大前提として、その差分を認識できる状態を作れなければなりません。本節では、バージョン間差を検出し、吸収するための方法を紹介します。

複数開発環境の共存

複数のGHCあるいはHaskell Platformでのビルド/テストを行っておくこと

は、未来に対しては前述したように将来的なアップデートへの対応として、過去に対しては既存パッケージに対し意図通りの互換性になっているかを確認するために、重要なことです。

ただ、開発環境をたとえばバージョンごとに用意する場合、環境間の切り替えに時間がかかったり確認が煩雑なようだと、単に開発効率が低下してしまうため、極力開発効率にダメージがない形で構築するのが良いです。通常は、開発はある特定のバージョン/環境で進め、バージョン間の差で何かある分に関してはCI環境で検出することになるでしょう。

● Dockerを使う

複数バージョンの開発環境を保持した上、クリーンにビルド/テストを行いたいのであれば、最近ならDocker[注21]を使うのが簡単で良いでしょう。

OS固有のパッケージシステムを利用する場合、パッケージングまでそのクリーンな環境下で行うことができるでしょう。CIツールなどから複数OSに対してのマトリクス構成実行も可能です。

以前から類似の方法としてbootstrap[注22] & chrootを使うというのもありますが、クリーンな状態への復元や切り替えの速さ、OSを跨いだ確認の簡便さなどを考えると、現在ではDockerに軍配が上がるでしょう。

多くのディスリビューションでは、通常、ディスリビューション公式としては特定バージョンのGHCだけを提供しています[注23]。したがって、欲しいバージョンのGHCは何らかの形で用意することになります。OS公式以外のところで作成され配布されているパッケージを利用したり、GHC公式配布のバイナリパッケージ版を利用することになるでしょう。たとえば、GHC公式配布のバイナリパッケージ版を利用する場合、最小限、次のようなDockerfileになります。

```
FROM centos

RUN wget -q https://www.haskell.org/ghc/dist/7.6.3/ghc-7.6.3-x86_64-unknown-linux
.tar.bz2
RUN tar xvf ghc-7.6.3-x86_64-unknown-linux.tar.bz2
RUN yum install -y perl gcc make
RUN cd ghc-7.6.3/; ./configure --prefix=/opt/ghc/7.6.3; make install

RUN echo 'export PATH=/opt/ghc/7.6.3/bin:$PATH' > /etc/profile.d/ghc-7.6.3.sh
```

注21 URL https://www.docker.io/
注22 febootstrap (RHEL系) やdebootstrap (Debian系)。
注23 Gentoo Linuxのような例外もあるにはありますが。

● Stackを使う

Stackageは、今までどおりCabalからも利用する方法もありますが、より便利に利用するために**Stack**[注24]が開発されました。これは、PythonのVirtualenvやRubyのRVM、rbenvのようなものと、Stackageを利用したCabal sandboxを組み合わせたような機能群を持つツールです。すなわち、指定バージョンの処理系インストールとその切り替え、さらに、Stackageのパッケージとそのバージョン一覧切り替え、といった開発環境の切り替えを簡単に行えるようにしたビルドツールです。

Stackは開発においてとても利便性の高いツールで、Cabalの代わりにさまざまなことを行ってくれています。ただ、Cabalが作成する作業ディレクトリ構造等を前提として作成されている既存開発ツールもまた多く、現在活発に開発が行われているStackへの対応がまだ不十分であるという面もあります。

● CIサービスを使う

複数環境でのCIを回していると計算機資源が逼迫してくることがあります。このようなとき、Travis CIやCircle CIなどのCIサービスは心強い味方になるでしょう。たとえば、Travis CIではHaskellパッケージのサポートもしています[注25]。`.travis.yml`に「`language: haskell`」と記載することで、GitHub上で管理されているcabalize済みのパッケージに対し、ビルド、テストなどが実行されるようになります。ただし、数バージョン[注26]のGHCを選択できるのみであり、そのままでは次期バージョンのGHC環境などは作れません。

本書では、travis-ciのHaskellサポートをあえて用いない方法をお勧めし、以下の2つを紹介します。

- **multi-ghc-travis（`https://github.com/hvr/multi-ghc-travis`）を利用する方法**
- **Stackを利用する方法**

前者は、lens[注27]などのパッケージで実際に利用している様子[注28]が確認できま

注24 URL http://docs.haskellstack.org/en/stable/README/
注25 URL https://docs.travis-ci.com/user/languages/haskell/
注26 7.8以前の古いバージョンのみ。
注27 URL https://hackage.haskell.org/package/lens
注28 URL https://travis-ci.org/ekmett/lens

す。後者はhaiji[注29]などのパッケージで様子[注30]が確認できます。

もし、CIサービス上特定の環境で失敗するような場合、原因特定のため結局その環境相当を手元でも構築したいという要求はあると思います。そのような場合でも、Travis CIでmulti-ghc-travisを利用しているのであれば、Docker環境中でmulti-ghc-travisを使って問題バージョンのGHC環境を作ってしまうのが最短でしょう。たとえば、multi-ghc-travisでghc-7.4.2の環境を作るなら、以下のようなDockerfileで済みます。

```
FROM ubuntu

RUN apt-get update
RUN apt-get install -y python-software-properties

RUN add-apt-repository -y ppa:hvr/ghc
RUN apt-get update
RUN apt-get install -y cabal-install-1.18 ghc-7.4.2 happy

RUN echo 'export PATH=/opt/ghc/7.4.2/bin:$PATH' > /etc/profile.d/ghc-7.4.2.sh
```

インタフェースが安定しないパッケージの扱い方

パッケージ選定基準の一つとして、インタフェースが安定していることを挙げました。インタフェースが安定しないパッケージは、バージョンアップ時に追従の頻度や作業が比較的大きくなってしまうため、プロダクト開発においては利用を忌避されがちです。とは言うものの、追従コストを払ってでもペイするだけのメリットを提供していると判断できるのであれば、インタフェースが安定しないパッケージを利用することも当然あり得ます。

また、比較的インタフェースの安定しているパッケージであっても、新しいバージョンで追加されたインタフェースを利用するように変更しつつも、過去のバージョンでも使えるよう広くバージョンレンジを残したい場合があります[注31]。このとき、**図7.3**に示すように、まるでパッケージのバージョンアップとは時間が逆行したかのような状況になり、インタフェースが消えてしまったときと同様の対応が必要になります。

このような状況においては、問題のインタフェースを適切にラップして利用

注29 URL https://github.com/notogawa/haiji

注30 URL https://travis-ci.org/notogawa/haiji

注31 不必要にバージョンレンジを狭くするのは依存関係地獄の原因になります。

図7.3 新旧対応の時系列逆転現象

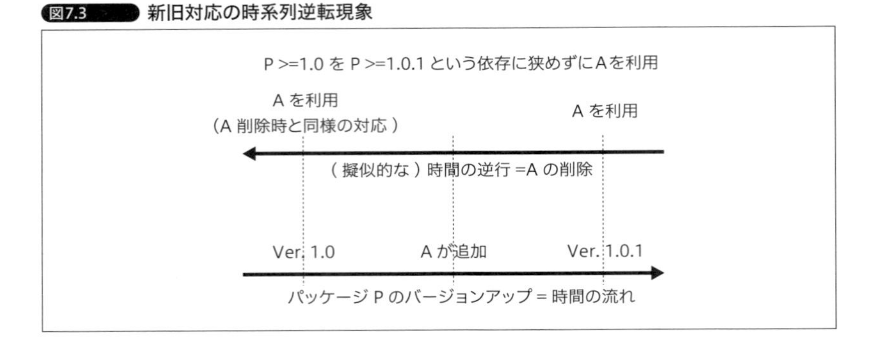

することになります。Haskellの場合、通常はモジュール単位でラッパモジュール(*wrapper module*)を用意するのが良いでしょう。

たとえば、bytestringパッケージ[注32]のData.ByteString.Lazyというモジュールに対してであれば、利用する側ではData.ByteString.Lazy.Wrapperというラッパモジュールを用意しておき、他のモジュールでData.ByteString.Lazyが必要な箇所では、代わりにData.ByteString.Lazy.Wrapperをimportするようにするということです。ラッパモジュールではバージョン間差吸収以外を行わないようにしましょう。

bytestringパッケージは文字列を高速に扱うためのライブラリで、Haskell Platformにも入っているごく一般的なものです。バージョンが0.10.0.0になったときに追加された**fromStrict/toStrict**という関数は、単純な機能ながら割とよく使うことがあります。これらを利用しつつ、バージョンが0.10.0.0以前でも問題ないように、バージョンレンジを広く取るためのData.ByteString.Lazy.Wrapperを作ってみましょう。以下のようになります。

```
{-# LANGUAGE CPP #-}  -- ❶
module Data.ByteString.Lazy.Wrapper
    ( module Origin -- fromStrict/toStrict以外はそのまま露出
    , fromStrict    -- このモジュール内でラップしたfromStrictを露出
    , toStrict      -- このモジュール内でラップしたtoStrictを露出
    ) where

import qualified Data.ByteString as BS
import qualified Data.ByteString.Lazy as LBS
#if MIN_VERSION_bytestring(0,10,0)  -- ❷
-- >= 0.10.0.0 にはもうfromStrict/toStrictがあるのでこれらだけ隠す
import qualified Data.ByteString.Lazy as Origin hiding ( fromStrict, toStrict )
```

注32 URL https://hackage.haskell.org/package/bytestring

```
#else
-- < 0.10.0.0 にはまだfromStrict/toStrictがないのでそのまま
import qualified Data.ByteString.Lazy as Origin
#endif

fromStrict :: BS.ByteString -> LBS.ByteString
#if MIN_VERSION_bytestring(0,10,0)
fromStrict = LBS.fromStrict          -- >= 0.10.0.0 にはオリジナルがあるのでそのまま
#else
fromStrict = LBS.fromChunks . (:[]) --  < 0.10.0.0 にはないのであるもので代用
#endif

toStrict :: LBS.ByteString -> BS.ByteString
#if MIN_VERSION_bytestring(0,10,0)
toStrict = LBS.toStrict              -- >= 0.10.0.0 にはオリジナルがあるのでそのまま
#else
toStrict = BS.concat . LBS.toChunks --  < 0.10.0.0 にはないのであるもので代用
#endif
```

上記❶のCPPはGHC拡張の1つで、Cプリプロセッサマクロが使えるようになります。❷のMIN_VERSION_はcabalizeされているときに使えるマクロで、依存関係に入っているパッケージが目的のバージョン以上かどうかを判定します。Data.ByteString.Lazy.Wrapperが必要ということは、当然bytestringパッケージに依存させているはずなので、MIN_VERSION_bytestringが使えます。MIN_VERSION_bytestring(0,10,0)であれば、bytestringのバージョン0.10.0以上と一緒にビルドしようとしているとき真になります。つまり、このData.ByteString.Lazy.Wrapperは、古いバージョンのときでも新しいインタフェースを利用したいのであれば、その機能をパッケージに頼らず自分で提供するようにしています[注33]。

Data.ByteString.Lazy.Wrapperを通しての利用であれば、0.10.0.0以降に期待したfromStrint/toStrictを使ったプログラムを書いても、bytestringパッケージのバージョン0.10.0未満対応を切り捨てることなく済ませることができます。

この例は「なかったもの」[注34]への対応なので、fromStrictやtoStrinctの型が変更されはしませんでした。対して、インタフェースの変更が激しいようなパッケージの場合、型が変更されてしまう場合があります。そのパッケージに期待する機能をよく吟味した上で、自分が本当に必要なインタフェースになるよう考え、自分で定義し直した型でパッケージが提供する型をラップするようにしましょう。

注33 簡単な代用実装なので、機能は同じですが、0.10.0.0以降のオリジナルとは速度面で差があるかもしれません。

注34 あるいはなくなったもの。

Column

Stackage/Stackを使う上での注意

StackageやStackは、依存関係地獄の問題を個々の開発者が抱え込みやすかったという点を解消し、GHCやCabalの複雑なコマンド体系をラップしてくれているため、概ねHaskellコミュニティには好意的に受け入れられています。

その一方で、いくつか気になることもあります。それは、以下の点です。

❶依存関係地獄を見なくなったのは個々の開発者である

❷システムにGHCを入れていると依存関係地獄に陥ることがある

まず、❶についてですが、Stackを通したStackageの利用により依存関係地獄を見なくなるのは、個々の開発者の手元での話です。Stackageにも当然メンテナンスグループがあり、正常にビルドできるパッケージ群であることを検査しています。つまり、依存関係地獄を最初に目にすることになるのはほぼそのメンテナンスグループです。パッケージをStackage入りさせる場合、まだ不安定そうなインタフェースが利用されていると、Stackageのメンテナンスコストが上昇してしまうことが考えられます。とくにStackageにパッケージを登録しようとする場合、依存パッケージやインタフェースの選定に無頓着になっても良いということにはなりません。Stackageは個々の開発者が個々に解決していた問題を一元解決しているだけなので、やはり依存関係地獄に陥らないようなパッケージ作成上の基本は押さえ続ける必要があります。

次に、❷についてです。Stackは特定バージョンのStackage LTSを利用しますが、そのバージョンで利用されるGHCと同じバージョンのGHCが、すでに(ディストリビューションのパッケージシステム等から)システムに入っているかを確認し、デフォルトではシステムのもの(システムGHC)を利用します。入っていなければ独自にそのユーザごとのローカルにGHCをダウンロードします。

しかし、この際、システムのGHCと一緒にシステムに入ってくる他のライブラリのバージョンについては、そのStackage LTSバージョンに列挙されたものと一致しているのか検査されていません。Stackageは「依存関係に問題を起こすことなく正常にビルドできることが保証されたパッケージ群」としてメンテナンスされているため、システム側にそれと合わないものが入っていてパッケージ群に混入してしまうと、前提が一部崩れた状態となり、Stackageを使っているにもかかわらず依存関係地獄を目にすることがあります。

システムGHCを使わない場合は個別にGHCをダウンロードし、また、その他のパッケージについても、個々のStackage LTSバージョンごとに個別にビルドされて用意されます。Stack用に消費されるユーザのディレクトリはどんどんと肥大化していきます。このあたりは他言語のVirtualenv系ツールでも同じかとは思いますが、いつの間にか数GB(*Gigabyte*)になっていることも珍しくはありません。

システムGHCを使う場合、他のパッケージもStackからではなくシステムのものを利用したほうが良い場合も多いです。併用する必要がある場合、混ざらないように使う必要があるでしょう。

7.7 まとめ

本章では、実際にHaskellを使ってプロダクトを開発していく上で、とくに「パッケージ」との付き合い方について説明しました。

逆に言うと、本章で取り上げた以外の開発関連の部分では他の言語での開発とは大きな違いはありません。パッケージとの付き合い方についても、本来は他の言語でも同様のはずですが、Haskellの場合は「型検査」という言語機能上の利点があるため、他の言語では何となくで通ってしまっているようなインタフェースの変更も、Haskellではコンパイル時に敏感に検出してしまいます。つまり、パッケージバージョンアップ時の「互換性の破壊」に対してとても敏感なのです。これは基本的には利点なのですが、一方で、動的型付き言語でよく行われる「とりあえず動かして確認してみる」ような手法を行いにくくなるということでもあります。たとえば、パッケージバージョンアップ後「書いてあったテストを動かして、なお通る」ことをもって、バージョンアップに問題なしと判断するような場合も、「そもそもテストがコンパイルできない」という事態が普通に起こったりするのです。

公開された便利なパッケージの利用は、目的の要件を達成する上でコスト低減に大きなメリットのあることですが、付き合い方を少し間違えると相応のリスクも引き込むことになります。リスクによって開発が滞ったりすることは当然本意ではありません。リスクを最小化あるいは適切に制御しつつパッケージを利用する術は、継続的に開発を行っていく上で必須の知識となるでしょう[注35]。

利用するだけではなく、自分でパッケージを作成し積極的に公開していくことは、直接的には衆目(しゅうもく)に晒してフィードバックを受けることで品質が高まることを期待しますが、それだけでない間接的な効果もあります。少なからずHaskell界隈を活性化させることに繋がりますから、Haskellの利用者やパッケージ、プロジェクト、プロダクトが増えるなどすることで、Haskell使いに住み良い環境が広がっていくことが期待できるでしょう。たとえば、利用者が増えれば、みなさんのプロダクト開発の人員を流動化しやすくできるでしょうし、パッケージが増えれば、みなさんのプロダクト開発に選択肢が増えることになります[注36]。

現実的には、他の言語に比べ、Haskellによる、あるいは他の関数型言語によるプロダクトは、その絶対数が十分多い状況であるとは言えません。しかし、

注35　逆に「継続的な開発が期待されない案件」ではこの限りではないかもしれません。

注36　ややいやらしい話になりますが、Haskellのプロジェクトやプロダクトが増えれば、今みなさんが関わっているプロジェクトやプロダクトに満足がいかなくなったとき、自身のキャリアに選択肢が増えるかもしれません。

着実に増えてきていますし、そのことが知られてきてもいます。新たなプロダクトの開発プロジェクトにおいてさえ、言語選択については多分に政治的なものを含むことがありますが、関数型言語の利用をプッシュするのに前例が不足

Column

HaskellでのWebアプリケーション作成

——より一層、複雑な文脈を表現するモナドの必要性……

HaskellでWebアプリケーションを作る際も、他の言語同様便利なフレームワークが存在しています。もちろん、それらを利用せず、自分で作るという判断もあるでしょう。ただ、独自に作る場合であっても、現環境の潮流を捉えておく必要はあります。本コラムでは軽く触れてみましょう。

HaskellのWebアプリケーションフレームワークについて

まず、PerlのPSGI、RubyのRack、PythonのWSGIに相当するような、共通のアプリケーション-サーバ間インタフェースとして、Haskellでは**WAI**（*Web Application Interface*）[注c]というものが定義されています。また、PerlのPlackのように、WAIアプリケーションを単独で実行するWebサーバとして、**Warp**[注d]というライブラリがあります。もちろんそうでないものもありますが、これらWAI/Warpの上に作られたアプリケーションフレームワークを目にすることが多いでしょう。

定番のフレームワークとしてよく話題になるものは、**Yesod**（イェソッド）[注e]です。Yesodはフルスタックのアプリケーションフレームワークです。つまり、Ruby界隈で言うところのRuby on Railsに当たる位置付けとなります。関連書籍[注f]も出ており、恐らくHaskellのWebアプリケーションフレームワークとして触れる人が最も多いものです。ただ、どのフルスタックフレームワークにもありがちですが結構複雑です。少し触れただけだと、どうすれば思ったとおりのことが実現できるのか、なかなかわかりにくいかもしれません。

一方で、Ruby界隈におけるSinatraのような軽量フレームワークとしては、**Scotty**[注g]があります。他言語での軽量フレームワークを利用したことのある人であれば、何も躓（つまず）くことなく利用できるくらいの簡潔さを持っているはずです。

他にも、WAIを使っているもの使っていないもの含め、多数のWebアプリケー

注c URL https://hackage.haskell.org/package/wai
注d URL https://hackage.haskell.org/package/warp
注e URL http://www.yesodweb.com/
注f 『Developing Web Apps with Haskell and Yesod, 2nd Edition: Safety-Driven Web Development』（Michael Snoyman著、O'Reilly Media、2015、英語）
注g URL https://hackage.haskell.org/package/scotty

している状況とは言えません。ただ、実際にプロダクト開発に用いたことのあるという人はそう多くはないでしょうから、本章がその一助となり、みなさんのプロダクト開発の支援につながればと思います。

ションフレームワークがあり、各々に特徴を持っています。とくに1つ挙げるとすると、最近よくある「JSON等をやり取りするAPIを提供するだけ」なWebアプリケーションを作るならば、筆者としてはApiary(エイピエリ)[注h]が良いのではと思っています。

アプリケーションを組み立てるために必要なモナド?

大抵どのフレームワークも、アプリケーションを組み立てるための独自のモナドを持っています。とくに「Yesod」はヘブライ語で「基礎」を意味する語ではありますが、その中身は、まったく基礎どころではありません。HaskellでのWebアプリケーションフレームワークの作成やコードリーディングは、少なくとも本書からすると割と発展的な話題となります。なぜなら、第5章で紹介したような単一の文脈を表現するモナドでは機能が足りないためです。「より一層、複雑な文脈を表現するモナド」が必要となってきます。独自にフレームワークを作ったり、既存のフレームワークのコードを読んだりするには、そのようなモナドを作ったり理解する必要あるのです。

たとえば、HTTPリクエストを受けHTTPレスポンスを作るようなアプリケーションコードの中では、どこでもHTTPリクエストの内容を参照できるほうが良いでしょう。これは「Readerモナド」でリクエストを読めるようにしておけば実現できます。さらに、アプリケーションコードの中では、最終結果であるHTTPレスポンスの内容を編集できるほうが良いでしょう。レスポンスヘッダを付加したり、レスポンスコードやボディを変えたりする必要があるからです。これは「Stateモナド」でレスポンスを編集できるようにしておけば実現できます。加えて、アプリケーションコードの中では、データベースを参照するなどは当然したいと思うでしょう。これには入出力が伴うので、「IOモナド」の機能が必要になります。

しかし、この3点を同時に実現する文脈を持つモナドというものについては、本書では言及していません。独自に定義すればできるのですが、実はわざわざそのようなことをせずとも済むようになっています。ReaderやStateのような基本的なモナドには、別のモナドに「被せる」ことで、機能を組み合わせた新たなモナドとする**モナド変換子**と呼ばれるものが一緒に提供されています。モナド変換子を利用することで、リクエストが読め、入出力ができ、それらの結果に従いレスポンスが編集できるような、新しいモナドを定義することができるようになります。各フレームワークが独自に提供しているモナドは、おおよそそのようにして構成されたモナドとなっています。

注h URL https://hackage.haskell.org/package/apiary

第8章

各言語に見られる関数プログラミングの影響

Ruby、Python、Java、JavaScript、Go、Swift、Rust、C#、C++

スタイル

8.1 変数を定数化できるか ——変更を抑止する
8.2 関数の扱いやすさ ——関数/ラムダ式、変数への代入、関数合成、部分適用、演算子
8.3 データ型定義とパターンマッチ ——Rust、Swift
8.4 型システムの強化 ——静的型付けと型検査、型推論
8.5 リスト内包表記 ——Python、C#のLINQ
8.6 モナド ——Java 8、Swift
8.7 コンパイル時計算 ——C++テンプレート
8.8 まとめ

関数プログラミングや関数型言語のどれかで有用と判断された特定の機能は、関数型言語ではなくとも比較的新しい言語、あるいは既存の言語の新バージョンにおいて取り込まれることがあります。もちろん、そうでなくとも元々似ていた機能というものもあるでしょう。とくに「ラムダ式」のようなものは今日では多くの言語が備えています。

関数プログラミングを関数型言語以外で実践する際、そのような機能を押さえておくのは重要です。何が取り入れられ、何が取り入れられていないかによって、対象言語が関数プログラミングのどの点を有用だと考えているのかを推し量ることもできるでしょう。逆に、欲しいけど取り入れられていないとしたら何か言語的な制約があって取り入れられていないのかもしれません。こういった部分を考えることはその言語そのものに対する理解の向上にもなります。

本節では、いくつかの言語の中に見られる関数プログラミングの影響を見ていきます。関数プログラミングに必要、あるいは有用な機能それぞれに対し、各々どのような特徴を有しているのかを確認します。その上で、関数プログラミングスタイルを取り入れていく場合、関数プログラミングのために注意すべき点や簡単な秘訣、あるいは導入の限界を押さえていこうと思います。

8.1 変数を定数化できるか
変更を抑止する

変数への再代入ができることは多くの言語が持つ特長ですが、これまでの章で見てきたように、関数プログラミングを行う場合、変数の中身が変わってしまうことは好ましくはありません。変数の中身を人間が注意して変えないことは可能ですが、それでも人間の注意力には限界がありますし、複数人での開発ならなおさら守り切れるものではないでしょう。できれば、機械的に変更を抑止したいものです。

変数を定数修飾する

関数プログラミングを行う場合、言語に**定数修飾子**があれば積極的に使うことを推奨します。定数修飾子はC言語の**const**やJavaの**final**のような変数宣言に対する修飾子のことです。これらの修飾子を付けた変数に対しては再代入ができなくなるため、安全です。

メソッドを定数修飾する

また、単に変数だけではなく、オブジェクト指向言語においては、インスタンスメソッド等も修飾できる[注1]ことがあります。インスタンスに状態を持たせないためにも積極的に付けておくのが良いでしょう。

●●●●●●●●●●

もちろん、その言語において、パフォーマンスに影響がある等、目的に対し何らかの基準を満たすかどうかもまたプログラミングにおいては重要なファクターなので、実際に修飾するどうかは状況により判断することになるでしょう。

注1　C++のconstメンバ関数など

8.2 関数の扱いやすさ
関数/ラムダ式、変数への代入、関数合成、部分適用、演算子

関数プログラミングを各言語で行う上で、当然ですが「関数」は欲しいところです。関数やラムダ式と呼ばれるものは多くの言語に存在します。しかし、それらが本当に「関数」であることは定義に依存し、とくに命令型言語では何らかの副作用を持たせることも可能です。そのため、関数プログラミングの感覚で「関数」として利用するとトラブルになることがあります。

また、関数から新たな関数を作るしくみであるところの、「関数合成」や「部分適用」まで、十分に簡潔に実現できるようになっているとも限りません。本節では、各言語の関数について眺めてみます。

各言語における関数/ラムダ式

各言語での手続きの定義、ラムダ式の定義を確認してみます。**表8.1**は、各言語において手続きとラムダ式を定義する様子を一覧したものです。いずれも、2つの整数を足すものとなっています。

表8.1 手続きとラムダ式の定義

言語	手続き(関数)	ラムダ式相当
Ruby	`def add(a,b) (a + b) end`	`->(x,y){ x + y }`
Python	`def add(x,y): return x + y`	`lambda x,y: x + y`
JavaScript	`function add(x,y) { return x + y; }`	`function (x,y) { return x + y; }`
C++	`int add(int x, int y) { return x + y; }`	`[](int x, int y) -> int { return x + y; }`
Java	`int add(int x, int y) { return x + y; }`	`(x,y) -> { return x + y; }`
R	`add <- function(x,y) { return (x + y) }`	`function(x,y) { return x + y }`
Go	`func add(x int, y int) int { return x + y }`	`func(x int, y int) int { return x + y }`
Rust	`fn add (x:i32, y:i32) -> i32 { x + y }`	`|x,y| { x + y }`
Swift	`func add(x:Int, y:Int) -> Int { return x + y }`	`{(x:Int, y:Int) -> Int in return x + y}`
Haskell	`add a b = a + b`	`\a b -> a + b`

変数への代入

RubyやPythonのラムダ式のように、何も考えず変数に代入できるものもあ

れば、

```
# Ruby
add = -> (x,y) { x + y }
```

```
# Python
add = lambda x,y: x + y
```

C++やJavaのように、特殊なインタフェースを持つものにしか代入できないものもあります。

```
// C++
std::function< int (int, int) > lt = [](int x, int y) -> int { return x + y; }
```

```
// Java
@FunctionalInterface
interface BinOp { public int exec(int x, int y); }

BinOp add = (x,y) -> { return x + y; };
```

静的型で、かつ、型システムが十分に強力でない場合、ラムダ式で作られたものを代入できる変数には凝った型を指定する必要がある等、面倒が生じることが多いようです。

いずれにせよ、この変数を受け渡しすることで高階関数のようなこともできますし、第一級の対象であると言って差し支えはないでしょう。ただ、関数合成や部分適用を簡潔に行うことに主眼が置かれていない言語も多く、これらにより新しい関数を作る記述は簡潔になるとは限りません。

● 呼び出し方の差異 ――Rubyの例

Rubyのラムダ式は、実際には手続きオブジェクトを生成する方法の一つとなっています。メソッド(def)による手続きとラムダ式による手続きでは、呼び出し方に違いが見られます。

```
# メソッドの呼び出し
add(1,2)
# 手続きオブジェクトの呼び出し
add.call(1,2)
add[1,2]
add.(1,2)
```

本来、これらを同様に扱えるのが望ましいのですが、そのままだと違うインタフェースになってしまうので、Rubyで関数プログラミングを行う場合、揃えたほうが良いでしょう。

● [関数ではない点❶]Pythonのラムダ式——参照する環境の影響

これらの手続きが「関数と違う部分」を確認しておきましょう。

まず、Pythonに着目してみます。Pythonのラムダ式はラムダ式生成時の環境を参照するため、その内容を生成後からでも変化させることで、手続きオブジェクトの呼び出し結果もまた変化してしまいます。

```
foo = lambda: x
x = 1
print foo()    # 1を出力 (❶)
x = 2
print foo()    # 2を出力 (❷)
def run(f):
  x = 3
  b = lambda: x
  print f()    # 2を出力 (❸)
  print b()    # 3を出力 (❹)
  return b
bar = run(foo) # fooをrunの中で時刻(❺)
print bar()    # 3を出力
```

図8.1は、このサンプルコードにおいて、環境変化がそのときのラムダ式の実行結果にどう影響するかを示しています。生成時の環境を参照するので、

図8.1 環境の変化とラムダ式の結果

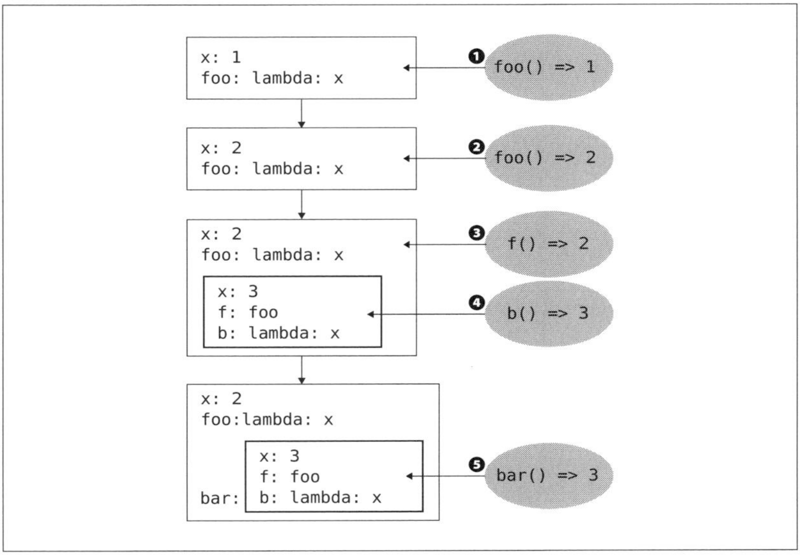

xが1から2に変われば、fooの結果(❶、❷)も変わってしまいますし、❺でrunの中からfoo(つまりf)を呼び出してもrunの中の環境は見ていないので結果は2のままです。また、barはrunの外から呼んでもrunの中のローカルな環境を見ているため、結果は3となります(❹)。ただ、barを使うときにはbarが見ている環境はもう変更できないため、barの結果が変わることはもうありません。しかし、fooの結果は、まだまだ変えることができてしまいます。

Pythonのラムダ式は、式しか書けないという点は良いのですが、サンプルコードの❶、❷で見られるように引数以外で結果が変わる副作用を持ちます。つまり、ラムダ式で定義したものは、その定義の仕方によっては関数ではないということになります。これが有用なケースももちろん存在しますが、関数プログラミングを行うという上ではあまり好ましくないでしょう。

一方、defで定義したほうは独自のローカル変数スコープを持ちます。

```
def bar(): x
x = 1
print bar() # None
```

とは言え、こちらは元々print文等を記述できるため、副作用を持ちます。したがって、こちらも定義の仕方によっては関数ではありません。関数プログラミングスタイルを取る場合、どちらを利用する場合でも副作用がないように自ら気を付けて記述する必要があります。

● [関数ではない点❷]Javaのラムダ式 ――定数制約の検査

Ruby等についてもPythonと同様ですが、Javaでは同じことをしようとした場合、少し事情が異なります。

```
@FunctionalInterface
interface Op { public int exec(); }

/* Name of the class has to be "Main" only if the class is public. */
class F
{
    public static void main (String[] args) throws Exception
    {
        int x = 1;
        Op foo = () -> { return x; }; // ここでxはfinal修飾扱いになる。
        x = 2;                        // final修飾されたxに対する代入
        System.out.println(foo.exec());
    }
}
```

このコードは、以下のようなコンパイルエラーとなります。

```
error: local variables referenced from a lambda expression must be final or effectively final
```

コード中で変数xはラムダ式の中で使われるため、final修飾相当の制約を受ける変数として扱われます。ですが、その変数xに代入をしようとしているため、エラーとなるわけです。

つまり、ラムダ式の中で参照されるローカル変数は定数相当でなければならず、コンパイラはその制約を検査しているということになります。これはPythonやRuby等に比べ、関数プログラミングのためにはとても良い性質です。少なくとも、生成時の環境の変動に応じて結果が変わってしまうという事態は避けられます。

とは言え、次のようなコードは問題なく記述できてしまうため、

```
@FunctionalInterface
interface Op { public void exec(); }

class F
{
    public static void main (String[] args) throws Exception
    {
        int x = 1;
        Op foo = () -> { System.out.println(x); }; // I/Oを行っている
        foo.exec(); // 1が出力される
    }
}
```

Javaのラムダ式もまた関数ではないものを記述できることになります。

●［関数ではない点❸］C++のラムダ式――キャプチャ

C++のラムダ式は、Javaよりもさらに制御が効くようになっています。何も指定しなければ、ラムダ式の外側は見えないようになっています。そのため、

```
#include <iostream>

int main() {
    int x = 1;
    std::cout << [] (int y) { return x + y; } (2) << std::endl;
    return 0;
}
```

のようなコードは、次のようにコンパイルエラーとなります。

```
error: 'x' is not captured
```

変数xがラムダ式内では見えていないのです。

ラムダ式内で外側の変数を使用する場合、その旨を明示する必要があります。エラーメッセージにもあるとおり、これは「キャプチャ」と呼ばれています。C++のラムダ式は、引数部分()の他、「ラムダ導入子」と呼ばれる[]の部分を持ち、ラムダ導入子内にラムダ式内で使用する変数を記述することになります。

```
#include <iostream>

int main() {
    int x = 1;
    std::cout << [x] (int y) { return x + y; } (2) << std::endl; // 3を出力
    return 0;
}
```

C++の引数がそうであるように、キャプチャにも「コピー」と「参照」があり、「参照キャプチャした変数」はラムダ式内で書き換えることができてしまいます。

```
#include <iostream>

int main() {
    int x = 1;
    [&x] (int y) { x = y; } (2); // xを参照キャプチャ
    std::cout << x << std::endl; // 2を出力
    return 0;
}
```

一方、「コピーキャプチャした変数」は書き換えることができません。

```
#include <iostream>

int main() {
    int x = 1;
    [x] (int y) { x = y; } (2);  // xをコピーキャプチャ
    std::cout << x << std::endl; // 2を出力
    return 0;
}
```

「コピーキャプチャした変数」は定数なので、変更しようとするとコンパイルエラーとなります。

```
error: assignment of read-only variable 'x'
```

つまり、C++でラムダ式を使う場合、ラムダ式内で入出力などを利用しないことはもちろんのこと、参照キャプチャもまた極力利用しないようにすることで、関数プログラミングに近いプログラミングスタイルとなります。

「関数」を定義するポイント

ここまで見てきたように、同じようにラムダ式やそれに類する機能であっても、言語ごとに少しずつ違いがあります。何をしてしまうと、関数から遠い部品になってしまうか/しまいがちかを押さえ、危険な機能に触れないようにすることが、関数プログラミングから安全を得る秘訣となります。

どの言語を利用する場合でも、関数プログラミングを行う上で注意すべきポイントはそれほど多くはありません。ひとまず、手続きを定義する際に、

❶引数とローカルで定義したもの以外の変数を利用しない

❷安易に入出力を発生させない

という点に注意してみてください。

❶の引数とローカルで定義したもの以外の変数を利用しないことについては、このルールを完全に遵守したとしてもプログラミング言語として十分な能力が残るはずです。

一方、❷について、通常の実用プログラミングの目的を考えると、入出力の発生は必要となります。この場における「安易」とは、入出力が必要な箇所と不要な箇所とを明確に区別せずに使ってしまうことを指します。入出力が不要な処理の中で入出力が必要な処理を使わないようにすることが、安易に発生させないということになります。

これだけで手続きは関数に近づき、関数プログラミングの利点をある程度享受できるでしょう。とは言え、何事にも得手不得手は存在するものなので、元々その言語が持っている能力を損なわないようにすることもまた大切です。

関数合成

関数やラムダ式を定義することに問題のある言語はあまりありませんが、「関数合成」についてはそれほど簡潔とはいかないものをよく目にします。これまで見てきたHaskellでは、(.)（または.）によって2つの関数fとgは次のように合成できます。

```
f . g
```

多くの言語では、これほど簡潔にいかないことが多いようです。

たとえば、JavaScriptでも、

```
function compose(f,g) { return function(x){ return f(g(x)) } }
```

Pythonでも、

```
def compose(f, g): return lambda x: f(g(x))
```

このような関数composeを用意してあげる必要があり、このまま何も工夫しなければ関数合成はあまり読みやすいものとはなりません。

演算子の定義あるいは既存の演算子の再定義が可能な言語では、これらのcomposeに相当する処理を特定の演算子に割り当てることで、それなりのところまでは可読性を向上させることも可能ではあります。ただ、自由に演算子を定義できる言語はそれほど多くはありません。また、数学的な関数合成「∘」に近い、「.」等の記号はよく別の意味の演算子として、すでに使われていると思います。そのため、あまり直感的でない演算子を割り当てざるを得ないことも多いでしょう。直感的でない意味となる演算子の利用はあまり勧められないため、無理な定義になってしまいそうであれば、あえて演算子としないほうが良いと思います。

部分適用

「部分適用」かそれに相当するものも、割と多くの言語で表現可能です。ただ、多くの言語では関数[注2]が「カリー化」されていません。そのため、

- ❶明示的にカリー化に相当する変換を行うしくみがある
- ❷直接部分適用した関数を作る
- ❸ラムダ式を返すラムダ式として手動でカリー化された定義を書く

のどれかになるでしょう。

足し算からインクリメント、つまり1を足し算するものを作ってみましょう。

Haskellでは、以下のとおりです。

```
inc = (+) 1
```

Rubyの部分適用

Rubyの場合、明示的にカリー化に相当する変換を行うしくみがあります。

注2 「関数」ではないかもしれませんが。

```
add = ->(a, b) { a + b }.curry # Proc#curry を使う
inc = add.(1)                  # インクリメント
puts inc.(1)                   # 2を印字
puts inc.(2)                   # 3を印字
```

複数引数のProcオブジェクトをカリー化するメソッドが用意されているわけです。

● C++、Pythonの部分適用

C++やPythonでは、直接部分適用した関数を作ることになります。

```
// C++14
#include <iostream>

template<typename F, typename T>
auto bind1st(F f, T x) {
    return [=](auto... args){
        return f(x, args...);
    };
}

int main() {
    auto add = [](int a, int b) { return a + b; };
    auto inc = bind1st(add, 1);         // インクリメント
    std::cout << inc(1) << std::endl; // 2を印字
    std::cout << inc(2) << std::endl; // 3を印字
    return 0;
}
```

```
# Python
import functools
add = lambda a,b: a + b
inc = functools.partial(add, 1)
print inc(1)
print inc(2)
```

C++で定義したbind1stや、Pythonのfunctools.partialは、1以上任意個数の引数を持つ関数の第1引数に部分適用を行うものとなります。

● Goの部分適用

Goでも、C++におけるbind1stのような部分適用のためのユーティリティは作れますが、bind1stでもテンプレートを利用しているように、多相型を扱う必

要があるため、リフレクション[注3]が必要になります。もし、リフレクションを使わない場合、ラムダ式を返すラムダ式として手動でカリー化された定義を書くことになります。

```
// Go
package main
import "fmt"

func main(){
    // カリー化された定義を書く
    var add = func(x int) func(int) int { return func(y int) int { return x + y } }
    var inc = add(1)    // インクリメント
    fmt.Println(inc(1)) // 2を印字
    fmt.Println(inc(2)) // 3を印字
}
```

引数が多いと、かなり大変なことになります。とくに、自分で定義していないものについてはこのようにカリー化されたものとして定義されているという期待はできません。なので単に、

```
var add = func(x int, y int) int { return x + y }  // 定義はそのまま
var inc = func(y int) int { return add(1, y) }     // インクリメント
```

のように、ラムダ式で定義し直したほうがラクな場合のほうが多いかもしれません。先に紹介したRubyやC++、Pythonのケースも中身としてはこれと同じことをしており、ただ引数の個数が任意であったり引数の型が多相であったりしているのです。

演算子

「演算子」は、基本的に関数と同じように動作します[注4]。そのため、演算子を何らかの方法、それもHaskellにおける「セクション」(3.2節を参照)のように、できるだけ簡単な方法で関数として扱えると便利です。

Swiftの演算子定義——オペレータ関数

Swiftでは「オペレータ関数」と呼ばれる機能で演算子を定義、オーバーロードするなどして、関数として扱えるようになっています。たとえば、Haskellでの

注3　reflection。プログラム自体の構造をプログラムから扱う言語機能。

注4　代入演算子のように副作用を持つ演算子もありますが、ここでは考えません。関数プログラミングでは使う必要がないはずなので。

リストの結合を行う中置演算子(++)のと同じような演算子を用意してみると、

```
infix operator ++ {} // 中置演算子(++)を用意
func ++ (a: String, b: String) -> String { return a + b }  // 文字列結合
func ++ < A > (xs: [A], ys: [A]) -> [A] { return xs + ys } // 配列結合

print("Hello," ++ "World!") // Hello,World!を印字
print([1,2,3] ++ [4,5,6])   // [1,2,3,4,5,6]を印字
print(["Foo","Bar","Baz"].reduce("", combine: ++)) // FooBarBazを印字
```

これはリストと配列の違いはありますが、次のHaskellコードと同じように動作します。

```
main = do
  putStrLn ("Hello," ++ "World!")  -- Hello,World!を印字
  print ([1,2,3] ++ [4,5,6])       -- [1,2,3,4,5,6]を印字
  putStrLn (foldl (++) "" ["Foo","Bar","Baz"])  -- FooBarBazを印字
```

定義した(++)演算子は、文字列の結合と任意の型の配列の結合に対してオーバーロードして定義され、また、reduceの引数に渡す際に演算子をそのまま渡しています。

● Rubyの演算子定義

Rubyでは、(再)定義できる演算子が限られており、任意に演算子を定義できたりはしません。演算子もメソッドの一つであるため、シンボルを渡すという方法で演算子を関数のように使える場面があります。

```
puts ["Foo","Bar","Baz"].inject(:+)  # FooBarBazを印字
```

●●●●●●●●●●

Haskellでもそうですが、徒らに新たな演算子を導入すると、それが何を意味するものなのか字面上わかりにくくなることがあります。記号の羅列は検索性が悪く、各種検索エンジンでも情報が見つからないこともあります。Haskellの場合、第6章で紹介した「hoogle」という検索手段があるため、実際のところそれほど問題にはならないのですが、このような手段が発達していない言語環境では慎重になるべきでしょう。また、演算子の見た目上の意味から乖離した定義も御法度です。

8.3 データ型定義とパターンマッチ
Rust、Swift

「データ型定義」とは、データの性質を定義することです。多くの、とくに動的型付き言語ではこの点が緩いことが多く、性質の保証が難しいことが多いです。

データ型の性質を保証するには、そのデータ型の値をコンストラクトされ得る経路が厳密に限定されていなければなりません。たとえば、10以下の自然数を表すデータ型とそれを利用するインタフェースを提供したとして、利用者側が無秩序にデータ型を拡張できたとしたらどうでしょう。具体的には、オブジェクト指向的な継承等を利用し、その型(のサブタイプ)ではあるけどその型の満たすべき性質を破壊した値をコンストラクトし、元の型を要求するインタフェースに与えるといった行為をする等です。意図しない振る舞いをする値や、想定外のコンストラクトのされ方をした値が混入してくる可能性があります。そのコードを利用するプログラマ全員が気を付け続けられるならどの言語でも良いのですが、理想的にはこういった危険な行為をできないように禁止できる必要があります。

RustやSwiftはこのようなデータ型定義と、その値に対するパターンマッチを備えています。本節ではこれらを見ていきます。

データ型定義とパターンマッチの例

RustとSwiftのデータ型定義とパターンマッチがどのようなものか、リスト型の定義と、その畳み込み関数の定義を例に見てみましょう。

以下のRustと、

```
// リスト (Rust)
enum List<T> {
   Nil,                     // リスト末尾(空リスト)
   Cons(T, Box<List<T>>)  // リスト先頭への要素追加。Boxで包んで再帰的にリストを持つ
}

// リストの右畳み込み
fn foldr<A,B>(f:fn(A,B)->B, e: B, xs: List<A>) -> B {
   match xs {
       List::Nil        => e,                         // Nilにマッチ
       List::Cons(a,ys) => f(a,foldr(f,e,*ys))  // Consにマッチ
   }
}

fn add(a:i32, b:i32) -> i32 { a + b }
```

```
fn main() {
    let xs = List::Cons(1, Box::new(List::Cons(2, Box::new(List::Cons(3, Box::new(List::Nil))))));
    println!("{}",foldr(add,0,xs));
}
```

次のSwiftのコードは、

```
// リスト（Swift）
enum List<T> {
    case Nil                          // リスト末尾（空リスト）
    indirect case Cons(T, List<T>)  // リスト先頭への要素追加
}

// リストの右畳み込み
func foldr<A,B>(f:(A,B)->B, e:B, xs:List<A>) -> B {
    switch xs {
    case .Nil: return e // Nilにマッチ
    case let .Cons(a, ys): return f(a,foldr(f,e:e,xs:ys)) // Consにマッチ
    }
}

print(foldr(+, e:0, xs:.Cons(1,.Cons(2,.Cons(3,.Nil)))))
```

以下のHaskellのコードと、ほぼ同様です。

```
-- Haskell
import Prelude hiding (foldr)

-- リスト（比較のため[]でなく独自定義）
data List a = Nil            -- リスト末尾（空リスト）
            | Cons a (List a)  -- リスト先頭への要素追加

-- リストの右畳み込み
foldr f e Nil = e  -- Nil にマッチ
foldr f e (Cons a xs) = f a (foldr f e xs)  -- Cons にマッチ

main = print $ foldr (+) 0 (Cons 1 $ Cons 2 $ Cons 3 Nil)
```

網羅性検査

Rustの「match」によるパターンマッチも、Swiftの「switch」によるパターンマッチも、Haskellのパターンマッチと同様に「網羅性」を検査します。網羅性に欠けるパターンマッチを記述すると、RustとSwiftそれぞれ、次のようにエラーと

なります。

Rustの例
```
error: non-exhaustive patterns: `網羅されてないパターン` not covered
```

Swiftの例
```
error: switch must be exhaustive, consider adding a default clause
```

第3章で説明したとおり、パターンマッチの網羅性は、コンストラクタの追加時等に実行時エラーを防ぐ上で不可欠です。

再帰的な構造

Rust も Swift も、リストのような再帰的な構造を持つデータ型を定義する場合、相応の約束事が必要となっています。

Rustでは「Cons」で再帰的にListを持つ部分を「Box」というもので包んでいます。Rustではコンストラクタ(の中身)のサイズでメモリアロケーション量が決まりますが、BoxなしのConsではListのサイズを決めるのにListのサイズが必要になって循環し定義できなくなります。そのため、Boxで包んでサイズをポインタサイズに確定できるようにしてあげなければなりません。リストの構築のときにも同様に、一手間必要になっています。

Swiftでは再帰的に利用するコンストラクタ(あるいは、enumの前)に「indirect」というキーワードが必要になります。Swiftでも、以前はRustのBoxのようなワークアラウンドで再帰的な構造を扱わざるを得なかったことがありますが、indirectキーワードはこれを隠蔽するためのものです。

では、逆に、なぜこれらのアプローチがHaskellでは必要なかったのかと思う人もいるでしょう。それは、Haskellのデータ型はデフォルトでBoxに包まれている(boxed)ものを作るからです。Haskellでも、本当に高速な処理を必要とする場合はunboxedなものを明示的に使うことがあります。

●●●●●●●●●●

「性質を守る」という点では、真に安全なデータ型を定義できる言語は多くはありません。今回取り上げた言語も、命令型言語というよりマルチパラダイム言語と言われるようなものです。それでも拡張性やパターンマッチ相当が欲しいという場合は、第1章に示したようにVisitorパターンのようなものを用いる方法があります。

8.4 型システムの強化 静的型付けと型検査、型推論

関数プログラミングに限った機能というわけではありませんが、関数型言語でよく採用されるような「強力な型システム」は、既存の言語、新しい言語に対しても影響を及ぼすようになってきています。無視できない成果が、そこにはあったということでしょう。

静的型付けの導入

動的型付き言語の間でも、「型検査」に一定のメリットがあるということが認められてきています。

よくある傾向としては、**図8.2**のように、

❶静的型付き言語を使う
❷一々型を与えることに煩わしさを感じるようになる
❸動的型付き言語を使う
❹リファクタリングやAPI変更に際し、苦痛を感じるようになる
❺静的型付けを求め出す

という静的型付けへと回帰するような動きが見られます。プロダクトを静的型付きの関数型言語で書き直したという話も耳にしますが、関数プログラミング

図8.2 静的型付けへの回帰

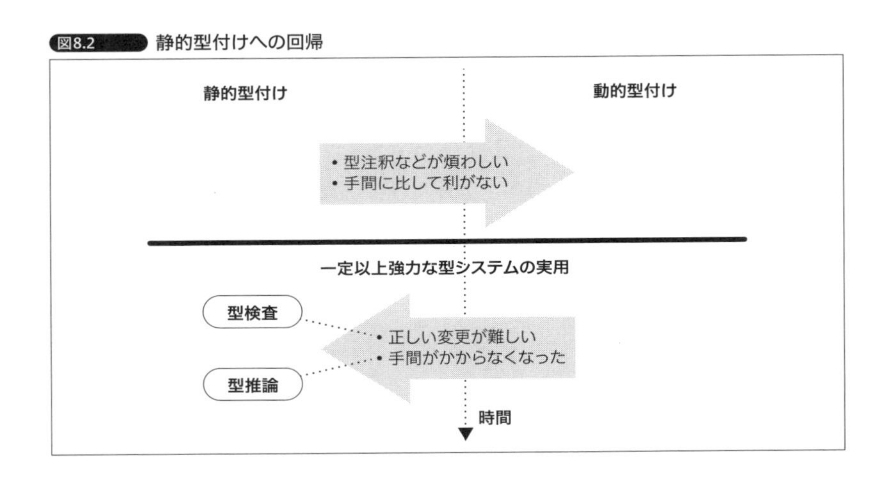

の持つメリットに期待する以上に、静的型付けによる「型検査」機能等のメリットへの期待は大きいものなのでしょう。

一般に、静的型付き言語による資産を動的型付き言語のものへと、とくに同じ動作をすることだけに着目して移植することは情報が落ちて制約が緩くなるだけなので難しくはありません。しかし、逆に、動的型付き言語による資産を静的型付き言語に移植することは、難しいか相当複雑な型を付けなければいけなくなることがあります。現実的には、書き直しに払うコストに見合わないかもしれないため、別の方法で、静的型付けのメリットを、コストに見合うと判断できる部分だけでも享受したいという話になってきます。

一つは、mypy[注5]のように「型検査器を作る」という方法があります。これはlintのような静的コード解析手段の一つとして、言語本体では静的に扱われない型を与えて整合性を検査しようという試みとなります。

もう一つは、「漸進的型付け」(*gradual typing*)と呼ばれる方法で、宣言された部分でのみ型検査を適用していく、そして、その範囲を順次拡大していけるようにするという形です。たとえば、TypeScriptやHaXeといった静的型付きAltJSでは、「Any」や「Dynamic」という型があり、検査を弱めた部分を作れるようになっています。Pythonで検討されているmypyライクなアノテーションによる静的型検査機能も、アノテートされた部分が検査されるようになり、実行時の検査は省略されます。Rubyでも静的型付けの導入を検討しているようですが、恐らく似たようなものになるでしょう。

型推論の採用

かつて、静的型付き言語を使う上での問題として、たとえ自明であっても変数の型を指定しなければならないという指摘がありました。そして、それは旧来の静的型付き言語離れの要因の一つでもありました。

型推論があれば、型を厳密に指定したい箇所の、もしくは、あらかじめ判明している型情報から、厳密に指定する必要がない箇所、自明に確定する箇所の型情報を推論することで、不要な型情報を省略することが可能になります。推論の能力には強弱がありますが、旧来の静的型付き言語でも型推論が取り入れられてきています。

第0章で少し触れましたが、とくにC++では、C++11からauto(キーワード)により宣言した変数は初期化時に型推論されるようになりました。また、C++14

注5 URL http://mypy-lang.org/

からは、戻り値や引数に対しても型推論されるようになっています。たとえば、コレクションからそのイテレータを取得するような場合、以前はとても長い型を持つ変数を宣言する必要がありました。たとえ、それが自明に判断できるものであってもです。

```
// C++14
#include <iostream>
#include <vector>

// 型Tの配列に要素が1つだけ入ったものを作る
template < typename T >
std::vector< T > singleton(T x) {
    return std::vector< T >(1, x);
}

int main() {
    int x = 2;
    std::vector< int > numbers = singleton(x);         // 要素が1つの配列を作成
    std::vector< int >::iterator n = numbers.begin(); // 先頭イテレータを取得
    std::cout << *n << std::endl;                      // 2を出力
    return 0;
}
```

このあちこちにvectorの出てくるコードを、autoキーワードにより型推論を利用するよう書き換えると、次のようになります。

```
// C++14
#include <iostream>
#include <vector>

// 型Tの配列に要素が1つだけ入ったものを作る
template < typename T >
auto singleton(T x) {
    return std::vector< T >(1, x);
}

int main() {
    int x = 2;
    auto numbers = singleton(x);  // 要素が1つの配列を作成
    auto n = numbers.begin();     // 先頭イテレータを取得
    std::cout << *n << std::endl; // 2を出力
    return 0;
}
```

singletonの戻り値の型、変数numbersとnの型がそれぞれautoになりました。singletonの戻り値の型はreturnの値から、変数numbersとnはそれぞれsingletonとbeginの戻り値から推論されています。C++だけでなくD(言語)や

Swiftにも同様の型推論が導入されてきています。

いずれの言語で型推論を利用する場合でも、重要なことは、本当に型推論されるままに任せて良い箇所なのかを考えることです。「型を指定する」ということは、型検査を積極的に利用するプログラミングにおいては設計行為の一部です。型を指定するということは、その部分の性質を指定するということであり、型推論に任せるということはプログラマとしては性質を限定しないということになります。プログラマの意図として性質を限定したい箇所であれば、型推論のある言語であっても型は指定するべきということになります。

8.5 リスト内包表記
Python、C#のLINQ

第5章で説明した「リスト内包表記」は、リストを要素の満たすべき性質で定義できるので便利です。リスト内包表記に類する機能を持っている言語はいくつかあります。本節では、PythonとC#のLINQについて見ていきましょう。

Pythonのリスト内包表記

Pythonは、リスト内包表記を持っています。

```
[ (x,y,z) for x in xrange(0,10) if x%2==1 for y in xrange(0,x+1) if y%2==0 for z
in [x+y] if z > 5 ]
```

上記は、以下のHaskellのリスト内包表記と同じ要素のリストを生成します。

```
[ (x,y,z) | x <- [0..9], odd x, y <- [0..x], even y, let z = x + y, z > 5 ]
```

要素の持つ性質によるリストの表記がリスト内包表記ですが、キーワードの構成からかPythonでは少々プログラミング寄りの表記に見えます。できることに大差はないですが、可読性の観点からは少し読みづらいかもしれません。その代わりというわけでもありませんが、Pythonのリスト内包表記では、同等のリストを生成するforループよりも高速にリストが生成され、実行速度は良くなります。

C#のリスト内包表記 ——LINQ

C#では、LINQ (*Language Integrated Query*、統合言語クエリ)によりリスト内包表記と似た定義が可能です。

```
from x in Enumerable.Range(0,10) where x % 2 == 1
from y in Enumerable.Range(0, x) where y % 2 == 0
let z = x + y where z > 5
select Tuple.Create(x,y,z)
```

なお、LINQ自体は、SQLの生成に使われるなどするのが一般的かと思います。

8.6 モナド Java 8、Swift

モナドやそれに類似した概念についても、各言語に取り込まれてきている、あるいは、相当の実装が可能なようになってきています。本節では、HaskellとSwiftとの比較を通して、他言語でのモナド相当の実装について見ていきましょう。

Swiftのモナド相当のインタフェース

JavaではJava 8からOptionalクラスやStreamクラスがモナドを参考にしたインタフェースを持っていることは、第5章で紹介したとおりです。他にも、Swiftでもまた「Optional」や「Array」などがモナドを参考にしたインタフェースを持っています。

Column

Python関数プログラミングHOWTO

なんとPythonには公式ドキュメントに関数プログラミングのHOWTOがあります。

URL https://docs.python.org/3/howto/functional.html

本書で説明しているような、関数プログラミングスタイルで書くことによる利点の説明や、Pythonにより関数プログラミングの方法、ユーティリティライブラリの紹介等がされています。Pythonで関数プログラミングスタイルを導入しようとしている人は、一読してみるのが良いでしょう。

たとえば、

```
// Swift
struct Programmer {let languages: [String]}

let team = [ Programmer(languages:["C","Perl","PHP"])
           , Programmer(languages:["Swift","Objective-C"])
           , Programmer(languages:["Ruby","JavaScript"])
           , Programmer(languages:["Haskell","OCaml","Python"])]

print(team.flatMap{$0.languages.filter{$0.hasPrefix("P") || $0.hasPrefix("R")}})
```

上記のコードは、いくつかの言語を使えるプログラマが数人集っているチームに対し、そのチームの誰かが対応できるP系言語(またはP言語。Perl、PHP、Python)の一覧を印字するプログラムです。Arrayに対するflatMapを利用しており、これは次のリストモナドを利用したHaskellプログラムに似ています。

```
-- Haskell
import Data.List ( isPrefixOf )

newtype Programmer = Programmer { languages :: [String] }

team :: [Programmer]
team = [ Programmer { languages = ["C","Perl","PHP"] }
       , Programmer { languages = ["Swift","Objective-C"] }
       , Programmer { languages = ["Ruby","JavaScript"] }
       , Programmer { languages = ["Haskell","OCaml","Python"] } ]

main :: IO ()
main = print $ team >>= filter(\x -> "P" `isPrefixOf` x || "R" `isPrefixOf` x) . languages
```

インスタンスメソッドとしてflatMapが付いているため、一直線にチェインできない場合が苦手なのもまたJavaのものと同じです。

ScalaでもJavaでもSwiftでもそうなのですが、Haskellにおけるモナドのbind(>>=)相当のインタフェースは「flatMap」と称されることが多いようです。

Haskellのように、型によってその文脈で可能な操作を制限できる言語ではモナドは便利な機能ですが、他の言語、とくに命令型言語で関数プログラミングスタイルを取る際は、モナドの種類によっては無理に利用する必要のないものもまた多いです。ArrayやStream、Optionalのようなコレクションに対する操作は、やはりモナドライクなインタフェースは便利ですが、「Reader」「Writer」「State」「IO」などのモナドについては、元々何もしなくてもそれらが可能とする機能は使えてしまいます。これは、これらの機能を無秩序に利用されることを言語が制御できないということですが、だからと言って無理にモナドを導入しても制御できるようになるわけでもない言語が多いです。

Stateモナド相当の実装例

試しに、SwiftでStateモナドに相当するものを実装してみましょう（**リスト8.3**）。

リスト8.3 StateMonad.swift

```
// Stateモナド相当 (Swift)
struct State< S, A > {
    let runState: S -> (result:A, state:S)
    // Haskellのモナドインタフェース(>>=)相当
    func flatMap< B > (f:A -> State< S, B >) -> State< S, B > {
        return State<S, B>(runState: { s in
                                            let x = self.runState(s)
                                            return f(x.result).runState(x.state)
                                          }
                           )
    }
    // Stateモナドを実行し状態だけ取り出す
    func execState(s:S) -> S { return self.runState(s).state }
}

// Haskellのモナドに合わせて(>>=)演算子を導入してみる
infix operator >>= {associativity right}
func >>= < S, A, B >(m: State< S, A >, f: A -> State< S , B >) -> State< S, B > {
    return m.flatMap(f)
}

// Haskellのモナドに合わせて(>>)演算子を導入してみる
infix operator >> {associativity right}
func >>  < S, A, B >(m: State< S, A >, f: State< S , B >) -> State< S, B > {
    return m.flatMap({ a in f })
}

// HaskellのStateモナドインタフェースget相当
func get< S >() -> State< S, S > {
    return State< S, S >(runState: { ($0, $0) })
}

// HaskellのStateモナドインタフェースput相当
func put< S >(t:S) -> State< S, () > {
    return State< S, () >(runState: { s in ((), t) })
}

// Stateのmodify
func modify< S >(f: S -> S) -> State< S, () > {
    return get() >>= { put(f($0)) }
}

// Stateモナドを使った処理の記述
```

```
let proc = get() >>= { n in    // 状態を読み出してnとする
           modify{ $0 + 1 } >> // 状態に1足す
           get() >>= { m in    // 状態を読み出してmとする
           put(n + m) }}       // n+mを状態に書き戻す

// Stateモナドの実行と、最終状態の取り出し、印字
print(proc.execState(1)) // 初期状態を1として実行、最終状態である3を印字
print(proc.execState(2)) // 初期状態を2として実行、最終状態である5を印字
```

Stateモナド相当を利用したprocは、初期状態として与えられた整数と、その状態に1足した状態の整数を、それぞれ読み出して足したものを再度最終状態として書き出すだけの処理です。これは**リスト8.4**のHaskellプログラムとほぼ同じです。

リスト8.4 StateMonad.hs

```
-- Haskell
import Control.Monad.State

-- Stateモナドを使った処理の記述
proc = get >>= \n ->    -- 状態を読み出してnとする
       modify (+1) >>   -- 状態に1足す
       get >>= \m ->    -- 状態を読み出してmとする
       put (n + m)      -- n+mを状態に書き戻す
-- do記法では
-- proc = do
--   n <- get
--   modify (+1)
--   m <- get
--   put (n + m)

main = do
  -- Stateモナドの実行と、最終状態の取り出し、印字
  print (execState proc 1)  -- 初期状態を1として実行、最終状態である3を印字
  print (execState proc 2)  -- 初期状態を2として実行、最終状態である5を印字
```

Stateモナド相当の定義分の差はありますが、状態を扱う計算をvar等を使わずに同じくらいの行数で記述できています。だた、do記法のようなものがあるわけではないので、モナドを利用した処理が肥大化していくと、{}のネストが大変な深さになっていく可能性があります。

HaskellではStateモナドを使うことで「状態の引き継ぎ」を行うことができますが、通常の命令型言語のように純粋でない言語では、Stateモナドを導入せずとも「状態」は扱えます。どのモナドについても、ここまでしてその言語でモナドを使うのか、については考える必要があります。

Stateモナドのケースでは、状態として扱う対象を指定したものだけに限定できます。今回の場合、状態として扱う対象は整数値1つだけと限られています。

モナドを利用することで、余計な状態はいじらないことを型の上からだけで判断できるというメリットはあります。また、モナドは組み合わせに対して強いため、モジュラリティを重視するならば利用するという選択はあるでしょう。一方で、モナドの種類によってはその言語で定義することが難しいもの、利用方法および利用して書いたコードが十分に簡潔にならないものがあります。簡潔にならずとも利用時におけるミスが減るのであれば、それを重視することもありますが、簡潔でないことそれ自体がミスの原因であったりもします。目的に対し、メリットとデメリットを天秤にかけ、適切なものを利用してください。

8.7 コンパイル時計算 C++テンプレート

言語によっては、コンパイル時に多様な計算を行うことができます。コンパイル時にできる計算はコンパイル時に行ってしまい、実行時にはコンパイル時に完了した計算結果だけを利用することで、利用時には余計な計算を行わないといったものです。

当然ですが、コンパイル時の情報のみを計算に利用することができ、実行時の情報は計算に利用することができません。多くの場合、コンパイル時計算の結果は実行時から見ると、定数、型、関数の定義となります。

C++テンプレートによる関数プログラミング

C++テンプレートによるコンパイル時計算と、関数プログラミングの関係について紹介していきます。

C++には**テンプレート**というジェネリックプログラミングのための機能があります。テンプレートを利用して型情報が一般化されたプログラムは、コンパイル時に型情報が決定され、具体的な型の計算が生成されます。

たとえば、比較可能な型の値同士の大きいほうを得るHaskellの関数maxは、

```
Prelude> :t max
max :: Ord a => a -> a -> a
Prelude> max 1 2
2
Prelude> max 2.5 1.5
2.5
```

でしたが、これを同様にC++テンプレートを利用すると次のようになります。

```
// max.cpp
// $ g++ -o max max.cpp
#include <iostream>

template < typename T >
T max(const T& a, const T& b) {
    return a > b ? a : b;
}

class uncomparable {};

int main() {
    std::cout << max(1, 2) << std::endl;
    std::cout << max(2.5, 1.5) << std::endl;
    // 比較できないものに対してはコンパイルエラーとなる
    // uncomparable a, b;
    // std::cout << max(a, b) << std::endl;
    return 0;
}
```

maxの定義では、比較対象となる値の型はテンプレート変数Tになっています。コンパイル時に、実際にmaxを利用している場所の型情報から、maxが整数に対するmaxや、浮動小数点数に対するmaxが生成されます。また、maxの定義の中では比較演算子を使っているので、比較演算子が定義されていない型についてはコンパイルエラーとなります。

C++テンプレートによるデータ型定義

このテンプレートがコンパイル時に型を決定するコンパイラの動作を利用して、コンパイル時計算を行わせることができます。また、現在のC++では、この間に副作用を行わせることはできません。結果として、C++テンプレートでコンパイル時計算を行わせるプログラミングは、関数プログラミングとなります。

具体例を見てみましょう。以下、C++のコードは「Nat.cpp」というファイルに記載していきます。

自然数

まず、第2章でも定義した自然数型Natを定義してみます。

```
data Nat = Zero | Succ Nat
```

C++テンプレートでは、以下のようになります。

```
#include <iostream>
#include <type_traits>

// Universe
template < unsigned int Level >
struct Set {
    typedef Set< 1 + Level > type; // Set< n >の型はSet< n+1 >
    typedef Set< Level > value;    // Set< n >の値はSet< n >自体
    static const unsigned int level = Level;
};

// data Nat =
struct Nat {
    typedef Set< 0 > type; // Natの型はSet0
    typedef Nat value;     // Natの値はNat自体
};
//          Zero
struct Zero {
    typedef Nat type;      // Zeroの型はNat
    typedef Zero value;    // Zeroの値はZero自体
    static const unsigned int eval = 0; // unsigned int型への変換結果
};
//          Succ Nat
template < typename N >
struct Succ {
    typedef Nat type;         // Succ< N >の型はNat
    typedef Succ< N > value; // Succ< N >の値はSucc< N >自体
    typedef typename std::enable_if< std::is_same< Nat, typename N::type >::value
>::type NisNat;
    typedef N pred;           // Succする前の値が取り出せる
    static const unsigned int eval = 1 + N::eval;
};
```

テンプレートで計算を行わせる都合上、これから多くの構造体を定義していくことになりますが、それぞれの構造体の中でtypeとvalueという型定義(typedef)を持たせています。typeはその構造体の型を表現するための型に、valueはその構造体の評価結果を表現するための型にそれぞれ対応しています。

構造体Setは型の層構造(**Universe**)を表すための型で、値を持つ普通の型はすべてこのSetの第0階層に属します。つまり、Setの第0階層は型の型です。Set自身も1つ上の段のSetの型を持ちます。本書の範囲ではこのUniverseの意味についてはとくに説明しません。定義するすべてのものに型を持たせる都合上で導入が必要であっただけであり、今はまだ理解する必要はありません。

構造体NatはNat型を表すための型で、Setの第0階層を型に持ちます。

構造体Zeroは自然数の値0を表すための型で、Natを型に持ちます。また、

unsigned int型への変換結果がわかっており、当然ですが0となります。

構造体Succは自然数に1足した自然数を表すための型で、Natを型に持ちます。テンプレート変数Nは1足す前の自然数です。Zero同様にunsigned int型への変換結果がわかっており、Nの変換結果に1足したものとなります。

● リスト

リストについても定義してみましょう。次のようなリストを考えます。

```
data List a = Nil | Cons a (List a)
```

このリストについても、Natと同様にして定義することができます。

```
// data List a =
template < typename A >
struct List {
    typedef Set< 0 > type; // Listの型はSet0
    typedef List value;    // Listの値はList自体
    typedef A elem;
};
//              Nil
template < typename A >
struct Nil {
    typedef List< A > type; // Nilの型はList
    typedef Nil value;      // Nilの値はNil自体
};
//              Cons a (List a)
template < typename A, typename AS >
struct Cons {
    typedef List< typename A::type > type; // Cons< A, AS >の型はList
    typedef Cons< A, AS > value;           // Cons< A, AS >の値はCons< A, AS >自体
    typedef typename std::enable_if< std::is_same< List< typename A::type >, typen
ame AS::type >::value >::type ASisList;
    typedef A hd;                          // Consした先頭が取り出せる
    typedef AS tl;                         // Consした残りが取り出せる
};
```

Natと比較し、似たような定義になっていますが、リストの場合、その内容物があるため、テンプレート引数が増えて少しだけ複雑になります。

● C++テンプレートによる関数定義

続いて、自然数型Natの値同士を足す次のような関数addを考えます。

```
add :: Nat -> Nat -> Nat
add Zero b = b
add (Succ a) b = Succ (add a b)
```

これを、同様にC++テンプレートで定義します。

```
// add :: Nat -> Nat -> Nat
template < typename A, typename B >
struct _add {
    typedef Nat type;
    typedef _add< typename A::value, B > value;
    static const unsigned int eval = value::eval;
};
// _add Zero b = b
template < typename B >
struct _add < Zero, B > {
    typedef Nat type;
    typedef B value;
    static const unsigned int eval = value::eval;
};
// _add (Succ a) b = Succ (_add a b)
template < typename A, typename B >
struct _add < Succ< A >, B > {
    typedef Nat type;
    typedef Succ< _add< A, B > > value;
    static const unsigned int eval = value::eval;
};
template < typename A, typename B > using add = typename _add< A, B >::value;
```

構造体_addはテンプレート引数を2つ持ちます。これらはそれぞれ、関数addの2つの引数に対応しています。C++のテンプレートの部分特殊化という機能を利用し、1つめの引数がZeroの場合とSuccの場合でそれぞれ場合分けを行い、valueのtypedefで計算結果を定義していきます。Haskellの関数addと同様に、1つめの引数がZeroの場合は2つめの引数を、Succの場合はZeroになるまで再帰的に足し合わせるように定義します。

さらに、この関数addを利用する関数として、フィボナッチ数列のn番めを計算する関数fibを考えましょう。Haskell版は第3章で定義したものがありますが、今回はInt型ではなくNat型に対してなので、少し変更しています。

```
fib :: Nat -> Nat
fib Zero = Succ Zero
fib (Succ Zero) = Succ Zero
fib (Succ (Succ n)) = add (fib (Succ n), fib n)
```

これも同様にC++テンプレートで定義します。

```
// fib :: Nat -> Nat
template < typename N >
struct _fib {
    typedef Nat type;
    typedef _fib< typename N::value > value;
    static const unsigned int eval = value::eval;
};
// _fib Zero = Succ Zero
template <>
struct _fib< Zero > {
    typedef Nat type;
    typedef Succ< Zero > value;
    static const unsigned int eval = value::eval;
};
// _fib (Succ Zero) = Succ Zero
template <>
struct _fib< Succ< Zero > > {
    typedef Nat type;
    typedef Succ< Zero > value;
    static const unsigned int eval = value::eval;
};
// _fib (Succ (Succ n)) = add (_fib (Succ n), _fib n)
template < typename N >
struct _fib< Succ< Succ< N > > > {
    typedef Nat type;
    typedef add< _fib< Succ< N > >, _fib< N > > value;
    static const unsigned int eval = value::eval;
};
template < typename N > using fib = typename _fib< N >::value;
```

addの場合と同様にテンプレートの部分特殊化によって、1つめの引数が0、1、それ以外、の3ケースに場合分けし、それぞれHaskellでの定義通りにvalueを定義していきます。

では、実際にこれらを利用して、コンパイル時に計算させてみましょう。

```
// unsigned int型をNat型に変換するユーティリティ
template < unsigned int n >
struct _Nat { using type = Succ< typename _Nat< n-1 >::type >; };
template <>
struct _Nat< 0 > { using type = Zero; };
template < unsigned int n >
using N = typename _Nat< n >::type;

int main ()
{
    std::cout << fib< N< 0 > >::eval << std::endl; // 1
    std::cout << fib< N< 1 > >::eval << std::endl; // 1
    std::cout << fib< N< 2 > >::eval << std::endl; // 2
```

```
    std::cout << fib< N< 3 > >::eval << std::endl; // 3
    std::cout << fib< N< 4 > >::eval << std::endl; // 5
    std::cout << fib< N< 5 > >::eval << std::endl; // 8
    return 0;
}
```

fibやaddのテンプレート引数に与えるのはNatの型でなければならないので、0、1、...といった数値をNat型に変換する必要があり、ユーティリティを定義して利用しています。

定数evalを印字してみた結果から、正しくフィボナッチ数列のn番めが計算されていることがわかります。

C++テンプレートの評価戦略

1ばかり並んだ、次のような簡単な無限リストonesを考えます。

```
ones :: List Nat
ones = Cons (Succ Zero) ones
```

これをC++テンプレートでも定義してみましょう。

```
// ones = 1 : ones
struct ones {
    typedef List< Nat > type;
    typedef Cons< N< 1 >, ones > value;
};
```

Haskellの定義通りであり、非常に簡単です。

このonesは無限リストなので、もしコンパイル時に積極評価されてしまうと、コンパイルが止まらなくなってしまうでしょう。試しに、リストの先頭/それ以外を取り出す関数headとtailをC++テンプレートでも定義し、

```
// 関数head
template < typename XS >
struct _head {
    typedef typename XS::type::elem type;
    typedef typename XS::value::hd::value value;
};
template < typename XS > using head = typename _head< XS >::value;

// 関数tail
template < typename XS >
```

```
struct _tail {
    typedef typename XS::type type;
    typedef typename XS::value::tl::value value;
};
template < typename XS > using tail = typename _tail< XS >::value;
```

先程fibの動作を確認したmain内でhead、tail、onesを利用してみます。

```
int main ()
{
    std::cout << fib< N< 0 > >::eval << std::endl; // 1
    std::cout << fib< N< 1 > >::eval << std::endl; // 1
    std::cout << fib< N< 2 > >::eval << std::endl; // 2
    std::cout << fib< N< 3 > >::eval << std::endl; // 3
    std::cout << fib< N< 4 > >::eval << std::endl; // 5
    std::cout << fib< N< 5 > >::eval << std::endl; // 8

    std::cout << head< ones >::eval << std::endl;         // 1
    std::cout << head< tail< ones > >::eval << std::endl; // 1

    return 0;
}
```

コンパイルもできますし、問題なく実行され1が印字されます。C++テンプレートの具体化は遅延評価されるようです。

C++テンプレートの限界

今回の定義によるn番めのフィボナッチ数を求める関数は、nが大きくなると再帰呼び出しの数が爆発的に増加して遅くなっていきます。以下、Nat型でなくInt型でのfibでの確認になりますが、

```
Prelude> fib 20
10946
Prelude> fib 50
<遅い>
```

手元の環境では20番めくらいは得られますが、50番めではすでに十分遅いです。

今回実装したC++テンプレートでの定義も同様なので、この遅さに相当する何かが起きるはずです。main関数内に以下を追加して、確認してみます。

```
    std::cout << fib< N< 15 > >::eval << std::endl; // 987を期待する
```

すると、次のようなコンパイルエラーになります。

```
Nat.cpp:59:31: エラー: template instantiation depth exceeds maximum of 900
```

コンパイラやコンパイルオプションにも依存しますが、C++テンプレートの展開時に具体化できる深度には上限が設けられています。この上限を超えるような展開を行わせると、コンパイルエラーとなります。C++テンプレートにより今回のようなスタイルで実装を行った場合、具体化できる深度とは、ほぼ関数呼び出しの深さやデータ構造の大きさに相当します。全体が関数で構成される関数プログラミングにおいて、この制約はとても厄介で、あまり大規模なプログラムは記述できないということになります。

C++では同様にコンパイル時計算のための機能として、新たに「constexpr」というものが追加され機能強化が進められてきています。あまりに複雑なコンパイル時計算が必要であれば、こちらを利用するのが良いでしょう。

● ● ● ● ● ● ● ● ● ●

テンプレート的な機能は多くの言語にも存在し、HaskellにもGHC拡張で**TemplateHaskell**[注6]というものがあります。コンパイル時にメタプログラミングを行うためのしくみですが、HaskellとC++の関係はとくにおもしろく、Haskellは言語としては純粋である割にTemplateHaskellではI/Oを躊躇なく行い、C++は言語としてはどこでもI/Oできる割にテンプレートは純粋だったりと、非常に好対照となっています。

注6 URL https://wiki.haskell.org/Template_Haskell

8.8 まとめ

多分に筆者の主観が含まれますが、静的型付き言語で型システムがさして強力ではない場合が最も厄介で、多相型の扱いが苦手な上、型があっても何も守れていないということがあります。

関数プログラミングを行う上で最も重要になる、関数を組み立てる高階関数や関数合成などのためには、「多相型の扱いが簡潔かつ容易である」必要があります。静的型付き言語であっても多相型の扱いが苦手ということになると、そもそもうまく扱えないか煩雑な方法での取り扱いになるか、あるいは、静的型付けであるメリットを感じられないレベルまでダーティー(*dirty*)な方法で型情報を無視しなければならないこともあります。ここまで来ると、動的型付き言語のほうが関数プログラミングスタイルを取りやすいこともあります。

逆に、動的型付き言語では、関数同士を合成したとして、それらが本当に合成可能だったのかは実際に動くときまでわかりません。組み合わせていけないものを組み合わせてしまったかどうか、実行時まで型は何も言わないからです。そのため、テストが重要になる点は、関数プログラミングスタイルを導入してもしなくても変わりません。ただ、その肝心のテスト自体と、コード上、危険そうな箇所の判別は楽になると思います。

いずれにせよ、導入のメリットとデメリットを考え、可能な範囲からスタイルを置き換えていくのが良いでしょう。まずは、対象言語で「関数プログラミングを行うためのライブラリ」を自分なりに整備してみることをお勧めします。たとえば、

- HaskellのPreludeにある関数を一通り再実装してみる
- モナドを実装してみる

あたりを試してみて、

- どうすれば実現できるか
- できないことがある場合、何が足りていないからなのか
- 本来できてはいけないことができてしまう場合、何が足りていないからなのか
- できたものが本当にその言語にとって便利なものかどうか

などを見てみるのが良いでしょう。その言語の特性上で、何が可能で、何が不可能なのか、コストパフォーマンスの良し悪し等が明確になり、関数プログラミングだけでなく、その言語自体に対する理解が深まるでしょう。

Column

Safe navigation operator

Groovyの「Safe navigation operator」は、メソッド呼び出し構文の一つです。同様の構文は、SwiftやC#にも存在します。

Rubyにも2.3.0からSafe navigation operatorが取り込まれ、利用できるようになっています。ただし、他の言語では?.ですが、既存構文との兼ね合いによりRubyでは&.となっています。この演算子はオブジェクトがnull(nil)の場合はnullのまま何もせず、そうでない場合にのみメソッド呼び出しを行うというものです。Rubyの例を見てみましょう。

```
# 非負になる場合のみ引き算する（Ruby）
def sub(a, b)
  a < b ? nil : a - b
end

puts sub(1,0).zero?    # false
puts sub(1,1).zero?    # true
# puts sub(0,1).zero?  # undefined method `zero?' for nil:NilClass (NoMethodError)

puts sub(1,0)&.zero?   # false
puts sub(1,1)&.zero?   # true
puts sub(0,1)&.zero?   # nil
```

当然、以下のようにメソッドチェインもできます。

```
obj&.f.g
obj.f&.g
obj&.f&.g
```

Safe navigation operatorの挙動は、第5章で説明したMaybeモナドの(>>=)と似ています。

```
Just x >>= f = f x
Nothing >>= _ = Nothing
```

Nothingがnilの場合、Justが有効なオブジェクトがある場合で、(>>=)の右側がそのオブジェクトに対する操作という対応です。Maybeモナドの(>>=)と同様の挙動しかしない構文なので、一般的なモナドほど柔軟な機構ではありませんが、この機能がMaybeモナドと対比させて語られることはよくあります。

Appendix

付　録

A.1　関数型言語が使えるプログラミングコンテストサイト――ゲーム感覚で挑戦
A.2　押さえておきたい参考文献&参考情報――次の1手。さらに深い世界へ…

A.1 関数型言語が使えるプログラミングコンテストサイト
ゲーム感覚で挑戦

関数型言語が使えるプログラミングコンテストが実施されています。本節では、簡単に概要を紹介しておきます。

[入門]プログラミングコンテスト

関数型言語を学んですぐの頃は、実際に使ってみたいけど複雑なものを書き上げる自信はない、という状態であることが多いでしょう。とくに、これまで命令型言語に触れてきた人ほど、関数プログラミング的な思考方法への切り替えに戸惑い、あまり手を動かせない期間が長引いてしまったりします。とくに、実用のためのプログラムを最初から書こうとすると、ハードルが高くて挫折してしまいがちです。

だからと言って、とても小さいプログラムを書こうとしても、案外問題設定が難しいのです。どうしても今知っている範囲で書けそうな問題を設定するバイアスがかかりますし、できれば、自分の都合とは完全に関係なく用意された問題を解くほうが、学習効果の点では良い結果が得られるでしょう。

以上の点を解決するためのプログラム練習方法として、ここでは「プログラミングコンテスト」をお勧めしてみます。とりあえず簡単そうな問題から、ゲーム感覚で挑戦してみるのです。いくつかのプログラミングコンテストサイトでは、メジャーな命令型言語の他にいくつかの関数型言語が使えるようになっています。過去問が公開されていて練習ができるサイトがとくに良いです。

小さくて簡単そうな1つの問題を、各自これまで慣れてきた言語でまず解いてみた後、新しく覚えようとしている言語で解いてみると良いでしょう。2つの言語で同じ問題を解いてみることで、その言語で、

- どんな記述/表現ができる/できない
- 何が得意/不得意
- 遅い処理/速い処理

といった点の把握がスムースになるでしょう。

また、他の参加者の解答も閲覧できるようなサイトであれば、その先駆者の書き方あるいは解き方が参考になることも多々あります。

本節A.1では、いくつか関数型言語が使えるプログラミングコンテストサイトと、それぞれの特徴を紹介しています。**表A.1**に、紹介するコンテスト(サイ

表A.1 関数型言語のオンラインジャッジに対応したコンテスト

サイト	対応言語	頻度	期間	日本語対応
Anarchy Golf	Haskell、Scheme、OCaml、Scala、Clojureなど	随時	-	×（慣習による）
AtCoder Beginner Contest	Haskell、Clojure、Common Lisp、OCaml、Scala、Scheme、Standard ML	不定期	2時間	○（日本語のみ）
AtCoder Regular Contest	Haskell、Clojure、Common Lisp、OCaml、Scala、Scheme、Standard ML	不定期	1.5時間	○（日本語のみ）
CodeChef Cook-Off	Caml、Clojure、Common Lisp、Haskll、Scala、Schemeなど	月1	2.5時間	×
CodeChef Long Challenge	Caml、Clojure、Common Lisp、Haskll、Scala、Schemeなど	月1	10日	×
Codeforces	Haskell、OCaml、Scala	不定期	2時間	×
SPOJ	Haskell、OCaml、Clojure、Common Lisp、Scheme、Erlangなど	随時	-	×

ト）を簡単にまとめました。ただし、オンラインジャッジを持ち、過去問を見られるサイトに限定します。オンラインジャッジ（*online judge*）とは、ソースをアップロードすることでサーバ側でプログラムを実行し、正解不正解を評価してくれるようなシステムになっているものです。

紹介順は、筆者の主観による学習難易度順（易➡難）になっています。各自の学習状況や目的に応じ、参考にしてみてください。

Anarchy Golf URL http://golf.shinh.org/

Anarchy Golfは、shinhこと浜地慎一郎氏によるプログラミングコンテストサイトです。非常に多くの言語に対応し、なおかつ、本書で紹介するコンテストサイトの中で最も簡単な問題の比率が高いサイトです。

対応言語数は2016年7月18日時点で109言語となっており、圧倒的な対応数を誇ります。命令型言語はもとより、Haskell、Scheme、OCaml、Scala、Clojureなどをはじめとして多くの関数型言語にも対応しています。ほかにも、アセンブラやVM言語といった超低級言語から、聞いたこともないようなマイナー言語、絶滅危惧されるような古（いにしえ）の言語まで豊富に揃っています。対応していないのは、定理証明がそのおもな目的であるCoqやAgdaなどのいくつかの言語と、コンパイラ/インタープリタがLinuxにはないものくらいでしょうか。

出題される問題は基本的にどれも簡単なものになっており、難解なアルゴリズムの知識が必要になるものは極めて稀です。投稿したプログラムへの入力も、その各入力に対して期待される出力も、すべてあらかじめ提示されているので、問題を誤読するようなこともないでしょう。

最初期における言語の練習には適したサイトですが、このサイトを練習に利用する場合、1点だけ注意事項があります。それは、公開されている他の参加者の記録やプログラムを気にしてはいけないということです。

Anarchy Golfはコードゴルフ[注1]のサイトです。つまり、参加者らはいかに1バイトでも「打数」の短いプログラムを書くかを競っており、そのためにはどのような奇抜な(時に邪悪な...)コーディングテクニックでも取ります。そのコーディングテクニックの中には、通常のプログラミングではまず推奨されないであろうものも含まれています。

他の参加者らの記録が気になって、うっかりそれらに勝とうとがんばってしまうと、どうしても自らもそのような奇抜なコーディングテクニックを駆使せざるを得なくなります。わかってあえてやっているのなら利になる部分もあるのですが、最初期の言語学習という観点からは害のほうが大きいでしょう。

他の参加者がどういうプログラムを書いているか気になって、うっかりそれらを見てしまうと、奇抜なコーディングテクニックをふんだんに利用したプログラムが目に入ることでしょう。それらを普通のコーディングテクニックだと勘違いしてしまうかもしれません。

この注意事項を守り、あえてAnarchy Golf本来の目的に従わないように利用すれば、本当に簡単な問題から言語に慣れていくには最適でしょう。

● AtCoder　URL http://atcoder.jp/

AtCoderは、AtCoder社[注2]によるプログラミングコンテストイベントのホスティングサイトです。対応言語数は2016年7月18日時点で52言語で、そのうち関数型言語としてはHaskell、Clojure、Common Lisp、OCaml、Scala、Scheme、Standard MLなどに対応しています。

いろいろなプログラミングコンテストがホスティングされますが、不定期ながらも高頻度で行われるものは次の2つのコンテストです。

- AtCoder Regular Contest(通称「ARC」)
- AtCoder Beginner Contest(通称「ABC」)

注1　Code Golf。ショートコーディングとも呼ばれます。
注2　URL http://atcoder.co.jp/

その名のとおり、ABCはプログラミングコンテスト初心者向けのやさしい問題のコンテストです。一方、ARCはそれなりの経験者向けのコンテストになっています。ABCは制限時間2時間、ARCは1.5時間です。

ABC、ARCの特徴は、サイト自体はもとより、出題も日本語で行われるということでしょう。「プログラミングコンテストは大抵英語なのでとっつきにくい」という意見を耳にします。英語を理由に敬遠しがちな人でもAtCoderなら安心して参加できます。

ABCではとても簡単な問題しか出題されません。公開されている過去問だけへの挑戦ではなく、時間制限があるコンテストに出てみるのであれば、最初はABCで慣れるのが良いでしょう。

ARCでは多分にアルゴリズミックな問題が出てきます。計算量を考慮した上で問題に適したアルゴリズムを選択/実装する必要があるでしょう。**ACM ICPC**[注3]に参加したことのある(元)学生や、**TopCoder**[注4]への参加者には、お馴染みの形式と言えます。ある言語で書いたことのある有名アルゴリズムが、Haskellではどう書けるのか/どう書けば良いのかを知るには、ARCは良い題材になるでしょう。

ただし、出題者がどの言語で問題の調整をしているのかわかりませんが、稀にHaskell(あるいは他の言語)ではオンラインジャッジ時間制限内の実行完了がとても難しい、あるいは実行完了が不可能な問題が出題されていることがあるようです。問題に応じた言語選択も実力のうちなのでこうしているようですが、特定の言語で書きたいという今回のような目的とは外れてしまいます。したがって、過去問に挑戦する場合、まずは提出履歴などを見てみましょう。目的の言語で解けている人があまりいなさそうな問題であれば、自分も避けてみるという判断もあるでしょう。

CodeChef URL http://www.codechef.com/

CodeChefは、Directi社によるプログラミングコンテストサイトです。Directi社はインドのソフトウェア会社であるためか、全体ランキングの他にインド人限定ランキングが用意されているところがおもしろいです。余談ですが、インドの組織が主催する他のプログラミングコンテストでも、参加したらインド人

注3 ACM International Collegiate Programming Contest。国際大学対抗プログラミングコンテスト。3人1チーム戦。

注4 おそらく、最も有名なプログラミングコンテストサイト。関数型言語は残念ながら使えません。
URL http://www.topcoder.com/

限定ランキングが特別に用意されていたことがありました。限定ランキングが好まれる傾向にあるのでしょうか。

このタイプのサイトとしては対応言語も多いほうで、合計45言語に対応しています。Caml、Clojure、Common Lisp、Haskll、Scala、Schemeなど、関数型言語だけでもかなり多くに対応しています。

不定期なものやイレギュラーなものが開催されることもありますが、定期開催のコンテストは「Long Challenge」と「Cook-Off」という2種類が月に1回開催されます。Long Challengeは10日程度の長い期間で10問の出題、Cook-Offは2.5時間の短時間で5問の出題となります。アルゴリズム系の中でも少々数学寄りの問題が出題される傾向にあるようです。

AtCoderとは異なり、オンラインジャッジの時間制限は提出言語に応じて個々に設定されます。そのため、特定の言語でしか実行完了が難しいという心配もあまりありません。

ただし、AtCoderやCodeforcesは数問セットで出題されたら(とくにABCは)1問めが簡単でだんだんと難しくなっていきますが、CodeChefの難易度順は完全にランダムである点には注意しましょう。「先頭から〜」と素直に取り掛かると、いきなり超難問に当たる可能性があります。その代わり正答率が表示されますので、正答率を見て問題を選択するのが良いでしょう。

Codeforces URL http://codeforces.com/

Codeforcesは、Mike Mirzayanov氏によるプログラミングコンテストサイトです。Mike Mirzayanov氏自身TopCoderで高レートの成績を残しています。

関数型言語としてはHaskell、OCaml、Scalaに対応しています。コンテスト開催頻度は不定期で、制限時間2時間で5問が出題されます。出題傾向はTopCoder系でAtCoderやCodeChefと同様です。

特徴的なのは、「hacking」と呼ばれるシステムです。コンテスト時間中に提出したプログラムが間違っていると思えば、スコアは低下しますが再提出(**resubmit**)を行うことができます。この再提出をこれ以上行わない(**lock**)という選択をすることで、他の人の提出済みのプログラムが見られるようになります。もし、他の人のプログラムが正しく問題を解けていないことに気付いたら、失敗するようなテストケースを生成して与えること(**hacking**)ができます[注5]。自分が正しく問題を解けるだけでなく、他の人のプログラムを短時間で解釈し、

注5 TopCoderでChallengeと呼ばれるフェーズが元ネタにあり、その変形版です。

急所があれば的確に突く力が養われます。

hackingにより他の人の解に干渉するという要素があるため、CodeChefなどと比べて後での紹介となっていますが、過去問に挑戦するだけであればとくに明確な差はないでしょう。

SPOJ URL http://www.spoj.com/

SPOJ(*Sphere Online Judge*)は、Sphere Research Labs.社によるプログラミングコンテストサイトです。

対応言語は49言語ありますが、問題ごとにどの言語での提出を受け入れるか個別に設定されます。そのため、問題によっては使えない言語もあるでしょう。関数型言語としては、Haskell、OCaml、Clojure、Common Lisp、Scheme、Erlangなどに対応しています。

AtCoderやCodeChef、Codeforcesのような開催期間のあるコンテストではなく、Anarchy Golfのように常時問題が公開状態になっており、すべての問題リストのうち好きな問題から手を付けていくタイプです。問題の内容はさまざまです。

特徴としては、解くだけなら簡単な問題にもかかわらず、かなり厳しいリソース制限が設定されていることがある点でしょうか。ここでのリソースとは実行時間やメモリ量のことです。一応、他のコンテストにもリソース制限はあるのですが、計算量的に正しいアルゴリズムを選択すればクリアできる程度の設定にはなっています。対して、SPOJではそれだけではないシビアなチューニングを求められる問題が混じっていることがあります。他の参加者の提出記録は見えるため、なぜそのような高速化が可能なのか首をかしげることになります。

OCamlなどそうでもない言語もありますが、Haskellのような関数型言語ではパフォーマンスチューニングが難しいことが多いです。と言っても、SPOJではC言語などを使っていても難しいレベルのリソース制限もあり得ます。素直な方法で目標のパフォーマンスを達成できなかった場合、さらなるパフォーマンスチューニングにプラスアルファの知識が必要となるのは、関数型言語に限らずどの言語でも共通でしょう。SPOJは、問題自体の難易度としては他とそう変わらないかやや簡単な傾向にもかかわらず、後での紹介になっているのはこのチューニング要素のためです。

A.2 押さえておきたい参考文献&参考情報
次の1手。さらに深い世界へ...

本書では、関数プログラミングおよびHaskellを中心とした関数型言語の基礎的な知識を紹介してきました。ここから、さらにディープな世界への一歩を踏み出すため、次に手を付ける、あるいは押さえておくと良い文献を紹介します。

関数プログラミングについて

- **「なぜ関数プログラミングは重要か」**

  「なぜ関数プログラミングは重要か」[注6]は、「Why Functional Programming Matters」[注7]の日本語訳です。関数プログラミングは、旧来の構造化プログラミングに比して強力なモジュラリティを発揮するなど、現実の問題に対して有効であることを示しています。

  サンプルコードがHaskellに似てはいますが、疑似言語で記述されているため、コードに少し違和感を覚えるかもしれません。

- **『関数プログラミング入門 ―Haskellで学ぶ原理と技法―』**

  『関数プログラミング入門 ―Haskellで学ぶ原理と技法―』(R. Bird著、山下伸夫訳、オーム社、2012)は、関数プログラミングのエッセンスについて解説された書籍です。「IFPH」と略称されることがあります。関数プログラミングらしさとはどういったものか、また、データ構造や計算量など、他のプログラミング手法でも話題になるトピックが関数プログラミングではどのように扱われるかなど、関数プログラミングに関する広範なトピックをHaskellによるサンプルコード付きで解説しています。

  元々、『Introduction to Functional Programming』(R. Bird/P. Wadler著、Prentice Hall、1988、英語)という名著があり、この本は日本語にも翻訳され『関数プログラミング』(R. Bird/P. Wadler著、武市正人訳、近代科学社、1991)として出版されました。しかし、サンプルコードはHaskellの前身とも言えるMirandaであり、新しく得られた知見に対し古くなったトピックも多くなってきてしまっていました。それに伴い、サンプルコードをHaskellに変更し、取り上げるトピックも見直された改版が行われました。『Introduction to Functional Programming using Haskell』(R. Bird著、Prentice Hall、1998)として出版されます。『関数プログラミング入門 ―Haskellで学ぶ原理と技法―』は、『Introduction to Functional Programming using Haskell』の翻訳版です。

- **『Purely Functional Data Structures』**

  プログラミングにおいて、キューやスタックなどをはじめとして、データ構造とその取り扱いはとても重要な要素です。

  代入がある命令型スタイルでのプログラミングとは異なり、関数プログラミングス

注6 URL http://www.sampou.org/haskell/article/whyfp.html
注7 URL http://www.cse.chalmers.se/~rjmh/Papers/whyfp.html

タイルの実現を念頭に置いている関数型言語では、代入による変更ができないか、もしくは、大きく制限されています。つまり、データ構造もまた代入による変更の許されない「不変」であることを前提としなければなりません。一般に、あまり考えずに不変データ構造を使った場合、単純に遅いという問題に直面します。

「PFDS」と略称されることもある『Purely Functional Data Structures』(C. Okasaki著、Cambridge University Press、1998)は、不変データ構造であっても計算量の低下を生じさせない扱い方を教えてくれます。

日本語訳がないため、手を付けにくさがあるのは確かです。しかし、「関数プログラミングスタイルにおける不変データ構造は遅い」という先入観を払拭することができるでしょう。アルゴリズミックな内容でもあるため、その手の話が好きな人にもお勧めです。逆に言うと、アルゴリズムやデータ構造、計算量といった話に関する知識を要するということでもあります。

- **『Pearls of Functional Algorithm Design』**

『Pearls of Functional Algorithm Design』(R. Bird著、Cambridge University Press、2010)は、関数プログラミングスタイルでのアルゴリズム設計をとことん行う書籍です。「PFAD」と略称されることがあります。さまざまな問題設定に対して、効率の良い解法を順を追って丁寧に導いていきます。中には教師と学生の会話スタイルで解説の進んでいく章もあります。その章の内容はともかく、解説のテンポの都合上か不自然に頭の回転の速い学生がおもしろかったりします。

基本的には、いきなり効率の良いプログラムを設計することはありません。効率の悪くとも正しさは簡単にわかるプログラムをまず書くことから始まります。効率の悪いプログラムから、意味を変えない変換を重ねていくことで、正しくもそして効率の良いプログラムへの変換[注8]を学ぶことになります。

内容的には少し読んで身に付く類のものではなく、じっくりと考えることが必要とされます。紹介される手法は関数プログラミングにおいて役に立つのはもちろんのこと、そうでなくとも応用が効くものになっています。プログラミングの際に用いる指針の一つとすることができるでしょう。

Haskellについて

- **「Haskell 2010 Language Report」**

「Haskell 2010 Language Report」[注9]は、原稿執筆時点最新のHaskell仕様であるHaskell 2010の仕様です。

厳密にはこのレポートに記載されている範囲内がHaskellという言語です。ただし、実用上GHC拡張を利用する機会は少なくはありません。そのため、拡張分については素のHaskellと区別し、あえて「GHC Haskell」などと呼称することもあります。

言語仕様について不明な点があれば、この「Haskell 2010 Language Report」を参照すると良いでしょう。

注8　この手法を「運算」(*calculation*)と言います。

注9　URL https://www.haskell.org/onlinereport/haskell2010/

- 『すごいHaskellたのしく学ぼう！』

『すごいHaskellたのしく学ぼう！』（M. Lipovac著、田中英行／村主崇行訳、オーム社、2012）は、『Learn You a Haskell for Great Good!』（M. Lipovac著、No Starch Press、2011）を日本語訳したHaskellの入門書です。

本書でもいくつか紹介していますが、Haskellにはあまり他の言語には見られない概念が多いです。この本ではそういった新しい概念に対して緩やかにアプローチし、飲み込んでいけるよう配慮した構成が徹底されています。所々にそのトピックに関係のある愉快な挿絵が配置されており、中には何やらどこかで見覚えのあるような絵も散見されますが、たぶん気のせいでしょう。我々日本人には元ネタがわかりにくいものもあるので、元ネタを探してみるのもおもしろいかもしれません。これら挿絵の効果と、原著の雰囲気が適切に伝わるよう訳されたラフな文体により、ある種技術書にありがちな堅苦しさも感じません。関数型言語の中でもHaskellを使っていきたいと思われた方がいれば、次に手に取るならこの本かもしれません。

- 『プログラミングHaskell』

『プログラミングHaskell』（G. Hutton著、山本和彦訳、オーム社、2009）は、『Programming in Haskell』（G. Hutton著、Cambridge University Press、2007）の日本語訳で、これもHaskellの入門書になります。

Haskell入門としては驚くほどに薄い本ですが、それでも各トピックが網羅的に解説されています。説明のために取り上げられる題材もよく目にするわかりやすいものとなっています。また、各章に練習問題が用意されているため、理解度の確認を自らに課しながら進めることもできるでしょう。理解した気分だけで終わってしまうことのないよう配慮されています。全体的に文章に論文にも似た硬い雰囲気があるため、やや手を付けにくい印象を持たれるかもしれませんが、Haskellについて学ぶのであればこちらも定番です。

- 「All About Monads」

Haskell Wiki[注10]内の記事である「All About Monads」[注11]は、モナドとその周辺に関する解説記事です。

モナドとは何かという基本から始まり、本書では解説しなかったモナドに別のモナドの文脈を合成する方法など、Haskellにおけるモナドの利用については、その大部分をこのページで知ることができるでしょう。

- 『Parallel and Concurrent Programming in Haskell』

『Parallel and Concurrent Programming in Haskell』（S. Marlow著、O'Reilly Media、2013）は、Haskellで効率の良い並列プログラミング、または、並行プログラミングを行う場合にぜひ読んでおきたい書籍です。日本語版として、『Haskellによる並列・並行プログラミング』（S. Marlow著、山下伸夫／山本和彦／田中英行訳、オライリー・ジャパン、2014）があるので、読み始めるのであればこちらが良いかもしれません。

Haskellは、並列化に際して誤った並列化を行いにくい言語です。しかし、真に効率を求めた速い並列化を図ろうとすると、他の言語同様それなりの知識が求められることになります。この本は、そのための十分な武器を授けてくれるでしょう。内容は、

注10　URL https://wiki.haskell.org/Haskell
注11　URL https://wiki.haskell.org/All_About_Monads

大きく並列の部と並行の部に分かれています。それぞれ実践的な題材を取り上げ、効率の妨げになる要因と解決方法についてまとめられています。

型システムについて

- **『型システム入門 －プログラミング言語と型の理論－』**

『型システム入門 －プログラミング言語と型の理論－』（B. C. Pierce著、住井英二郎／遠藤侑介／酒井政裕／今井敬吾／黒木裕介／今井宜洋／才川隆文／今井健男訳、オーム社、2013）は、『Types And Programming Languages』（B. C. Pierce著、The MIT Press、2002）の日本語訳で、型と静的型付き言語についての入門書です。

Haskellもそうですが、関数型言語には静的型付き言語が多く、強い型付け、つまり、型による安全性が重視されます。そのような静的型付き関数型言語を使う上では、言語内の型情報に対して整合性を取る役割を持つもの、つまり、型システムを理解しておくと、プログラミング能力の向上が見込めます。また、CoqやAgdaといった言語では、その強力な型システムを利用することで、プログラム自体の正しさを「証明」することができます。たとえ、それらの言語を使わずとも、「なぜ型を利用するとそのようなことが可能なのか」を知っている場合と知らない場合とでは確実に設計に差が生じます。

この本では、単純な関数型言語からスタートし、少しずつ高度な型が扱えるように言語を拡張しながら、順を追って型システムについての理解を深めていく構成になっています。とてもボリュームのある書籍で、その内容もかなり理論寄りです。取り掛かるにはある種の覚悟が必要かもしれません。逆に言うと、現代の静的型付き関数型言語は、そのような分厚い理論に裏付けられているとも言えるでしょう。

圏論について

- **『圏論の歩き方』**

関数プログラマ（とくにHaskell使い）の人々を見ていると、よく「圏論」という分野の言葉で話をしていることがあります。わからなくとも直接困るということはあまりないのですが、このことが関数プログラミングに対し近寄り難い空気を醸成しているかもしれません。圏論自体は多く分野に適用できる応用力のある道具立てですが、それだけに抽象度が高く、何にどう役立つのかがわかりにくいことが多いです。

『圏論の歩き方』（圏論の歩き方委員会編、日本評論社、2015）は、圏論とはどんなものなのか、そして、なぜプログラムの話をするのに圏論が出てくるのか、といったことに対して、良い解説と取っ掛かりを与えてくれます。

- **圏論勉強会**

圏論勉強会は各地で開かれています。たとえば、2013年に㈱ワークスアプリケーションズで開かれたものが、動画（`https://www.youtube.com/watch?v=uWST7UivqeM`）および資料（`https://nineties.github.io/category-seminar/`）が公開されています。この勉強会は参加者にプログラマが多く、圏論を扱いつつも適宜Haskellでのサンプルやデモが挟まれており、プログラムでどう役に立つのかがわかりやすい内容となっていました。

索引

※各項目(見出し語)は、本文で登場した表記を優先して掲載しています。

記号/数字

Ctrl + C 207, 227
␣(SPACE/スペース、空白文字) 115, 158
!(bang、バン) 228, 230
"(ダブルクォート) 92, 113
&(アンパサンド) 92
&& 120
&.(Ruby) 423
&/>/</" 92
'(シングルクォート) 112
((->) r) 268
((->) r)モナド 255
()(丸カッコ) 115, 121, 159, 161
()(ユニット型) 273
(*) 147, 155
(+) 147, 155, 190
(++) 127, 155, 198, 228, 401
(,)(タプル) 128, 195
(-) 147
(.) 191, 397
(/=) 150, 244
(:) 170, 196, 198, 221, 228
(<) 151, 175
(<=) 151
(==) 150, 244
(>) 151
(>=) 151, 175
(>>=) 256, 258, 262, 264, 269, 273, 278, 280, 283, 410, 423
(\\) 316, 317
,(カンマ) 126
-(ハイフン) 166
-- 50, 294
-> 120
.(ドット) 68, 114, 163
.. 207
.NET Framework 16
:: 144
:{...:} 137
:?(GHCi) 49
:i(コロンi) 145
:l(コロンl/エル、GHCi) 49, 165
:m 166
:q(GHCi) 49
:r(GHCi) 49
:r(コロンr) 166
:set prompt 110
:sprint 226
:t 119, 120, 121, 147
;(セミコロン) 77, 180
@ 172
[](角カッコ) 123, 126, 127, 170, 196, 221, 396
　値の～ 127
　型の～ 127
:(コロン) 126
:: 119
<(小なり) 92
<- 258
<interactive> 114
= 168, 170, 172, 173
=> 123, 144
>(大なり) 92
>>> 294
?. 423
[Int] 143
\引数->式 114
^(ハット) 161
_(アンダースコア) 172, 226
``(バッククォート) 160
|(バーティカルバー) 173, 294
λ計算 →ラムダ計算 参照
λ式 →ラムダ式 参照
0除算 211
10億ドル単位の誤ち 68
2項演算子 160, 161, 164
2分木 141, 209

アルファベット

abs 147, 158
add 247, 417
add-source 365
aeson 350
Agda 15, 23, 34, 37, 38, 40, 211, 257, 283, 292
Ajhc 47
Alonzo Church 36
AltJS 406
Android 55
Ansible 100, 374
any(Haskell) 318
Any(静的型付きAltJS) 406
APT 293
apt 374
Array(Swift) 409
asパターン 172
ASCIIエスケープ文字 112
ask 269
auto 45
BancMeasure 54
BangPatterns 230
BDD 293
bind 256, 410
BlockApps 52
blockdiagシリーズ 100
Bool 118, 143, 144
Boostライブラリ(C++) 70
boost::optional 70
bootstrap 379
Bounded 146, 152
Box 404
Brevé 106
build-depends 358
Bundler 353
BWT 296
bytestring 382
bzip2 296
C(言語) 5, 12, 13, 17, 19, 20, 21, 23, 25, 27, 47, 59, 69, 77, 110, 183, 189, 219, 224
Cプリプロセッサマクロ 383
C# 53, 95, 423
　～のリスト内包表記 409
C++ 23, 45, 70, 100, 110, 125, 203, 245, 246, 327, 390, 391
　C++11 12, 23, 406
　C++14 406
　～テンプレート 413
　～テンプレートの評価戦略 419
　～のラムダ式 395
　部分適用 399
cabal 351, 354
　cabal build 358, 365
　cabal check 360
　cabal configure 358, 365
　cabal init 355
　cabal install 352, 353, 361, 363, 364, 373
　cabal sandbox 364
　cabal sandbox add-source 364
　cabal sandbox hc-pkg list 354
　cabal sandbox init 353
　cabal sdist 360
　cabal update 352, 358, 361
　cabal upload 361

Cabal 350, 362, 373, 376, 380, 384
cabalファイル 354, 356, 361
cabal-debian 354
cabal-install 47
cabalize 354, 355
Cabal sandbox 353, 364, 372, 376
Cabal User Guide 361
call命令 189
Caml 17
camlp4 17
CamlPDF 55
case 176, 189
CD 349
Char 118, 143
Chef 374
chroot 379
CI 349, 377, 379, 380
Circle CI 380
class 153, 242
Clean 15, 16, 23, 37, 38
Clojure 16, 23, 37, 55
COBOL 53
CoC 37, 38
Coheret PDF Command Line Tools 55
Collection 284
Common Lisp 37
comnus 53
compare 150, 320
concat 252, 264, 301, 310
concatMap 264, 310
Concept 245
configファイル 253, 270
Consリスト 126
const(C言語) 13, 39, 390
const(Haskell) 233
constメンバ関数(C++) 390
constexpr 421
Control.Monad.Reader 270
Control.Monad.State 278
Control.Monad.Writer 274, 275
Coq 16, 17, 23, 34, 37, 38, 40, 54, 211, 257, 283, 292
cos 149
cpan 366
CPAN 350
cpanm 353
CPP 383
CPU 4, 12, 27, 28, 77, 238
D(言語) 407
data 134, 135, 229
Data.Aeson 352
Data.ByteString.Lazy 382
Data.Function 320
Data.List 304, 316, 318, 319
DataKinds 341
DB 33
deb 366
Debian(Debian GNU/Linux) 293, 354, 366, 374, 379
debootstrap 379
debパッケージ 354
def(Python) 394
def(Ruby) 392
deriving 209
description 360
Dev 377
Dirty 106
div 150, 160
do記法 77, 180, 258, 280, 283, 286, 288
Docker 379, 381
Dockerfile 379
doctest 293
Double 118, 139, 143, 213
drop 186
DSL 99, 241, 276, 288
Dynamic(静的型付きAltJS) 406
ebuild 366
ebuildスクリプト 354
Edsger W. Dijkstra 38
Either 130, 142
Eitherモナド 288
elem 160
Emacs 48
Emacs LISP 37
empty 284
EmptyCase 341
Endo 275
Enum 146, 151
EOL 377
Eq 146, 150, 244, 304
ERB 100
Erlang 16, 23, 37
execWriter 275
exp 149
exposed-modules 358
extra 272
F# 10, 16, 23, 37, 38, 53, 260, 283
Facebook 52
False 115, 130
febootstrap 379
FFI 47
Field Reports 55
filter 192
Finagle 52
final 390, 395
Flash 55
flatMap(Java) 75, 283, 286
flatMap(Scala) 410
flatMap(Swift) 410
Float 118, 138, 143
Floating 146, 148
Foldable 127, 195
foldl 195, 214
foldr 195, 198
for式(Scala) 283
Fortran 34, 77
Foursquare 53
Fractional 146, 148
FreeBSD 374
fromStrict 382
fst 129, 316, 318
Functional Jobs 289
GADTs 341
GC 52, 222, 223
gcc 79
　-fopenmp 79
gcd 159
gem 366
Gentoo 293, 354, 366, 379
get 278
getLine 280
gets 278
ghc 50, 354
　-O/-Wall 50
GHC 47, 52, 189, 369, 379, 380, 384
　GHC拡張 341, 383, 421
　バージョン8 231
ghc-mod 48
ghc-pkg list 352
GHCi 48, 110, 112, 114, 117, 119, 137, 145, 147, 164, 166, 174, 226
　-W 171, 174
Git 355
git init 355
GitHub 362, 380
Go 73, 391
　～の部分適用 399
GoF(のデザインパターン) 245
goto 38
Graphviz 100
Groovy 423
group 304

Hackage 350, 361, 362, 375, 376
hackport 354
haddock 294, 361
Haskell 10, 16, 23, 25, 38, 40, 46, 67, 75, 82, 88, 95, 102, 107, 115, 204, 209, 247, 292, 386, 391, 401, 403, 404, 408, 410, 412, 417
　Haskell 1.0 37
　Haskell 2010 47
　～プログラムのコンパイル 287
Haskell Platform 369
HaXe 406
head 126, 211, 306, 419
HLint 308
hoogle 301, 401
hopenssl 374, 376
hs-source-dirs 358
HTML 91, 99
　～DSL 106
　～アンエスケープ 337
　～エスケープ 330
HTTP
　ステータス 137
　リクエスト 253, 387
　レスポンス 279, 387
HUnit 293
Identityモナド 261
Idris 17, 23, 34, 37, 38, 40, 283
IEEE 754浮動小数点数 31
if 176
IME 113
implements 245
import 110
include 110
indirect(Swift) 404
In-House Repository 365
init 211
instance 243
instanceof 90, 153
Int 118, 143, 144, 152
Integer 118, 143, 152
Integral 146, 149
I/O 279, 421
　エラー 7
　マネージャ 31
IOモナド 280, 281, 282, 387
　～を制限したモナド 288
iPhone 53
isJust 131, 220
ISWIM 37
Java 5, 14, 17, 19, 23, 40, 45, 69, 70, 85, 110, 125, 153, 245, 391
　Java 8 12, 283, 409
　～のラムダ式 394
javadoc 294
JavaScript 12, 23, 53, 55, 62, 92, 391, 397
java.util.Optional 70, 73
Jenkins 377
JHC 47
Jinja2 100
jmp命令 189
JSON 85, 99, 131, 350, 387
JSP 100
JUnit 293
Just 130, 169, 174, 220
　Just False 131
　Just True 131
JVM 16, 17, 52
Kestrel 52
KRC 37, 38
LAMP 53
last 211, 306
Left 130
length 127, 155, 163, 184, 214, 307
let(式) 180, 214
let(GHCi、モナドのdo記法内) 117, 180, 230, 258
LexiFi 54
lhs 165
LICENSE 356
Lift 53
LinkedIn 53
lino 52
LINQ 409
lint 406
Linux 48, 293
LISP 16, 36
log 149
LTS 48
Main 165
Makefile 356
manaba 54
map 193, 197, 198, 252, 264, 303, 305, 310, 316
　連続する～の関数合成 309
match(Rust) 403
Maven 365
maxBound 152
maximumBy 319
Maybe 76, 130, 169, 174, 211, 220, 257, 283
Maybe Bool 130
Maybeモナド 250, 261, 284, 423
MetaPost 100
minBound 152
MIN_VERSION 383
Miranda 15, 16, 37, 38
MISRA-C 69
ML 17, 38
MLFi 54
mod 150, 160
modify 278
Monad 267
MonadPlus 267
Monoid 272
mplus 267
multi-ghc-travis 380
MultiParamTypeClasses 341
mutexロック 31, 80
mypy 406
mzero 267
NaN 174
negate 147
Netty 53
newtype 134, 229, 329
nginx.conf 99
nil 14, 68, 177, 423
NilClass undefined method 69
Norbert 53
not 120
Nothing 130, 131, 169, 174
nub 318
null 423
NULL 14, 68, 69, 130
NULLチェック 14, 70
NullPointerException 69
Num 146, 147
Objective-C 95
Objective Caml 37
OCaml 16, 17, 23, 37, 38, 40, 54, 55, 109, 224
ofメソッド 283
on 320
OpenMP 77
OpenSSL 374
Ops 377
Optional(Java) 75, 283, 409
Optional(Swift) 409
Ord 146, 150
OrePAN 365
OS 366, 373, 374
other-modules 358

otherwise 174
output 271
P系言語 410
PDF 239
Perl 5, 19, 23, 54, 110, 350, 353, 365, 366, 386, 410
perldoc 294
pficommon 100
PHP 53, 100, 410
pi 149
pip 350, 366
pkgng 374
Plack 386
PolyKinds 341
Portage 293
posix_memalign 323
PostScript 239
pred 151
Prelude 110, 120, 126, 127, 211, 422
present 283
Protocol Buffers 53
ps 239
PSGI 386
Pull Request 375, 376
put 278
putChar 113
putStr 114
putStrLn 280
Python 5, 19, 47, 48, 100, 110, 177, 293, 350, 366, 380, 386, 391, 398, 406, 410
　～関数プログラミングHOWTO 409
　～のラムダ式 393
　～のリスト内包表記 408
　部分適用 399
QuickCheck 293, 294
R(言語) 391
Rack 386
Rational 118, 148, 149
rbenv 48, 380
RDB 100
read 146, 334
Read 146
Readerモナド 269, 387
reddit 289
Red Hat Enterprise Linux
　→RHEL 参照
require 110
return 256, 262, 264, 269, 273, 277, 280, 283
RGBA 137
RHEL 366, 379
Right 130
RLE 296
RPCフレームワーク 52
rpm 366
RSpec 293
Ruby 5, 14, 23, 47, 48, 69, 93, 110, 153, 177, 245, 293, 350, 353, 366, 380, 386, 391, 394, 423
　～の演算子定義 401
　～の部分適用 398
～のラムダ式 392
RubyGems 350
Ruby on Rails 52, 386
runReader 269
runState 277
runWriter 273
Rust 391, 402, 404
RVM 48, 380
S式 36
Safe navigation operator 423
sandbox環境 353, 356
SASL 37, 38
Scala 17, 23, 37, 52, 53, 55, 283, 289, 410
scan 197
scanl 197
scanr 198
SCAWAR 55
Scheme 37
Scotty 386
seq 227
Setup.hs 356
shadowing 14
shebang 50
show 145, 153, 163, 334
Show 144, 145, 146, 153, 209
sin 149
Sinatra 386
Smalltalk 95
SML 23, 38 →Standard ML 参照
snd 129, 318
sort 46
source-repository 360
SQL 91, 100, 409
sqrt 149
square 249
stable 375
stack
　stack ghci 48
　stack exec ghci 48
　stack ghc 49
　stack runghc 50
　stack setup 48
Stack 47, 293, 369, 380, 384
Stackage 48, 373, 377, 380, 384
　Stackage LTS 48, 384
StackOverflow Careers 289
Stan 106
Standard ML 17
state 277
Stateモナド 277, 387, 411
STM 33
STMモナド 288
Strafunski 54
stream 284
Stream 284, 409
Strict 231
StrictData 231
String 118, 143
STモナド 288
Sublime Text 48
succ 151
sum 214
Swift 391, 402, 403, 404, 408, 411, 423
　～の演算子定義 400
switch(Swift) 403
Tabbles 53
tactic 16, 17
tail 211, 419
take 185
tan 149
tell 273
TemplateHaskell 421
test-framework 293
top 232
toStrict 382
Travis CI 377, 380
True 115, 130
try-catch-finally 73
Twitter 52
type 133
Typeable 154
TypeOperators 341
TypeScript 406
Ubuntu 366
UHC 47
UML 100
undef 68
undefined 345
Unicode 113
Universe 415
upstream 375, 376
URLエンコーディング 91
use 110

used……317
vector……407
Vim……48
Virtualenv……48, 380, 384
Visitorパターン……85, 404
Visual Studio 2010……16
WAI……386
Warp……386
WebSharper……53
WebSocket……54
Webアプリケーション
……30, 54, 92, 100, 386
Webフレームワーク……271, 376
where……181, 230
WHNF……216, 220
Windows……293
Writerモナド……272
WSGI……386
XenServer……54
XHTML……100
xhtml_cgi……100
XML……85, 91, 99
　XML SAX……85
YAML……99
Yesod……386
zip……194
zipWith……194, 212
ZooKeeper……53

あ行

アクション……256, 269, 283
　抽象的なモナドの～……268
アクセスカウンタ……30
アセンブラ……5, 21
値……14, 109, 111, 153, 178
　～がないことを扱う……70
　式を計算して～にする……115
　制約条件を満たす～……322
　前後の～……151
　～の制約……346
値コンストラクタ……115
アップデートポリシー……377
アップロード……361, 362
アトミック……80
アノテーション……21, 79, 406
アライメント付き……323
アルゴリズム……25, 238
アンエスケープ……330
安全……107, 327, 337
　安全性……20, 106, 107
　～なプログラム……35, 38
　真に～なデータ型……404
暗黙の型変換……109, 124
依存型……15, 16, 17, 22, 40
依存関係……372
　依存させる……366
　依存性解決……365
　～が少ないパッケージ……370
　～が広いパッケージ……371
　～地獄……353, 367, 381, 384
　～レンジ……368
一意型……15
一時的……178
イテレータ……407
色空間……137
印字……99
因数分解……312
インスタンス……111, 144, 390
　～のメモリ上の大きさ……329
インスタンス化……329
インスタンスメソッド……283, 390
インタフェース
……242, 248, 323, 327, 359, 367
　～が安定しているパッケージ…373
　～が安定しないパッケージ……381
インタフェース(Java)……245
インタフェース設計……345, 346
インタープリタ……12
インライン展開……310
エスケープ……91, 330, 332
エディタ……48
エラー
　～になるような値……324
　エラーメッセージ……114
　実行前段階で～が発見される·171
エンコード……347
演算子……120, 400
　～の定義/再定義……398
円周率……148
オーケストレーションツール……374
オブジェクト指向……17, 39, 402
　オブジェクト指向言語……327, 390
　オブジェクト指向プログラミング
　……8, 12
オプション(ghc)……50
オープンクラス……94, 245
オペレータ関数……400

か行

解析ツール……54
回転……58
開発効率が良い……107
拡張子(Haskellソースファイル)165
拡張性……107
掛け算……147
可視性……39, 326, 327
型……4, 18, 21, 22, 43, 96, 98,
109, 118, 133, 153, 154, 323,
329, 346, 367
　～から関数を検索する……301
　関数の～……120
　強力な～……345
　中間にある～……311
　～に性質を持たせる……91, 106
　～に制約を記憶させる……330
　～に制約を持たせる……327
　～に問題の性質を
　　エンコードしておく……347
　～の確認……119
　まず～を確認する……192
　～を簡単に定義できる……89
　理想的な～……262
型エラー……21
型クラス……115, 123, 127, 143,
145, 242, 330
型クラス制約……144
型検査……20, 42, 43, 47, 68,
109, 124, 132, 337, 346, 347,
367, 385, 405
型コンストラクタ……127, 130, 144
　リストの～……127
型システム……18, 262
　～が強力である……98
　強力な～……257, 405
型情報……293
型推論……21, 45, 47, 132, 147,
337, 406
型注釈……119, 133, 147
型付き……18
型付け……118
　強い～……20, 47
　適切な～の度合い……98
　まず～する……346
型なし……18
型変数……125, 126, 136, 139, 153
型名……118, 134
カテゴリ……95
ガード……173, 182
　パターンマッチと～を
　　組み合わせる……175
　網羅的でない～条件……174
カプセル化……38, 39
可変長引数……106
空リスト…127, 185, 186, 196, 211
カリー化……123, 162, 398
　～された関数……190
仮引数……230
枯れたパッケージ……369
頑健性……232

関数……5, 7, 9, 10, 43, 109, 111, 120, 144, 157, 178, 422
型から～を検索する……301
～の扱いやすさ……391
～の型……120
～の定義……167
～の適用……35
～のリテラル……11, 114
～を手続きや関数に引数として与えることができる……11
～を手続きや関数の結果として返すことができる……11
～を変数に入れて扱える……11
関数オブジェクト……10
関数型言語……10, 12, 23, 35
いろいろな～……15
関数合成……9, 11, 44, 68, 163, 164, 182, 191, 198, 392, 397, 422
関数適用……115, 158
～の結合優先度……159
～の優先度……115
関数プログラミング……4, 8, 9, 12, 35, 422
関数ポインタ……10
簡約……216, 217
記憶媒体……12
機械語……27
木構造……36
逆計算……90
逆変換……330
キャッシュ……25, 223
キャプチャ……396
キャリブレーション……58
求人……40
境界値……34
競合状態……31
行数……4
業務……350
行列の分解……312
金融分野……40
クイックソート……187
空間計算量……, 46
空間効率……26
組み合わせに対して強い……413
組み込み……20, 47, 224
クラス……177, 284, 327, 329
クラスタアプリケーション……53
クラスベースオブジェクト指向……136, 286
グラフィックカードの制約……323
グラフ簡約……223
クリティカルセクション……31, 32
クロスコンパイラツールチェイン…47
クロスコンパイル……47
グローバル変数……7, 271
群論……24
計算
特定の～……148
～のパス……271
～パターン……77
計算機アーキテクチャ……34, 223, 224
計算機資源……370
形式手法……34, 292
継承……402
継続的インテグレーション →CI 参照
継続的デリバリー →CD 参照
継続モナド……288
軽量スレッド……31
軽量フレームワーク……386
軽量プロセス……16, 31
結果の性質のみを宣言……12
結合演算子……127
結合則……31
結合優先度……159
決定的……30
言語外DSL……100
言語内DSL……100, 106
現実世界……282
厳密評価……219
圏論……24
コア……4, 28, 31, 77
～に近いパッケージ……369
高階関数……11, 190, 234, 302, 311, 312, 392, 422
構成管理ツール……374
合成されたもの……312
構造……85, 91
～を持つ文書……99
構造化データ……85
構造化プログラミング……38, 39
構造再帰……185, 187
高速フーリエ変換の要素数……323
恒等変換……331
構文解析ツール……54
構文糖衣……37
効率……26
互換性……349, 385
固定長整数……118
コードポイント……113, 114
コードリーディング……15
コード量……4, 89
コーナーケース……34, 293
コピーキャプチャした変数……396
コマンドヘルプ(GHCi)……49
コメント……294
コールスタック……189
コレクション……407, 410
根号……148, 174
コンストラクタ……89, 90, 97, 115, 134, 138, 167, 169, 195, 325, 404
コンストラクタ名……134, 155
コンストラクト時……228
コンストラクトの逆計算……90, 97, 169
コンテキスト……31
コンテナ……70
コンテナ(データ構造)……125
コンパイラ……4, 12, 54
コンパイル…4, 20, 21, 33, 47, 287
コンパイル&リンク……49
コンパイル時計算……413
コンピュテーション式……10, 16, 260, 283

さ行

最悪計算量……46
再帰……189, 233
～的定義……182, 211, 225
～的定義による無限列……207
～的な考え方……187
～的な構造……404
～の危険性とその対処……188
再帰型……140, 141
再帰関数……182, 212
再現性……29
最左最外簡約……220
最大公約数……159
再代入……13, 390
最適化……4, 25
最適化機構……28
座標空間……139
座標系……330
座標変換……58
三角関数……148
サンク……189, 221, 226
～を潰す……222, 227
参照……12
～できる環境の共有……269
参照キャプチャした変数……396
参照透過……43
参照透過性……19, 28, 33, 39
ジェネリクス……125
ジェネリックプログラミング……413
時間計算量……238
時間効率……26
式……89, 91, 109, 119, 133, 176, 177

～を計算して値にする……115
シーケンスのリテラル……106
システムGHC……384
システムの正しさ……41
自然数……9, 111, 116, 140, 155, 323, 402, 414
自然対数の底……148
実行器……269, 281
実行効率……84, 329
実行時エラー対策……212
実行時型情報……90
実行速度……26
実装……155
失敗の可能性……261
実用……349
指定個……224
自動変数……69
時分割……29
弱冠頭正規形……216, 220
自由……106
柔軟性……87, 88
シューティングゲーム……55
純粋……19, 46, 107, 281
～な言語……43
純粋関数型言語……19, 39, 83
純粋性……223, 241
上下限……152
小数点……148
状態……7, 13, 276, 390, 412
～の引き継ぎ……277
証明……292
剰余……149
初期化……10
処理系……12, 14
新幹線……46
真偽値……111, 115, 118
シングルコア……29, 30
シンプルなパッケージ……369
シンボル……36
推論……339
推論規則……339
数学……4, 9, 24, 25, 26, 43
数値……118, 147
数値リテラル……112
数独……312
据え置き機……55
スコープ……14, 35, 180, 181
スタック……189, 276, 278
スペースリーク……232, 238
スレッド機構……31
スレッド切り換え……29
スレッドコントローラ……31
スワップ……232
正格性解析……233, 239
正格評価……219
正規形……216, 217
正規順序……220
正規表現置換……93
制御文字……112
性質……12, 35, 42, 96, 98, 211, 288, 292, 327
可視性を制御して～を保護する……326
型に～を持たせる……91, 106
型に問題の～をエンコードしておく……347
～の集合……118
～を守る……404
パッケージの～……369
文脈にまで～を持たせる……106
脆弱性……92
整数……149, 323
整数格子点……139
静的型付きAltJS……406
静的型付き言語……405, 406, 422
静的型付け……19, 46, 405
静的コード解析……406
制約……14, 26, 35, 38, 39, 42, 323
型に～を記憶させる……330
型に～を持たせる……327
強い～……39
最も代表的な～……43
制約条件……4
～を満たす値……322
セクション……161, 400
積極評価……22, 219, 419
～のHaskell……231
～の欠点……224
～の利点……223
設計……155
絶対値……147, 158
セットアッププログラム……356
宣言的である……12, 41
宣言的な言語……107
先行評価……219
全順序関係……150
漸進的型付け……406
前置演算子……161
素因数分解……312
挿入ソート……186
総和処理……31
束縛……13, 14, 117, 177
束縛時……230
ソケット通信……279
組織内Hackageサーバ……365
組織内開発……363
素数列……225
ソースファイル……165
ソルバ……312

た行

第一級……10, 12, 121, 190, 392
耐障害性……16
対数……148
代数データ型……136, 142, 167
代数データ構造……155
代入……7, 12, 13, 14, 35, 116, 177
変数への～……391
代入演算子……400
ダイヤモンド演算子……45
タグ……91
竹内関数……22, 202
足し算……147, 155, 190
多相型……125, 139, 141, 168, 422
正しい答え……345
正しさ……26
畳み込み……196
多倍長整数……118
タプル……128, 142, 195, 316
たらい回し関数……22, 202
探索……315
単精度浮動小数点数……118
値域……9
チェインの分岐……285
遅延評価……22, 47, 84, 202, 205, 212, 220
～の欠点……223
～の利点……224
抽象化……4, 24, 26, 116
抽象クラス……245
抽象構文木……58, 85, 276
中置演算子……161, 401
中置記法……160
直積型……129, 142
直和型……130
チューリング完全……36, 38, 199
定義域……9
停止……207
停止性判定……211
定数……117, 396
定数化……13, 39
定数修飾子……390
定数制約……394
定数相当……395
定理証明……15, 34, 54, 292
～支援系……16, 38
ディレクトリ構成……357, 363
低レベルな挙動……12

適切な処理を選ばせる……330
適用……115
テクスチャ……323
テスト……34, 45, 271, 292, 347
　～統合実行……293
データ型……118
データ型定義……402, 414
データ駆動テスト用ライブラリ……293
データ交換……99
データベース……387
手続き……6, 10, 183, 392
　～の定義……391
　～の呼び出し……12
手続きオブジェクト……392
手続き型言語……5
デッドロック……32
デバッグ系のコマンド(GHCi)……49
デバッグモード……270
テンプレート(C++)……125, 413
テンプレートエンジン……93, 99, 100
透過的……16
等価な変換……310
統合言語クエリ →RHEL 参照
動作……292
等値関係……304
等値性……150
動的型付き言語……405, 422
ドキュメンテーションツール……294
ドキュメント
　……4, 322, 323, 324, 329, 346
ドキュメント生成ツール……361
トップダウンに考える……296
トランザクション……33, 36

な行

「なかったもの」への対応……383
入出力……7, 397
ネイピア数……148
ネスト……73
ネットワーク……262

は行

倍精度浮動小数点数……118
排他……33, 80
排他制御……32
バイト列……262
破壊的代入……13, 15, 33, 276
バグ……4, 29, 39, 373
　～が少ない……107
パーザジェネレータ……85
パーシャルクラス……95
バージョニング……359, 367
バージョンアップ……361
バージョン
　～間の差分……378
　～上限……370
　～の選定および固定……373
　～レンジ……371, 381, 382
バージョン管理システム……355
パターン……168
パターンマッチ……90, 97, 135,
　167, 182, 189, 221, 402
　～とガードを組み合わせる……175
　～の網羅性……171
パッケージ……350, 385
　インタフェースが安定しない～381
　公開しない～……363
　～検索……350
　～のインストール……351
　～の作成……354
　～の性質……369
　～のバグ……374
　～を分けない……366
パッケージシステム……350, 351, 354
パッケージング……354, 359
パッチ……375, 376
ハードウェア信号……20
幅優先……315
パフォーマンス……223, 232
パフォーマンスチューニング……238
パラダイム……8
反復……182, 189
引き算……147
引数の数……121
非決定的……80
非数 →NaN 参照
非正格評価……220
左結合……160
ヒープ……189
ヒーププロファイル……238
評価……22, 115, 216, 226, 228
評価戦略……22, 216
　C++テンプレートの～……419
表計算ソフト……33
標準入出力……279
標準ライブラリ……312
ビルダー……283
ビルド……358
ビルドシステム……351, 354
ビルドできない……367
ファイル……262
ファイル単位……231
ファイル入出力……279
フィボナッチ数……274
フィボナッチ数列
　……183, 208, 225, 417
フィールド名……138
深さ優先……315
副作用……7, 9, 13, 19, 82, 241,
　281, 286, 394
　～を伴う……280
複数開発環境の共存……378
複数行……137
複数の可能性……264, 355
符号反転……147
不正な値……325
物理ディスク……7
浮動小数点数……148
部品化……64
部品の組み合わせ……58
部分適用……11, 162, 195, 392, 398
部分列……198
ブラウザゲーム……55
プラグマ……79
プリプロセッサ……17
フルスタックフレームワーク……386
振る舞い駆動開発……293
フレージングコンテンツ……99
プレースホルダ……172
フレームワーク……386
プログラミング環境……47
プログラミングパラダイム……8
プログラムの正しさ……26, 45
プログラムの停止性……38
プロセス……232
ブロックチェイン……52
フローのプログラム……284
プロファイル……232, 238
プロンプト……110, 165
文……176, 177
分割統治……46
分岐……153, 182
文芸的プログラミング……165
分散処理……16
文脈……10, 77, 106, 144, 248,
　286, 288
　～にまで性質を持たせる……106
　～の多相性……266
　複雑な～……386
　～を伴う計算……241
　～をプログラミングする……68
　～をプログラミングできる力
　……77, 106
　～を持たない……261
　～を持つ計算(を扱う)……248, 256
平均……42
平均時間計算量……46
平均値……213, 214
並行……4, 16, 29

～/並列処理に強い……107
並行移動……58
並行プログラミング……31
並行/並列実行プロファイル……238
並列……4, 29
並行/～処理に強い……107
並列アルゴリズム……31
並列化……77, 84
並列計算パターン……81
並列総和……31
冪乗(べきじょう)……161, 323
ベースケース……187, 196
変換……330
変換器……271, 276
変数……11, 13, 39, 116, 390, 397
～管理表……33
コピーキャプチャした～……396
参照キャプチャした～……396
～への値の代入……12
～への代入……391
～を定数化できるか……390
変数名……116
ボイラープレート……72
ホットスワップ……16
ボトムアップ……311
ボトルネック……238

ま行

マイコンボード……47
マークアップ文書……91
マージソート……187
間違った答え……345
マッチ……168
末尾再帰……189
マトリクス構成実行……377, 379
マルチコア……29, 30
マルチスレッド(プログラミング)
……31, 32, 238
マルチパラダイム(言語)……8, 404
未エスケープ……93
未初期化……14, 69
無限再帰……211, 215, 345
無限
～に続くリスト……206
～に広がる木……206
～の構造……206
～(の)データ構造 206, 209, 225
～のリスト……209
無限リスト……419
無限ループ 38, 211, 218, 221, 227
無限列……207, 208, 224
無効値……283
無名関数……114
無理数……149
命令型言語
…5, 23, 27, 225, 241, 327, 404
～のループ……309
命令型プログラミング……8
メソッド……177, 392
メソッドチェイン……73, 283, 284
メタプログラミング……421
メッセージキュー……52
メッセージング……8, 16, 39
メモリ……21, 223, 238
～アロケーション量……404
～確保……323
～使用量……26, 232
～モデル……12
～リーク……232
～領域……20
メンテナ……362
メンバ変数……97
網羅性……171, 403
文字……111, 118
モジュラリティ
……9, 38, 224, 347, 413
モジュール……165, 324, 359
～単位……231
～の作成と公開……357
文字リテラル……112
文字列……111, 118, 145, 146
～アンエスケープ……337
～エスケープ……91, 330
文字列リテラル……113
モナド……10, 16, 77, 180, 241,
248, 266, 288, 409, 422
抽象的な～のアクション……268
～の実行器……269
～は組み合わせに対して強い…413
複雑な文脈を表現する～……387
他の関数型言語と～……283
命令型言語と～……283
モナド型クラス……248
モナド則……256
モナド変換子……261, 387
モノイド……272, 276

や/ら/わ行

有限のデータ構造……209
有効値……283
有理数……118, 148
幽霊型……331
ユーティリティ……419
弱い型付け……21
ライセンスファイル……356
ライブラリ……39, 98
依存させる～の扱い……349
「らしい」コード……299
ラッパモジュール……382
ラベル……5
ラムダ計算……36, 216
ラムダ式……11, 12, 114, 164, 198,
389, 398
～禁止令……285
～の定義……391
ラムダ導入子……396
ランタイム……12, 47, 223, 281
ランレングス圧縮……296
リアルタイム……54
リアルタイム性……224
リスク……41
リスト……125, 141, 416
～の結合演算子……127
～のコンストラクタ……170
～のような再帰的な構造……404
リスト型……22, 123
リスト内包表記……265, 408
リストモナド
……252, 264, 284, 315, 410
リソースの初期化……10
リソース逼迫……232
リテラル……11, 111, 126
リトライ制御……33
リバースエンジニアリングツール…53
リフレクション……400
リロード……49
ルーティング……271
ループ……182, 187, 189, 225
命令型言語の～……309
ルール……99, 101
例外……69, 72, 73
レコード……138
レジスタ……12, 223
連結……93
レンジ(リストリテラル)……151, 207
連接……182
ローカル変数……395
～スコープ……394
ログ……271, 273
ロジックパズル……338
ロード……49
ローリングアップデート……368
～ポリシー……376
割り算……149
ワンライナーレベル……355

●著者紹介
大川 徳之
Ohkawa Noriyuki
東京大学計数工学科数理情報工学コース、東京大学大学院情報理工学系研究科数理情報学専攻、卒業。キヤノンソフトウェア㈱を経て、㈱朝日ネットにて、HaskellでのWebアプリケーション開発や、開発環境/インフラの構成管理などに携わっていた。そろそろどうにかしてAgdaで仕事ができないものか虎視眈々と隙を窺っている。バージョンアップ毎にだんだんと増えていくGHCのコンパイル時間が最近の悩み。

●装丁・本文デザイン
西岡 裕二
●レイアウト
酒徳 葉子（技術評論社）
●本文図版
大西 里美
●編集アシスタント
大野 耕平（技術評論社）

WEB+DB PRESS plusシリーズ
[増補改訂]
関数プログラミング実践入門
——簡潔で、正しいコードを書くために

2014年12月15日　初　版　第1刷発行
2015年 1月10日　初　版　第2刷発行
2016年10月25日　第2版　第1刷発行

著　者　大川 徳之
発行者　片岡 巌
発行所　株式会社技術評論社
東京都新宿区市谷左内町21-13
電話　03-3513-6150　販売促進部
03-3513-6175　雑誌編集部
印刷／製本　日経印刷株式会社

定価はカバーに表示してあります。

ISBN 978-4-7741-8390-9 C3055
Printed in Japan